普通高等教育数字媒体技术专业系列教材

Photoshop 图像处理案例教程

主　编　李清玲

副主编　孙　征　黄　蓉　周瑞乾

中国水利水电出版社
www.waterpub.com.cn
·北京·

内 容 提 要

本书结合数字图像平面设计的相关理论，立足计算机及数字媒体专业，要求学习者掌握数字图像处理软件 Photoshop 应用的基本理论知识，包括图像处理的基本概念、基本操作、图形绘制、图像色彩处理、平面图像应用等。

本书结合计算机相关专业对数字图像平面设计市场需求和人才培养方案提出相应的学习方向，共分为 12 章，第 1～2 章为基础知识，系统讲解图像处理的基本概念和基本操作；第 3～11 章为常用技能，通过把基础知识和典型实例相结合，系统讲解选区的创建与编辑，绘图、修图工具，路径与形状，图层的编辑及应用，图像色彩调整，通道，蒙版，滤镜，图像动作和批处理的编辑应用等；第 12 章为综合实例练习，通过典型实例讲解 Photoshop 的应用技巧。

本书素材丰富、内容翔实、结构合理、图文结合，可作为高等院校计算机数字媒体类专业的教材，也可供相关培训班使用。

图书在版编目（CIP）数据

Photoshop图像处理案例教程 / 李清玲主编. -- 北京 : 中国水利水电出版社, 2024.5
普通高等教育数字媒体技术专业系列教材
ISBN 978-7-5226-2466-2

Ⅰ. ①P… Ⅱ. ①李… Ⅲ. ①图像处理软件－高等学校－教材 Ⅳ. ①TP391.413

中国国家版本馆CIP数据核字(2024)第097516号

策划编辑：石永峰　　责任编辑：张玉玲　　封面设计：苏　敏

书　名	普通高等教育数字媒体技术专业系列教材 Photoshop 图像处理案例教程 Photoshop TUXIANG CHULI ANLI JIAOCHENG
作　者	主　编　李清玲 副主编　孙　征　黄　蓉　周瑞乾
出版发行	中国水利水电出版社 （北京市海淀区玉渊潭南路 1 号 D 座　100038） 网址：www.waterpub.com.cn E-mail：mchannel@263.net（答疑） sales@mwr.gov.cn 电话：（010）68545888（营销中心）、82562819（组稿）
经　售	北京科水图书销售有限公司 电话：（010）68545874、63202643 全国各地新华书店和相关出版物销售网点
排　版	北京万水电子信息有限公司
印　刷	三河市鑫金马印装有限公司
规　格	184mm×260mm　16 开本　20 印张　512 千字
版　次	2024 年 5 月第 1 版　2024 年 5 月第 1 次印刷
印　数	0001—2000 册
定　价	54.00 元

凡购买我社图书，如有缺页、倒页、脱页的，本社营销中心负责调换

前　言

Photoshop 是 Adobe 公司旗下的一款图像处理软件，功能强大、应用广泛，是目前数字图像平面设计最流行的应用软件。本书依据教育部新工科新形态教材建设标准的要求编写，教材结构清晰、实例丰富，采用纸质教材和数字教材相结合的形式，便于学习者接受和掌握相关知识，并将基本理论与行业设计实例相结合，使学习者不仅能够掌握图像编辑处理的基本知识，还能够较快地了解和掌握数字图像平面设计与创作的应用方法。

本书结合计算机及数字媒体各专业的市场需求和人才培养方案提出相应的学习方向，要求学生掌握图像处理软件 Photoshop 的基本理论知识和图像处理应用，包括图像处理基本操作、基本工具、编辑方法及应用综合实例等。

本书根据专业学习者的认知规律，结合数字图像平面设计的行业需求，对教材内容和形式进行优化设计，形成知识体系完整、基本知识和典型实例相结合、纸质教材和数字教材相互支撑的立体化教材体系。

本书的主要内容为图像处理的基础知识和基本操作、选区、绘图和修图工具、图层、路径、图像色彩调整、通道、蒙版、滤镜和综合实例等，内容由易到难，循序渐进，并辅以丰富的实例，使学习者在了解理论知识的基础上，可以在提供的丰富实例的练习中，加深对知识的理解，举一反三，拓展思路，快速掌握图像处理的基本操作方法和应用。

本书主要特色如下。

（1）理论体系完整，注重学习规律。本书详细介绍 Photoshop 图像处理的工具、命令，内容非常全面。同时本书采用“知识点+实例+综合实例”的模式编写，符合学习者的学习规律。

（2）实例丰富，注重实操和基础理论相结合。在基础理论的基础上，配备大量的实例，设计实例与行业前沿动态相结合，突出应用能力的培养和训练。

（3）注重设计思维的培养。书中素材和实例的选取力求精美，注重实例作品体现的思想价值，即不仅注重形式美也注重思想价值美。

（4）配套资源丰富。本书配备了大量的同步教学视频，涵盖全书所有实例，使学习更轻松、高效，可通过扫描书中相应二维码观看。另外本书还提供相应的素材源文件及相关的软件学习资源、艺术设计资源等。

鉴于编者水平有限，书中难免存在疏漏和不足之处，恳请读者批评指正。书中所提到的实例均配有相应原始素材，以方便学习者更好地参照章节所述实例进行实操学习。

本书由李清玲担任主编，负责全书的统稿、修改、定稿工作；孙征、黄蓉、周瑞乾担任副主编。本书主要编写人员分工如下：李清玲编写第 1、2、8、9、11 章，孙征编写第 4、10

章，黄蓉编写第 5、7 章，周瑞乾编写第 3、12 章，王楠编写第 6 章。为确保知识的丰富性和完整性，同时联手行业企业进行校企联合编写，为内容的时效性和应用性提供保障，在此感谢相关设计公司对本书内容的编排、实例的选取与设计等提出的宝贵意见。另外，感谢中国水利水电出版社的有关负责同志对本书的出版给予了大力支持。在本书的编写过程中参考了国内数字图像处理文献资料，在此，仅向这些著作者及为本书出版付出辛勤劳动的同志表示感谢。

编 者

2023 年 10 月

目　录

第 1 章　Photoshop 基础知识及文件操作

本章导读

Photoshop 是一款功能强大的图像处理软件，初学者了解 Photoshop 图像处理的基础知识和文件操作是学习 Photoshop 处理图像的基础。本章主要的学习内容包括图像种类、像素和分辨率、图像颜色模式、图像文件格式等基本概念；Photoshop 工作界面的构成、工作界面的调整方法、图像窗口的排列调整方法，Photoshop 文件操作的基本方法和应用。

本章要点

- Photoshop 基础知识
- Photoshop 2023 工作界面
- Photoshop 2023 文件操作

1.1　Photoshop 基础知识

图像种类、像素和分辨率、图像颜色模式、图像文件格式是 Photoshop 图像处理的基本概念和知识。

1.1.1　图像种类

计算机图像分为两大类：位图和矢量图，如图 1-1 所示。

（a）位图　　（b）矢量图

图 1-1　位图和矢量图

1．位图

位图图像由许多小方块组成，这些小方块被称为像素，每个像素点都有特定的位置和颜色值。位图图像可以通过数码相机、扫描仪等获得，也可以通过图像设计软件生成，如 Photoshop。位图和分辨率有着直接的联系，分辨率大的位图的清晰度高，其放大倍数也相应增加。使用缩放工具放大图像后，可清晰看到像素的小方块的形状与颜色。当位图的放大倍数超过其最佳分辨率时，会出现细节丢失，并产生锯齿状边缘的情况。位图存储时占用的空间大，但是能够记录足够多的图像信息，能够呈现逼真和色彩丰富的图像效果。位图的文件类型有很多，如 BMP、GIF、JPG、TIF、PSD 等。

2. 矢量图

矢量图是一种基于图形的几何特性来描述的图像。

矢量图

1.1.2 像素和分辨率

1. 像素

在 Photoshop 中，像素是图像的基本组成单位。它是一个有颜色的小方块，图像由许多小方块组成，以行或列的方式排列。图像的局部被放大后，可以看到像素，如图 1-2 所示。

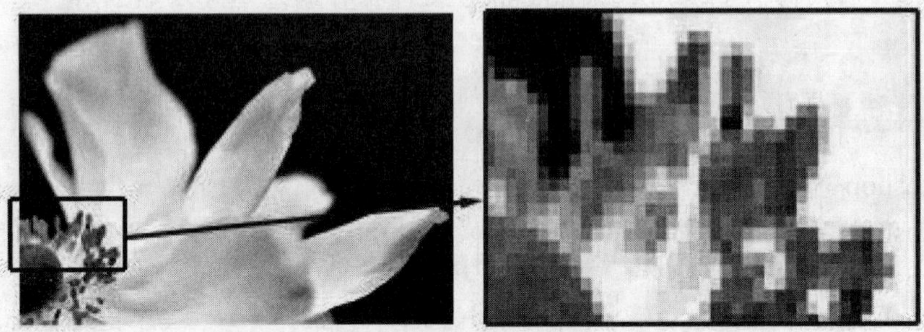

图 1-2 像素正常和局部放大显示效果

2. 分辨率

位图图像的分辨率是指位图图像中的细节精细程度，测量单位是像素/英寸（Pisels Per Inch，PPI），每英寸的像素越多，图像分辨率就越高。分辨率有显示分辨率、图像分辨率及设备分辨率。

分辨率

1.1.3 图像颜色模式

图像颜色模式是指图像在显示或打印输出时定义颜色的不同方式。同一幅图像转换为不同的色彩模式时会呈现出不同的显示效果。图 1-3 分别是一幅图像的 RGB 模式、灰度模式和位图模式的颜色显示效果。

（a）RGB 模式　（b）灰度模式　（c）位图模式

图 1-3 RGB 模式、灰度模式、位图模式

1．位图模式

位图模式只有两种颜色值：黑色和白色。通常用来创建线条图和数字半色调图。位图图像的每个像素仅包含一位信息，图像文件的存储空间很小。

2．灰度模式

灰度模式，用来显示灰度图像，像素的明度范围是 0（黑色）～225（白色），共包含 256 种可能的灰度值。

3．CMYK 模式

CMYK 模式是基于印刷的颜色模式。CMYK 代表了印刷上采用的 4 种油墨颜色：C 代表青色（Cyan），M 代表洋红色（Magenta），Y 代表黄色（Yellow），K 代表黑色（Key）。CMYK 颜色模式是打印全彩图像的颜色系统。

4．RGB 模式

RGB 模式是显示模式，它通过红、绿、蓝 3 种色光相叠加而形成更多的颜色，它是彩色模式。一幅 24bit 的 RGB 图像有 3 个色彩信息的通道：红色（R）、绿色（G）和蓝色（B）。每个颜色通道包含 256 种亮度值，每个通道的亮度值可以被赋予 0（黑色）～255（白色）之间的某个值。通常还会有一个 RGB 通道，将颜色信息组合为全彩色图像。

5．其他颜色模式

除上面几种常用的颜色模式外，还有索引模式、LAB 模式、HSB 模式、多通道模式等。

其他颜色模式

6．颜色模式的注意事项及模式间的转换

（1）不同颜色模式的应用领域不同：RGB 模式主要用于显示设备；CMYK 模式主要用于印刷品；LAB、HSB 模式主要用于色调调整。

（2）一幅彩色图像，必须先转换为灰度图像，然后才能转换为位图模式。不能直接将彩色图像直接转换为位图模式。

（3）在 Photoshop 中可以根据需要进行颜色模式转换。在 Photoshop 软件中打开需要转换的图像文件，选择“图像”→“模式”→“位图”/“灰度”/“RGB 颜色”/“CMYK 颜色”即可。

1.1.4 图像文件格式

用 Photoshop 编辑图像后，需要对制作完成的文件进行存储，将其存储为合适的图像文件十分重要。Photoshop 常用的图像文件格式有以下几种。

1．PSD 格式

PSD 格式是 Photoshop 软件自身的专用文件格式，它能够保存图像数据的细节部分，如图层、蒙版、通道等，以及其他 Photoshop 对图像进行特殊处理的信息。在没有最终决定图像存储的格式前，最好先以这种格式存储。Photoshop 打开和存储这种格式的文件较其他格式更快。

2．TIF（TIFF）格式

TIF 是标签图像格式。TIF 格式对于色彩通道图像来说具有很强的可移植性，它可以用于个人计算机（Personal Computer，PC）、Macintosh 和 UNIX 工作站等 3 个平台，是这 3 个平台上使用最广泛的绘图格式。

3. JPEG（JPG）格式

JPEG 格式是 Photoshop 支持的一种文件格式，也是一种压缩方案。JPEG 格式的压缩比例大，但它是有损压缩。在 Photoshop 中，有低、中、高和最高 4 种图像压缩品质可供选择。高质量保存的图像比以其他质量保存的图像占用更大的磁盘空间，选择低质量保存的图像则会损失较多数据，占用的磁盘空间较少。

4. PNG 和 EPS 格式

PNG 格式的主要特点是支持 24 位图像且能产生无锯齿状边缘的透明背景。EPS 格式支持 Photoshop 中所有的颜色模式，可以用来存储位图和矢量图。在存储位图时，还可以将图像的白色像素设置为透明的效果，EPS 格式在位图模式下也支持透明效果。

1.2 Photoshop 2023 工作界面

1.2.1 初识 Photoshop 2023 工作界面

Photoshop 2023 工作界面中包含菜单栏、工具选项栏、图像窗口、工具箱、状态栏，以及面板等组件，如图 1-4 所示。

图 1-4 Photoshop 2023 工作界面

1. 菜单栏

Photoshop 2023 的菜单栏上包含可以执行的各种命令，按照编辑和管理图像的命令功能分成 12 个菜单项：“文件”“编辑”“图像”“图层”“文字”“选择”“滤镜”“3D”“视图”“增效工具”“窗口”“帮助”。

菜单栏

2. 工具选项栏

工具选项栏位于菜单栏的下方，其内容根据选择的工具不同而有所改变。单击工具箱中的任意工具按钮后，选项栏就会变成相应工具的属性设置选项栏。工具选项栏可以任意移动位置：将鼠标指针移动到工具选项栏最左端，按住鼠标左键不放，然后拖动鼠标即可。

3. 图像窗口

图像窗口是图像文件的显示区域，也是编辑或处理图像的区域。图像窗口上方是图像窗口的标题栏，它表示这个图像文件的名称、文件的格式、显示比例、颜色模式和图层状态，对图像所进行的各种编辑均是在这里进行的。

4. 工具箱

工具箱位于工作界面左侧。把鼠标移动到需要使用的工具按钮上时，单击即可使用该工具。如果工具按钮右下角有一个黑色三角符号，则代表该工具还有弹出式的工具。在该工具按钮上按住鼠标左键不放，即可弹出其他工具按钮，或者按住 Alt 键，单击工具按钮即可直接切换不同的工具。工具箱的位置可以任意改变，只需将鼠标指针定位在工具箱上方的蓝色区域，拖动鼠标即可。有时为了编辑的方便，需要隐藏工具箱。执行“窗口”→“工具”命令即可隐藏工具箱。

5. 状态栏

状态栏位于工作界面的下方，用来显示图像文件的信息。

6. 面板

面板一般浮动在工作界面的右侧，包括导航器、信息、颜色、色板、样式、图层、通道、路径、历史记录等调板。可以根据需要显示或隐藏它们，或者将它们放置在屏幕的任意位置。

1.2.2 Photoshop 2023 工具界面的调整

Photoshop 的工作界面可以根据需要进行调整，包括工作区的设置、图像窗口的排列等操作。

1. 工作区的设置

执行“窗口”→“工作区”命令，在弹出的下拉菜单中，选择对应的命令对工作区进行设置，如图 1-5 所示。

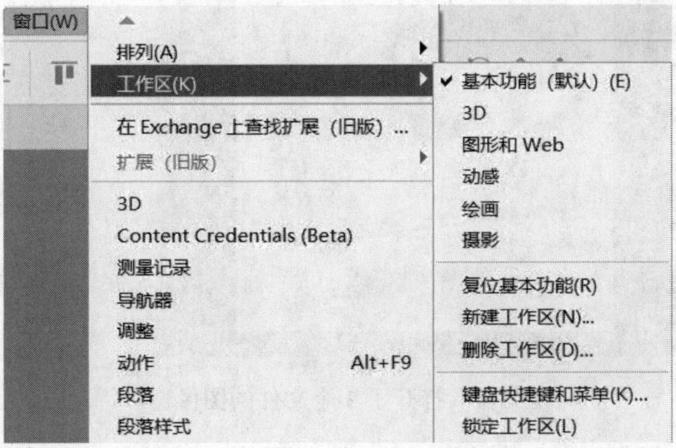

图 1-5 工作区子菜单命令

2. 图像窗口的排列

执行“窗口”→“排列”命令，在下拉菜单中选择图像排列方式，如图 1-6 所示。

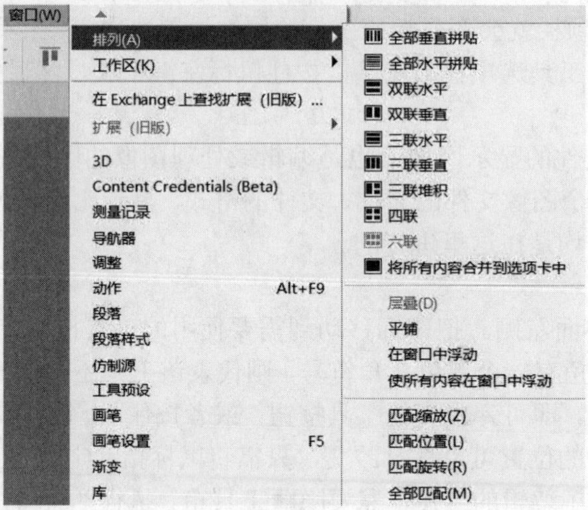

图 1-6 “排列”子菜单命令

工作界面实例

1.2.3 Photoshop 2023 工作界面实例

实例描述：通过实例操作，读者认识了 Photoshop 2023 的工作界面，熟练掌握软件工作区的调整、切换、复位等，以及图像文件的各种排列方式的操作方法。

操作步骤如下。

（1）启动 Photoshop，依次执行“文件”→“打开”命令，顺序打开 1、2、3 三个素材图像文件，可以看到这 3 个文件依次位于一个选项卡内，并按照顺序排列，第 3 个打开的文件为当前文件，如图 1-7 所示。

图 1-7 打开了 3 个文件的图像窗口

（2）单击素材 1 图像文件标签栏，把素材 1 图像文件切换为当前文件，在标题栏处按住鼠标左键，向下向右拖动素材 1 图像文件，使其脱离原来的选项卡状态，如图 1-8 所示。

（3）执行“窗口”→“图层”命令，如图 1-9 所示，“图层”命令从选中状态变为关闭状态，工作区界面右下角的“图层”面板被关闭，如图 1-10 所示。

图 1-8　拖动素材 1 图像文件脱离选项卡的图像窗口

图 1-9　选择“图层”命令

图 1-10　工作界面右下角的“图层”面板被关闭

（4）再次执行“窗口”→“图层”命令，打开“图层”面板。

（5）在工作界面左边工具箱顶部的选项卡处按住鼠标左键，将其拖动到工作界面的任意位置后释放鼠标左键，工具箱被拖动到一个新的位置，如图 1-11 所示。

图 1-11　移动后的工具箱

（6）同理，在“图层”面板处按住鼠标左键，将其拖动到任意位置后释放鼠标左键，“图层”面板被拖动到一个新的位置，如图 1-12 所示。

图 1-12　移动后的“图层”面板

（7）执行“窗口”→“工作区”→“复位基本功能”命令，复位为基本功能界面，如图 1-13 所示。

（8）分别单击并拖动素材 2、素材 3 图像文件标题栏，使其脱离原来的选项卡到新的窗口位置，如图 1-14 所示。

（9）执行“窗口”→“排列”→“将所有内容合并到选项卡中”命令，如图 1-15 所示，观察到 3 个图像文件又被排列到一个选项卡中了，如图 1-7 所示。

图 1-13　复位后的工作界面

图 1-14　素材文件被移动后的界面

图 1-15　选择“将所有内容合并到选项卡中”命令

（10）执行“窗口”→“排列”→“全部水平拼贴”命令，观察到 3 个图像文件被垂直拼贴，如图 1-16 所示。

图 1-16　水平拼贴窗口中图像的显示状态

（11）分别执行“窗口”→“排列”→“全部垂直拼贴”/“三联水平”命令，观察 3 个图像文件的排列状态。

1.3 文件操作

Photoshop 支持多种图像文件格式的操作，还可以实现不同图像文件格式之间的相互转换。Photoshop 中主要的文件操作包括新建、打开、保存和关闭图像文件。

1.3.1 文件基本操作

1. 新建图像文件

新建图像文件的方式有以下 3 种。

（1）使用“新建”命令（快捷键 Ctrl+N）。执行“文件”→“新建”命令，如图 1-17 所示。在弹出的“新建文档”对话框中对文件进行设置，单击“创建”按钮创建预设的图像文件，如图 1-18 所示。

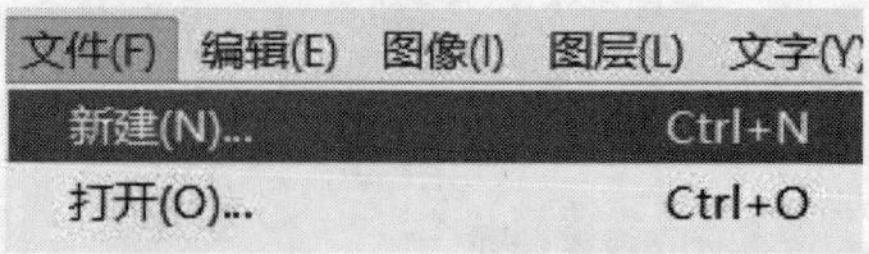

图 1-17　“新建”命令

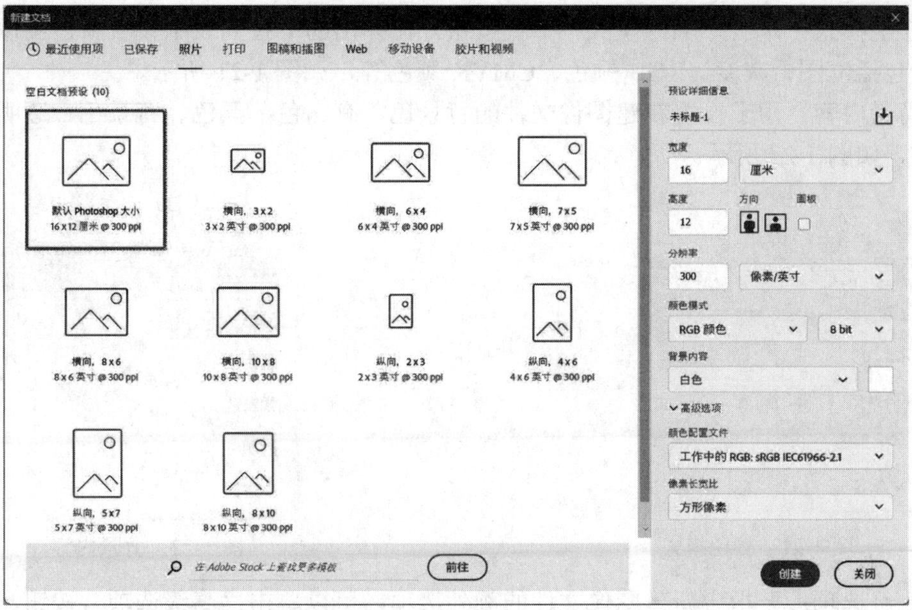

图 1-18　“新建文档”对话框

类别选项卡：在“新建文档”对话框最上面一行中，设置有常用或固定的图像应用文件类别，如照片、打印、图稿和插图、Web、移动设备及胶片和视频，可以直接单击选项卡，在打开的对应类别中选择合适的文件类型。

预设详细信息：在“新建文档”对话框右边显示了选择的预设文件的详细信息，例如该文件的宽度、高度、方向、画板、分辨率、颜色模式等信息；在预设基础上，可以根据需要在栏中修改新建文件的参数，自定义设置新建图像文件。

① 宽度和高度：设置文件的宽度和高度。此选项用来设置图像文件宽、高的数值和对应的单位，单击单位下拉按钮，在展开的下拉列表中可以看到像素、英寸、厘米、毫米、点和派卡等多种度量单位，如图 1-19 所示。

② 方向：指定文件的页面方向，有横向或纵向。

③ 画板：如果希望文件中包含画板，则可以选择此选项，会在创建文件时添加一个画板。

④ 分辨率：对文件的分辨率的数值和单位进行设置，如图 1-20 所示。

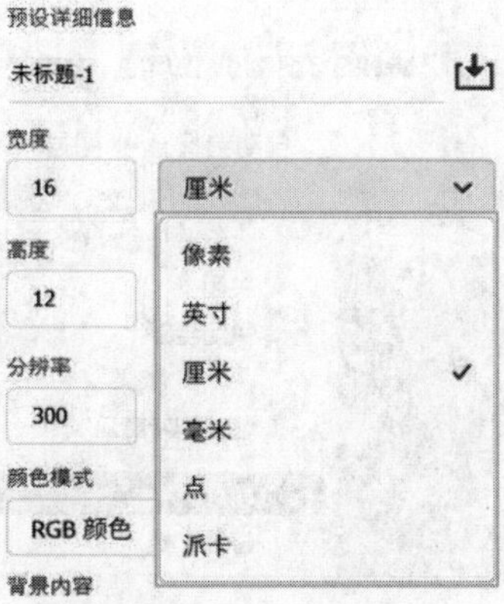

图 1-19　宽度和高度

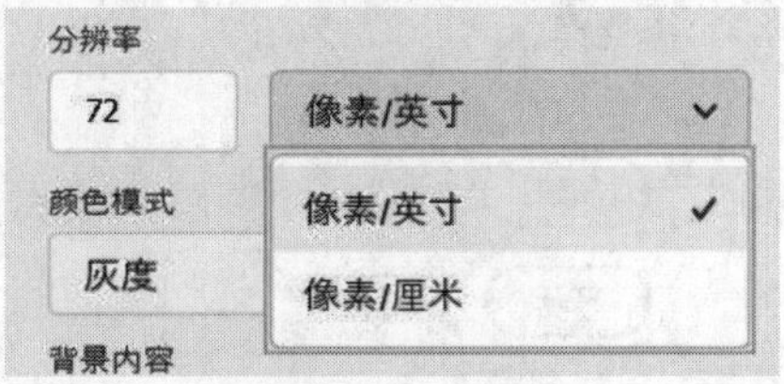

图 1-20　分辨率

⑤ 颜色模式：单击“颜色模式”下拉按钮，在弹出的下拉列表中设置新建图像文件的颜色模式，包括位图、灰度、RGB 颜色、CMYK 颜色等，如图 1-21 所示。

⑥ 背景内容：用于设置新建图像文件的背景色，有白色、黑色、背景色、透明及自定义几个选项，如图 1-22 所示。

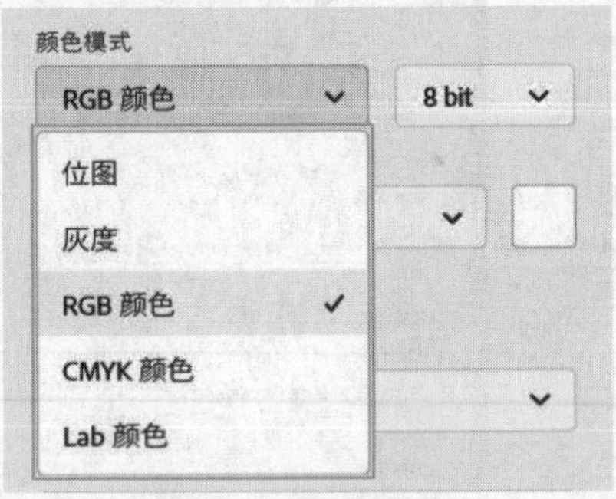

图 1-21　颜色模式

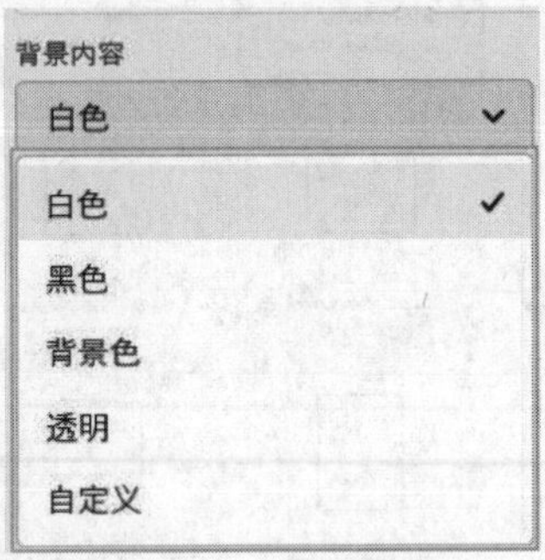

图 1-22　背景内容

⑦ 高级选项：要指定新建图像文件的额外选项，可以单击“高级选项”按钮，在打开的界面中设置“颜色配置文件”（从各种选项中指定颜色配置文件），“像素长宽比”（指定一帧中单个像素的宽度与高度的比例），如图 1-23 所示。

图 1-23　高级选项

（2）单击开始工作区的“新建”按钮。启动 Photoshop 之后，单击开始工作区中的“新建”按钮，直接打开“新建文档”对话框，进行新建图像文件设置，如图 1-24 所示。

（3）右击已在 Photoshop 中打开的某个图像文件的选项卡，然后从快捷菜单中选择“新建文档”命令，新建图像文件，如图 1-25 所示。

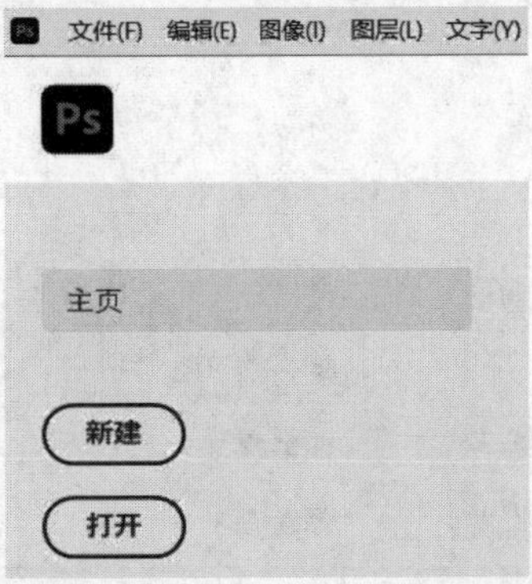

图 1-24　开始工作区中的“新建”按钮

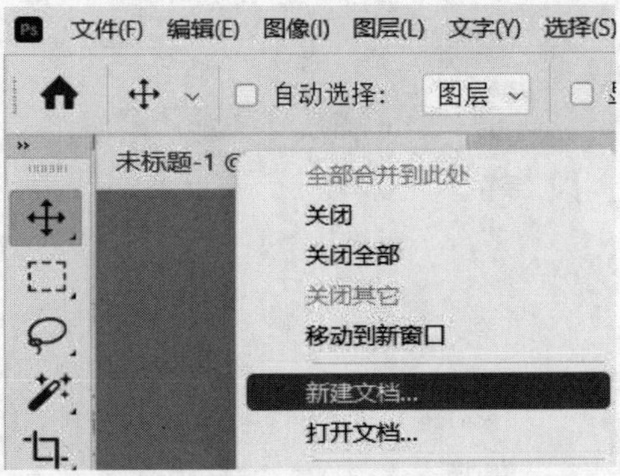

图 1-25　图像文件选项卡的快捷菜单命令

2. 打开图像文件

打开图像文件的常用方式主要有以下 5 种。

（1）使用“打开”命令（快捷键 Ctrl+O）。执行“文件”→“打开”命令，如图 1-26 所示，弹出“打开”对话框。在弹出的“打开”对话框中，搜索图像文件路径和文件，确认文件类型和名称，或者通过预览略图选择文件，单击“打开”按钮，或者直接双击文件名，即可打开所指定的图像文件。

图 1-26 “打开”命令

（2）使用“打开为”命令（快捷键 Ctrl+Alt+Shift+O）。执行“文件”→“打开为”命令，打开一些没有扩展名的图像文件（通常这些文件的格式是未知的）。

（3）使用“最近打开文件”命令。执行“文件”→“最近打开文件”命令，打开用户最近处理过的被记录的图像文件。

（4）单击开始工作区的“打开”按钮，快速打开浏览窗口。

（5）拖动图像文件到启动程序，可直接打开图像文件。

3. 保存图像文件

保存图像文件的常用方式主要有以下 3 种。

（1）使用“保存”命令（快捷键 Ctrl+S）。执行“文件”→“存储”命令，弹出“存储为”对话框，在对话框中输入文件名，选择文件格式，单击“保存”按钮，即可保存图像文件，如图 1-27、图 1-28 所示。

图 1-27 “存储”命令

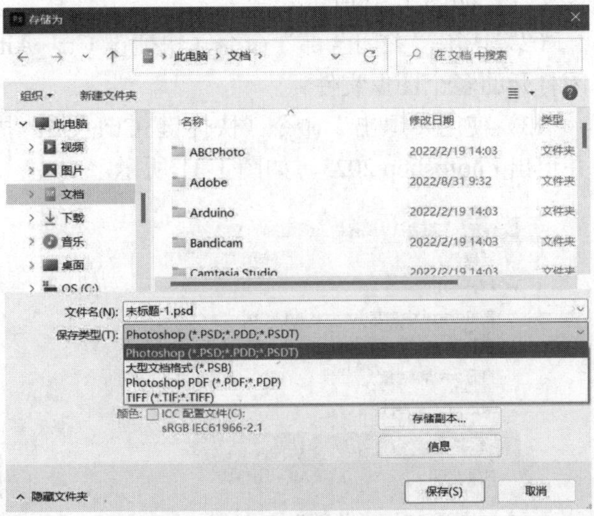

图 1-28 “存储为”对话框

再次对已保存的当前图像文件进行各种编辑操作后，选择“存储”文件命令，系统直接保存图像文件为原来的文件名、文件格式和文件路径，不再弹出“存储为”对话框。在保存图像文件时，如果有多个图层，则“保存类型”只有图1-28中的4种。

（2）使用“存储为”命令（快捷键 Ctrl+Shift+S）。执行“文件”→“存储为”命令，弹出“存储为”对话框，通过“存储为”命令，可以把当前图像存储为不同的文件名、不同的存储路径或不同的文件类型。在存储图像文件时，如果只有一个图层，则“保存类型”下拉列表如图1-29所示。

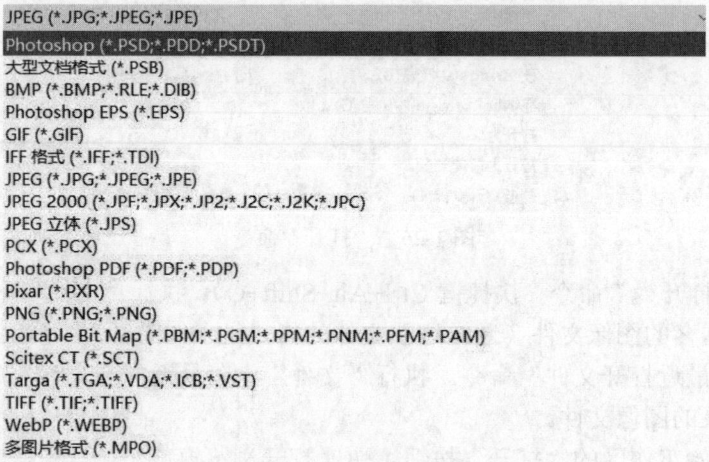

图1-29 “保存类型”下拉列表

（3）使用“存储副本”命令（快捷键 Ctrl+Alt+S）。在编辑图像时，图像文件格式需要保存为除图1-28中4种格式外的其他图像文件格式，可以使用“存储副本”命令存储图像。

4. 关闭文件

关闭图像文件的常用方式主要有以下3种。

（1）使用“关闭”命令（快捷键 Ctrl+W）。执行“文件”→“关闭”命令，关闭当前的图像文件，如图1-30所示。

（2）使用“关闭全部”命令（快捷键 Ctrl+Alt+W）。执行“文件”→“关闭全部”命令，关闭打开的多个图像文件。

（3）使用“退出”命令（快捷键 Ctrl+Q）。执行“文件”→“退出”命令，关闭图像文件并退出 Photoshop 2023，如图1-31所示。

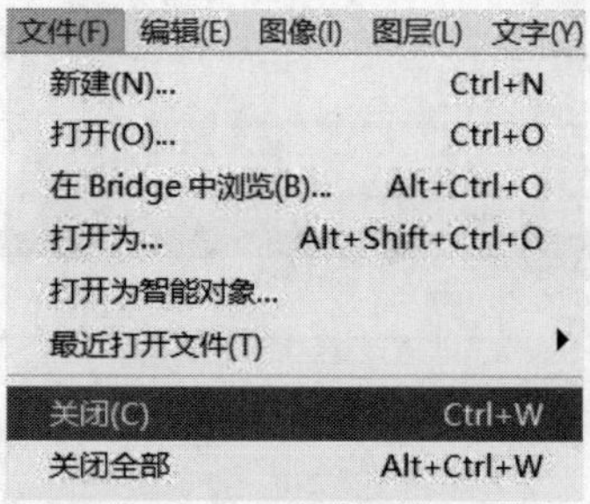

图1-30 “关闭”命令

图1-31 “退出”命令

1.3.2　文件基本操作实例

文件基本操作实例

实例描述：通过实例操作，读者了解并掌握 Photoshop 图像文件基本操作方法。

操作步骤如下。

（1）启动 Photoshop，执行“文件”→“新建”命令，打开“新建文档”对话框，选择“照片”选项卡，选择“默认 Photoshop 大小 12×16 厘米@300PPI”，单击该对话框右下角的“创建”按钮，创建图像文件，如图 1-32 所示。

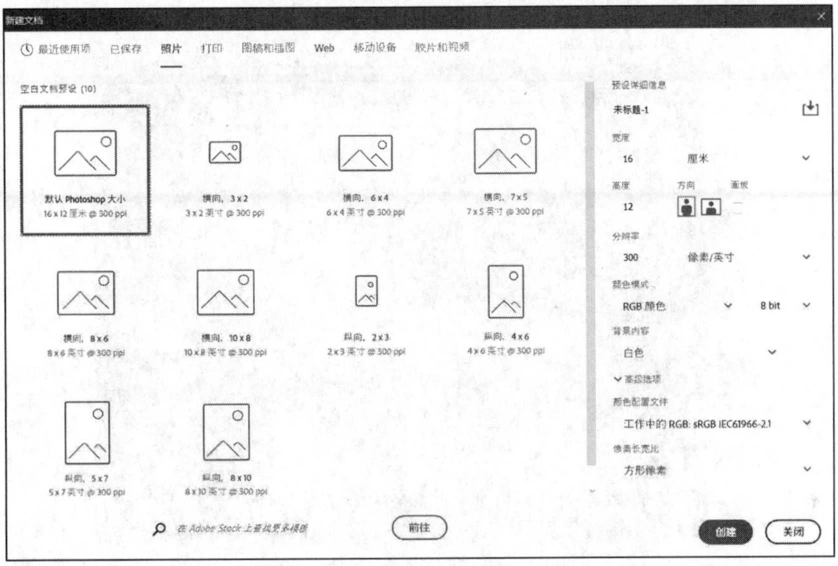

图 1-32　“新建文档”对话框

（2）执行“文件”→“打开”命令，弹出“打开”对话框，选择素材 4 图像文件，单击该对话框右下角的“打开”按钮，在图像窗口中打开该图像文件，如图 1-33 所示。

图 1-33　打开的素材 4 图像文件

（3）执行“选择”→“全部”命令（快捷键 Ctrl+A），如图 1-34 所示，则当前图像文件四周出现蚂蚁线选区的状态，表示全选当前图像文件，如图 1-35 所示。

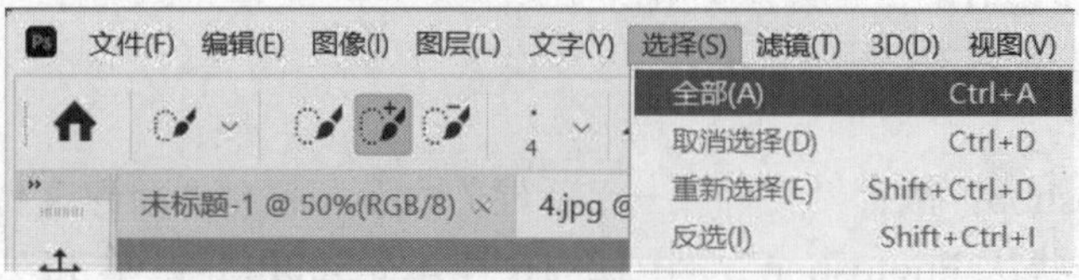

图 1-34 “全部”命令

图 1-35 图像文件全选状态

（4）执行“编辑”→“拷贝”命令（快捷键 Ctrl+C），如图 1-36 所示，复制选区中的图像内容。

（5）执行“文件”→“关闭”命令，如图 1-37 所示，关闭素材 4 图像文件。

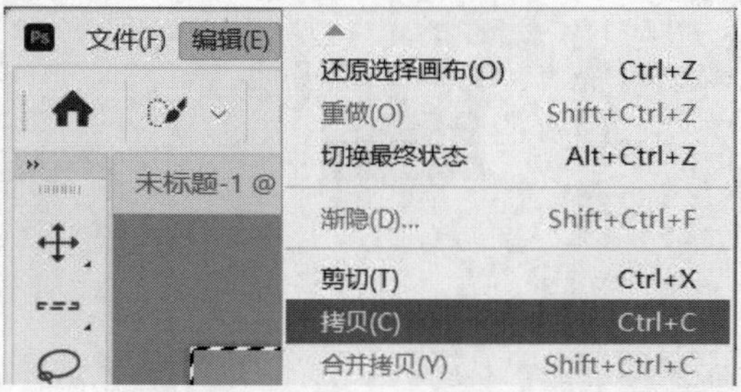

图 1-36 “拷贝”命令

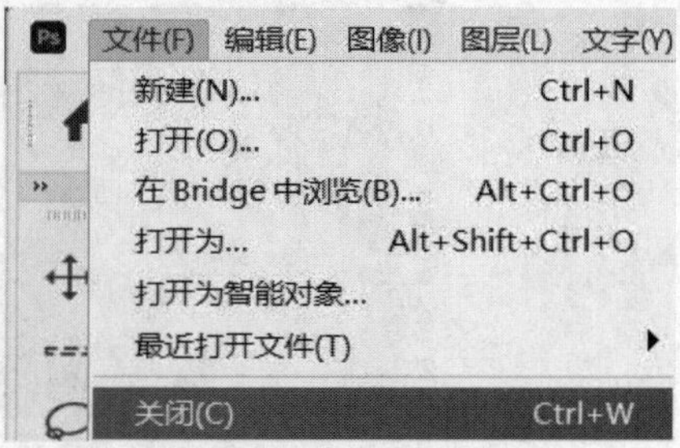

图 1-37 “关闭”命令

（6）执行“编辑”→“粘贴”命令（快捷键 Ctrl+V），如图 1-38 所示，把刚复制的图像内容粘贴到新建图像文件中，如图 1-39 所示。

（7）执行“文件”→“打开”命令，弹出“打开”对话框，选择素材 5 图像文件，单击该对话框右下角的“打开”按钮，打开该图像文件，如图 1-40 所示。

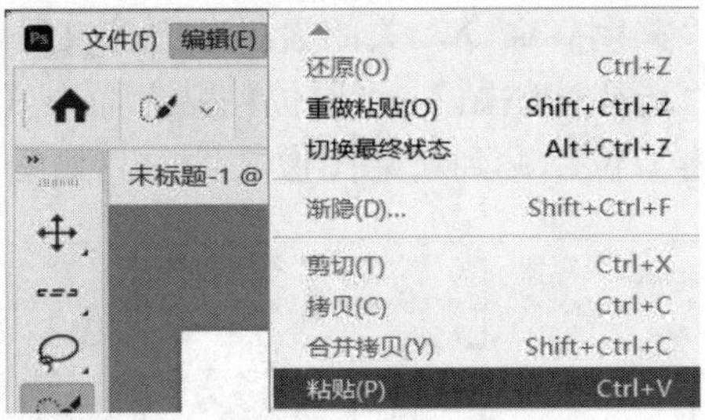

图 1-38 “粘贴”命令

图 1-39 粘贴后的图像窗口

图 1-40 打开的素材 5 图像文件

（8）执行“选择”→“全部”命令，全选素材 5 图像文件。

（9）执行“编辑”→“拷贝”命令，复制当前选区中的图像内容。

（10）执行“文件”→“关闭”命令，关闭素材 5 图像文件。

（11）执行“编辑”→“选择性粘贴”-“原位粘贴”命令（快捷键 Ctrl+Shift+V），如图 1-41 所示，将复制的图像内容原位粘贴到新建图像文件中，如图 1-42 所示。

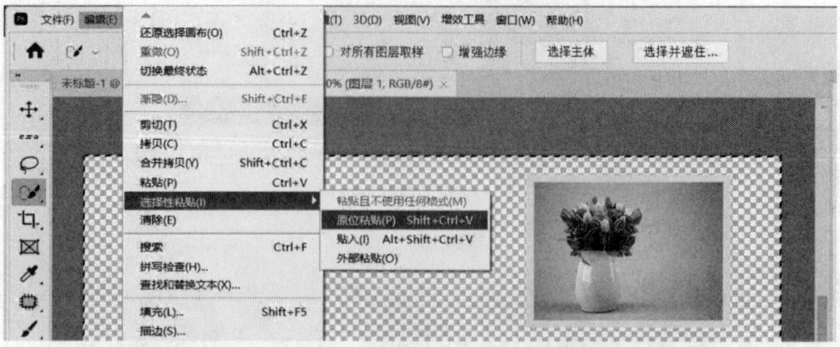

图 1-41　“原位粘贴”命令

图 1-42　原位粘贴后的图像窗口

（12）同理，分别打开素材 6、7 图像文件，把素材 6、7 图像文件中的图像原位粘贴到新建图像文件中，之后依次关闭素材 6、7 图像文件，粘贴后的图像窗口如图 1-43 所示。

图 1-43　将素材 6、7 图像文件原位粘贴后的图像窗口

（13）执行“文件”→“存储”命令，打开“存储为”对话框，选择图像文件的存储路径，在“文件名”中设置文件名为“文件基本操作”，默认“保存类型”不变，单击“保存”按钮，保存该图像文件为 PSD 格式。

（14）执行“文件”→“存储为”命令，打开“存储为”对话框，选择图像文件的存储路径，在“文件名”中设置文件名为“文件基本操作”，在“保存类型”下拉列表中，选择 TIFF 格式，单击“保存”按钮，保存该图像文件为 TIFF 格式。

（15）执行“文件”→“存储副本”命令，打开“存储副本”对话框，选择图像文件的存储路径，在“文件名”中设置文件名为“文件基本操作”，在“保存类型”下拉列表中，选择 JPEG 格式，单击“保存”按钮，保存该图像文件为 JPEG 格式。

（16）执行“文件”→“关闭”命令，关闭该图像文件。

（17）打开存储这 3 个图像文件的文件夹，查看这 3 个文件，如图 1-44 所示。

图 1-44　存储的 3 个图像文件

习　　题

第 1 章习题答案

一、填空题

1．组成位图图像的基本单位是__________。

2．Photoshop 默认的图像文件格式是__________格式。

3．Photoshop 中，__________图像格式支持动画。

4．在 Photoshop 中，要创建一个电子相册文件，图像的颜色模式应设置为__________模式，分辨率一般是__________像素/英寸。

5．在 Photoshop 中，要创建一个印刷的画册文件，图像的颜色模式应设置为__________模式，分辨率一般是__________像素/英寸以上。

二、单选题

1．下列选项中，“新建”命令的快捷键为（　　）。

A．Ctrl+N　　B．Ctrl+R　　C．Ctrl+O　　D．Ctrl+S

2．下列选项中，“打开”命令的快捷键为（　　）。

A．Ctrl+N　　B．Ctrl+S　　C．Ctrl+O　　D．Ctrl+W

3．下列无法在“新建文档”对话框中设置的参数是（　　）。

A．高度、宽度和分辨率　　B．背景颜色

C．颜色模式　　D．标尺单位

4．将一打开的图像文件中的一个选中图层内容移入另外一个打开的图像文件中，“全部”“拷贝”“粘贴”操作的快捷键分别是（　　）。

A．Ctrl+A、Ctrl+C、Ctrl+V　　B．Ctrl+C、Ctrl+A、Ctrl+V

C．Ctrl+V、Ctrl+C、Ctrl+A　　D．Ctrl+C、Ctrl+V、Ctrl+A

5．在 Photoshop 中，一幅 RGB 模式的图像不能直接转换成（　　）模式。

A．CMYK　　B．灰度　　C．位图　　D．索引

三、操作题

使用素材 8～素材 10，如图 1-45 所示，结合本章所学知识，制作如图 1-46 所示的图像效果，并分别存储为 PSD、JPEG、PNG 格式的文件，查看并比较这 3 个图像文件的大小。

图 1-45　素材文件

图 1-46　图像效果

第 2 章　Photoshop 基本操作

本章导读

在用 Photoshop 编辑处理图像时，经常需要设置前景色和背景色，移动和变换图像的图层内容或选区内容，借助辅助工具辅助图像、根据需要对图像大小及画布大小进行适当的调整等操作，这些操作是最常用的，需要首先了解和掌握它们的使用方法和技巧。本章主要的学习内容包括设置颜色、移动和变换操作、辅助工具、图像大小和画布大小等操作方法和应用。

本章要点

- 设置颜色
- 移动和变换操作
- 辅助工具
- 图像大小和画布大小

2.1　设 置 颜 色

Photoshop 提供了拾色器、“颜色”面板、“色板”面板、吸管工具等颜色设定方式来设置前景色和背景色，可以根据需要选择适合的颜色设置方法。

2.1.1　拾色器

在工具箱中提供了用于颜色设置的拾色器，如图 2-1 所示。默认的前景色为黑色，背景色为白色。单击“前景色和背景色切换”按钮（快捷键 X），互换前景色和背景色；单击“默认前景色和背景色”按钮（快捷键 D），恢复默认的黑色前景色和白色背景色。

图 2-1　拾色器

单击“前景色”或“背景色”按钮，打开“拾色器（前景色）”或“拾色器（背景色）”对话框，两个对话框的界面和参数设置是一样的，如图 2-2 所示为打开的“拾色器（前景色）”对话框，打开的“拾色器（背景色）”对话框和“拾色器（背景色）”对话框。

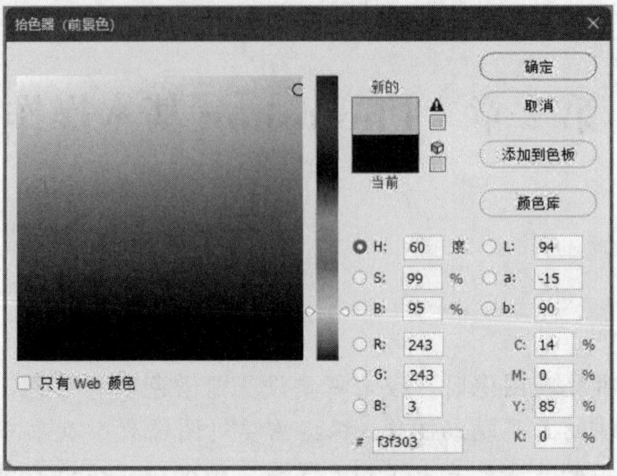

图 2-2　“拾色器（前景色）”对话框

（1）直接输入颜色值：对话框右下部提供了 HSB、RGB、Lab、CMYK 和二进制等颜色模式，可以输入对应的数值指定颜色。

（2）颜色滑块：对话框中间的彩色长条是“颜色滑块”，单击或拖动滑块左、右两个空心三角形，可以设置颜色的色相；然后在对话框左侧的颜色框中，单击可以设置对应色相的不同饱和度和亮度的颜色。

（3）如果勾选对话框左下角的“只有 Web 颜色”复选框，则选取的颜色都是 Web 安全色。

（4）对话框右侧上方有两个颜色色块，其中上面的颜色色块是“新的”，显示当前新选择的颜色；下面的颜色色块是“当前”，显示原始颜色。

（5）在选取颜色时，如果颜色色块右侧出现图标，表示此颜色在打印时将超出色域，即在 CMYK 模式下无法正常显示。在图标下方方框中显示了最接近此颜色的 CMYK 颜色值，可以用该颜色替换当前所选的颜色。在选取颜色时，如果颜色色块右侧出现图标，表示此颜色不是 Web 安全色，即图片在 Web 网页上无法准确地显示，在图标下方显示了最接近的 Web 安全色，用户可以用该颜色替换当前所选颜色。

（6）颜色库：单击对话框右侧中间的“颜色库”按钮，打开“颜色库”对话框，如图 2-3 所示。在“色库”下拉列表中共有 27 种色库，这些颜色库是国际公认的色样标准。选择一种色库后，通过中间的滑块可以调整色域，单击对话框左侧颜色框中的颜色条可以选择颜色。单击“拾色器”按钮可以返回到“拾色器（前景色）”或“拾色器（背景色）”对话框。

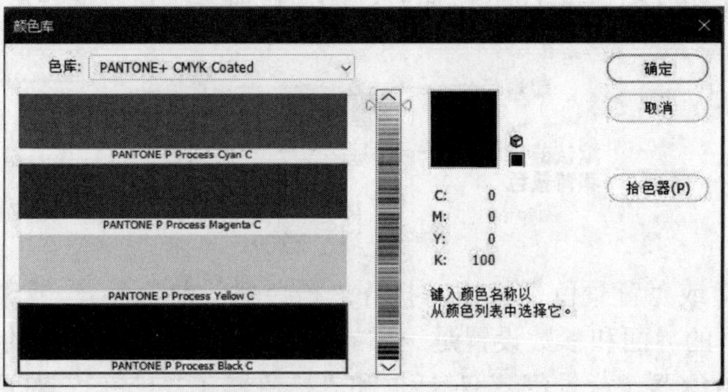

图 2-3　“颜色库”对话框

2.1.2 “颜色”面板

“颜色”面板

执行“窗口”→“颜色”命令（快捷键 F6），打开“颜色”面板，默认状态下，“颜色”面板在图像窗口的右上部。“颜色”面板显示了当前的前景色和背景色的值，如图 2-4 所示。

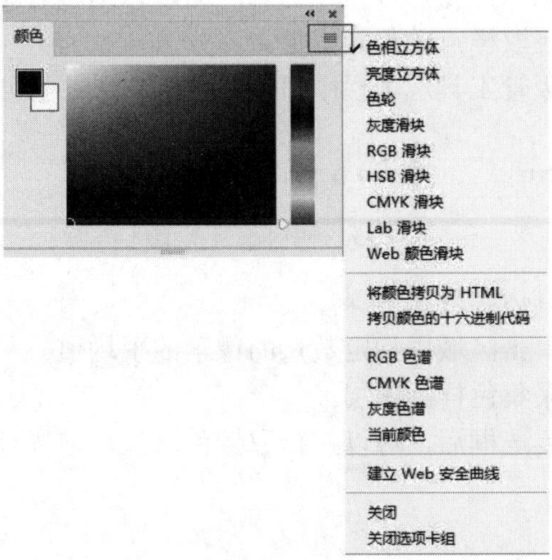

图 2-4　“颜色”面板及下拉菜单

2.1.3 “色板”面板

“色板”面板

执行“窗口”→“色板”命令，打开“色板”面板，如图 2-5 所示。默认情况下，色板有 9 组，单击每组最左边的“展开”按钮，打开对应色板组的色板，单击色板中的一种颜色即可将其设置为前景色；按住 Alt 键并单击可将选中的颜色设置为背景色。

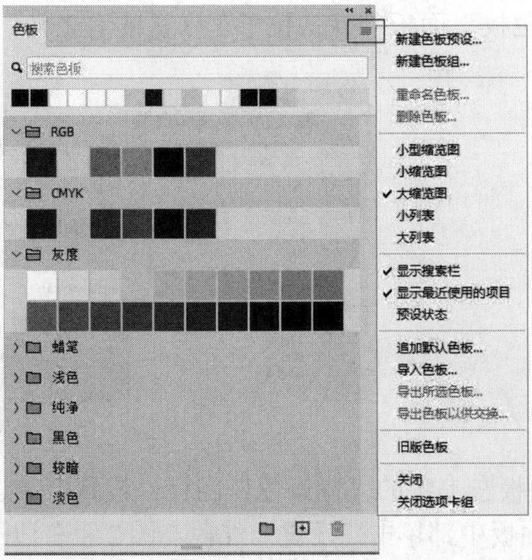

图 2-5　“色板”面板和下拉菜单

2.1.4 吸管工具

单击工具箱里的吸管工具（快捷键 I），在打开的图像文件的任意位置处单击，可以把单击处的颜色变为前景色并保存在“色板”面板中。如果在单击的同时按住 Alt 键，则可以将该颜色设置为新的背景色。

执行“窗口”→“信息”命令，打开“信息”面板，用吸管工具在图像中移动，“信息”面板中会显示出光标相对应取样点的色彩信息。

选择吸管工具后，在吸管工具选项栏中可以设置取样大小和样本，如图 2-6 所示。

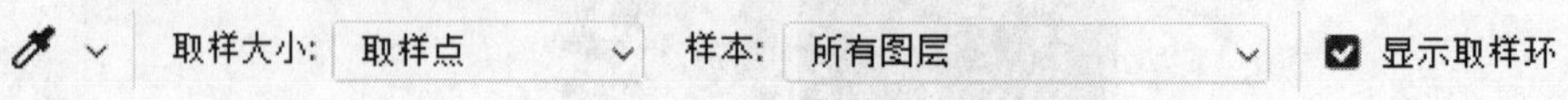

图 2-6　吸管工具选项栏

吸管工具选项栏中的具体参数如下。

取样大小：可以读取单击区域内指定数量的像素的平均值。

样本：可以设置文档采集色样的图层。

显示取样环：勾选该复选框后，可以在拾取颜色时显示取样环。

2.1.5 颜色设置实例

颜色设置实例

实例描述：通过实例操作，使读者了解 Photoshop 前景色/背景色的设置方式，熟练掌握各种颜色设置的方法。

操作步骤如下。

（1）启动 Photoshop，执行“文件”→“打开”命令，打开第 2 章中的素材 1 图像文件，如图 2-7 所示。

（2）单击工具箱中拾色器的“默认前景色和背景色”按钮，观察到前景色和背景色已经被设置为默认的黑色前景色和白色背景色。

（3）执行“窗口”→“工作区”→“复位基本功能”命令，如图 2-8 所示，复位工作区，观察到“颜色”面板和“色板”面板都默认位于工作区的右上角。

图 2-7　素材 1 图像文件

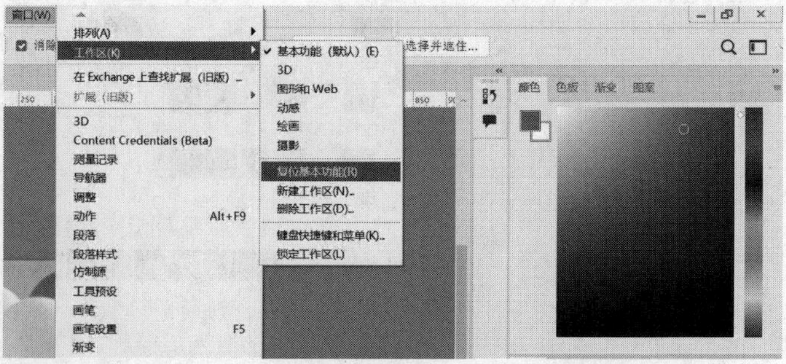

图 2-8　“复位基本功能”命令

（4）单击“颜色”面板左上角的“背景色”图标，设置背景色。单击该面板右侧颜色条上的红色，再在“颜色”面板中部单击，设置一红色，图 2-8 右边的圆形鼠标区就是设置的该红色，该红色已经被设置为背景色。

（5）单击工具箱中拾色器的“前景色和背景色切换”按钮，观察到前景色和背景色已经切换为红色的前景色和黑色的背景色。

（6）执行“窗口”→“信息”命令，打开“信息”面板，如图 2-9 所示。

（7）选择工具箱中的吸管工具，在素材 1 图像的红色气球上单击，看到拾色器前景色被设置为吸管吸取的颜色，可以在“信息”面板中看到具体的颜色模式中该颜色所对应的色值及吸管工具的位置信息，如图 2-9 所示。

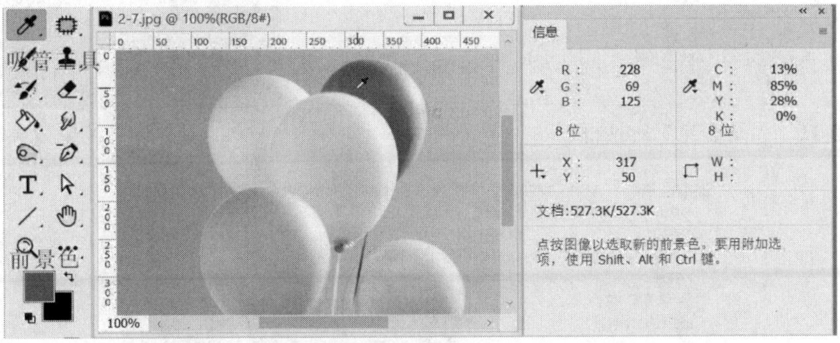

图 2-9　吸管工具设置前景色及“信息”面板

（8）执行“滤镜”→“像素化”→“马赛克”命令，如图 2-10 所示。

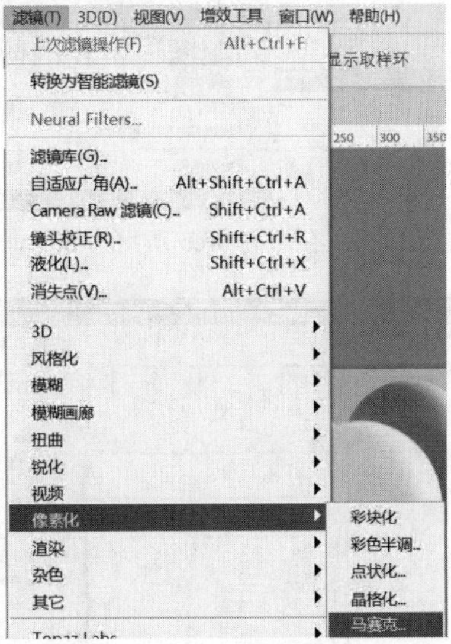

图 2-10　“马赛克”命令

（9）在打开的“马赛克”对话框中，设置“单元格大小”为 100，如图 2-11 所示，执行滤镜后图像效果如图 2-12 所示。

（10）执行“文件”→“导出”→“存储为 Web 所用格式”命令，如图 2-13 所示。

（11）打开“存储为 Web 所用格式（100%）”对话框，在对话框中选择 PNG-8 格式，单击“颜色表”下拉按钮，在下拉菜单中选择“存储颜色表”命令，如图 2-14 所示。在弹出的“存储颜色表”对话框中，设置颜色表存储的路径、存储文件名为“自制色卡 1”后，单击“存储”按钮，可以把刚才文件中设置的颜色存储为一个“自制色卡 1.act”文件。

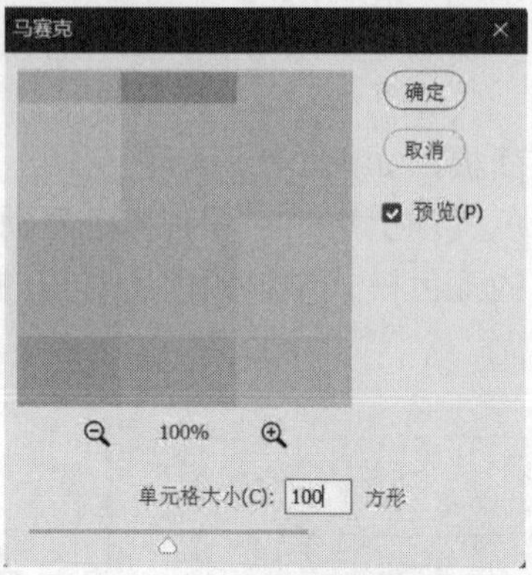

图 2-11　“马赛克”对话框

图 2-12　滤镜效果

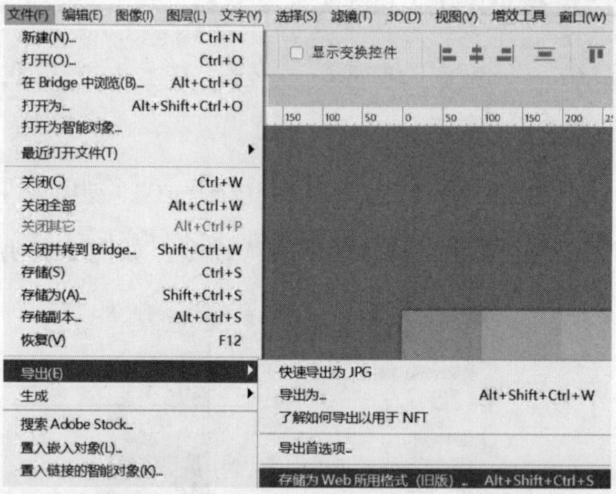

图 2-13　“存储为 Web 所用格式”命令

图 2-14　“存储为 Web 所用格式（100%）”对话框

（12）在“色板”面板中找到刚才存储的颜色表文件，把它拖进“自制色卡 1”里，做好的一个色卡就显示在“色板”面板的最下端，如图 2-15 所示。单击该色卡中的色板可以改变前景色，如果该色卡里有不想要的色板，可以直接将其拖动到下面的垃圾箱按钮里删除，或者右击色板，删除不要的颜色。

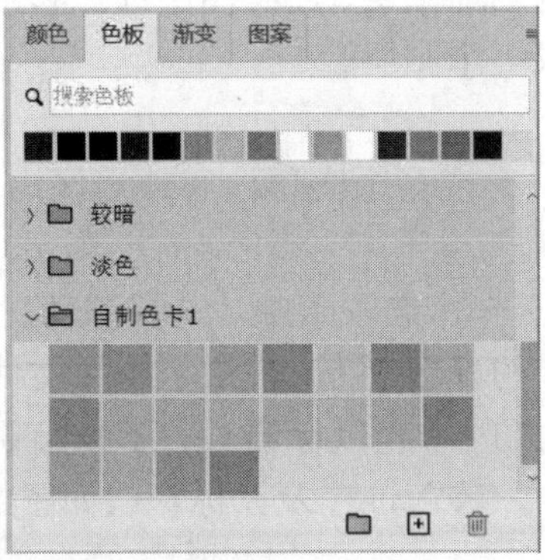

图 2-15　添加色卡的“色板”面板

2.2　移动和变换

使用移动工具对图像进行移动操作，利用“变换”命令对图像进行自由变换或缩放、旋转、斜切、扭曲、变形等变换操作。

2.2.1　移动工具

选择工具箱中的移动工具（快捷键 V），工具选项栏就切换为移动工具选项栏，如图 2-16 所示。

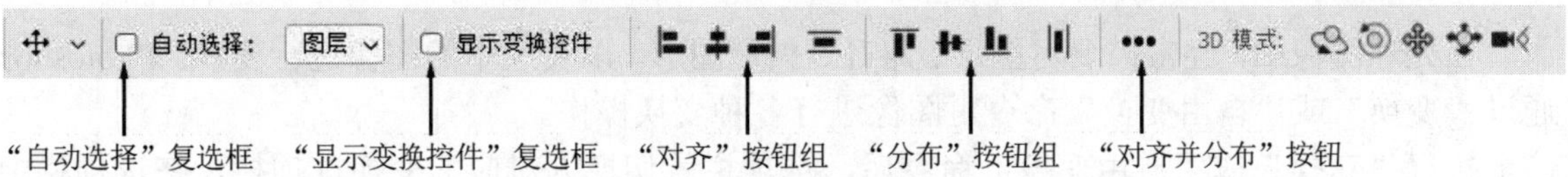

图 2-16　移动工具选项栏

1. 移动工具选项栏的设置

（1）自动选择：勾选此项，将鼠标指针置于图像上单击时，可自动选择单击点所包含像素的最顶层图层或图层所在的组。

（2）显示变换控件：勾选此项，将鼠标指针置于图像上单击时，所选中的对象四周会显示定界框。将光标移至此定界框内，按下鼠标左键并拖动，可方便地在本文档内移动图像。当按下鼠标左键并拖动定界框至另一文档窗口时，可实现图像在不同文档间的转移。

（3）“对齐”按钮组：主要是在一个图像文件中，对两个以上选中的图层进行的对齐操作，包括左对齐、水平居中对齐、右对齐、顶对齐、垂直居中对齐、底对齐。

（4）“分布”按钮组：主要是在一个图像文件中，对 3 个以上选中的图层进行的分布操作，包括按顶分布、垂直居中分布、按底分布、按左分布、水平居中分布、按右分布、垂直分布、水平分布。

（5）“对齐并分布”按钮：单击该按钮，就会打开“对齐和分布”对话框，包括对齐、分布和分布间距操作，即“垂直分布”和“水平分布”。

2. 图层的选择

图层的选择包括设置图层为当前图层、连续图层选择和不连续图层选择，执行的操作对象为选中的一个或多个图层。

图层的选择

3. 图层内容文件间的移动

需要把一个图像文件中的一个或多个图层内容或选区内容移入另外一个图像文件，需要使用移动工具，进行移动并复制。

（1）图像文件的标题栏位于一个选项卡中。选择移动工具，选中需要移动的图层，用鼠标将其拖曳到另外一个图像文件的标题栏上，当这个图像文件被切换为当前文件时，继续按住鼠标左键将其移动到当前图像窗口中，当鼠标箭头右下角出现加号时松开鼠标，即可将该图层移动并复制到另一个图像文件中，移入过程及鼠标形状如图 2-17 所示。

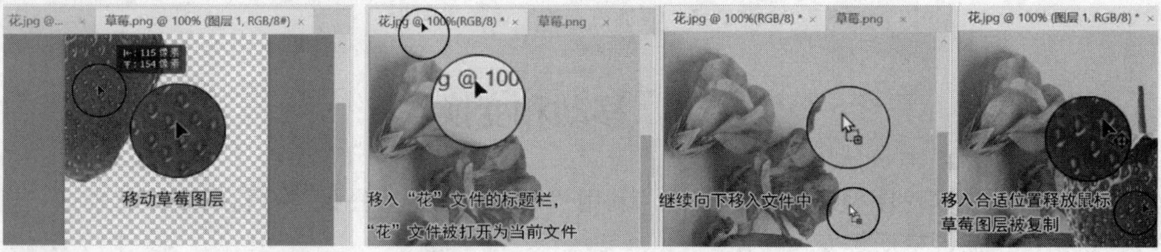

图 2-17　移入过程及鼠标形状

（2）图像文件的标题栏浮动在图像窗口。选择移动工具，选中需要移动的图层，用鼠标将其拖曳到另一个图像文件中，即可将该图层内容移动并复制到另一个图像文件中。

2.2.2 变换

在处理图像中，经常需要对图层、路径、矢量图形，以及选中的图像进行变换。Photoshop 通过“变换”或“自由变换”命令对图像进行各种变换操作。

执行“变换”或“自由变换”命令后，选项栏就切换为对应的变换选项栏，在选项栏中可以对变换进行精细化设置，如图 2-18 所示。

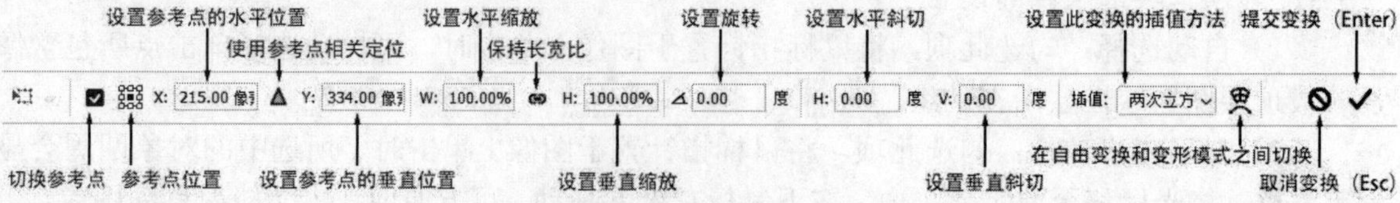

图 2-18　变换选项栏

（1）参考点位置：参考点一共有 9 个，默认的为变换对象的中心点，单击灰方块可以切换新的参考点位置，用以指定缩放或其他操作需要变换的中心点。也可以把鼠标指针放在中心点，在参考点被选中的情况下，拖曳中心点可以移动它的位置到新的整个画布的任何位置，不拘泥于“参考点位置”限制。

（2）使用参考点相关定位：单击该按钮，可以指定相对于当前参考点位置的新参考点位置。

（3）X/Y：设置参考点的水平和垂直位置。

（4）W/Y：设置图像按原始大小缩放的水平和垂直百分比。

（5）设置旋转：设置旋转的角度。

（6）H/V：设置水平/垂直斜切。

（7）插值：在下拉列表中可以选择该变换的插值方法。

（8）在自由变换和变形模式之间切换：单击该按钮即可在自由变换和变形模式之间切换。

（9）取消变换：单击该按钮取消变换，或者使用 Esc 键取消变换操作。

（10）提交变换：单击该按钮确定变换，或者使用 Enter 键，或者在定界框内双击都可以确定变换操作。

1. 变换

先选择变换对象，再执行“编辑”→“变换”命令（快捷键 Ctrl+T），如图 2-19 所示。变换对象四周出现定界框，中心出现参考点，四周出现 8 个控制点，操作参考点及控制点实施变换操作，如图 2-20 所示。最后按 Enter 键应用变换。使用这种方法可实现图像缩放、旋转、斜切、扭曲、透视、变形和翻转处理。

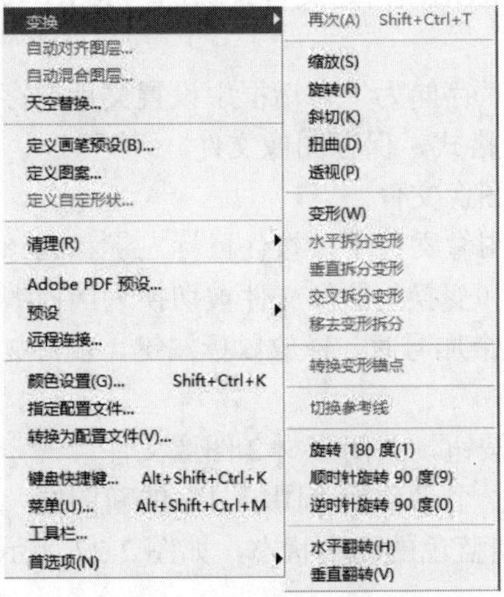

图 2-19　“变换”菜单命令

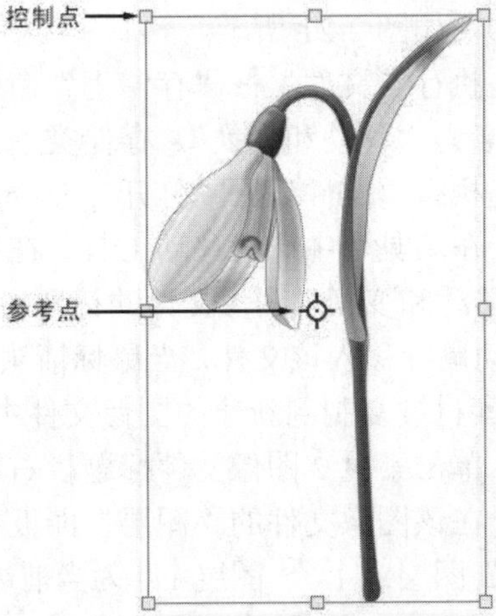

图 2-20　变换控件

（1）缩放：相对于对象的参考点增大或缩小对象，在控制点上按住 Shift 键拖动，可以在保持图像长宽比的前提下进行缩放，图像不会变形。

（2）旋转：将光标定位到定界框以外，光标变为弧形的双箭头，此时按住鼠标左键并拖动即可以任意角度旋转图像。

（3）斜切：按住鼠标左键拖动控制点即可沿控制点的单一方向实现倾斜，使图像垂直或水平倾斜，从而制作出透视感的效果。

（4）扭曲：将对象向各个方向伸展，可以按住 Shift 键之后任意调整控制点的位置，而斜切是不能的，这就是扭曲和斜切的不同。

（5）透视：用来矫正图像透视变形，可应用点透视产生透视效果。执行“透视”命令后，随意拖曳定界框上的控制点，其他的控制点会自动发生变化，在水平或垂直方向上对图像进行透视操作。

（6）变形：变换对象的形状。在选项栏中可以选择一种形状来确定图像变形的方式，还可以直接在变形网格上按住鼠标左键并拖动，调整网格形态实现图像的变形效果。

（7）旋转 180 度：使图像旋转 180 度。

（8）顺时针旋转 90 度/逆时针旋转 90 度：使图像顺时针/逆时针旋转 90 度。

（9）水平/垂直翻转：使图像进行水平/垂直方向的翻转。

2. 自由变换

“变换”命令是分开的，“自由变换”命令将各种变换操作融合在一起，缩放、旋转、斜切、扭曲、透视等操作可以一次完成。

2.2.3 移动和变换实例

移动和变换实例

实例描述：通过实例操作，使读者认识和掌握图像的变换和移动工具，以及命令的操作方法。

操作步骤如下。

（1）启动 Photoshop，执行“文件”→“新建”命令，新建图像文件的宽度、高度为 500 像素、700 像素，分辨率为 72 像素/英寸，颜色模式为 RGB，自定义背景颜色为 RGB（253、253、200），如图 2-21 所示。

（2）执行“文件”→“存储为”命令，在弹出的“存储为”对话框中设置文件的存储路径、文件名为“移动和变换”、存储类型为默认的 PSD 格式，保存图像文件。

（3）执行“文件”→“打开”命令，打开素材 2 图像文件。

（4）在工具箱中选择移动工具，在打开的素材 2 图像文件中，按住鼠标左键移动该图像内容到“移动和变换”图像文件的标题栏上，当“移动和变换”图像文件被切换为当前编辑文件时，拖动鼠标移入该文件，当鼠标箭头右下角出现一个加号时，释放鼠标左键，素材 2 图像文件中的素材被复制到新建的图像文件中。

（5）单击素材 2 图像文件标题栏右边的“关闭”按钮，关闭素材 2 图像文件。

（6）在该图像文件的“图层”面板中，就出现了一个名称为“图层 1”的新图层，位置在“背景”图层之上。“图层 1”为当前编辑图层，呈淡蓝色的选中状态，如图 2-22 所示。

图 2-21　新建图像文件

图 2-22　“图层”面板

（7）执行“编辑”→“变换”→“缩放”命令，如图 2-23 所示，图像区域四周出现了变换控件，单击“变换”选项栏中的“保持长宽比”按钮，将 W 设置为 50%，等比例缩放移入的图层 1 图像内容，如图 2-24 所示，然后单击“缩放”选项栏右边的“提交变换”按钮（快捷键 Enter），确定缩放变换操作。

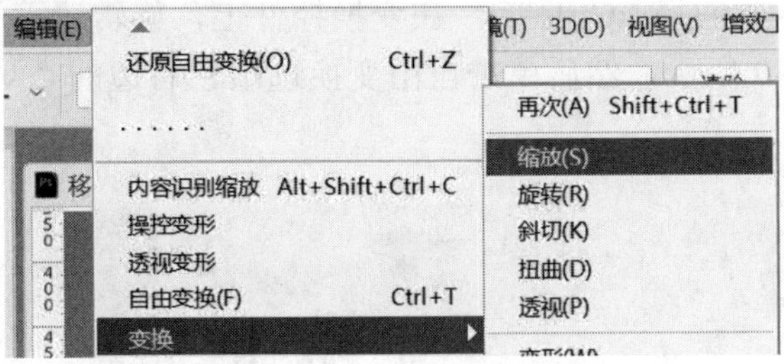

图 2-23 “缩放”命令

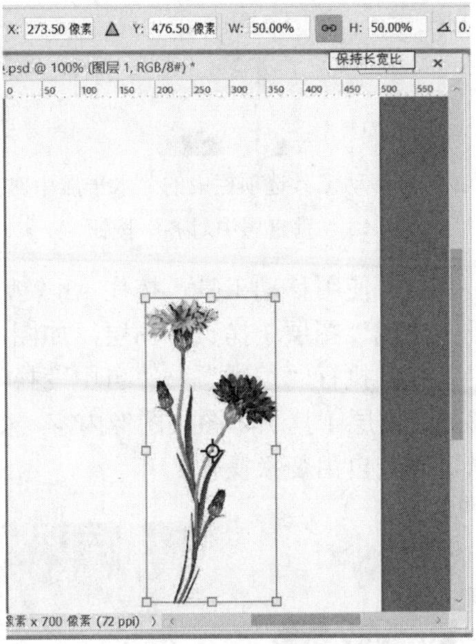

图 2-24 等比例缩放 50%

（8）选择移动工具，执行“选择”→“全部”命令，如图 2-25 所示，可以看到整个图像区域四周出现了选区，此时图像被全部选中，如图 2-26 所示。

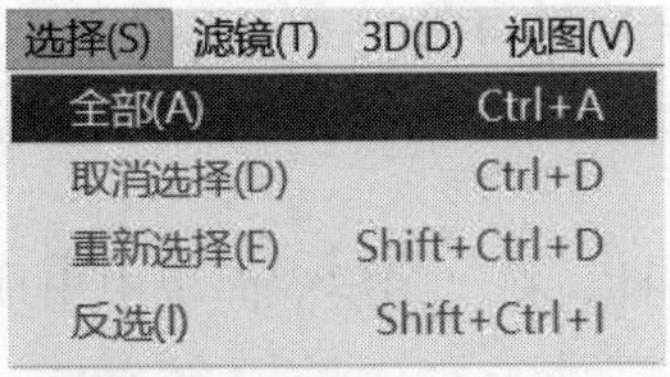

图 2-25 “全部”命令

图 2-26 全部选择画布

（9）分别单击移动工具选项栏中的“水平居中对齐”和“垂直居中对齐”按钮，如图 2-27 所示，然后单击右边的“√”，使图层 1 图像内容水平、垂直居中对齐画布。

（10）执行“选择”→“取消选择”命令，取消选区，如图 2-28 所示。

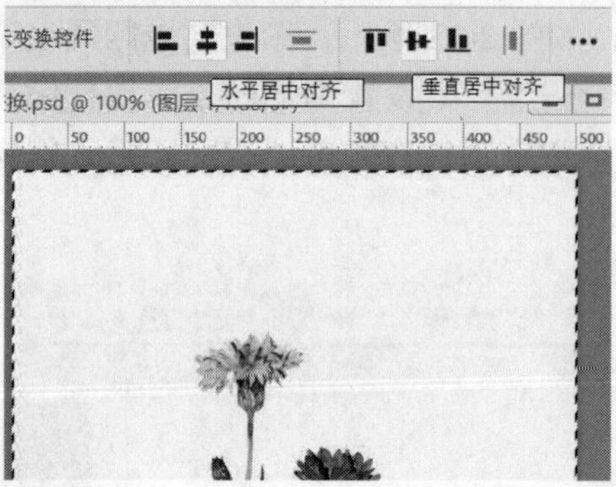

图 2-27　移动工具选项栏中的“水平居中对齐”和“垂直居中对齐”按钮

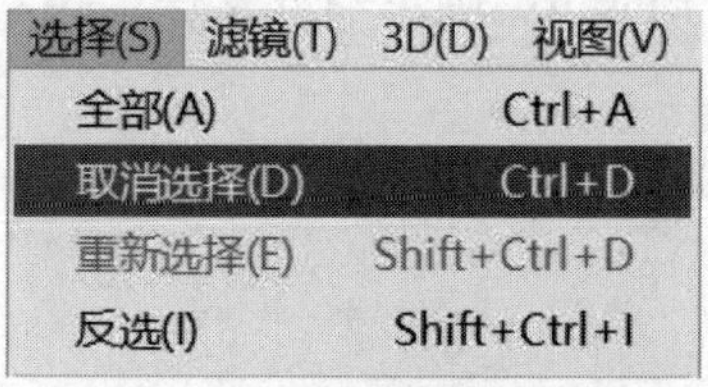

图 2-28　“取消选择”命令

（11）使用移动工具，按住 Alt 键，在画布中移动图层 1 图像内容，复制图层 1，“图层”面板中出现“图层 1 拷贝”图层，如图 2-29 所示。

（12）执行“编辑”→“自由变换”命令（快捷键 Ctrl+T），在变换控件上，旋转、缩小和移动“图层 1 拷贝”图层图像内容，如图 2-30 所示，然后单击自由变换选项栏右边的“√”按钮，确定自由变换操作。

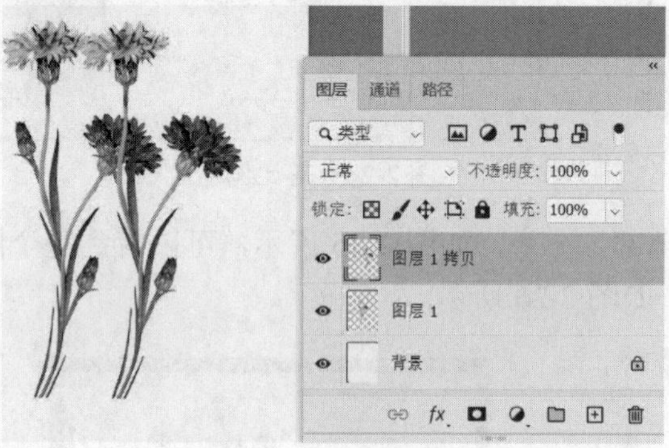

图 2-29　复制图层 1

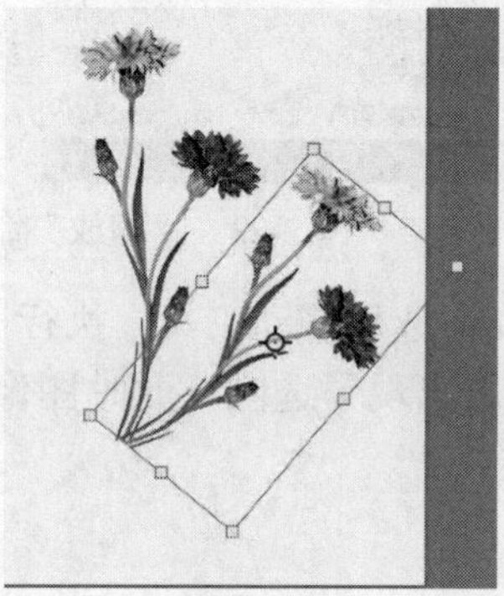

图 2-30　旋转、缩小和移动“图层 1 拷贝”图层图像内容

（13）参考步骤（11）复制图层 1 的方法，对“图层 1 拷贝”图层进行复制，复制出“图层 1 拷贝 2”图层，如图 2-31 所示。

（14）执行“编辑”→“自由变换”命令（快捷键 Ctrl+T），对“图层 1 拷贝 2”图像进行自由变换，在变换控件内右击，在弹出的快捷菜单中选择“水平翻转”命令，如图 2-32 所示，翻转后的图像效果如图 2-33 所示。然后缩小、旋转和移动图像，并确定自由变换操作，效果如图 2-34 所示。

（15）打开素材 3 图像文件，把图案移入新建图像文件，在“图层”面板中出现“图层 2”新图层。

（16）执行“编辑”→“自由变换”命令（快捷键 Ctrl+T），自由变换“图层 2”图像，在自由变换选项栏中，首先单击“保持长宽比”按钮，再将宽度的数值设为 12%，高度的数值自动变为 12%，然后设置旋转角度为 90 度。移动图像到花束的中下部，自由变换选项栏的设置及图像移动后的位置，如图 2-35 所示。

图 2-31　复制“图层 1 拷贝”图层

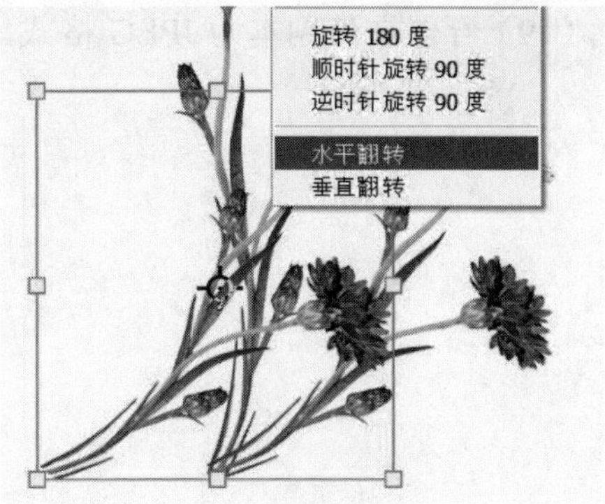

图 2-32　快捷菜单命令

图 2-33　水平翻转后的图像效果

图 2-34　缩小、旋转和移动“图层 1 拷贝 2”图像

（17）在变换控件中右击，在弹出的快捷菜单中选择“透视”命令，将鼠标指针放在变换控件右上角并向右适当拖动控件，让图像上部变宽并左右对称，形成倒梯形，如图 2-36 所示，之后确定变换操作。

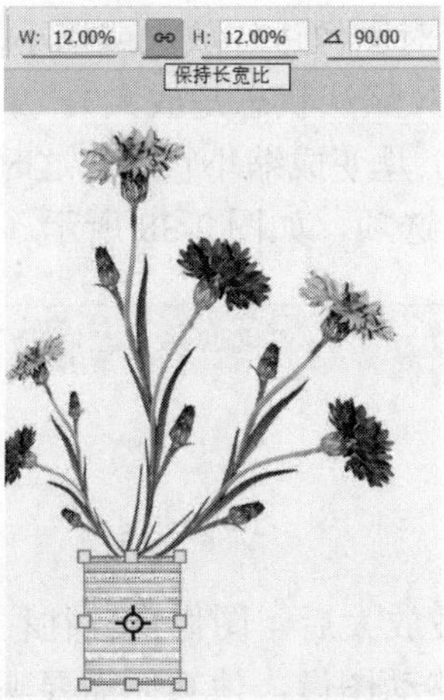

图 2-35　自由变换

图 2-36　透视变换

（18）存储图像文件为 PSD 格式。

（19）存储文件副本为 JPEG 格式，图像制作的最终效果如图 2-37 所示。

图 2-37　图像制作的最终效果

2.3　辅 助 工 具

绘图过程经常需要使用缩放工具和抓手工具查看图像。有时需要借助标尺、网格和参考线等辅助工具来保证绘图的准确和快捷。

2.3.1　缩放工具

在编辑、制作图像文件时，经常需要使用“缩放工具”对图像进行放大或缩小操作。

单击工具箱上的“缩放工具”按钮，选择缩放工具（默认状态是放大），单击图像窗口，以单击处为放大中心来放大图像。如果按住 Alt 键，则工具变成缩小状态，这时单击图像即可缩小图像。也可以在缩放工具选项栏中选择放大、缩小选项，如图 2-38 所示。

图 2-38　缩放工具选项栏

2.3.2　抓手工具

为了方便处理图像，通常会放大图像进行显示。图像被放大后，图像窗口往往只能显示图像的局部，这时可以使用“抓手工具”，在图像窗口移动图像，使其他需要观察或编辑的图像局部显示于图像窗口中。在使用其他工具时，按住空格键，可以临时切换为抓手工具，方便查看图像的不同区域，放开空格键即可恢复以前的工具继续编辑操作。

2.3.3　标尺

标尺可以帮助用户精确作图对象的位置。执行“视图”→“标尺”命令（快捷键 Ctrl+R），显示标尺。标尺将会显示在当前窗口顶部和左侧，如图 2-39 所示。如果需要去掉标尺，则再次执行该命令或快捷键，即可取消标尺。

标尺单位的设置：在水平或垂直标尺上右击，会弹出标尺单位选项菜单，可根据需要设置标尺单位，如图 2-40 所示。

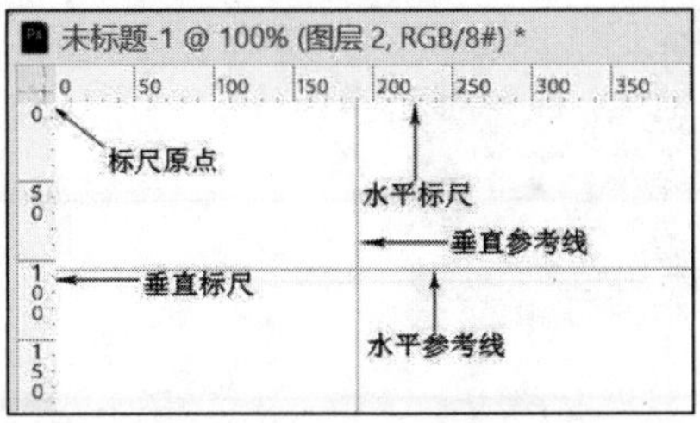

图 2-39　有标尺的图像窗口

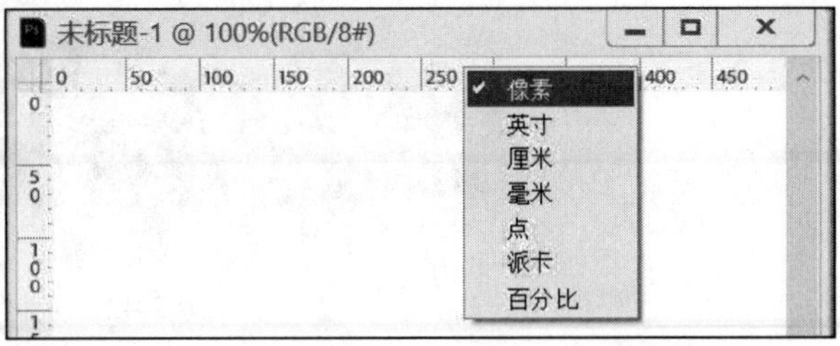

图 2-40　标尺单位的设置

2.3.4　参考线

执行“视图”→“显示”→“参考线”命令，弹出“新参考线”对话框，如图 2-41 所示。即可通过设置显示隐藏的参考线。如果该图像原来没有设置参考线，显示内容不会有什么变化，那么就需要根据需要添加参考线。参考线的操作有新建参考线、移动、锁定、删除参考线等。

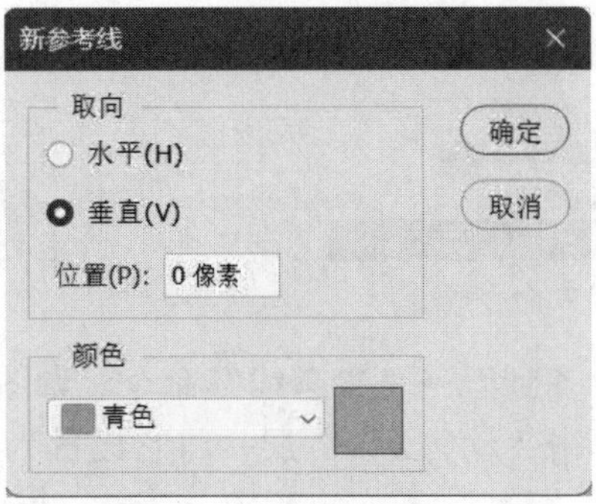

图 2-41　“新参考线”对话框

2.3.5　网格

网格在默认情况下显示为不打印的直线，但也可以显示为网点。

执行“视图”→“显示”→“网格”命令，即可显示网格线；取消“视图”→“显示”→“网格”命令，即可隐藏网格线。

2.3.6　辅助工具操作实例

辅助工具实例

实例描述：通过实例操作，使读者认识和掌握参考线及对齐、分布的操作方法。

操作步骤如下。

（1）执行“文件”→“打开”命令，打开素材 4 图像文件，如图 2-42 所示。

图 2-42　素材 4 图像

（2）执行“视图”→“参考线”→“新建参考线”命令，如图 2-43 所示。在打开的“新参考新”对话框里，设置“取向”为水平，“位置”为 350 像素，如图 2-44 所示，单击“确定”按钮。

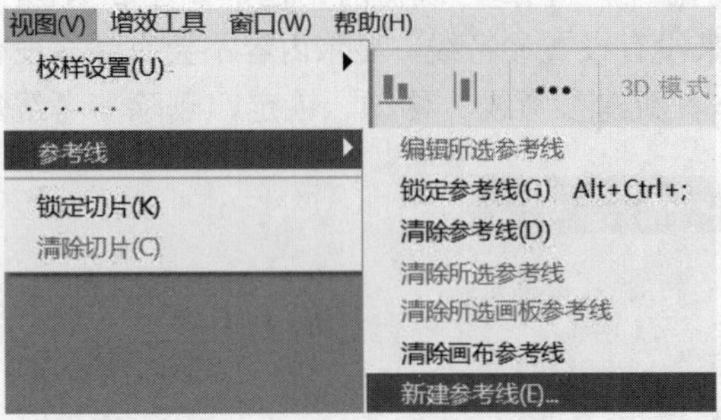

图 2-43　“新建参考线”命令

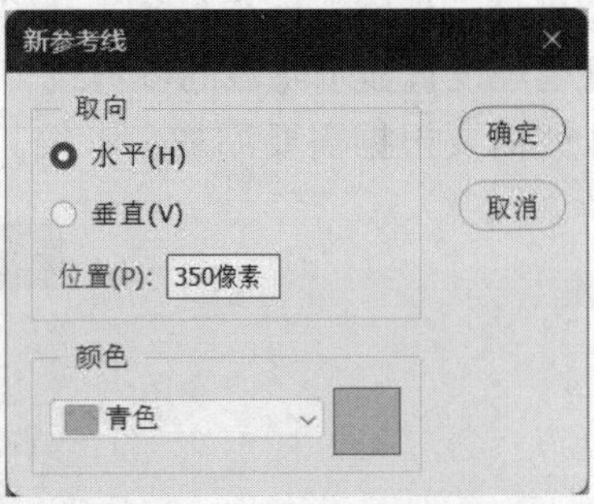

图 2-44　设置水平参考线

（3）执行“视图”→“对齐到”→“参考线”命令，如图 2-45 所示。

（4）在“图层”面板，单击“动物 1”图层，将它设置为当前图层，如图 2-46 所示。

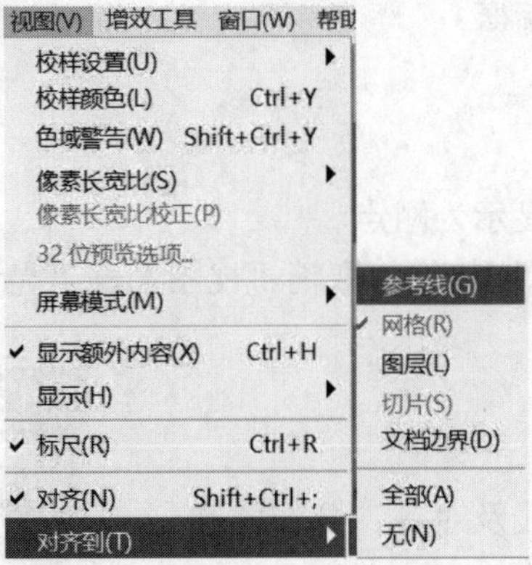

图 2-45　设置对齐参考线命令

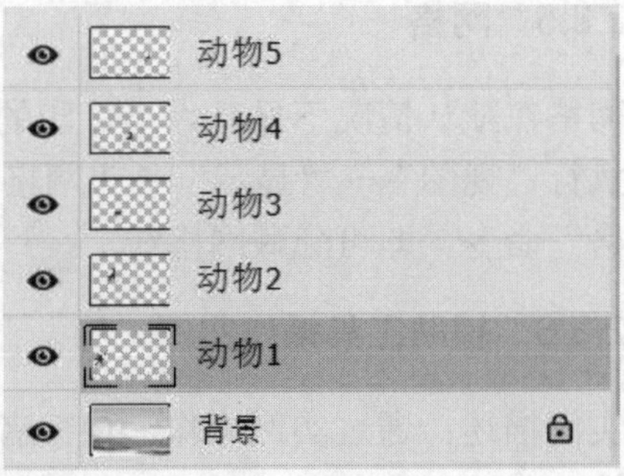

图 2-46　将“动物 1”图层设置为当前图层

（5）使用移动工具，将动物 1 向参考线移动，动物 1 的底部在接近参考线时，会自动对齐参考线，移动位置如图 2-47 所示。

图 2-47　移动动物 1

（6）执行“视图”→“显示”→“参考线”命令，取消显示参考线，如图 2-48 所示。

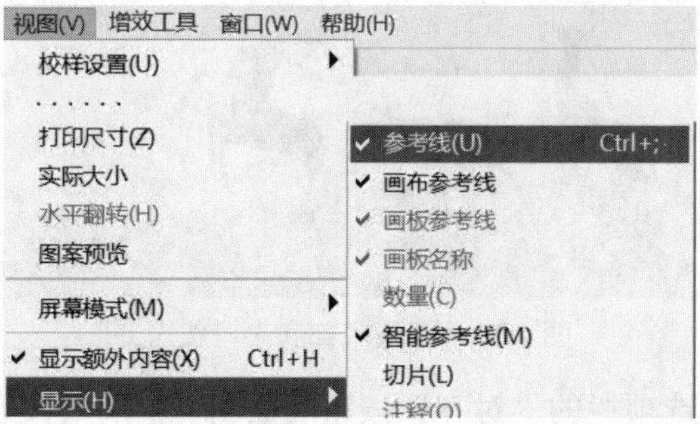

图 2-48　取消显示参考线命令

（7）在“图层”面板单击“动物 5”图层，移动动物 5 到画布最右边一合适位置，并且在“动物 1”图像底部水平位置以上。再分别单击“动物 2”“动物 3”“动物 4”图层，将它们分别移动到“动物 1”图像底部水平位置以上，如图 2-49 所示。

图 2-49　移动剩余其他动物

（8）先在“图层”面板单击“动物 1”图层，按住 Shift 键，再单击“动物 5”图层，使两个图层及中间的 3 个连续图层都被选中，如图 2-50 所示。

（9）在选择移动工具的情况下，单击移动工具选项栏的“底对齐”按钮，如图 2-51 所示。观察到 5 个图层已全部被自动底对齐。

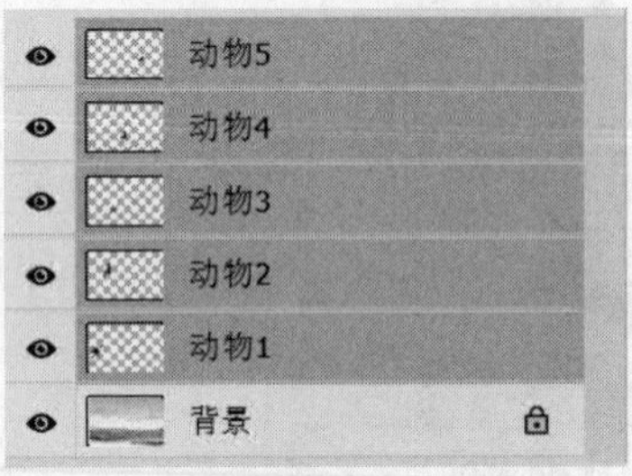

图 2-50　全选动物图层

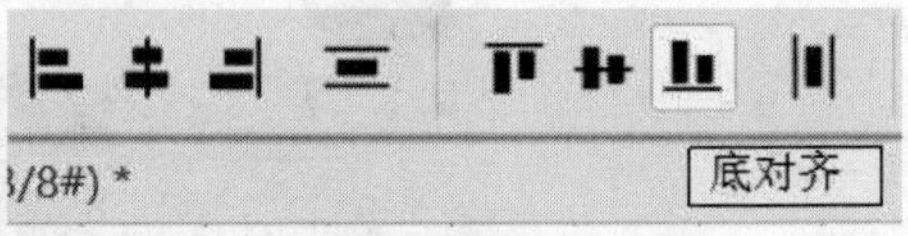

图 2-51　移动工具选项栏的“底对齐”按钮

（10）执行“视图”→“显示”→“参考线”命令，再次显示设置的参考线，观察 5 个图层底部和参考线处于对齐状态，如图 2-52 所示。

图 2-52　图层底部和参考线对齐

（11）单击移动工具选项栏的“对齐”按钮后面的“扩展”按钮，打开“分布”下拉按钮组，单击“水平居中分布”按钮，观察到动物 2、3、4 会按照“动物 1”和“动物 5”图像间的水平距离平均分布，移动工具选项栏及图层分布结果如图 2-53 所示。

图 2-53　移动工具选项栏及图层分布结果

（12）执行“视图”→“参考线”→“清除参考线”命令，则清除已经设置的参考线，如图 2-54 所示。

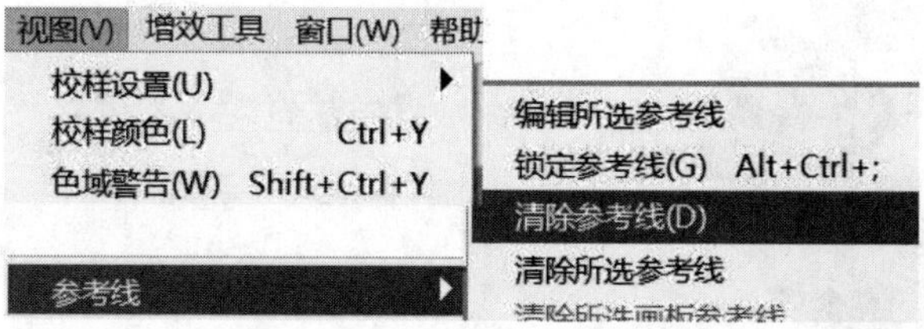

图 2-54　“清除参考线”命令

（13）将图像文件另存为 PSD 格式。

（14）将文件副本存储为 JPEG 格式，图像最终的制作效果如图 2-55 所示。

图 2-55　图像最终效果

2.4　图像大小和画布大小

在 Photoshop 中，有时需要调整图像大小和画布大小，以及对图像进行旋转和裁剪操作。

2.4.1　图像大小

在 Photoshop 中，打开一个图像文件，可以使用“图像”→“图像大小”命令来调整此图像文件的像素大小、打印尺寸和分辨率。调整后，图像的质量也会受到影响，操作步骤如下。

执行“图像”→“图像大小”命令，打开“图像大小”对话框，如图 2-56 所示。

图像大小：默认显示的是当前图像的“宽度”值和“高度”值，当用户需要调整图像文件的宽度和高度时，就在“宽度”和“高度”文本框中输入新值进行修改。

约束长宽比/不约束长宽比：如果修改图像大小，要保持当前图像文件的长宽比例，则需要单击“约束长宽比”按钮，使其处于选中状态，再次单击该按钮，按钮提示为“不约束长宽比”，取消选中状态。

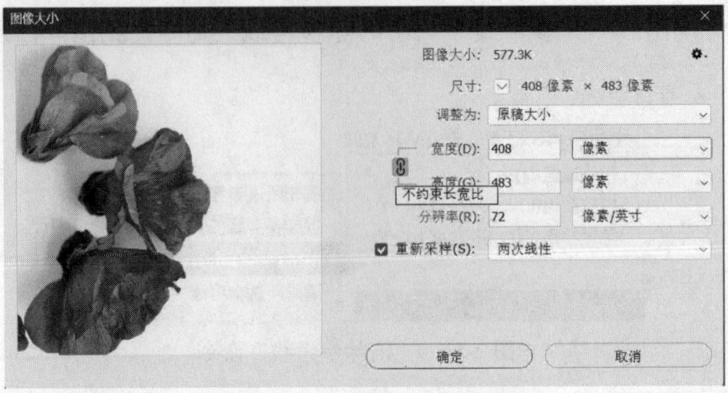

图 2-56 “图像大小”对话框

重新采样：在其后的下拉列表中可选择“临近”“两次线性”“两次立方”“两次立方较平滑”“两次立方较锐利”等选项。“临近”适用于速度快、精度低的调整；“两次线性”适用于中等品质的调整；“两次立方”适用于速度慢精度高的最平滑的色调层次调整；“两次立方较平滑”是在“两次立方”的基础上进行的放大图像的调整；“两次立方较锐利”是在两次立方的基础上进行的缩小图像的调整。最后，单击“确定”按钮。

2.4.2 画布大小

打开一幅图像，通过“图像”→“画布大小”命令可用于添加或移去现有图像周围的工作区，或者通过减小画布区域来裁切图像，操作步骤为：执行“图像”→“画布大小”命令，打开“画布大小”对话框，如图 2-57 所示。

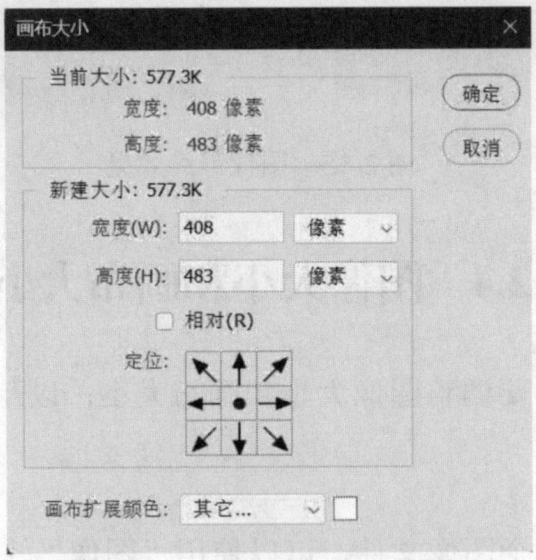

图 2-57 “画布大小”对话框

当前大小：显示当前图像文件的实际大小及图像的实际宽度和高度。

新建大小：重新设置图像画布的宽度和高度值。当输入的数值大于原图像尺寸时，画布变大；反之，画布减小。

相对：勾选该复选框，“宽度”和“高度”中的数值将代表实际增加或减少的区域大小，而不再代表整个图像文件的大小；输入正值表示增大画布，输入负值则表示减小画布。

定位：调整图像在新画布中的位置，单击不同位置的方格，指示图像在新画布上的位置。

画布扩展颜色：设置画布新增区域的颜色。在该下拉列表中可以选择填充新画布的颜色。如果图像的背景是透明的，则“画布扩展颜色”选项不可用，添加的画布也将是透明的。

2.4.3　图像旋转

执行“图像”→“图像旋转”下的菜单命令，可以对画布进行任意角度的旋转，并且可以进行水平和垂直翻转。

2.4.4　图像大小、画布大小设置实例

图像大小、画布大小实例

实例描述：通过实例操作，使读者了解并掌握 Photoshop 中设置图像大小、画布大小的基本操作方法。

操作步骤如下。

（1）启动 Photoshop，执行“文件”→“打开”命令，打开素材 5 图像文件，观察到该图像有些倾斜，如图 2-58 所示。

图 2-58　素材 5 图像

（2）选择裁剪工具，单击该工具选项栏右边的“拉直”按钮，如图 2-59 所示。

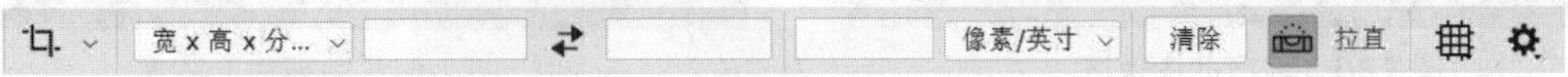

图 2-59　“裁剪工具”选项栏

（3）在画布上，按住鼠标沿着图像地平线从左到右拉出一条线，如图 2-60 所示。然后释放鼠标，图像就被拉直了，如图 2-61 所示。

图 2-60　从左到右拉出一条线

图 2-61　拉直后的图像

（4）在裁剪工具选项栏中，设置裁剪“宽×高×分辨率”为 600 像素、400 像素、72 像素/英寸，如图 2-62 所示。在图像窗口中把需要保留的图像调整到裁剪框中，如图 2-63 所示，之后单击选项栏中的“√”，对当前的图像进行裁剪，裁剪后的图像如图 2-64 所示。

图 2-62　裁剪工具选项栏的设置

图 2-63　裁剪的图像区域

图 2-64　裁剪后的图像

（5）执行“文件”→“新建”命令，新建一个“宽×高×分辨率”为 600 像素、400 像素、72 像素/英寸的图像文件。

（6）选择移动工具，移动素材文件图像到新建图像文件中，在新建图像文件中，按快捷键 Ctrl+A 全选图像，分别单击移动工具选项栏的“水平居中对齐”和“垂直居中对齐”按钮，如图 2-65 所示，居中对齐画布。

图 2-65　“水平居中对齐”按钮和“垂直居中对齐”按钮

（7）按快捷键 Ctrl+D 取消选区。

（8）单击素材 5 的标题栏，把素材图像文件作为当前图像文件，执行“图像”→“图像旋转”→“水平翻转画布”命令，如图 2-66 所示，将当前素材文件图像水平翻转，如图 2-67 所示。

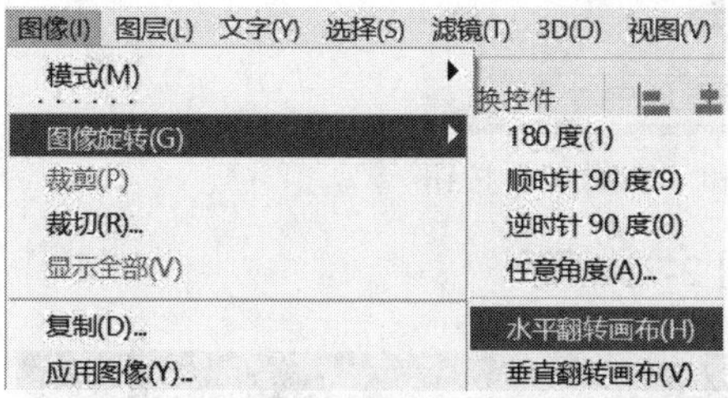

图 2-66　“水平翻转画布”命令

图 2-67　水平翻转后的图像

（9）单击新建图像文件的标题栏，执行“图像”→“画布大小”命令，在弹出的“画布大小”对话框中，设置画布大小和定位，如图 2-68 所示。将当前新建图像文件画布的宽度设置为原来的 2 倍，原图像位于新画布左边，如图 2-69 所示。

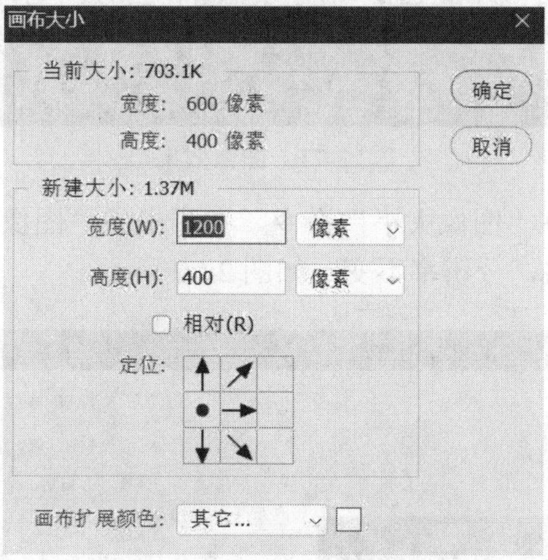

图 2-68　“画布大小”对话框

图 2-69　画布被改变后的图像

（10）选择移动工具，移动素材文件图像到新建图像文件中。

（11）在新建图像文件中，按快捷键 Ctrl+A 全选图像，分别单击移动工具选项栏的“垂直居中对齐”按钮和“右对齐”按钮，如图 2-70 所示，对齐新移入的图像并垂直居中于画布最右端。

图 2-70　“垂直居中对齐”按钮和“右对齐”按钮

（12）按快捷键 Ctrl+D 取消选区，图像效果如图 2-71 所示。

图 2-71　图像效果

（13）执行“图像”→“图像大小”命令，在弹出的“图像大小”对话框中，设置新的图像的宽、高为原来的 80%，分辨率不变，如图 2-72 所示。

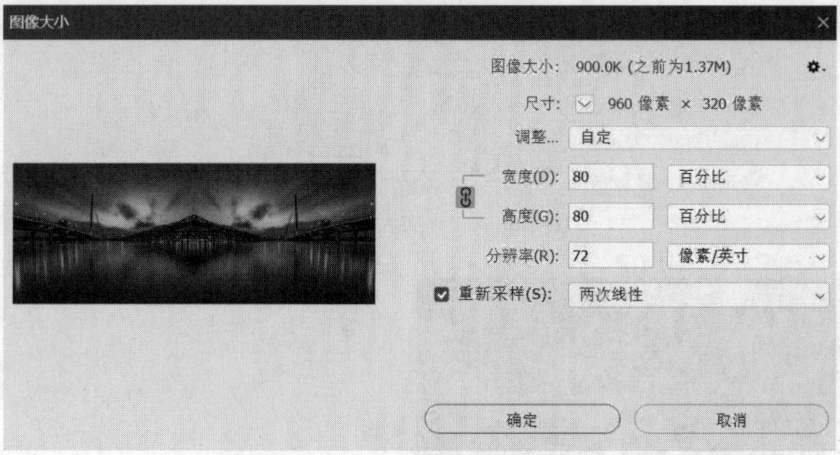

图 2-72　“图像大小”对话框

（14）执行“文件”→“存储”命令，存储新建图像文件为 PSD 格式。

（15）执行“文件”→“存储副本”命令，存储新建图像文件为 JPEG 格式。

（16）执行“文件”→“关闭”命令，关闭新建图像文件。

（17）执行“文件”→“关闭”命令，关闭素材图像文件，在弹出的对话框中，单击“否”按钮，不更改原素材图像文件，如图 2-73 所示。

图 2-73 不更入原素材图像文件

习 题

第 2 章习题答案

一、填空题

1．在 Photoshop 中，拾色器中的“前景色和背景色切换”按钮的快捷键是__________。

2．在 Photoshop 中，拾色器中的“默认前景色和背景色”按钮的快捷键是__________。

3．在 Photoshop 中，吸管工具的快捷键是__________。

4．在 Photoshop 中，使用吸管工具在打开的图像文件中单击，可以把单击处的颜色变为前景色，如果在单击的同时按住__________键，则可以将该颜色设置为新的背景色。

5．在 Photoshop 中，移动工具的快捷键是__________。

二、单选题

1．在“图像大小”对话框中，不能设置的是（　　）。

A．图像的宽、高数值　　B．图像的宽高单位

C．图像的分辨率　　D．图像的颜色模式

2．在“画布大小”对话框中，不能设置的是（　　）。

A．画布的宽、高数值　　B．图像的分辨率

C．定位　　D．相对

3．在 Photoshop 中打开一个图像文件，全部选择该图像后，可以通过移动工具选项栏中的（　　）按钮操作，让非背景图层和画布居中对齐。

A．“水平居中对齐”和“左对齐”

B．“水平居中对齐”和“右对齐”

C．“水平居中对齐”和“垂直居中对齐”

D．“左对齐”和“右对齐”

4．在裁剪工具选项栏中，不可以设置（　　）。

A．图像的宽、高　　B．图像的分辨率

C．图像的拉直　　D．图像的旋转

5．下列关于“图像旋转”命令，说法错误的是（　　）。

A．可以顺时针旋转 90 度　　B．可以旋转 180 度

C．可以水平翻转画布　　D．不可以任意角度旋转画布

三、操作题

使用素材 6～素材 11，如图 2-74 所示，结合本章所学知识，制作如图 2-75 所示的图像效果，并分别存储为 PSD、JPEG 格式的文件。

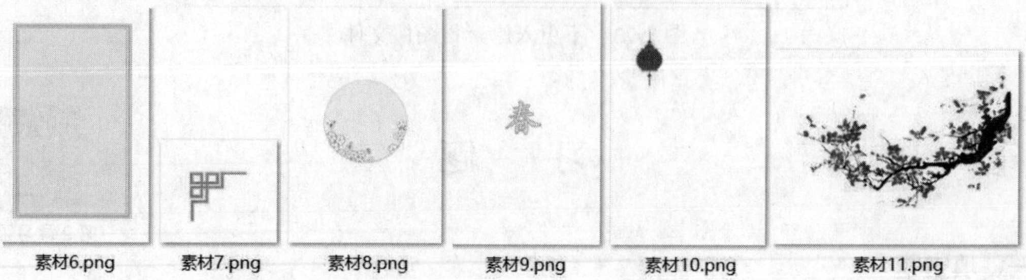

图 2-74　素材文件

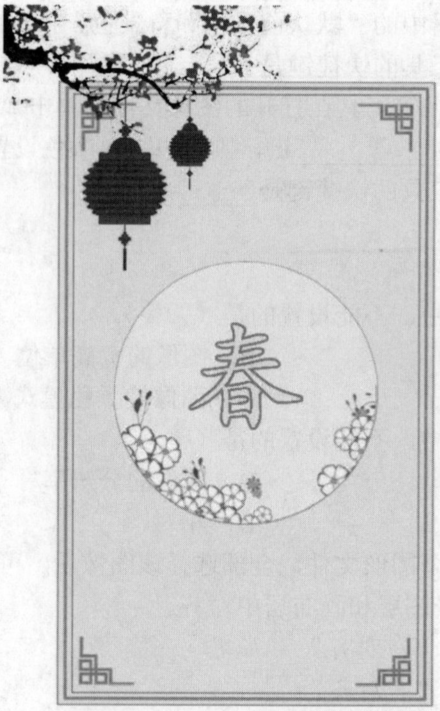

图 2-75　图像效果图

第 3 章　选区的创建和编辑

本章导读

选区是 Photoshop 中的一个非常重要的图像选择功能，其作用是用来限制图像编辑的范围和区域。灵活创建选区是图像处理中必须掌握的基本技能。本章将讲解关于选区的若干问题，包括如何创建规则选区、不规则选区，以及如何对选区进行各种操作等，利用不同的选区创建工具及命令，即可快速选择需要的图像，从而限定操作范围。

本章要点

- 认识选区
- 创建规则选区
- 创建不规则选区
- 选区的常用操作

3.1　认 识 选 区

选区是 Photoshop 中的一个非常重要的图像选择功能，也是图像处理中必须掌握的技能。选区的作用是用来限制图像编辑的范围和区域。简单来说，选区就是选中的区域。

选区是封闭的区域，可以是任何形状，但一定是封闭的，不存在开放的选区。选区一旦被创建，大部分的操作就只针对选区范围内有效，如果要针对全图操作，则必须先取消选区。灵活地运用选区，往往可以制作出一些特殊的效果。

利用各种不同的选区创建工具及命令，用户可以将需要的图像轻易地选择出来，从而将要进行的操作限定在该区域中。

选区显示时，表现为由浮动虚线组成的封闭区域，如图 3-1 所示。

图 3-1　选区的外观

选区从外形上分为规则选区和不规则选区。Photoshop 中常用的选区创建工具主要包括：选框工具组、套索工具组、魔棒工具组，掌握了这些工具组可以灵活进行选区的创建。

3.2　创建规则选区

利用规则选框工具组绘制选区是图像处理过程中经常使用的，通过它们可以绘制出规则的矩形或圆形选区。规则选框工具组包括“矩形选框工具”“椭圆选框工具”“单行选框工具”和“单列选框工具”，分别用于创建矩形选区、圆形选区、单行选区和单列选区。该工具组在 Photoshop 工具箱中如图 3-2 所示。

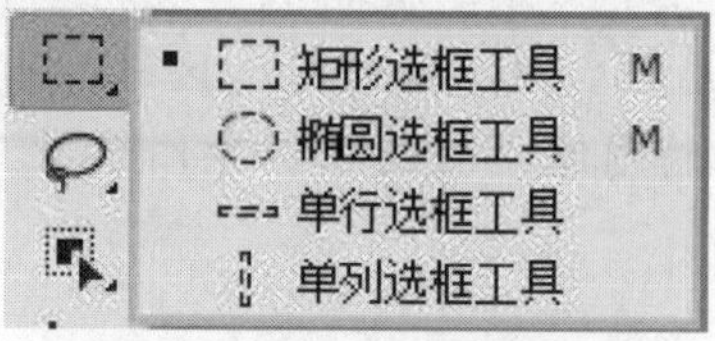

图 3-2　规则选框工具组

3.2.1　矩形选框工具

使用矩形选框工具可以创建矩形选区，其操作非常简便。选择该工具后，工具选项栏将显示相应的参数选项，如图 3-3 所示，可以根据需要设置其参数。

图 3-3　矩形选框工具选项栏

默认状态下创建矩形选区，只需使用矩形选框工具并在图像中按住鼠标左键，然后拖动鼠标，确认矩形选区大小后松开鼠标，即可完成选区的创建，如图 3-4 所示。

在使用矩形选框工具时，需要重点了解工具选项栏“样式”下拉列表中 3 种选项的含义。“样式”下拉列表中包括“正常”“固定比例”和“固定大小”3 个选项，如图 3-5 所示。对这些选项进行不同参数的设置，可以对选区进行大小、比例的限定。

图 3-4　矩形选区的创建

图 3-5　“样式”下拉列表

1. 正常

选择此选项创建矩形选区时，可以绘制任意大小、任意比例的选区。

2. 固定比例

选择此选项创建选区时，“宽度”“高度”文本框将被激活，在其中输入所需数值后，选区的大小和比例将按照在“宽度”“高度”文本框中输入的数值比例约束，从而可以创建相同比例、不同大小的矩形选区，如图 3-6 所示。

图 3-6 比例均为 2:1 的矩形选区

3. 固定大小

选择此选项创建选区时，在“宽度”“高度”文本框中输入需要的高、宽值，即可约束选区的大小，在页面单击就可以创建固定大小的精确选区。如果想创建多个大小完全相同的选区，可以在操作时按住 Shift 键。

3.2.2 椭圆选框工具

椭圆选框工具隐藏在矩形选框工具中，可以在工具箱中右击“矩形选框工具”，在弹出的快捷菜单中切换至“椭圆选框工具”；也可以使用 Shift+M 组合键切换选择工具组中的工具。

使用椭圆选框工具可以创建椭圆或正圆形选区，其操作方法与创建矩形选区类似，使用鼠标直接拖动即可。其中需要注意的是，要勾选椭圆选框工具选项栏中的“消除锯齿”复选框，如图 3-7 所示，因为 Photoshop 图像是由像素组成的，图像中斜线或圆弧的部分容易产生锯齿状边缘，分辨率越低，锯齿就越明显，勾选“消除锯齿”复选框后，软件会在锯齿之间填入介于边缘与背景的中间色调的色彩，从而使边缘显示更平滑。

图 3-7 椭圆选框工具选项栏

另外，需要记住一个常用的操作：在拖动鼠标绘制选区的过程中，按住 Shift 键可以绘制出正方形或圆形选区；按住 Alt+Shift 键可以绘制出以某一点为中心的正方形或圆形选区，如图 3-8 所示。

图 3-8　绘制圆形选区

3.2.3　单行选框工具和单列选框工具

Photoshop 中提供了两个只能选中一行或一列像素的选框工具。这两种工具的使用方法类似，主要是用来设置高度或宽度为 1 像素的选区，它们可以结合工具箱中的“缩放工具”放大选区，进行精确的定位。

3.3　创建不规则选区

在图像处理中，绘制的矩形选区和圆形选区的形状相对规则，这些形状很难应对在实际制作中的需求，所以还需要设置一些不规则的自由选区。在 Photoshop 中常用的创建自由选区的工具主要包括：套索工具、多边形套索工具、磁性套索工具、魔棒工具、快速选择工具等。通过使用这些工具，可以创建任意形状的选区。

3.3.1　套索工具组

套索工具组是最基本的选区工具，Photoshop 的套索工具组内含有 3 个工具，分别是套索工具、多边形套索工具、磁性套索工具，如图 3-9 所示。它们在处理图像中起着很重要的作用。

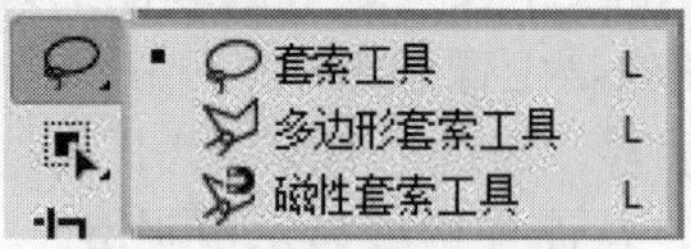

图 3-9　套索工具组

1. 套索工具

套索工具是 Photoshop 中提供的最自由的选区工具，可以用它来创建出任意不规则形状的选区，使用该工具只需在图像中按住鼠标左键随意拖动即可，它的操作就像拿着铅笔在纸上绘画一样。

该工具的操作方法：按住鼠标左键，沿着需要的图像范围直接拖动光标，在拖动过程中会生成一条没有锚点的线条，当把光标拖回至起点使线条闭合后松开，即可形成一个自由形态的选区，如图 3-10 所示。需要注意的是，只有线条闭合后才能松开鼠标，否则首尾会自动闭合。

由于使用鼠标拖动的随意性太强，所以该工具不适宜创建精确的选区。

2. 多边形套索工具

多边形套索工具用于制作具有一定规则的直角边形态的选区。

该工具的操作方法：选中该工具后，直接单击确定一个起始角点，然后单击确定下一个角点，这样会自动形成一条直线定义选区的边，如图 3-11 所示，以此类推直到首、尾点重合后，一个直角边选区即快速形成。

图 3-10 使用“套索工具”创建的选区

图 3-11 使用“多边形套索工具”创建的选区

多边形套索工具操作技巧：

（1）如果在操作过程中出现失误，单击错了角点位置，可以按 Delete 键，把刚刚确定的角点删除，取消相应的直线。

（2）在定义每一条直线位置时，可以通过按 Shift 键，定义直线的角度为 45 度的倍值。

3. 磁性套索工具

磁性套索工具是一个自由的、自动的选区工具，使用该工具绘制的选区并不是完全按照鼠标所单击到的位置形成的，而是在一定的范围内寻找一个色阶最大的边界，然后像磁铁一样吸附到图像上去。这个工具适合在图像中选取不规则的，且边缘与背景色反差较大的像素区域。

该工具的操作方法：单击确定起点后，按住鼠标左键，沿主体边缘拖动光标，在拖动过程中会生成一条带有锚点的线条，如图 3-12 所示，将光标拖回至起点闭合后，即可形成一个自由形态的选区。需要注意的是，只有线条闭合后才能松开鼠标，否则首尾会自动闭合。

图 3-12 使用“磁性套索工具”创建的选区

磁性套索工具选项栏如图 3-13 所示，在创建选区时还需要根据实际情况对工具选项栏中的参数进行设置。

图 3-13　磁性套索工具选项栏

（1）宽度：在此数值框中输入数值，可以设置光标选取时的检测宽度，工具自动检测从指针开始指定距离以内的边缘。数值越小，选取范围越精确，但鼠标相对难控制。

（2）对比度：在此数值框中输入数值，可以控制“磁性套索工具”选取时的敏感度，可以在文本框中输入一个 1%～100%之间的数值。数值越大，敏感度越低，即不容易捕捉到准确的边界点。

（3）频率：在此数值框中输入数值，可以设置工具在选择边界线时插入的节点数量。数值越高，插入的节点越多，得到的选区也越精确。

如果处理的图像边缘非常清晰，可设大“宽度”和高“对比度”；如果图像边缘相对柔和，可用较小“宽度”和低“对比度”。

3.3.2　多边形套索工具实例

多边形套索工具实例

实例描述：通过“书籍展示宣传图”实例操作，使读者了解并掌握多边形套索工具的操作方法。

操作步骤如下。

（1）启动 Photoshop，执行“文件”→“打开”命令，在打开的对话框中选择素材 1、素材 2 图像文件，单击对话框右下角的“打开”按钮，在图像窗口内打开图像文件，如图 3-14 所示。

图 3-14　在图像窗口中打开两个图像文件

（2）选择素材 1 图像文件，在工具箱的套索工具组中选择“多边形套索工具”。在图像窗口中，找到一个需要创建选区的书籍边角点当作起点，并单击，接着将光标移至第二个拐角处再次单击，定义一条选区的直线，继续单击确定角点以创建选区边线，如图 3-15 所示。

（3）直至最后一个单击点与第一个单击点的位置重合时，光标会出现一个空心圆，以提示位置可重合，然后单击，即可将刚刚创建的选区边线变成一个闭合的虚线选区，此时书籍部分已被全部选择出来，如图 3-16 所示。

图 3-15　创建选区边线

图 3-16　完成选区的创建

（4）在工具箱中切换至“选择工具”，或者按 V 键切换至选择工具模式。将光标放置到当前选区内部，按住鼠标左键移动选区内的图像，将其直接拖动到素材 2 图像窗口内，调整书本到合适的位置，即完成当前宣传图的制作，如图 3-17 所示。

图 3-17　移动选区内的图像并调整位置

（5）执行“文件”→“存储副本”命令，打开“存储副本”对话框，选择图像文件的存储路径，在“文件名”中设置文件名为“书籍展示宣传图”，在“保存类型”下拉列表中选择 JPEG 格式，单击“保存”按钮，保存该图像文件为 JPEG 格式，即成功输出图片。

3.3.3　对象选择工具组

对象选择工具组中包含对象选择工具、快速选择工具和魔棒工具，如图 3-18 所示，它们的特点都是基于颜色相似区域进行选择。

图 3-18　对象选择工具组

1. 对象选择工具

对象选择工具是Photoshop中提供的一种新的智能选取工具，使用该工具可以自动查找框选区域的主体对象，对于轮廓较清晰的图像抠选表现非常优秀。

该工具的操作方法：选择该工具后，要在需要抠取的主体物外围框选一下，可以在工具选项栏的“模式”中，使用矩形模式在对象周围绘制一个矩形，也可以使用套索模式在对象周围创建自由形式的套索。

如图3-19所示的花瓶，要想框选花瓶主体，可用鼠标拖动框选主体区域的大致范围，松开鼠标后，就自动生成了花瓶主体的选区，如图3-20所示。

图3-19　框选花瓶主体

图3-20　自动生成花瓶主体的选区

2. 快速选择工具

快速选择工具是基于色彩的差别，结合画笔智能地查找主体边缘。该工具能够利用可调整的圆画笔笔尖快速绘制选区。

该工具的操作方法：选择该工具后，可以像绘画一样在主体内按住画笔并稍加拖动进行涂抹，在拖动鼠标时，选区会向外延展并自动查找出主体的边缘。

快速选择工具选项栏如图3-21所示，在创建选区时需要根据实际情况对工具选项栏中的参数进行设置，主要参数设置如下。

图3-21　快速选择工具选项栏

（1）选择方式：默认的选择方式是新选区，根据操作需要，可以设置模式为添加到选区或从选区减去。

（2）画笔：初选离边缘较远的较大区域时，画笔的尺寸可以大一些，以提高选取的效率；但对于小块的主体或修正边缘时则要换成小尺寸的画笔。大画笔选择快，但选择相对粗糙，容易多选；小画笔一次只能选择一小块主体，选择慢，但得到的边缘精度高。

（3）对所有图层取样：该复选框用于具有多个图层的图像。未勾选它时，工具只对当前选中的图层起作用；如果勾选它则对所有图层起作用，此时可以选取所有图层中相近的颜色区域。

（4）增强边缘：勾选此复选框后，可减少选区边界的粗糙度和块效应，即“增强边缘”使选区向主体边缘进一步流动并做一些边缘调整，通常会勾选此复选框。

3. 魔棒工具

魔棒工具是 Photoshop 中提供的一种比较快捷的选区工具，对于一些分界线比较明显的图像，只需单击就可以很快速地将图像选择出来。魔棒工具的作用是可以自动识别单击处的颜色，并自动获取附近区域相同的颜色，使它们处于被选择状态。魔棒工具选项栏如图 3-22 所示，在创建选区时需要根据实际情况对工具选项栏中的参数进行设置。

图 3-22 魔棒工具选项栏

（1）容差：在文本框中可以输入一个范围为 0～255 的数值，默认值为 32。输入的数值越小，选取的颜色越近似，选取的范围也就越小；输入的数值越大，选取的颜色种类越多，选取的范围也就越大。如图 3-23 所示是设置两个不同容差值的图像效果，在同样的地方单击，设置容差为 100 时选取的图像范围更大。

图 3-23 不同容差值的图像对比

（2）连续：当勾选该复选框时，表示只能选中单击处相邻区域中的近似像素；而取消勾选该复选框，则能够选中符合该像素要求的所有图像区域。如图 3-24 所示是勾选该复选框前、后的图像对比。

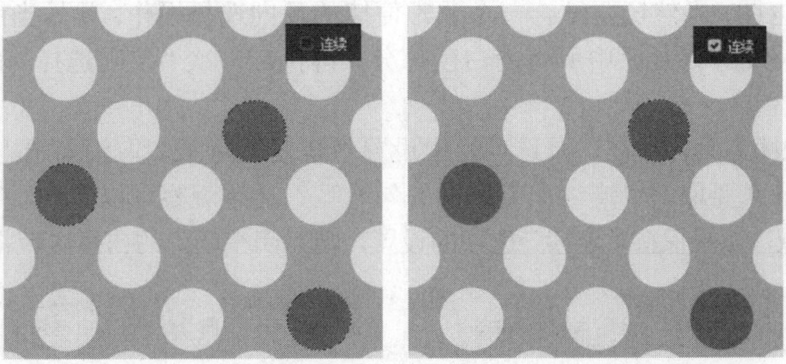

图 3-24 勾选“连续”复选框前后图像的前后对比

（3）对所有图层取样：该复选框用于具有多个图层的图像。未勾选它时，魔棒工具只对当前选中的图层起作用；如果勾选它则对所有图层起作用，此时可以选取所有图层中相近的颜色区域。

（4）消除锯齿：该复选框用于设定所选取范围是否具备消除锯齿的功能。

3.3.4 魔棒工具实例

魔棒工具实例

实例描述：通过“抠选字体”实例操作，使读者了解并掌握魔棒工具的常用操作方法。

操作步骤如下。

（1）找到素材文件夹中的素材 3、4 图像文件，按住 Ctrl 键的同时选中两个图像文件，按住鼠标左键直接将其拖动到 Photoshop 中，在图像窗口内打开图像文件，先选择素材 3 图像窗口，如图 3-25 所示。

图 3-25　在图像窗口中打开两个图像文件

（2）通过观察可以看出，这是一幅典型的分界线较明显的图像，这种情况下可以直接利用魔棒工具进行抠图，当然还要结合一个非常便捷的反向选择操作，就如当前图像的画面中只有黑白两色，只需要选择画面中所有的白色部分，再执行一次“反向选择”命令，即可得到所有的黑色字体选区。

（3）选择魔棒工具，并在工具选项栏中设置“容差”为 32，取消勾选“连续”，如图 3-26 所示。在这里为什么要取消“连续”复选框的勾选呢？通过观察可以看到，字体“四”内有一些封闭的白色区域，如果保持“连续”选项的设置，则封闭空间内的白色区域将不会被自动选中。

图 3-26　创建选区边线

（4）参数设置完成后，使用“魔棒工具”在图像的白色区域内单击一次，即得到所有白色图像的选区，如图 3-27 所示。

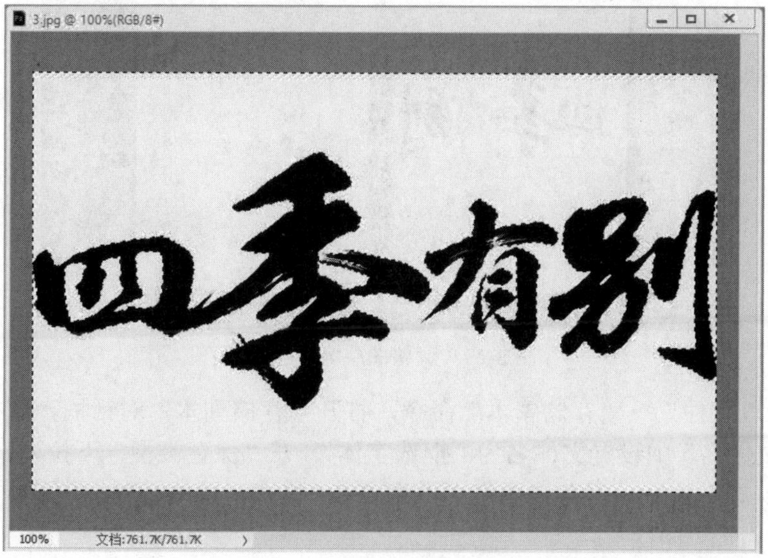

图 3-27　创建白色图像的选区

（5）在白色图像选区内右击一次，即可出现选区操作子菜单，在菜单中找到“选择反向”命令并执行，如图 3-28 所示。

图 3-28　执行“选择反向”命令

（6）执行“选择反向”命令后，选区即变为图像中的黑色字体部分了。在日常抠图操作中，我们会经常使用到这个命令，也可以使用 Ctrl+Shift+I 组合键，快速执行对选区的反向操作。

（7）接着在工具箱中切换至“选择工具”，或者按 V 键切换至选择工具模式。将光标放置到黑色字体选区内部，按住鼠标左键移动选区内的图像，将其直接拖动到素材 4 图像窗口内。

（8）然后按下 Ctrl+T 组合键调出调整框，按住 Shift 键的同时，用鼠标调整角点位置以缩小字体，如图 3-29 所示，确定无误后按 Enter 键确认。最后再次调整字体在书籍的白色页面内，即完成所有操作。

图 3-29　调整图层大小和位置

（9）执行“文件”→“存储副本”命令，打开“存储副本”对话框，选择图像文件的存储路径，在“文件名”中设置文件名为“抠选字体”，在“保存类型”下拉列表中，选择 JPEG 格式，单击“保存”按钮，保存该图像文件为 JPEG 格式，即成功输出图片。

3.4　选区的常用操作

3.4.1　移动选区

创建选区之后，在任一选区工具状态下，将光标放置在选区内，当光标变为一个白色箭头和矩形的组合，即表示可以移动选区。按住鼠标左键，直接拖动选区，即可将选框移动至图像另一处。如图 3-30 所示为移动选区的前、后对比。也可将选区直接拖动至另一图像窗口中。

（a）原选区　　　　（b）移动后的选区

图 3-30　原选区及移动后的选区

按↑、↓、←、→键可以分别将选区向上、向下、向左、向右移动，并且每次移动 1 像素。

按住 Shift 键的同时按↑、↓、←、→键，可以分别将选区向上、向下、向左、向右移动，并且每次移动 10 像素。

3.4.2 移动选区内的图像

移动选区和选区内的图像是两个不同的含义，也是不一样的操作，在实际应用中，更多时候我们移动选区的目的是移动其框选的图像。

如需移动选区内的图像，可将当前工具切换至“移动工具”后，直接拖动选区内的图像即可。需要注意的是，如果在当前图像窗口中移动选区图像，原位置会自动显现背景色；如果将其拖动复制到另外的图像窗口中，返回后，原选区位置保持不变；如果需要在当前图像窗口内复制多个选区内的图像，则需在移动时按住 Alt 键。

移动选区内的图像的操作也可以使用快捷键，在任一选区中创建工具的状态下，将光标放在选区内部：按住 Ctrl 键，光标变为一个带剪刀的黑色箭头，此时按住鼠标拖动，可将选区内的图像移动到当前图像窗口的另一处，移动后原图像位置显现背景色，如图 3-31 所示。按住 Ctrl+Alt 键，光标变为黑白双箭头叠加，此时按住鼠标拖动，可将选区内的图像复制到当前图像窗口的另一处，移动后原图像位置保持不变，如图 3-32 所示。

图 3-31 移动选区内的图像

图 3-32 移动并复制选区内的图像

3.4.3 取消选区

创建选区后，选择“选择”→“取消选区”命令，或者直接按快捷键 Ctrl+D，或者在选区外的任一处单击都可以取消选区的选定。

3.4.4 选取最近一次的选区

选择“选择”→“重新选择”命令，或者直接按快捷键 Ctrl+Shift+D，可以载入在图像中最后一次取消的选区，即恢复刚才创建的选区。

3.4.5 反选选区

执行“选择”→“反选”命令，或者直接按快捷键 Ctrl+Shift+I，可以在建立选取区域后反向选取其余未被选取的部分，从而颠倒选区与非选区。

3.4.6 增减选区范围

创建选区后，还可进行增加或减少选区的操作，在任一选区创建工具的工具选项栏中，都有“选区”按钮，如图 3-33 所示。灵活运用选区增减选项，可以帮助用户创建出多样化的选区。

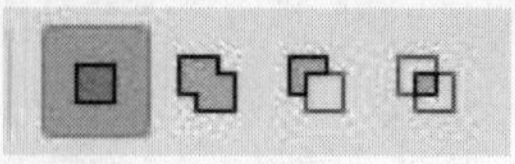

图 3-33 “选区”按钮

“选区”按钮从左至右依次是：“新选区”“添加到选区”“从选区减去”“与选区交叉”默认状态是“新选区”，此状态下，每绘制一个选区，之前绘制的选区随即消失。如果要增减选区范围，可在创建下一个选区前，切换至后 3 个选项状态即可。也可使用快捷键，在绘制选区时快速增减：

（1）按住 Shift 键，可以将新绘制的选区添加到已有选区中。

（2）按住 Alt 键，可以从已有选区中删除新绘制的选区部分。

（3）按住 Alt+Shift 快捷键，可以得到新绘制选区与已有选区交叉部分的选区。

3.4.7 羽化选区

羽化是针对选区的一项编辑，其原理是令选区内、外衔接的部分虚化，起到渐变的作用，从而达到自然衔接的效果。简单来说，羽化就是把有硬度的边缘变成没有硬度的柔和边缘。对选区的羽化操作，分为创建选区前和已有选区。

在选框工具组和套索工具组的任一工具的选项栏中，都有关于羽化数值的设置。如果要创建一个带有羽化效果的选区，可在创建选区前，先设置工具选项栏的羽化数值。

羽化值的范围为 0～250，不同羽化值会产生不同的效果。羽化值越大，虚化范围越宽，也就是说颜色渐变更柔和；羽化值越小，虚化范围越窄。如图 3-34 所示为两种羽化值产生的效果。

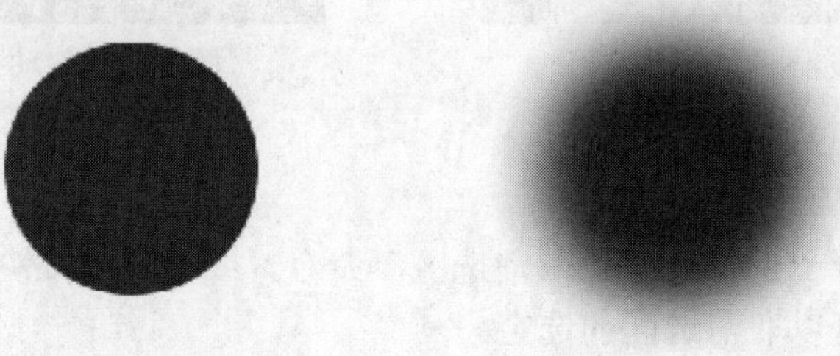

（a）羽化值为 0 的填充效果　　（b）羽化值为 15 的填充效果

图 3-34 羽化值为 0 的填充效果及羽化值为 15 的填充效果

如果要对已经创建的选区设置羽化效果，可使用“选择”→“修改”→“羽化”命令，弹出“羽化选区”对话框，如图 3-35 所示，在羽化半径文本框内输入合适的数值，单击“确定”按钮后，即可修改选区的羽化效果。

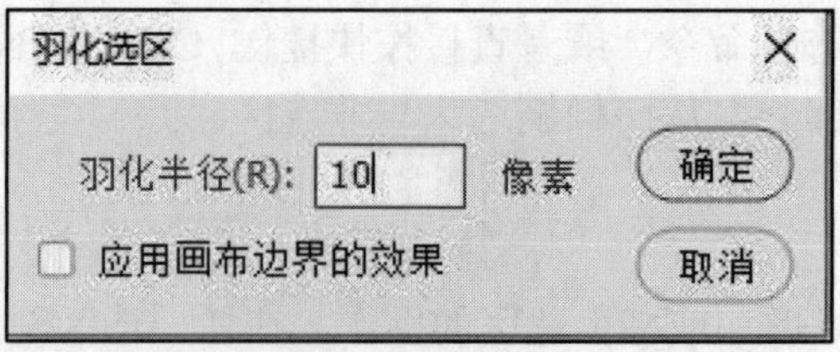

图 3-35 “羽化选区”对话框

3.4.8 修改选区

1. 扩展选区

扩展选区是使原有选区向外均匀扩展，可执行“选择”→“修改”→“扩展”命令，在弹出的“扩展选区”对话框中设定扩展量来扩展选区，数值越大扩展的面积就越大。如图 3-36 所示为原有选区和设定扩展量为 20 像素后的选区。

（a）原有选区

（b）设定扩展量为 20 像素后的选区

图 3-36　原有选区和设定扩展量为 20 像素后的选区

2. 收缩选区

收缩选区的作用和扩展选区相反，是在原有选区上向内均匀收缩，可执行“选择”→“修改”→“收缩”命令，在弹出的“收缩选区”对话框中设定收缩量来收缩选区，数值越大收缩的面积就越大。如图 3-37 所示为设定收缩量为 20 像素后的选区。

3. 边界选区

边界选区不同于扩展选区和收缩选区，选区不再是在原有选区基础上放大或收缩，而是以原有选区边界为基础创建一个新的特定宽度的选区。边界选区的宽度由设置的宽度值决定，数值越大边界宽度就越大。

可执行“选择”→“修改”→“边界”命令，在弹出的“边界选区”对话框内设置边界宽度。如图 3-38 所示为设定边界宽度为 30 像素后的选区。

图 3-37　设定收缩量为 20 像素后的选区

图 3-38　设定边界宽度为 30 像素后的选区

4. 平滑选区

使用“魔棒工具”或“色彩范围”命令创建选区时，选区中可能会存在一些不必要的细碎、零星区域，执行“平滑选区”命令可以消除这些细碎零星的选区。执行“选择”→“修改”→“平滑”命令，弹出“平滑选区”对话框，可设定取样半径，对选区边界进行平滑处理。

3.4.9 变换选区

变换选区是指对选区执行旋转、翻转、倾斜、扭曲或透视等变形操作。执行“选择”→“变换选区”命令，或者使用快捷键 Alt+S+T，选区四周将出现一个带有 8 个控制点的变形框，如图 3-39 所示，通过拖动各控制点即可对选区进行变形，也可以在调出变形框后，在选区内右击，即可在弹出的快捷菜单中快速选择需要的变形操作。

图 3-39 变换选区变形框

3.4.10 选区综合实例

选区综合实例

实例描述：通过“橙子海报”实例操作，使读者了解并掌握选区创建工具及选区编辑操作的综合应用。

操作步骤如下。

（1）找到素材文件夹中的素材 5～素材 8 图像文件，按下 Ctrl 键的同时选中 4 个图像文件，按住鼠标左键直接拖动到 Photoshop 软件中，在图像窗口打开这些图像文件，先选择素材 6 图像窗口，如图 3-40 所示。

图 3-40 在图像窗口中打开 4 个图像文件

（2）通过观察可以看出，这是一幅背景色与主体色差别明显的图像，选择“快速选择工具”，在右边橙子的图像区域内拖动，使选区覆盖到整个橙子部分，如图 3-41 所示，操作时注意选区边线不要涵盖白色背景部分。

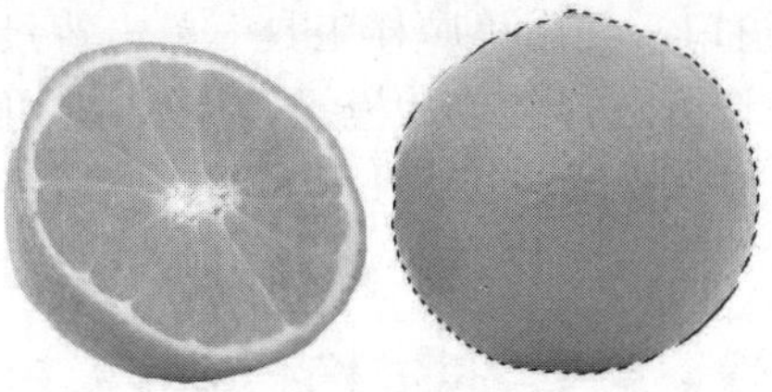

图 3-41 创建橙子选区

（3）在工具箱中切换至“选择工具”，或者按 V 键切换至选择工具模式。将光标放置到橙子选区内部，按住鼠标左键移动选区内的图像，将其直接拖动到素材 5 图像窗口内。接着，按 Ctrl+T 组合键调出调整框，对橙子的大小、位置、角度进行适当调整，如图 3-42 所示，确定后按 Enter 键。

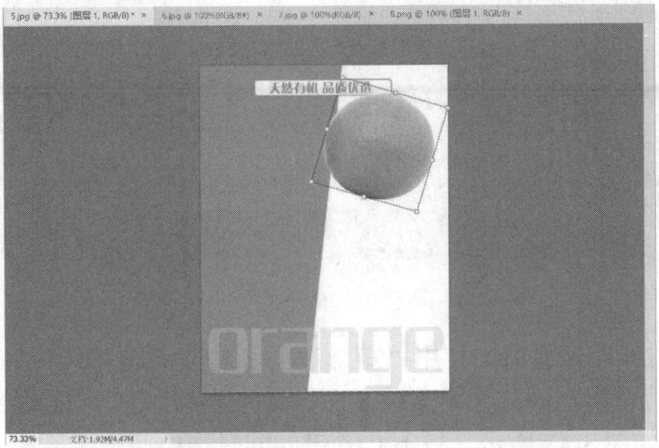

图 3-42 调整橙子的大小、位置及角度

（4）回到素材 6 图像窗口内，按 Ctrl+D 组合键取消当前选区，继续使用“快速选择工具”选择左边切开的橙子，按 V 键切换至选择工具模式，将选区内切开的橙子图像拖动到素材 5 图像窗口内，并使用同样方法调整其大小、位置和角度，如图 3-43 所示，完成后关闭素材 6 图像文件。

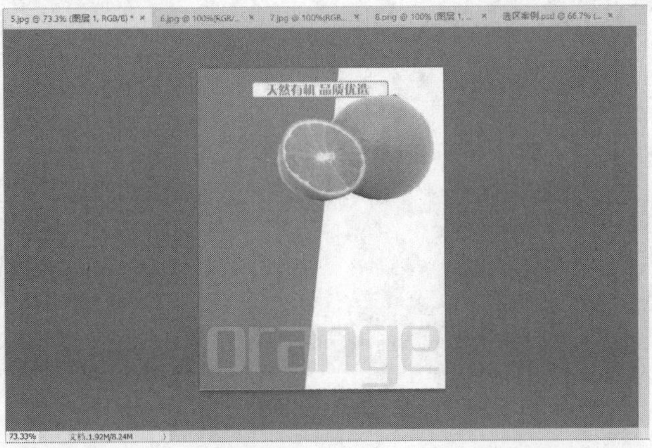

图 3-43 调整切开橙子的大小、位置及角度

（5）切换至素材 7 图像窗口，使用“魔棒工具”单击背景白色区域，按 Ctrl+Shift+E 组合键对选区进行反向操作，使选区选择到单片橙子。按 V 键切换至选择工具模式，将选区内的图像拖动到素材 5 图像窗口内，并调整其大小和位置，然后将其放置在画布左上角区域，如图 3-44 所示。

图 3-44　调整单片橙子的大小和位置

（6）切换至素材 8 图像窗口，使用“矩形选框工具”框选“鲜”字区域，并将其拖动到素材 5 图像文件内，再使用相同方法将素材 8 图像文件中的“橙”字拖动到素材 5 图像文件内，调整两个字的位置，如图 3-45 所示。按下 Ctrl 键的同时选中两个字所在图层，按 Ctrl+E 组合键将其合并成一个图层。

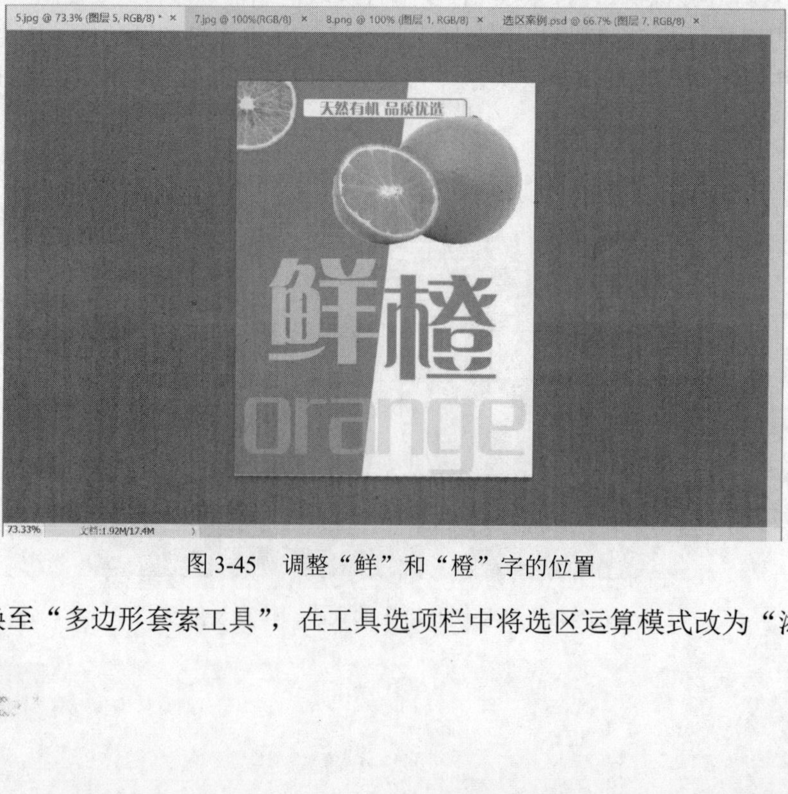

图 3-45　调整“鲜”和“橙”字的位置

（7）切换至“多边形套索工具”，在工具选项栏中将选区运算模式改为“添加到选区”，使用“多边形套索工具”选择字体局部笔画以创建选区，如图 3-46 所示。

图 3-46 创建局部笔画选区

（8）然后按 Delete 键将框选的笔画删除，按 Ctrl+D 组合键取消选区，如图 3-47 所示。

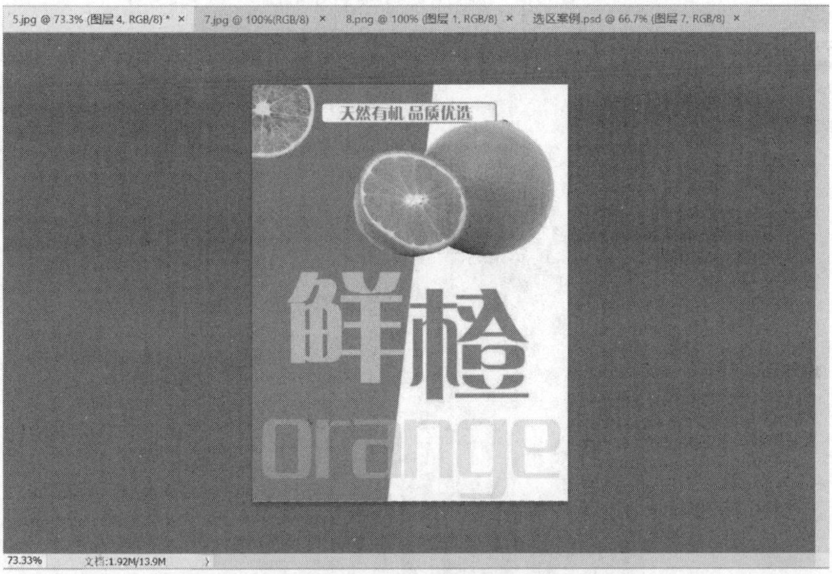

图 3-47 删除局部笔画

（9）切换至素材 7 图像窗口，先创建单片橙子的选区，再切换至“套索工具”，在工具选项栏中将选区运算模式改为“与选区交叉”，使用“套索工具”通过交叉选区的方式，选择单片橙子的下半部分区域，如图 3-48 所示。

图 3-48 创建局部选区

（10）按 V 键切换至选择工具模式，将选区的内图像拖动到素材 5 图像窗口内，然后将其移动到“鲜”字下部，并对其大小、位置和角度进行适当调整，以替换删除的笔画部分。按 Ctrl+J 组合键复制该图层，使用相同方法将新复制的图层调整到“橙”字的局部笔画部分，如图 3-49 所示。

图 3-49　用图像替换字体笔画

（11）至此，橙子海报已完制作完成，可对海报内的元素进行细微调整，使视觉效果更加合适，最终效果如图 3-50 所示。

图 3-50　橙子海报的最终效果

（12）执行“文件”→“存储”命令，打开“存储为”对话框，选择文件的存储路径，在“文件名”中设置文件名为“橙子海报”，默认“保存类型”不变，单击“保存”按钮，保存该文档为 PSD 格式。

（13）执行“文件”→“存储副本”命令，打开“存储副本”对话框，选择文件的存储路径，在“文件名”中设置文件名为“橙子海报”，在“保存类型”下拉列表中，选择 JPEG 格式，单击“保存”按钮，保存该文件为 JPEG 格式。

（14）执行“文件”→“关闭”命令，关闭该图像文件；执行“文件”→“退出”命令，退出 Photoshop。

习　题

第3章习题答案

一、填空题

1. 在 Photoshop 中，编辑操作一般都只对__________内的图像有效；如果没有__________，则对整幅图像进行。

2. 制作选区时，按住__________快捷键，可使绘制的选区相加；按住__________快捷键，可从原选区中减去当前选区。

3. 使用“椭圆选框工具”创建一个选区，填充选区时要想让填充的颜色在选区周围过渡比较柔和，应该对选区进行__________操作。

4. 在任一选区工具状态下，按住__________快捷键，可以移动选区内的图像。

5. 在移动工具状态下，按住__________快捷键，可以复制选区内的图像。

二、单选题

1. 以下键盘快捷方式中，可以改变选区内的图像大小的是（　　）。
   A. Ctrl+V　　B. Ctrl+Alt
   C. Ctrl+S　　D. Ctrl+T

2. 套索工具组中不包含的工具是（　　）。
   A. 套索工具　　B. 磁性套索工具
   C. 多边形套索工具　　D. 对象选择工具

3. 对已经建立的选区，不能进行以下哪个操作？（　　）
   A. 变换大小　　B. 外发光
   C. 羽化　　D. 增减范围

4. 要变换选区的外观，可以选择调出选区变形框的命令是（　　）。
   A.“选择”→“变换图像”
   B.“编辑”→“变换图像”
   C.“选择”→“变换选区”
   D.“编辑”→“变换选区”

5. 以下关于选区的说法，错误的是（　　）。
   A. 选区的形状是任意的，但一定是封闭的
   B.“单行选框工具”是一条线
   C. 在不同选区创建工具状态下，可以进行选区运算操作
   D. 可以对已经建立的选区进行羽化

三、操作题

使用素材 9～素材 13，如图 3-51 所示，结合本章所学知识，制作如图 3-52 所示的风景明信片图像效果，并分别存储为 PSD、JPEG 格式的文件。

素材 9.jpg

素材 10.jpg

素材 11.jpg

素材 12.jpg

素材 13.jpg

图 3-51　素材文件

图 3-52　图像效果

第 4 章　绘图、修图工具

本章导读

在 Photoshop 中，绘图、修图工具分类位于工具箱中，种类繁多，主要提供图像绘制，图像修饰、修复和调整的作用。本章将主要讲解绘图、修复、润饰、填充等工具的功能和具体的操作方法。

本章要点

- 画笔工具
- 修复工具
- 润饰工具
- 填充工具
- 擦除工具

4.1　画笔工具组

画笔工具可以绘制各种笔刷效果的图像。在画笔工具组中包括画笔工具、铅笔工具、颜色替换工具、混合器画笔工具，如图 4-1 所示。

图 4-1　画笔工具组

4.1.1　画笔工具选项栏

选择画笔工具，工具选项栏就切换为画笔工具选项栏，如图 4-2 所示。在使用画笔工具时，以前景色为绘画颜色，绘制的线条边缘较柔和。在绘制时，如果按下 Shift 键，可绘制水平、垂直或 45 度的直线线条。

图 4-2　画笔工具选项栏

“画笔预设”选取器按钮：单击画笔工具选项栏中的“画笔预设”选取器按钮，可打开“画笔预设”面板，如图 4-3 所示。在“画笔预设”面板中可选择画笔笔尖的形状和修改画笔笔尖的大小和硬度。其中，“设置画笔角度和圆度”用于设置画笔笔尖的角度和圆度；“大小”用于设置画笔笔尖的大小；“硬度”用于控制笔刷边缘的发散程度，数值为 0%～100%，数值越小，边缘越柔和。下部的列表框中排列出了预设的笔尖形状。该面板的右上角有“面板设置”按钮，单击可弹出下拉菜单，执行相应的命令进行该面板的常规设置，如画笔的命名、删除画笔、画笔的显示方式、追加画笔等。

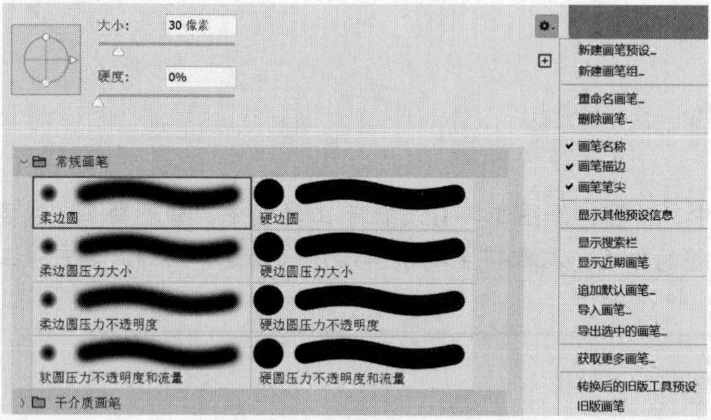

图 4-3　“画笔预设”面板

“画笔设置”面板按钮：单击可打开“画笔设置”面板，用于选择预设画笔和设计自定义画笔。

模式：设置画笔绘画颜色与图像中原有底色进行混合的方式。不仅在使用画笔工具时会用到这些模式，而且使用铅笔工具、描边、擦除或填充时都可能用到。

不透明度：设置绘图颜色的不透明度，取值范围为 0%～100%。数值越大，不透明度越高，绘制的效果越明显；反之则越不清晰。

流量：用来设置颜色随工具移动应用的速度，也就是设置绘制线条颜色的流畅程度，也可产生一定的透明效果。该数值较低时会形成较轻的描边效果。

喷枪：单击此按钮，绘制的图形具有喷枪效果，画笔的大小会随着按压鼠标的时间而变化，按压鼠标的时间越长，边缘越大越模糊。在此状态下绘制的笔画边缘更加柔和。

平滑：用来设置描边平滑度，使用较高的值，以减小描边的抖动。后面的“设置其他平滑选项”按钮，单击即可打开，在打开的下拉列表中选择合适的平滑选项，如图 4-4 所示。

对称：用来设置绘画的对称选项，单击该按钮即可打开“对称”下拉列表，可根据绘画需要选择合适的对称选项，如垂直对称、水平对称等，如图 4-5 所示。

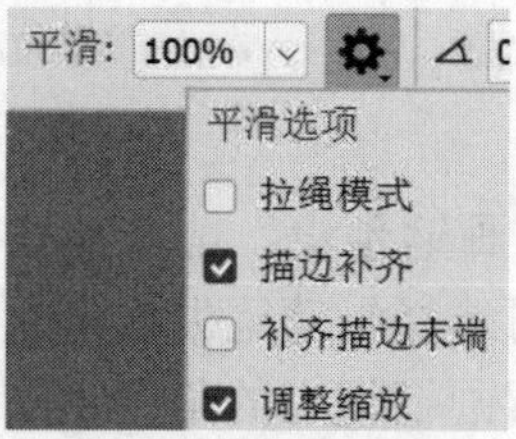

图 4-4　平滑选项

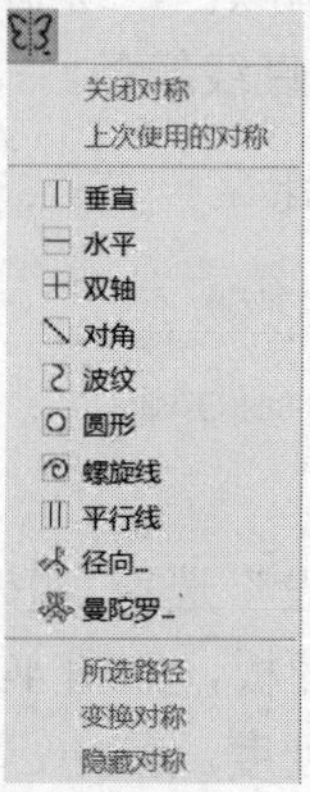

图 4-5　对称选项

4.1.2 “画笔设置”面板

执行“窗口”→“画笔设置”命令，可以打开“画笔设置”面板，或者单击工具箱中的画笔工具，在其选项栏中单击“画笔设置面板”按钮，调出“画笔设置”面板，如图 4-6 所示。

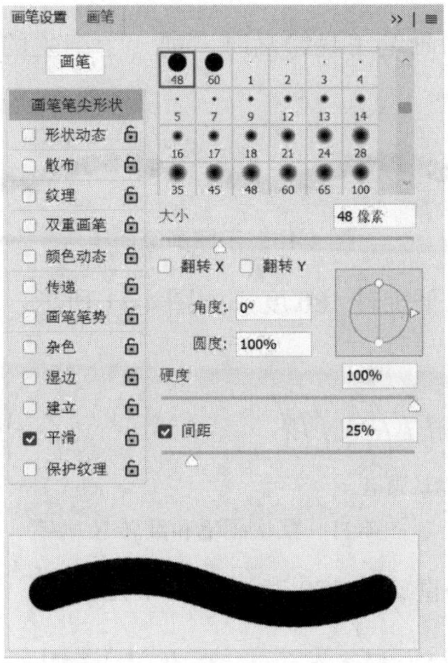

图 4-6　“画笔设置”面板

（1）设置画笔预设选项。在“画笔设置”面板左侧单击“画笔笔尖形状”选项，面板的右侧出现其选项内容。

笔尖形状：此面板右侧最上端是笔尖形状的预览框，单击需要的笔尖形状即可选取。

大小：通过拖动滑块或输入数值调整画笔的大小，数值越大，笔触越粗，可以是 1～5000 像素之间的值。

角度：用于指定椭圆画笔或样本画笔的长轴从水平方向旋转的角度。设置时可在文本框内输入度数，也可在预览框中拖动水平轴设置旋转角度，如图 4-7 所示。

图 4-7　不同画笔角度

圆度：用于指定画笔短轴和长轴之间的比例。设置时可以在文本框内输入百分比值，或者在预览框中拖动点。100%表示圆画笔，0%表示线性画笔，介于两者之间的值表示椭圆画笔，如图 4-8 所示。

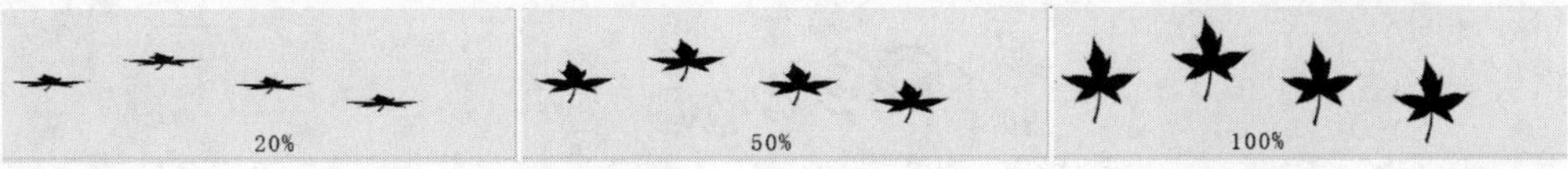

图 4-8　不同画笔圆度

硬度：用于设置画笔绘图时的边缘的柔化程度。这个选项只对圆画笔有效，如图 4-9 所示。

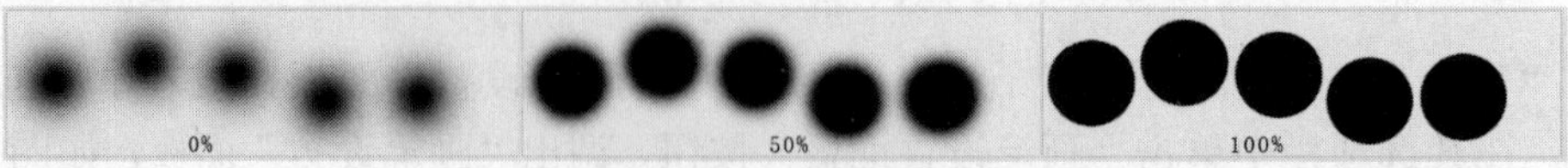

图 4-9　不同画笔硬度

间距：用于设置连续运用画笔工具绘画时，前一个产生的画笔和后一个产生的画笔之间的距离，如图 4-10 所示。

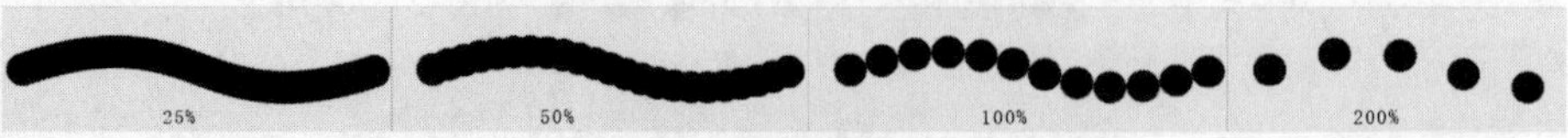

图 4-10　不同画笔间距

翻转 X：可使画笔样式水平旋转 180 度，如图 4-11 所示。

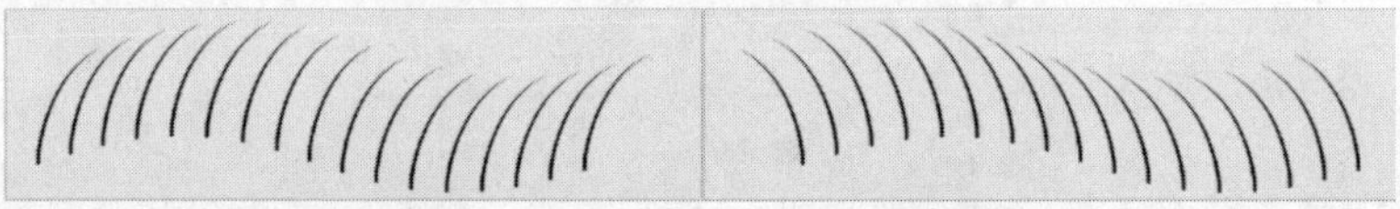

（a）默认画笔　　（b）翻转 X 画笔

图 4-11　默认画笔和翻转 X 画笔

翻转 Y：可使画笔样式垂直旋转 180 度，如图 4-12 所示。

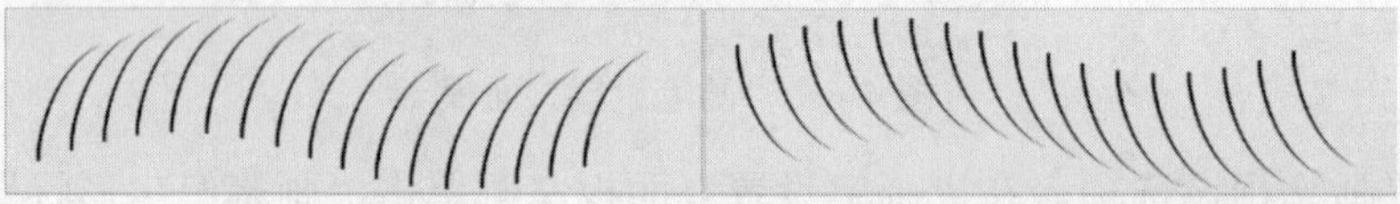

（a）默认画笔　　（b）翻转 Y 画笔

图 4-12　默认画笔和翻转 Y 画笔

（2）形状动态。勾选“画笔设置”面板左侧的“形状动态”复选框，面板右侧会出现其选项内容，可以设置画笔笔尖的大小抖动、角度抖动和圆度抖动，这些形状动态决定描边中画笔笔迹的变化，如图 4-13 所示。

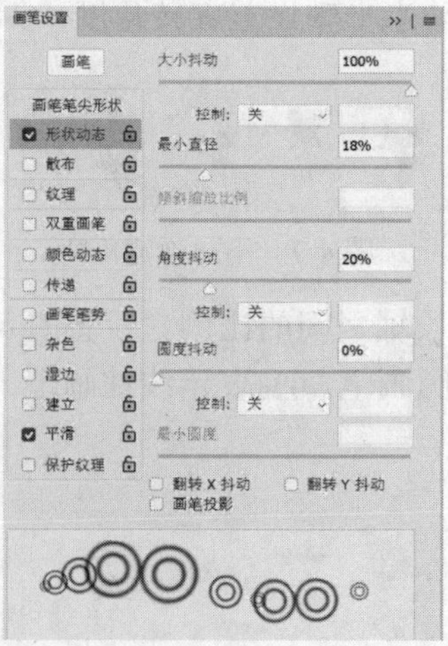

图 4-13　“形状动态”选项

大小抖动：用于控制画笔产生的画笔大小的动态效果，数值越大抖动越明显，0%表示没有抖动；100%则表示元素具有最大数量的随机性，如图 4-14 所示。

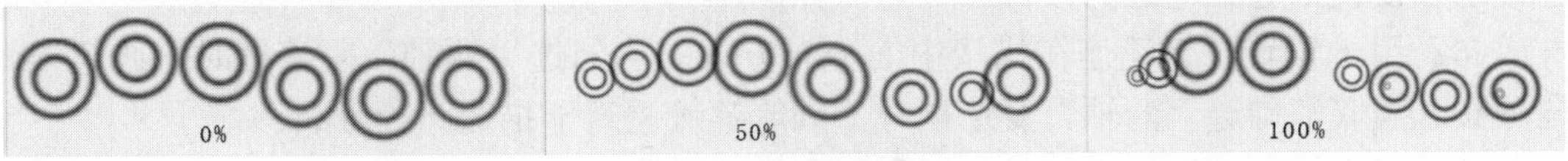

图 4-14 不同大小抖动

控制：用于对随机值进行控制，后面出现的其他选项中的此属性都相同。其中有“关”“渐隐”“钢笔压力”“钢笔斜度”“光笔轮”5 种方式可选。

由于“钢笔压力”“钢笔斜度”“光笔轮”3 种方式都需要感压笔的支持，因此如果没有安装此硬件，在“控制”下拉列表的左侧将显示一个叹号。

比较常用的是“渐隐”，选择此项后在出现的文本框中输入数值以改变渐退步长。步长越大，则笔画消失的距离越长，如图 4-15 所示。

图 4-15 无渐隐和不同渐隐的步长画笔

最小直径：取值范围为 0%～100%，用来设置画笔形状的最小直径，值越小，大小差距就越大，如图 4-16 所示。

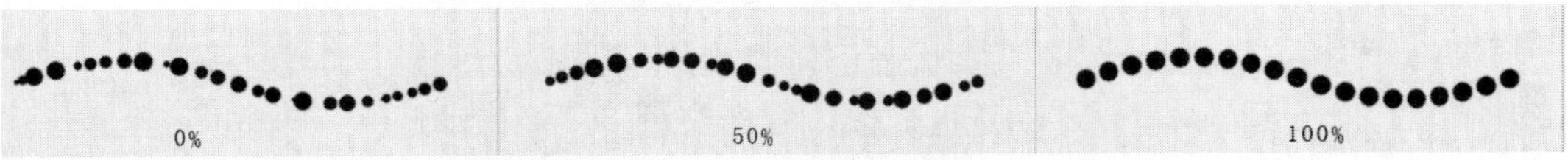

图 4-16 不同直径画笔

角度抖动：取值范围为 0%～100%，用来设置每个画笔形状的旋转角度，如图 4-17 所示。

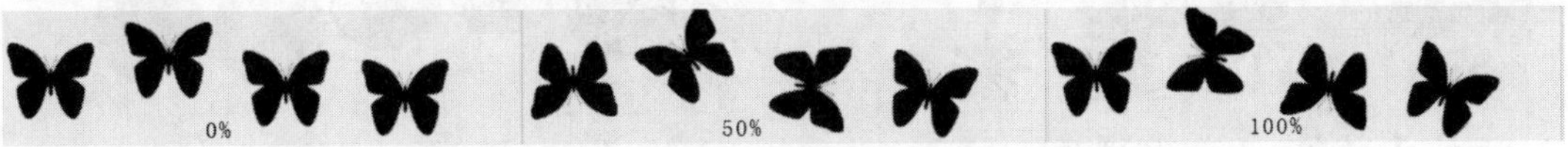

图 4-17 不同角度抖动画笔

圆度抖动：取值范围为 0%～100%，用来设置每个画笔形状的圆度，如图 4-18 所示。

图 4-18 不同圆度抖动画笔

最小圆度：取值范围为 1%～100%，用来设置画笔形状的最小空间旋转角度，值越小，旋转差距越大。

翻转 X/Y 抖动：用来设置画笔形状的倾斜度。

画笔投影：勾选此复选框后，并在“画笔笔势”选项中设置倾斜及旋转参数，可以在绘图时得到带有倾斜和旋转属性的笔尖效果。

（3）散布。勾选“画笔设置”面板左侧的“散布”复选框，面板右侧出现“散布”选项内容，用以设置描边中笔迹的数目和位置，如图 4-19 所示。

散布：用于设置画笔笔迹在描边中的分布方式。当勾选“两轴”复选框时，画笔笔迹按径向分布。当取消勾选“两轴”复选框时，画笔笔迹垂直于描边路径分布。

数量：用于控制画笔产生的数量，值越大数量越多。

数量抖动：用于设置画笔数量产生的随机性，不同数值下的随机效果不一样。

（4）纹理。勾选“画笔设置”面板左侧“纹理”选项，面板右侧出现“纹理”选项内容，如图 4-20 所示。它可以使画笔利用图案，使绘制看起来像是在带纹理的画布上绘制。

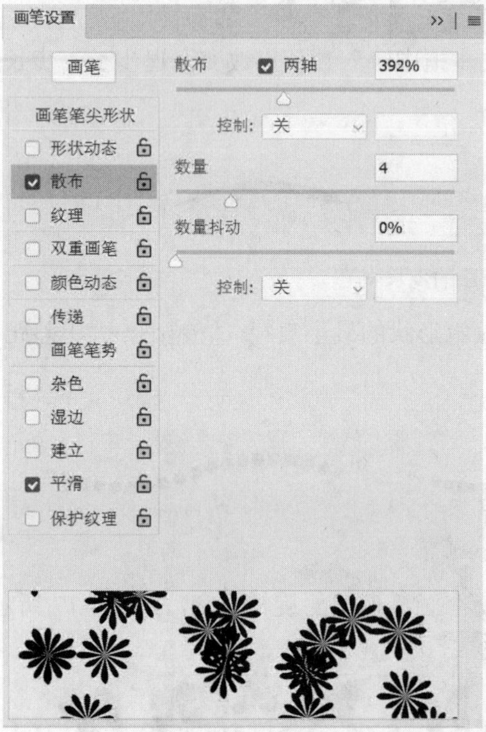

图 4-19　“散布”选项

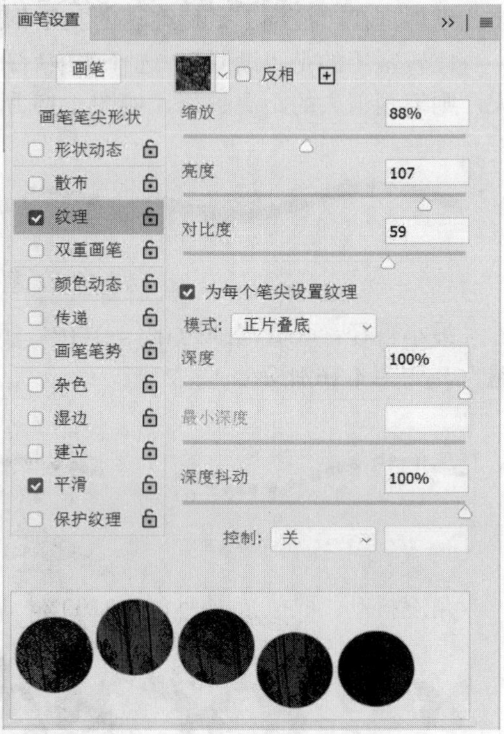

图 4-20　“纹理”选项

纹理样式：用来设置画笔的纹理图案。

缩放：取值为 1%～1000%，用来设置画笔纹理的大小。

模式：指定纹理图案的混合模式。

深度：指定油墨渗入纹理的深度。如果在其文本框中输入 100%，则纹理中的亮点不接收任何油墨；如果输入 0%，则纹理中的所有点都接收相同数量的油彩，从而隐藏图案。

最小深度：取值为 0%～100%，用来设置画笔纹理的最浅深度。

深度抖动：取值为 0%～100%，用来设置画笔深度的随机值。

（5）双重画笔。勾选“画笔设置”面板左侧“双重画笔”复选框，面板右侧出现“双重画笔”选项内容。双重画笔组合两个笔尖来创建画笔笔迹。将在主画笔的画笔描边内应用第二个画笔纹理，且仅绘制两个画笔描边的交叉区域。在“画笔设置”面板的“画笔笔尖形状”部分设置主要笔尖的选项，如图 4-21 所示。从“画笔设置”面板的“双重画笔”部分选择另一个画笔笔尖，然后设置以下任意选项，如图 4-22 所示。

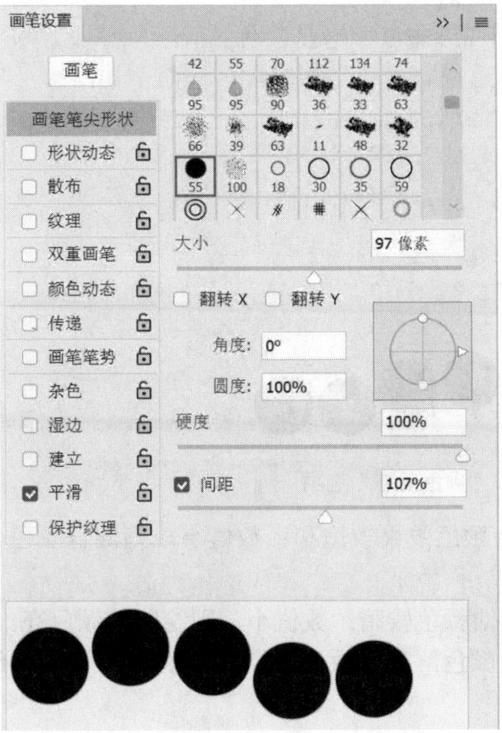

图 4-21　设置画笔笔尖形状的选项

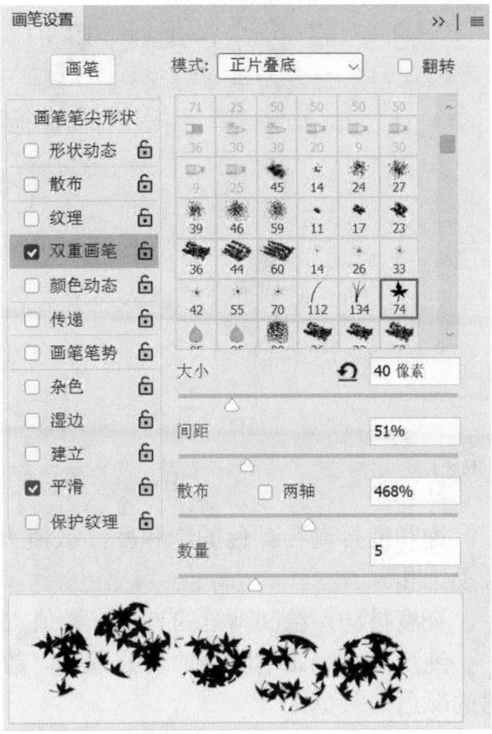

图 4-22　设置“双重画笔”选项后的面板

模式：选择从主要笔尖和双重笔尖组合画笔笔迹时要使用的混合模式。

大小：控制双笔尖的大小。以像素为单位输入值，或者单击“使用取样大小”按钮来使用画笔笔尖的原始直径。

间距：控制描边中双笔尖画笔笔迹之间的距离。

散布：指定描边中双笔尖画笔笔迹的分布方式。当勾选“两轴”复选框时，双笔尖画笔笔迹按径向分布。当取消勾选“两轴”复选框时，双笔尖画笔笔迹垂直于描边路径分布。要指定散布的最大百分比，可以在文本框中输入数字或使用滑块来输入值。

数量：指定在每个间距间隔应用的双笔尖画笔笔迹的数量。

（6）颜色动态。勾选“画笔设置”面板左侧“颜色动态”复选框，面板右侧出现“颜色动态”选项内容。颜色动态决定描边颜色变化方式，可以使笔尖产生两种颜色或图案进行不同程度混合的效果，并且可以调整其混合颜色的色调、饱和度、明亮度等。拾色器前景色/背景色分别为#de3939/ #99f3bd 时，设置“颜色动态”选项后的拾色器、绘画效果、“颜色动态”选项如图 4-23 所示。

前景/背景抖动：前景色和背景色之间的混合程度。数值越大，画笔的颜色发生随机变化时，越接近背景色；数值越小，画笔的颜色发生随机变化时，越接近前景色。

色相抖动：可以设置前景色和背景色之间的色调偏移方向，数值小，则色调偏向前景色；数值大，则色调偏向背景色。

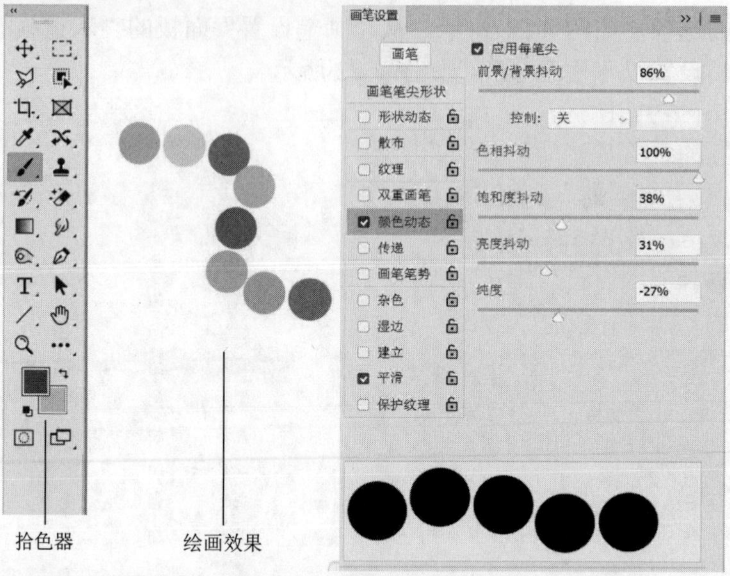

图 4-23　拾色器、绘画效果、“颜色动态”选项

饱和度抖动：颜色的饱和度。数值大，则混合颜色效果较饱和；数值小，则混合颜色效果不饱和。

亮度抖动：绘制画笔的亮度。数值大，则绘制的颜色较暗；数值小，则绘制的颜色亮。

纯度：绘制画笔颜色的新鲜程度。数值大，则颜色鲜艳；数值小，则颜色暗。-100 时绘出的颜色为灰色。

（7）传递。勾选“画笔设置”面板左侧“传递”复选框，面板右侧出现“传递”选项内容。“传递”选项用于设置颜色在描边路径中的变化方式，如图 4-24 所示。

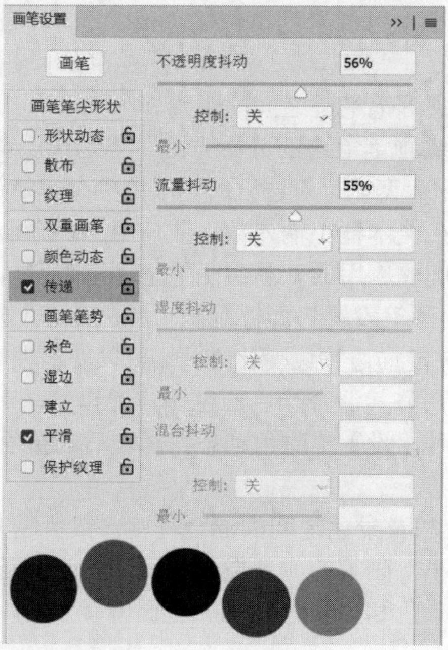

图 4-24　“传递”选项

不透明度抖动和控制：用于设置画笔描边中颜色的不透明度如何变化，其最高值是选项栏中指定的不透明度值。要设置控制画笔笔迹的不透明度的变化方式，可以从“控制”下拉列表中选取一个选项。

流量抖动和控制：设置画笔描边中颜色流量如何变化，其最高值是选项栏中指定的流量值。要设置控制画笔笔迹的流量变化方式，可以从“控制”下拉列表中选取一个选项。

湿度抖动：在混合器画笔工具选项栏上设置了“潮湿”参数后，在此处可以控制其动态变化。

混合抖动：在混合器画笔工具选项栏上设置“混合”参数后，在此处可以控制其动态变化。

（8）画笔笔势。勾选“画笔设置”面板左侧的“画笔笔势”复选框，面板右侧出现“画笔笔势”选项内容。“画笔笔势”功能主要用于设置“毛刷”画笔笔尖、“侵蚀”画笔笔尖的角度。

（9）附加参数。“画笔设置”面板中还有“杂色”“湿边”“建立”“平滑”和“保护纹理”5 个选项。这些选项不能调整参数，如果要启用其中的某个选项，将其勾选即可。可设置画笔绘制出的颜色的不透明度和使颜色之间产生不同的流动效果。

4.1.3　画笔基本操作

1. 自定义新画笔

在绘图中，可根据需要自定义画笔，操作方法如下。

（1）打开本章的素材 1 图像文件，使用对象选择工具，创建蜂鸟的选区，定义新画笔区域，如图 4-25 所示。

图 4-25　创建选区

注意：在 Photoshop 中，无法将白色与透明区域定义为画笔，需要定义为画笔的区域为非白色图像区域，越黑的区域的不透明度越大，黑色区域定义的画笔的不透明度为 100%。

（2）执行“编辑”→“定义画笔预设”命令，在弹出的“画笔名称”对话框中设置画笔名称，单击“确定”按钮，就可定义新画笔，如图 4-26 所示。

图 4-26　定义新画笔

（3）在“画笔预设”面板中找到定义的新画笔，即可使用，如图 4-27 所示。

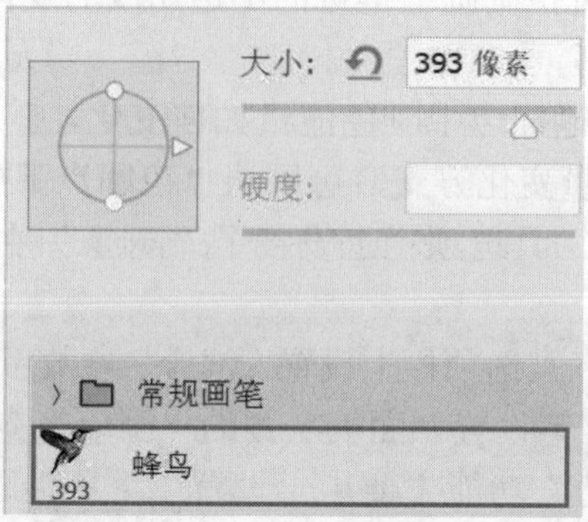

图 4-27　查看画笔

2. 导入画笔预设

单击“画笔预设”面板右上角的“面板设置”按钮，在弹出的下拉菜单中选择“导入画笔”命令，如图 4-28 所示。在弹出的“载入”对话框中选择扩展名为.abr 的画笔文件，单击“载入”按钮，如图 4-29 所示，即可导入画笔到“画笔预设”面板中。

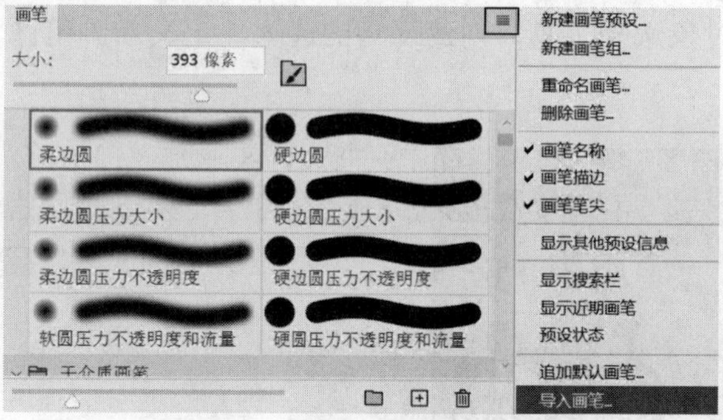

图 4-28　“导入画笔”命令

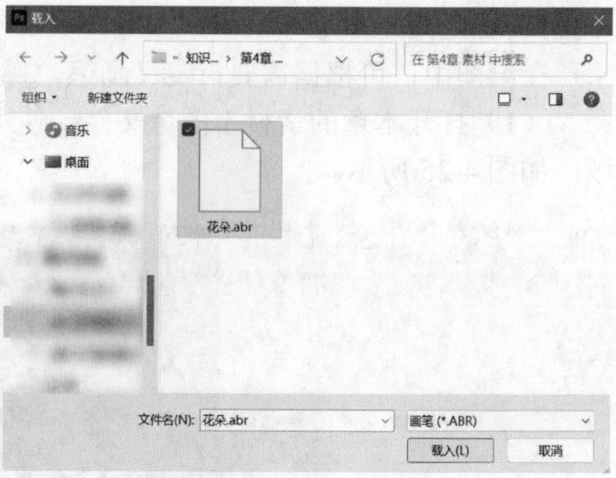

图 4-29　“载入”对话框

3. 导出画笔

单击“画笔预设”面板右上角的“面板设置”按钮，在弹出的下拉菜单中选择“导出选中的画笔”命令，在弹出的对话框中输入画笔名称并选择合适的路径，单击“保存”按钮，将其以扩展名为.abr 文件格式保存。

4. 删除画笔

在“画笔预设”面板中选择要删除的画笔，单击“画笔预设”面板右上角的“面板设置”按钮，在弹出的下拉菜单中执行“删除画笔”命令，在弹出的对话框中单击“确定”按钮即可。

4.1.4 铅笔工具

铅笔工具和画笔工具一样都是利用前景色绘制线条，不同的是：画笔工具创建的是柔和的描边，而铅笔工具创建的是硬边直线。它们的使用方法也大致相同。

4.1.5 颜色替换工具

颜色替换工具可以在保留图像纹理和阴影不变的情况下，快速改变图像任意区域的颜色。要使用该工具编辑图像，先设置合适的前景色，然后在指定的图像区域进行涂抹即可，如图4-30 所示。

图 4-30　颜色替换工具选项栏

模式：设置如何将绘画的颜色与下面的现有像素混合的方法。绘画模式与图层混合模式类似，请参阅图层混合模式。

取样：“模式”按钮右边的 3 个按钮就是 3 个“取样”按钮。第一个为“连续”按钮，可以替换光标经过处的颜色；第二个为“一次”按钮，表示只替换与第一次单击处颜色相似的区域；第三个为“背景色板”按钮，表示只替换与当前背景色相似的颜色区域。

限制：在“限制”下拉列表中选择“连续”表示将替换与紧挨在光标下颜色相近的区域；选择“不连续”表示将替换出现在光标下任何位置的样本颜色；选择“查找边缘”表示将替换包含样本颜色的连接区域，同时更好地保留形状边缘的锐化程度。

容差：容差值越大，可替换的颜色范围就越大。

在 Photoshop 中，打开本章素材 2 图像文件，选择该工具，把拾色器的前景色设置为绿色，设置工具选项栏的“画笔直径”为 125，“模式”为颜色，“取样”为连续，“容差”为 42%，如图 4-31 所示。在红色果实区域涂抹，即可看到果实的颜色由红色变成了绿色，如图 4-32 所示。

图 4-31　颜色替换工具选项栏

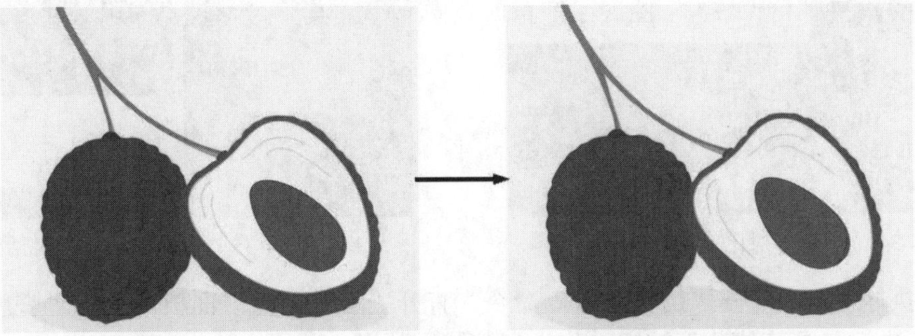

图 4-32　图像原图及效果图

4.1.6 混合器画笔工具

混合器画笔工具可以混合画布上的颜色进行绘画，并可在绘画过程中使用不同的绘画湿度，从而模拟出真实的水彩绘画效果。

4.2 历史记录画笔工具组

历史记录画笔工具组中包括：“历史记录画笔工具”和“历史记录艺术画笔工具”，如图 4-33 所示。

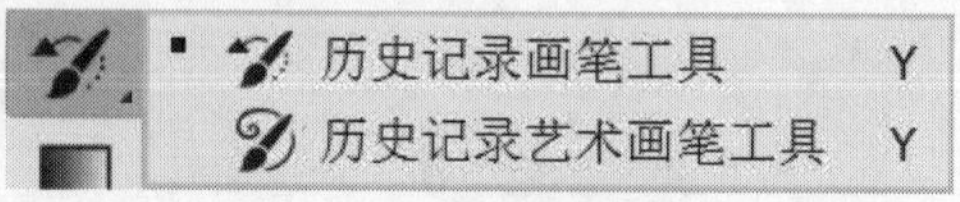

图 4-33 历史记录画笔工具组

4.2.1 历史记录画笔工具

历史记录画笔工具实例

历史记录画笔工具一般需要结合“历史记录”面板一起使用。执行“窗口”→“历史记录”可打开“历史记录”面板。

选择一个历史记录状态，单击“历史记录”面板下部的“创建新快照”按钮，建立这个历史记录状态的快照，建立的快照显示在面板的上部，可以建立多张快照。不同的是，快照不保存操作步骤，只保留当时的图像状态。使用历史记录画笔工具时，要注意在历史记录面板上设置“历史记录画笔的源”按钮所在的位置。下面介绍该工具的使用方法。

（1）打开素材 3 图像文件，执行“图像”→“调整”→“亮度/对比度”命令，在弹出的对话框中设置亮度为 40，如图 4-34 所示。

（2）执行“滤镜”→“模糊”→“高斯模糊”命令，在弹出的对话框中，设置高斯模糊的半径值为 26，如图 4-35 所示。

图 4-34 “亮度/对比度”对话框

图 4-35 “高斯模糊”对话框

（3）执行“窗口”→“历史记录”命令，打开“历史记录”面板，单击“亮度/对比度”状态的“历史记录画笔的源”按钮，作为调整状态的源，如图 4-36 所示。

（4）使用历史记录画笔工具，使用带柔边的画笔，调整画笔的不透明度为 100%，在图像的眉毛、眼睛、右侧头发位置涂抹，让这些地方清晰地显示出来，适当降低画笔的不透明度，在眼睛、眉毛、鼻子等周围适当涂抹，即可利用该工具美化人物。人物美化效果如图 4-37 所示。

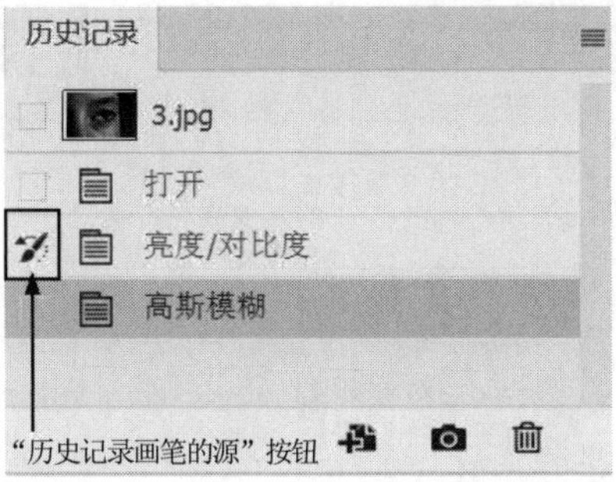

图 4-36　“历史记录画笔的源”按钮

图 4-37　图像效果

4.2.2　历史记录艺术画笔工具

历史记录艺术画笔工具和历史记录画笔工具一样都是用图像的状态或快照绘画，不同的是，历史记录画笔工具是将图像的状态或快照副本复制到新的状态中，而历史记录艺术画笔工具使用指定历史记录状态或快照中的源数据，以风格化描边进行绘画。

4.3　填充颜色和图案

在 Photoshop 中，可以使用“渐变”工具，“填充”命令，“油漆桶”工具、图章工具填充颜色或图案。

4.3.1　渐变工具

渐变工具实例

渐变工具用于在图像中填充渐变效果。如果要应用渐变效果，可以选择该工具，在图像上单击并拖动，根据工具选项栏中的设置项，得到填充的渐变效果。“渐变”工具选项栏如图 4-38 所示。

图 4-38　渐变工具选项栏

模式：用来设置渐变色与下面图像的混合模式。

不透明度：用来设置整个渐变色的不透明度值。

反向：勾选此项，使渐变色顺序翻转方向。

仿色：勾选此项，会使渐变色间的过渡更加平滑。

透明区域：勾选此项，渐变填充只有使用透明蒙版，色彩的不透明度才会生效。

渐变类型：有 5 种渐变类型可供选择，从左到右依次是线性渐变、径向渐变、角度渐变、对称渐变、菱形渐变，如图 4-39 所示。

- 线性渐变：颜色从鼠标起始位置到鼠标停止拖动的结束位置，形成一个沿拖动方向一致的线性渐变。如果起始点之间的线段长度没有占据整个选区或整幅图像范围，系统会用起点和终点所用的颜色来渐变填充图像的其余部分，即在起始位置前都为起始位置颜色，在终止位置后都为终止位置颜色。

（a）线性渐变　（b）径向渐变　（c）角度渐变　（d）对称渐变　（e）菱形渐变

图 4-39　不同类型的渐变效果

- 径向渐变：创建以圆形为填充效果的渐变。这种渐变以单击的起点为圆心位置，向外部边缘均匀辐射渐变色，圆外的所有区域都用渐变结束时的那一种颜色来填充。
- 角度渐变：创建以起点为中心、起点和终点的连线为射线，采用逆时针扫描方式建立的渐变效果。
- 对称渐变：创建以起点为对称中心、起点和终点的连线为对称方向的线性渐变，终点以外的所有对称区域都用渐变结束时的那一种颜色来填充。
- 菱形渐变：创建以菱形方式从起点向外的渐变，终点定义菱形的一个角，终点以外的所有对称区域都用渐变结束时的那一种颜色来填充。

渐变编辑器：显示当前的渐变设置颜色。单击该按钮，即可打开“渐变编辑器”对话框，如图 4-40 所示。

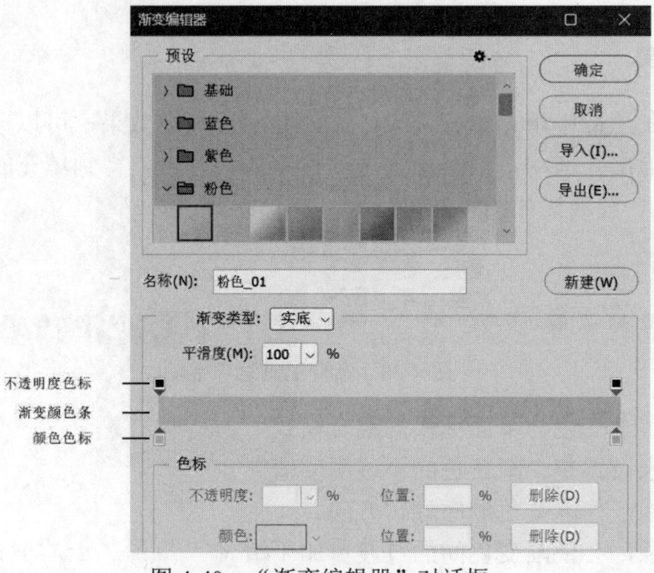

图 4-40　“渐变编辑器”对话框

在“渐变编辑器”对话框中，可以选择“预设”中列出的系统预设颜色组合应用渐变填充，也可以自定义渐变，满足作图需要。下面是自定义渐变的操作步骤。

（1）单击渐变工具选项栏中的“渐变预览”图标，在弹出的“渐变编辑器”对话框的“预设”中显示系统预设的所有渐变，单击其中任意一个，就可以在“名称”后面显示其对应的名称，并在对话框下部的渐变效果预览条中显示渐变的效果，在渐变效果预览条部分可以进行渐变的调节。

（2）可以选择一种已有的渐变样式作为编辑的基础，在渐变效果预览条中任意设置，名称变为“自定义”，用户可以输入自己想要的名称。

（3）默认渐变类型是“实底”，如果创建杂色渐变，则选择“杂色”。

（4）单击渐变颜色条下面的任意部分，将会在渐变颜色条上添加一个色标，可改变渐变颜色条的颜色，最多可添加32种颜色。向渐变颜色条添加色标后，可以左、右拖动它或改变下面位置框中的数值对它重新定位。当“色标”上面的小三角为白色时，表示没有选中，单击此色标后，上半部分的小三角会变成黑色，表示已选中。

（5）选中任意色标，双击该色标，或者单击下面的“颜色”图标，打开“拾色器”对话框，设置该色标颜色。拖动色标到渐变颜色条所需的位置，或者在该色标的“位置”文本框中输入位置数值来确定该色标的位置。如果输入的位置数值是0%，则色标会在渐变颜色条的最左端；如果输入的位置数值是100%，则色标会在渐变颜色条的最右端，如图4-41所示。

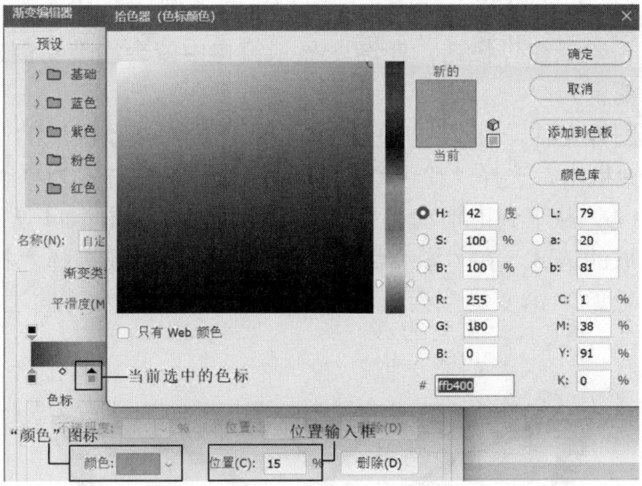

图4-41　“拾色器”对话框

（6）定义渐变的起点和终点的颜色和位置，可按照步骤（5）进行设置，即分别设置颜色，确定位置即可。

（7）需要有一个或多个中间色添加到渐变颜色条，可在渐变颜色条下方单击，添加中间色色标，并设置该色标的颜色和位置。设置的一个多色渐变色如图4-42所示。

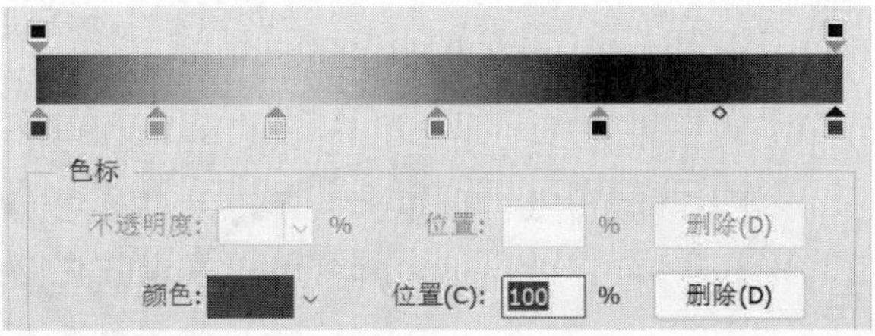

图4-42　设置颜色后的渐变颜色条

（8）若要删除不需要的色标，可以选中该色标，单击“删除”按钮，或者向下拖动此色标直到它消失即可。

（9）设定渐变透明度。在“渐变编辑器”对话框中，渐变颜色条上方的色标即为不透明度色标。单击渐变颜色条上方的不透明度色标，色标下方的三角形变成黑色，表示正在编辑该点的透明度。在渐变颜色条下面对应的“不透明度”文本框中输入不透明度值，设置不透明度。拖动该“不透明度”色标的位置，或者在“位置”文本框中输入需要的位置数值，即可调整该不透明度色标的位置。不透明度色标的添加、删除和颜色色标的设置方法一样。图 4-43 中的渐变颜色条对应中间添加了 3 个不透明度色标的渐变颜色条状态。

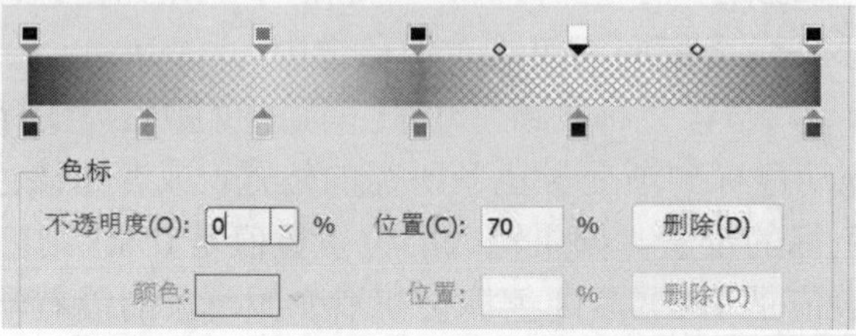

图 4-43　设置不透明度后的渐变颜色条

完成设置后，单击“新建”按钮，在渐变显示窗口中就会出现新创建的渐变，单击“确定”按钮就可以完成编辑。

打开本章素材 4 图像文件，创建“渐变 1”图层黑色蝴蝶线条区域的选区，使用渐变工具，在“渐变编辑器”对话框中，选择“粉色-01”预设渐变，渐变方式为“线性渐变”，渐变类型为“实底”，在画布中心，从下到上拖动光标进行渐变填充，如图 4-44 所示。再创建“渐变 2”图层黑色蝴蝶线条区域的选区，在“渐变编辑器”对话框中，还选择“粉色-01”预设渐变，渐变方式改为“径向渐变”，渐变类型为“杂色”，使用同样位置和方向进行渐变填充，填充效果如图 4-45 所示。

图 4-44　渐变方向和起点、终点

图 4-45　两次渐变的填充效果

4.3.2 “填充”命令

使用“填充”命令可以对整幅图像或选取范围进行颜色填充。“填充”命令除了能填充一般的颜色，还可以填充图案和快照内容，操作方法如下。

（1）在图像中把要进行填充的图层设置为当前图层，如果是对选取范围进行填充，则需要在图像中建立对应的选区。

（2）执行“编辑”→“填充”命令，打开“填充”对话框，如图4-46所示。

对话框选项功能如下。

内容：单击该选项右侧的下拉按钮，弹出填充的各个选型，如图4-47所示。

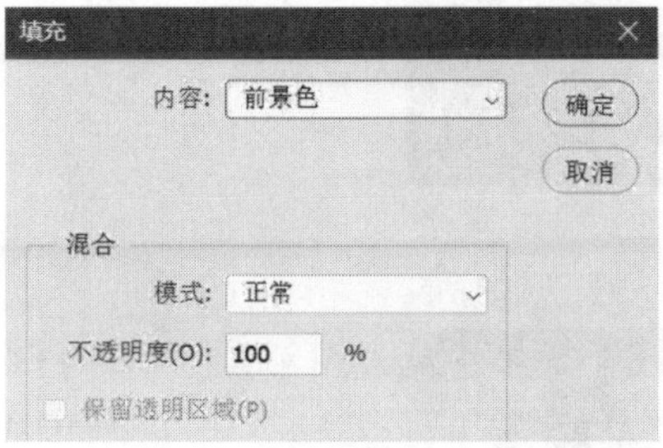

图4-46 “填充”对话框

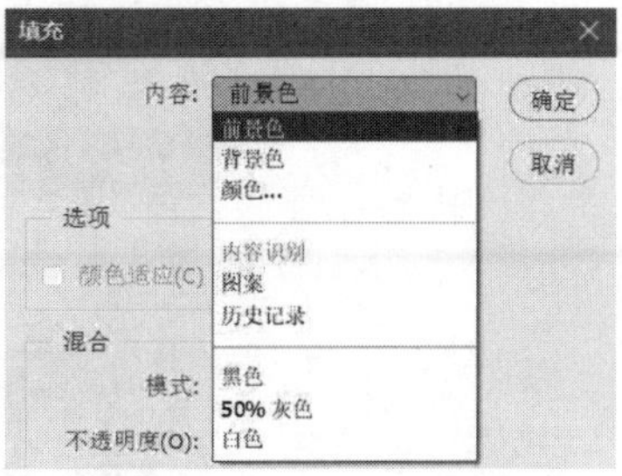

图4-47 “内容”下拉列表

混合：用于设置填充的不透明度和模式。

保留透明区域：对图层填充颜色时，可以保留透明的部分。该复选框只有对透明的图层进行填充时才有效。

4.3.3 系统图案和自定义图案

使用图案填充，可以选择系统提供的图案，也可以根据需要自定义图案。

1. 使用系统图案

单击“内容”下拉列表中的“图案”选项，在弹出的“图案选项”列表中选择系统的某一图案即可填充。如图4-48所示为在“填充”对话框中选择“图案”选项后，打开的“图案选项”列表。单击图案选项列表右上角的“设置菜单”按钮，在弹出的菜单中可以执行“新建图案”“重命名图案”等命令，如图4-49所示。

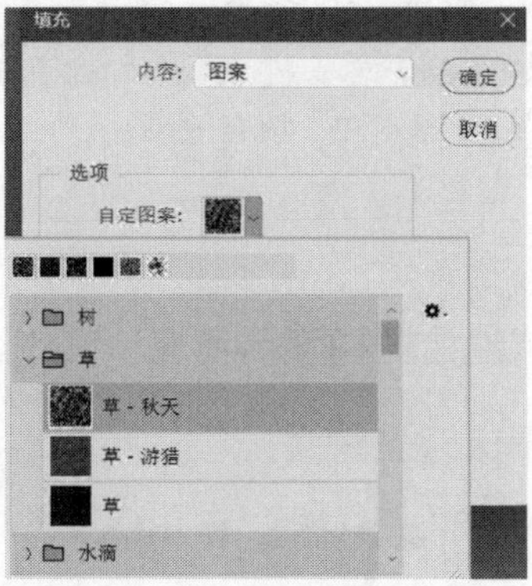

图4-48 “图案选项”列表

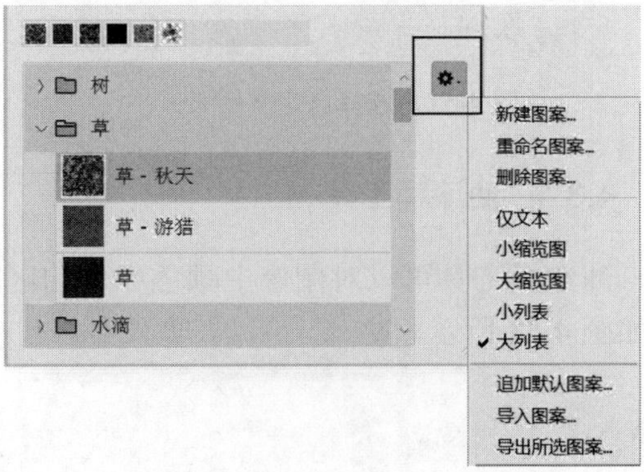

图4-49 选项菜单

2. 自定义图案

自定义图案

定义图案的操作步骤如下。

（1）首先打开一个图像文件，如本章素材 1 图像文件，然后用矩形选框工具，在羽化值为 0 的前提下，建立一个矩形选区，如果要选取整幅图像，可按 Ctrl+A 键。

（2）执行“编辑”→“定义图案”命令，打开“图案名称”对话框，如图 4-50 所示。在“名称”文本框中输入图案名称，单击“确定”按钮，图案定义完成。

图 4-50 “图案名称”对话框

（3）定义图案后，一般使用“填充”命令完成图案的填充。在“内容”下拉列表中选择“图案”选项，再在“自定图案”下拉面板中选择自定义的图案，如图 4-51 所示。完成设置后，单击“确定”按钮即可在图像中应用图案填充操作，填充效果如图 4-52 所示。

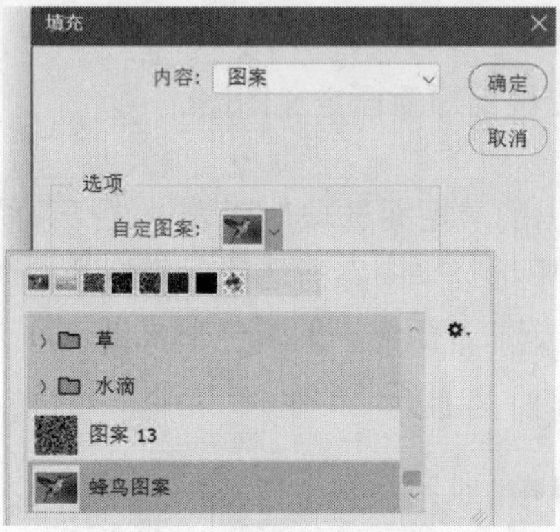

图 4-51 选择自定义图案

图 4-52 填充效果

4.3.4 油漆桶工具

油漆桶工具可以对图像中颜色相近的区域进行前景色或选定的图案的填充，其工具选项栏如图 4-53 所示。

图 4-53 油漆桶工具选项栏

填充内容：单击“油漆桶”图标右侧的下拉按钮，可以在下拉列表中选择填充内容，包括“前景”和“图案”两种，如图 4-54 所示。

模式/不透明度：用来设置填充内容的混合模式和不透明度。

容差：用来定义必须填充的颜色相似程度。误差值的范围为 0～255。低容差填充颜色值范围与单击点像素非常接近的像素，高容差会填充更大范围内的像素。

消除锯齿：可以平滑填充选区的边缘。

连续的：勾选此项，仅填充与所单击像素邻近的像素；取消勾选此项，则填充图像中的所有相似像素。

所有图层：基于所有可见图层中的合并颜色数据填充像素，取消勾选此项则填充当前图层。

打开本章素材 5 图像文件，使用油漆桶工具，设置工具选项栏的“容差值”为 10 时，勾选“连续的”复选框，在花瓣中心位置单击，进行颜色填充；设置前景色为紫色，取消勾选“连续的”复选框，在花瓣中心之外的任何其他花瓣位置单击，进行颜色填充，两次填充效果如图 4-55 所示。

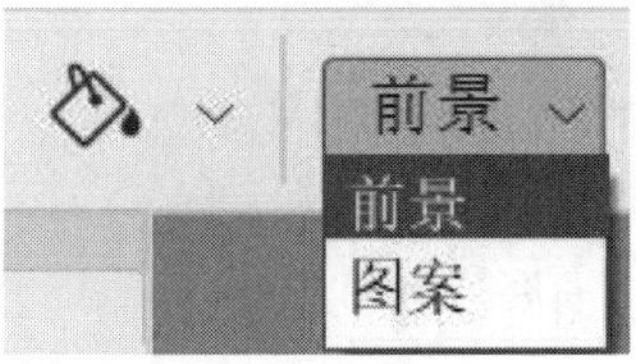

图 4-54　填充内容选项

图 4-55　两次填充效果

4.3.5　描边

使用“描边”命令可以在选取范围或图层周围绘制出边框。

描边

4.4　橡皮擦工具组

Photoshop 提供了 3 种橡皮擦工具，分别是橡皮擦工具、背景橡皮擦工具和魔术橡皮擦工具。

4.4.1　橡皮擦工具

使用橡皮擦工具可以擦除图像中不需要的图像区域，工具选项栏如图 4-56 所示。

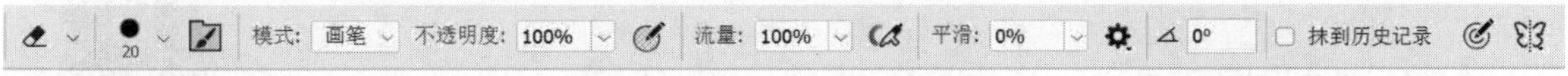

图 4-56　橡皮擦工具选项栏

在工具箱中选择“橡皮擦工具”后，在工具选项栏中设置好各项属性，之后拖动光标即可擦除拖动区域图像。如果在普通图层上擦除，则被擦除区域会变成透明；如果在“背景”图层上擦除，则被擦除的区域会用背景色填充。在橡皮擦工具选项栏中，如果勾选“抹到历史记录”复选框，橡皮擦工具也可将图像涂抹到某一历史状态。

4.4.2 背景橡皮擦工具

使用背景橡皮擦工具在图像中拖移，可以将图像的像素涂抹成透明的，并可将背景色擦除的同时保留前景的物体边缘。通过指定不同的取样方式和容差选项，可以控制透明度的范围和边界的锐化程度。

背景橡皮擦工具选项栏如图 4-57 所示。

图 4-57　背景橡皮擦工具选项栏

如图 4-58 所示是使用背景橡皮擦工具擦除素材 5 的暗色背景效果。

图 4-58　使用背景橡皮擦工具擦除图像

4.4.3 魔术橡皮擦工具

该工具用于擦除图层中具有相似颜色的区域，并以透明色代替被擦除的区域。其擦除范围可由工具选项栏中的“容差”来控制。其使用方法与魔棒工具一样，在要擦除的图像区域单击即可。

4.5 图章工具组

图章工具组中包括仿制图章工具和图案图章工具两种，如图 4-59 所示。

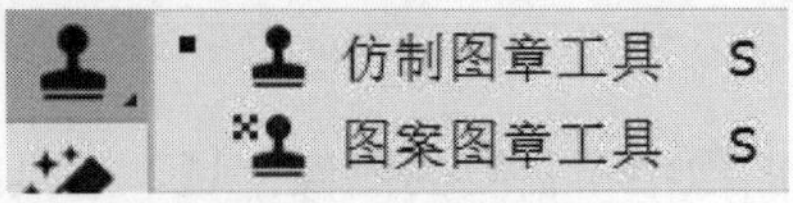

图 4-59　图章工具组

仿制图章工具实例

4.5.1 仿制图章工具

使用仿制图章工具可以将图像的一部分绘制到同一幅图像的另一个位置上，或者绘制到具有相同颜色模式的任何打开的图像文件中。仿制图章工具选项栏如图 4-60 所示。其使用方法如下。

（1）在工具箱中选择“仿制图章工具”。

（2）按住键盘上的 Alt 键，在图像中单击取样。

（3）在当前图像文件或其他图像的任意区域单击或拖动复制取样处的图像。

图 4-60 仿制图章工具选项栏

仿制图章工具选项栏的主要参数如下。

（1）“画笔设置”面板按钮：单击“画笔设置”面板按钮，打开“画笔设置”面板，对工具的画笔样式进行设置。

（2）“仿制源”面板按钮：单击“仿制源”面板按钮可以打开“仿制源”面板。使用图章工具或图像修复工具时，都可以通过“仿制源”面板来设置不同的仿制源（最多可以设置 5 个仿制源）。通过“仿制源”面板还可以缩放和旋转仿制源，以更好地匹配仿制目标的大小和方向。执行“窗口”→“仿制源”命令，也可以打开“仿制源”面板，如图 4-61 所示。

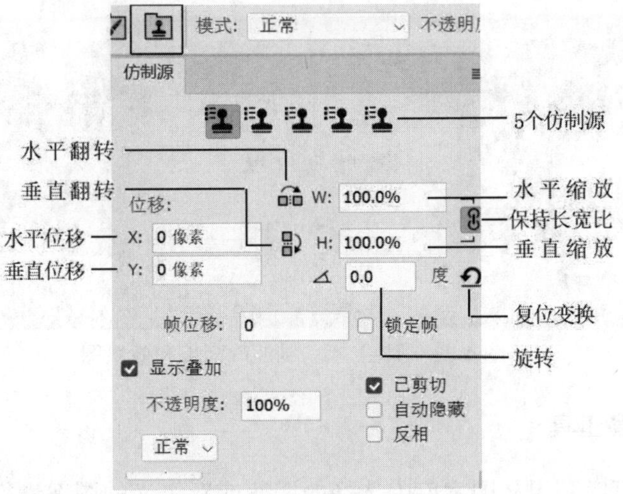

图 4-61 “仿制源”面板

“仿制源”面板主要参数如下。

仿制源：激活“仿制源”按钮后，按住 Alt 键的同时使用图章工具或图像修复工具在图像中单击，可以设置取样点。单击下一个“仿制源”按钮，还可以继续取样。

位移：指定 X 轴和 Y 轴的像素位移，可以在相对于取样点的精确位置进行仿制。

W/H：输入 W（宽度）或 H（高度）值可以缩放仿制源。

旋转：在文本框中输入旋转角度，可以旋转仿制源。

翻转：单击“水平翻转”按钮，可水平翻转仿制源；单击“垂直翻转”按钮，可垂直翻转仿制源。

复位变换：单击“复制变换”按钮，将 W、H、旋转角度值和翻转方向恢复到默认的状态。

帧位移/锁定帧：在“帧位移”文本框中输入帧数，可以使用与初始取样的帧相关的特定帧进行仿制，输入正值时，要使用的帧在初始取样的帧之后；输入负值时，要使用的帧在初始取样的帧之前。如果勾选“锁定帧”复选框，则总是使用初始取样的相同帧进行仿制。

显示叠加：勾选“显示叠加”复选框，并设置了叠加方式以后，可以在使用图章工具或图像修复工具时更好地查看叠加及下面的图像。“不透明度”用来设置叠加图像的不透明度；“自动隐藏”选项可以在应用绘制描边时隐藏叠加；“已剪切”选项可将叠加剪切到画笔大小；如果要设置叠加的外观，可以从下面的“叠加”下拉列表中进行选择；“反相”选项可反相叠加选中的颜色。

（3）对齐：勾选该复选框后可以对图像画面连续取样，而不会丢失当前设置的参考点位置，即使释放鼠标后也是如此；取消勾选该复选框，在每次停止并重新开始仿制时，使用最初设置的参考点位置。默认状态下，“对齐”为启用状态。

（4）样本：用来选择从指定的图层中进行数据取样，有“当前图层”“当前和下方图层”和“所有图层”选项。

打开本章素材 6 图像文件，默认仿制图章工具选项栏的设置，打开“仿制源”面板，设置“水平翻转”“W/H”为 50%，按住 Alt 键，在鹿和树的合适位置取样，再在合适位置绘制，就可以复制出一幅水平翻转且缩放为原来图像的二分之一的对象了。原图、“仿制源”面板和效果图如图 4-62 所示。

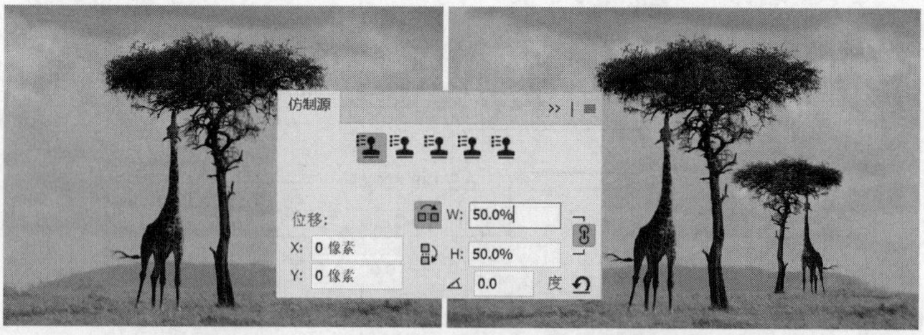

图 4-62　原图、“仿制源”面板和效果图

4.5.2　图案图章工具

图案图章工具可以利用从图案库中选择的图案或新定义的图案进行绘画。

图案图章工具的使用方法：在工具箱中选取此工具，在工具选项栏中选择一个图案（若需要的图案不存在，则应先定义图案），最后按住鼠标左键在图像中拖动，即可以复制出图案。图案图章工具选项栏如图 4-63 所示。

图 4-63　图案图章工具选项栏

如果在工具选项栏中勾选“印象派效果”复选框，可得到具有印象派绘画效果的图案。

4.6　修复画笔工具组

Photoshop 提供了 5 种修复画笔工具，分别是污点修复画笔工具、修复画笔工具、修补工具、内容感知移动工具和红眼工具，如图 4-64 所示。

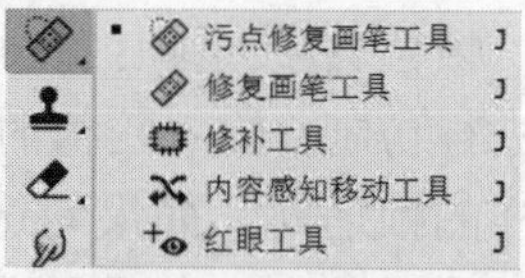

图 4-64　修复画笔工具组

4.6.1 污点修复画笔工具

使用污点修复画笔工具可以快速移去照片中的污点和其他不理想部分。其使用方法如下。

（1）在工具箱中选择“污点修复画笔工具”。

（2）在污点修复画笔工具选项栏设置修复类型等参数，如图 4-65 所示。

图 4-65 污点修复画笔工具选项栏

污点修复画笔工具选项栏具体参数如下：

类型：选择一种修复方法。

近似匹配：使用要修复区域周围的像素来修复图像。

创建纹理：使用被修复区域中的像素来创建修复纹理，并使纹理与周围纹理相协调。

对所有图层取样：从所有可见图层中对数据进行取样。

（3）在图像中的污点处单击或拖动即可。

打开本章素材 7 图像文件，分别设置合适的画笔大小，使画笔直径稍微大于图中脸部瑕疵。之后以瑕疵为中心单击图像，去除脸部各瑕疵。原图和效果图如图 4-66 所示。

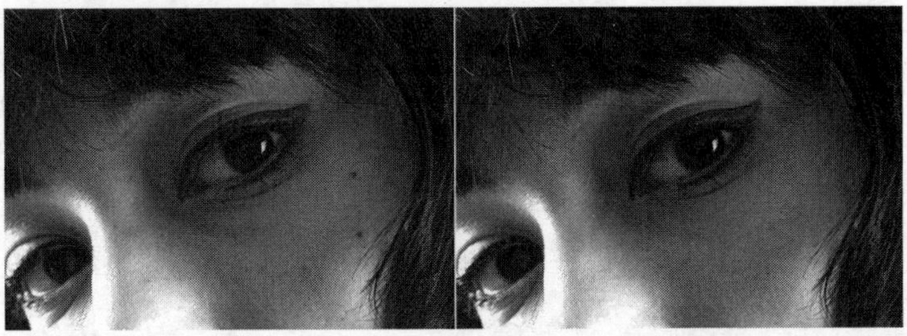

图 4-66 使用“污点”修复画笔工具修复图像

修复图像实例

4.6.2 修复画笔工具

修复画笔工具可以校正图像的瑕疵。与仿制图章工具一样，修复画笔工具也可以用图像中的像素作为样本进行绘制。但是，修复画笔工具可将样本像素的纹理、光照、透明度和阴影与所修复的像素进行匹配，从而使修复后的像素不留痕迹地融入图像的其他部分，操作方法如下。

（1）在工具箱中选择“修复画笔工具”。

（2）在修复画笔工具选项栏设置修复类型等参数，如图 4-67 所示。

图 4-67 修复画笔工具选项栏

修复画笔工具选项栏具体参数如下。

源：用于设置修复画笔工具修复图像的来源。

取样：在当前图像中取样，然后复制到需要修复的位置处。

图案：使用指定图案修复指定位置的图像。

（3）当选择“取样”时，按住 Alt 键，在图像中指定位置处单击，在单击处取样。

提示：在待修复位置附近取样可以获得较好效果。

（4）在图像待修复处按住鼠标拖动，将取样的图像复制在单击处。

打开本章素材 8 图像文件，在修复画笔工具选项栏中，单击“取样”按钮，分别按住 Alt 键，在飞鸟位置附近单击取样，之后在飞鸟处按住鼠标拖动，去除飞鸟。原图和效果图如图 4-68 所示。

图 4-68　使用修复画笔工具修复图像

4.6.3　修补工具

修补工具实例

修补工具可以用其他区域或图案中的像素来修复选中的区域。和修复画笔工具一样，修补工具会将样本像素的纹理、光照和阴影与源像素进行匹配，操作方法如下。

（1）选择工具箱中的修补工具，在工具选项栏中设置参数，如图 4-69 所示。

图 4-69　修补工具选项栏

修补工具选项栏具体参数如下。

“选区”按钮：其与 3.4.6 小节中的“选区”按钮一样。单击“新选区”按钮，拖动修补工具可以创建一个新选区。单击“添加到选区”按钮，可以将新绘制的选区添加到现有选区中。单击“从选区减去”按钮，可以从现有选区中减去新绘制的选区。单击“与选区交叉”按钮，只保留新绘制的选区与现有选区相交叉的部分。

源：选中后，将选区边框拖动到想要从中进行取样的区域。松开鼠标后，原来选中的区域被拖到的新区域中的像素进行修补。

目标：选中后，将选区边框拖动到要修补的区域。松开鼠标后，将利用原选区中的像素修补新选定的区域。

透明：勾选此复选框后，被修饰的图像区域内的图像呈半透明状态。取消勾选此复选框，可以将目标区域全部替换为取样区域。

使用图案：在未选中透明状态下，在工具选项栏中选择一种图案，然后单击“使用图案”按钮，则选区内将被应用为所选图案。

（2）用修补工具在图像中选择需要修补或覆盖的区域。

（3）松开鼠标，即可用目标图像区域的图像覆盖被选中的图像。多次操作，得到满意效果。

打开本章素材 9 图像文件并使用该工具，默认工具选项栏的设置，大致把墙壁裂缝区域框选，将选区边框拖动到裂缝墙壁的上端，之后松开鼠标，去除裂缝。原图和效果图如图 4-70 所示。

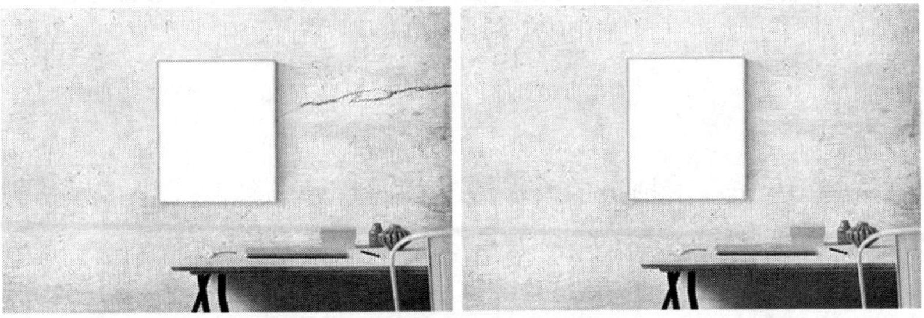

图 4-70 使用修补工具修复图像

4.6.4 内容感知移动工具

内容感知移动工具=修补工具+自由变换，可以将复制的目标进行缩放，同时可以去掉选区内的像素，也可以保留原来的像素。合理利用该工具，可以大大提高照片编辑的效率。内容感知移动工具选项栏如图 4-71 所示。

内容感知移动工具实例

图 4-71 内容感知移动工具选项栏

模式：包含“移动”和“扩展”选项。移动是将选中的元素移动到另一个图像位置，并进行边缘高度融合，元素之前所在的位置会以内容识别的方式进行修复和融合；扩展是将选中的元素复制，并和原图像高度融合。

结构：当前能识别的元素的数量，识别的元素越多越细节。

颜色：输入 0～10 之间的值，该设置调整可修改源颜色的程度。数值越小，选区内的图像像素移动到另一个图像位置后，颜色变化较小；数值越大，选区内的图像像素移动到另一个图像位置后，颜色变化较大，也就越能与目标区域的图像像素进行融合。

投影时变换：允许旋转和缩放选区。

该工具的操作方法如下。

（1）选择该工具，在工具选项栏设置“模式”为“移动”或“扩展”。

（2）使用内容感知移动工具将对象框选，选择需要移动的对象。

（3）移动对象到新的图像位置，如果需要旋转和缩放操作，就进行变换操作，之后单击“确定”按钮，取消选区，即可得到最终的效果。注意，需要将选择的对象周围全部框选，否则图像将会失真。

打开素材 10 图像文件，使用该工具，在工具选项栏中设置“模式”为“扩展”，“结构”为“7”，“颜色”为“10”。框选图像文件右边的蝴蝶，将其移动到中间的花朵上并确定，取消选区，完成图像的复制。原图和效果图如图 4-72 所示。

图 4-72　原图和效果图

4.6.5　红眼工具

红眼工具可移去在闪光灯下拍摄的人像或动物照片中的红眼，也可以移去在闪光灯下拍摄的动物照片中的白色或绿色反光。红眼工具选项栏如图 4-73 所示。

图 4-73　红眼工具选项栏

瞳孔大小：用于设置眼睛暗色的中心的大小。

变暗量：用于设置瞳孔的暗度。

红眼工具的使用方法如下。

（1）在工具箱中选择“红眼工具”。

（2）在红眼工具选项栏中设置红眼参数。

打开本章素材 11 图像文件，选择“红眼工具”，工具选项栏为默认设置，使用该工具分别在图像中两只眼睛的瞳孔中心单击即可去除红眼。原图和效果图如图 4-74 所示。

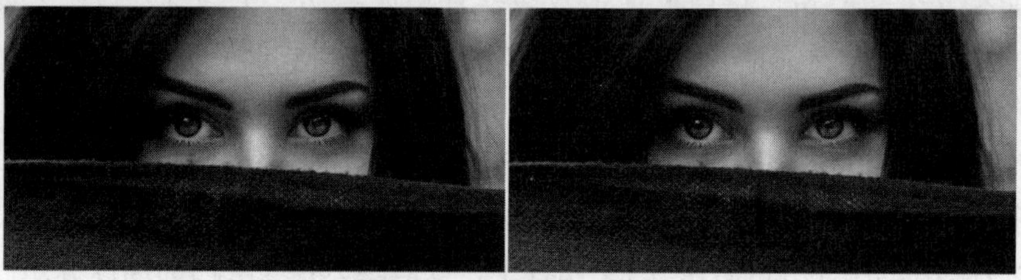

图 4-74　原图和效果图

4.7　模糊工具组

模糊工具组属于修饰工具，包括模糊工具、锐化工具和涂抹工具，如图 4-75 所示，常用于控制图像的对比度、清晰度，从而创建精美细致的图像。

图 4-75　模糊工具组

4.7.1 模糊工具

模糊工具可以使图像产生模糊的效果，其工具选项栏如图 4-76 所示。

图 4-76 模糊工具选项栏

“画笔设置”按钮：设置模糊画笔的样式、直径大小和硬度。

模式：设置色彩的混合方式。

强度：用于设置涂抹的强度，此值越大，涂抹的强度越大，涂抹的效果越明显。

对所有图层取样：用来决定是否对画面中的所有图层进行模糊。

模糊工具的使用方法如下。

（1）在工具箱中选择“模糊工具”，在工具选项栏的“强度”文本框中设置锐化强度。

（2）在图像中需要模糊的区域单击或拖动。

打开本章素材 12 图像文件，选择“模糊工具”，工具选项栏为默认设置，调整画笔大小和形状，使用该工具在图像上半部分的背景部分涂抹，使这部分变得模糊。原图和效果图如图 4-77 所示。

图 4-77 原图和效果图

4.7.2 锐化工具

锐化工具是一种图像色彩锐化工具，也就是增大像素间的反差，达到清晰连线或图像的效果。锐化工具选项栏如图 4-78 所示。

图 4-78 锐化工具选项栏

该工具选项栏的参数设置和模糊工具类似，其使用方法如下。

（1）在工具箱中选择“锐化工具”，在工具选项栏的“强度”文本框中设置锐化强度。

（2）在图像中需要锐化的区域单击或拖动。

打开本章素材 13 图像文件，选择“锐化工具”，工具选项栏为默认设置，调整合适的画笔大小和形状，使用该工具在老虎部分涂抹，使这部分变得清晰。原图和效果图如图 4-79 所示。

图 4-79　原图和效果图

4.7.3　涂抹工具

使用涂抹工具可以模拟手指绘图从而在图像中产生颜色流动的效果。该工具可拾取描边开始位置的颜色，并沿拖动的方向展开这种颜色。其工具选项栏如图 4-80 所示。

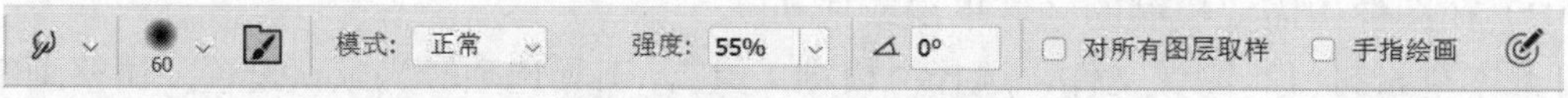

图 4-80　涂抹工具选项栏

涂抹工具的使用方法如下。

（1）在工具箱中选择“涂抹工具”。

（2）在图像中需要涂抹的区域单击或拖动。如果勾选工具属性栏中的“手指绘画”复选框，则在颜色流动时会使用前景色填充流动区域；如果不勾选，则只产生拖动处的颜色流动。

打开本章素材 14 图像文件，选择“涂抹工具”，适当调整画笔大小、形状和强度，使用该工具在天空合适区域涂抹心形。原图和效果图如图 4-81 所示。

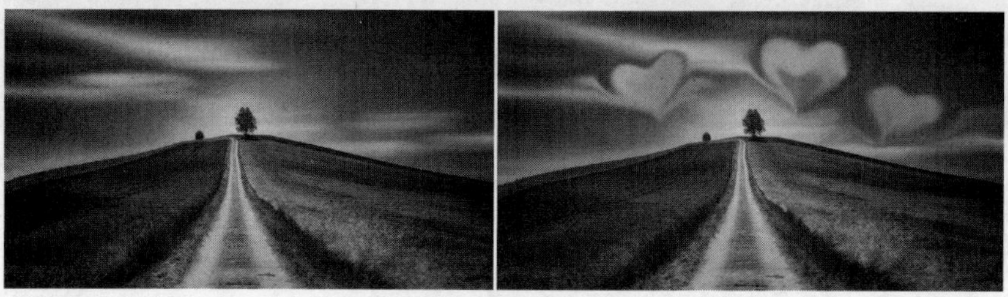

图 4-81　原图和效果图

4.8　减淡工具组

减淡工具组属于润饰工具，包括减淡工具、加深工具和海绵工具，不但可以对图像的颜色、明度等进行修饰，还能为图像添加特殊的效果，如图 4-82 所示。

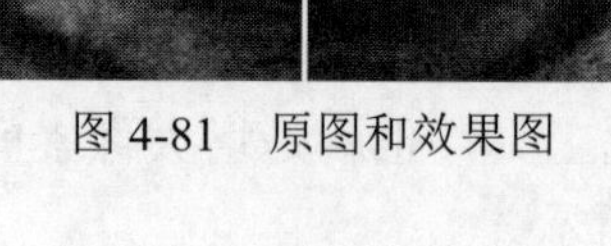

图 4-82　减淡工具组

4.8.1　减淡工具

使用减淡工具可以改变图像特定区域的曝光度，使图像变亮。减淡工具选项栏如图 4-83 所示。

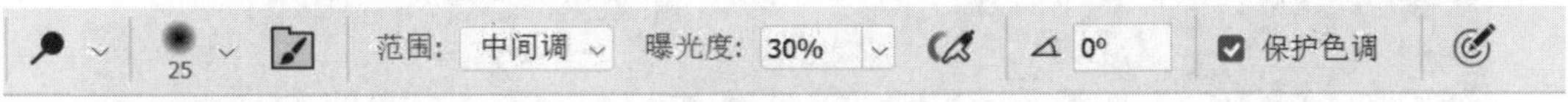

图 4-83　减淡工具选项栏

“画笔设置”按钮：设置画笔的样式、直径大小和硬度。

范围：用来决定对哪一部分区域的像素起作用。其中，“暗调”只对图像的暗部区域的像素起作用；“中间调”只对图像的中间区域的像素起作用；“高光”只对图像的亮部区域的像素起作用。

曝光度：设置曝光程度，数值越大，减淡效果越明显。

保护色调：对图像阴影和高光部分进行最小化的修剪，以防止颜色发生色相偏移。

减淡工具的使用方法如下。

（1）在工具箱中选择“减淡工具”，在工具选项栏中设置“范围”和“曝光度”。

（2）在图像中需要减淡的区域单击或拖动。

打开本章素材 15 图像文件，选择“减淡工具”，适当调整画笔大小、形状和曝光度，使用该工具在草莓上涂抹，提高其亮度。原图和效果图如图 4-84 所示。

图 4-84　原图和效果图

4.8.2　加深工具

使用加深工具可以改变图像特定区域的曝光度，使图像变暗。其工具选项栏和减淡工具选项栏一样，而且使用方法也一样，只是产生的效果相反。加深工具选项栏如图 4-85 所示

图 4-85　加深工具选项栏

打开本章素材 16 图像文件，选择“加深工具”，适当调整画笔大小、形状和曝光度，使用该工具在草原上涂抹，降低其亮度。原图和效果图如图 4-86 所示。

图 4-86　原图和效果图

4.8.3　海绵工具

海绵工具用于增加或降低图像的饱和度，产生像海绵吸水一样的效果，从而使图像失去光泽感。当图像处于灰度模式时，该工具通过使灰阶远离或靠近中间灰色来增加或降低对比度。其使用方法如下。

（1）在工具箱中选择“海绵工具”。

在海绵工具选项栏中设置“模式”和“流量”，如图 4-87 所示。

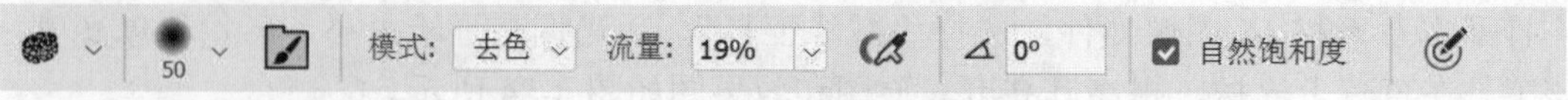

图 4-87　海绵工具选项栏

海绵工具选项栏具体参数如下。

“画笔设置”按钮：设置画笔的样式、直径大小和硬度。

模式：提高和降低图像颜色的饱和度。其中，“加色”提高图像颜色的饱和度，对于灰度图像而言，只是减少灰度色调；“去色”降低图像颜色的饱和度，对于灰度图像而言，只是增加灰度色调。

流量：设置饱和度更改速率。

自然饱和度：勾选此复选框，可以对完全饱和的颜色或不饱和的颜色进行最小化修剪。

（2）在图像中需要减淡的区域单击或拖动。

打开本章素材 17 图像文件，选择“海绵工具”，模式选择“加色”，调整画笔大小、形状等，使用该工具在贝壳上涂抹，增加饱和度。原图和效果图如图 4-88 所示。

图 4-88　原图和效果图

4.9 综 合 实 例

综合实例

实例描述：通过实例操作，使读者了解并掌握填充工具、“填充”命令及画笔工具编辑操作的综合应用。

操作步骤如下。

（1）在 Photoshop 中，执行“文件”→“新建”命令，在“新建”对话框中设置文件的宽×高为 1000 像素×600 像素、分辨率为 72 像素/英寸、颜色模式为 RGB。

（2）设置拾色器的前景色为#8bd1f5，背景色为#cfeefd。

（3）在工具箱中选择“渐变工具”。单击渐变工具选项栏中的“渐变编辑器”按钮，打开“渐变编辑器”对话框，在对话框里选择“基础”渐变文件组并打开，第一个渐变类型就是刚设置的“前景色到背景色”的渐变样式。该对话框的设置如图 4-89 所示。

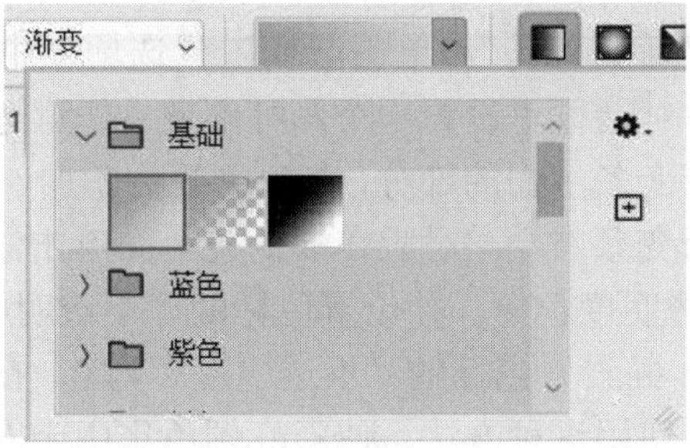

图 4-89　“渐变编辑器”对话框的设置

（4）在渐变工具选项栏中，设置“渐变方式”为“线性渐变”，其他设置不变，如图 4-90 所示。

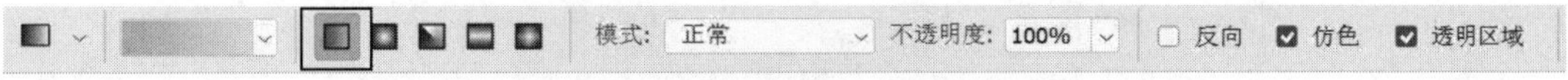

图 4-90　渐变工具选项栏

（5）在画布中，从上到下按下鼠标左键并拖动，然后松开鼠标，在当前“背景”图层上绘制出背景渐变色，如图 4-91 所示。“图层”面板如图 4-92 所示。

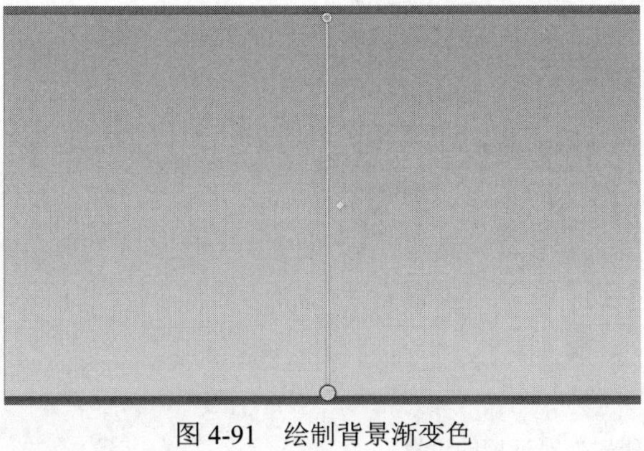

图 4-91　绘制背景渐变色

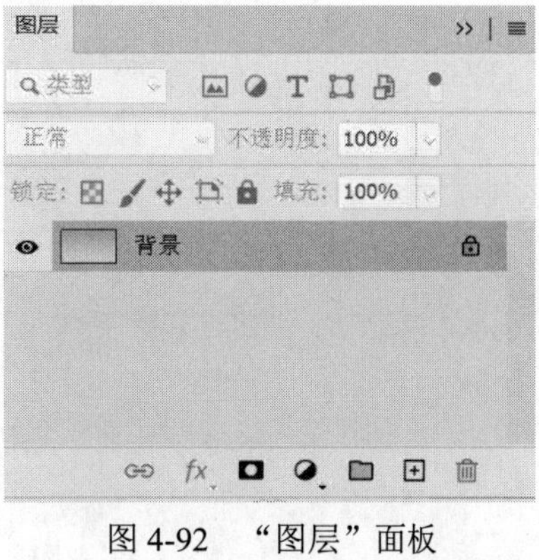

图 4-92　“图层”面板

（6）执行“窗口”→“图层”命令，打开“图层”面板，单击“图层”面板底部的“创建新图层”按钮，新建“图层 1”图层，如图 4-93 所示。

图 4-93　创建“图层 1”图层

（7）在工具箱中选择“渐变工具”。单击渐变工具选项栏中的“渐变编辑器”按钮，打开“渐变编辑器”对话框，在对话框里设置一个彩虹渐变。任意选择一种已有的渐变样式作为编辑的基础，首先分别单击渐变条下面的部分，在颜色条上添加 5 个色标，色标颜色分别是红、黄、绿、蓝、紫，位置列于渐变条右端；对应在渐变条上面单击添加渐变色的不透明度，对应红色稍左的位置添加一个不透明度色标，并设置色标的“不透明度”为 0，对应紫色稍右的位置也添加一个不透明度色标，并设置色标的“不透明度”为 0，在这两个色标中间再添加两个不透明度色标，数值为 100。使用这种方法，使彩虹颜色集中于右侧，并且彩虹的颜色为不透明，设置彩虹颜色两旁颜色的“透明度”为 0。单击“确定”按钮完成设置。“渐变编辑器”对话框的设置如图 4-94 所示。

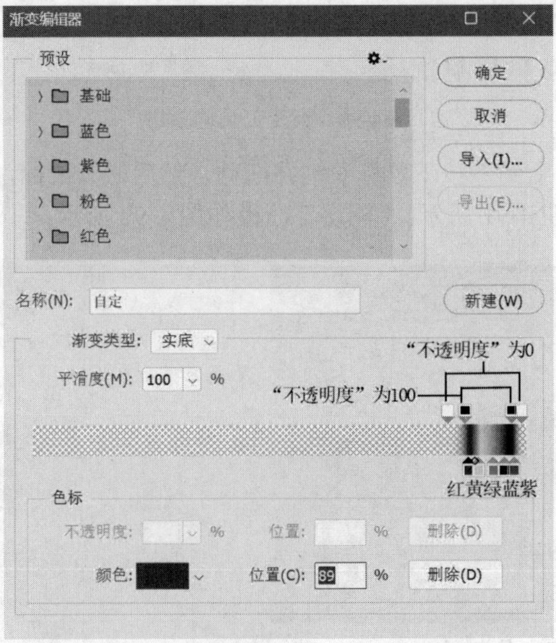

图 4-94　“渐变编辑器”对话框的设置

（8）在渐变工具选项栏中，设置“渐变方式”为“径向渐变”，其他设置不变，如图4-95所示。

图4-95　渐变工具选项栏

（9）使用缩放工具，适当缩小视图后，在画布中下部，从下向上按住鼠标左键并拖动后松开鼠标，在当前“图层1”上绘制出彩虹，如图4-96所示。“图层”面板如图4-97所示。

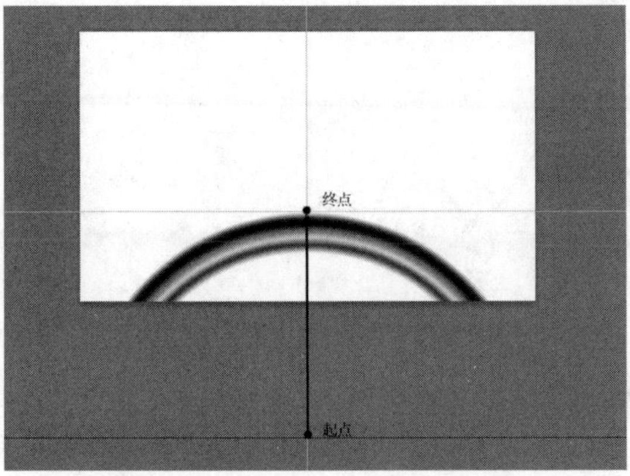

图4-96　在“图层1”上绘制彩虹

图4-97　“图层”面板

（10）单击“图层”面板底部的“创建新图层”按钮，新建“图层 2”图层，如图 4-98所示。

图4-98　创建“图层2”图层

（11）在工具箱中选择“画笔工具”。单击画笔工具选项栏的“画笔设置”面板按钮，打开“画笔设置”面板，设置一个云彩形状画笔。画笔工具选项栏如图4-99所示。

图4-99　画笔工具选项栏

（12）在弹出的“画笔设置”面板中，单击该面板的“画笔笔尖形状”选项，在其右侧的选项栏中，设置画笔为柔边圆 100，其他设置不变，如图 4-100 所示。

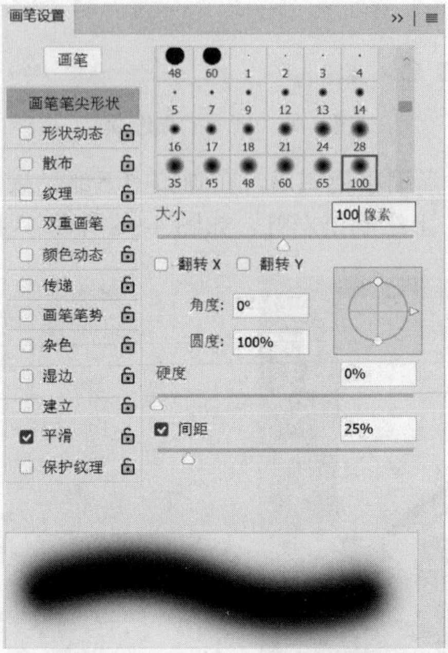

图 4-100 “笔尖形状”选项栏

（13）勾选该面板的“形状动态”复选框，在其右侧的“形状动态”选项栏中，设置“大小抖动”为 100%，“最小直径”为 20%，“角度抖动”为 20%，如图 4-101 所示。

（14）勾选该面板的“散布”复选框，在其右侧的“散布”选项栏中，勾选“两轴”复选框，设置“散布”为 120%，“数量”为 5，“数量抖动”为 100%，如图 4-102 所示。

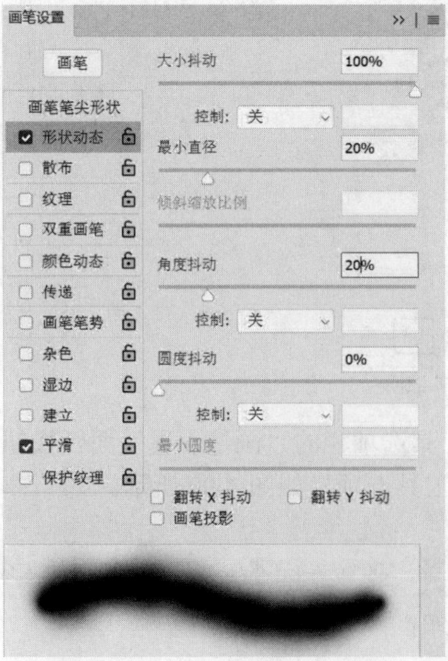

图 4-101 “形状动态”选项栏

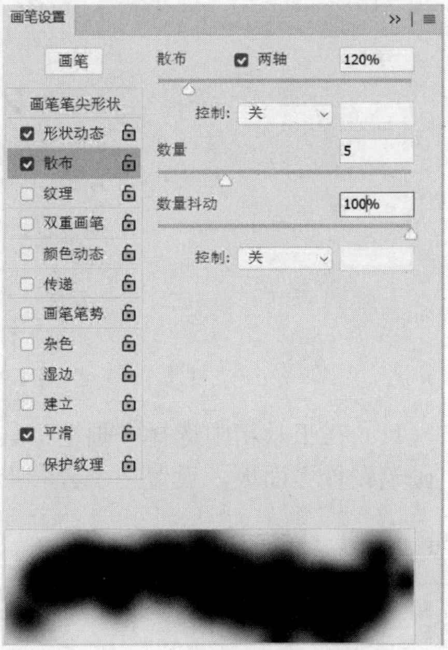

图 4-102 “散布”选项栏

（15）勾选该面板的“纹理”复选框，在其右侧的“纹理”选项栏中，设置“图样”为云彩（128*128 灰度），“缩放”为 100%，“亮度”为 150，“对比度”为 50，“模式”为颜色加深，“深度”为 100%，如图 4-103 所示。

（16）勾选该面板的“传递”复选框，在其右侧的“传递”选项栏中，设置“不透明度抖动”为 50%，“流量抖动”为 20%，如图 4-104 所示。

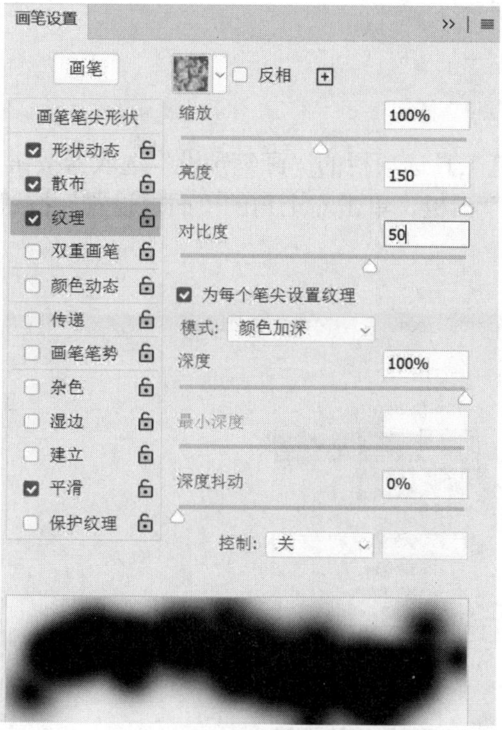

图 4-103 “纹理”选项栏

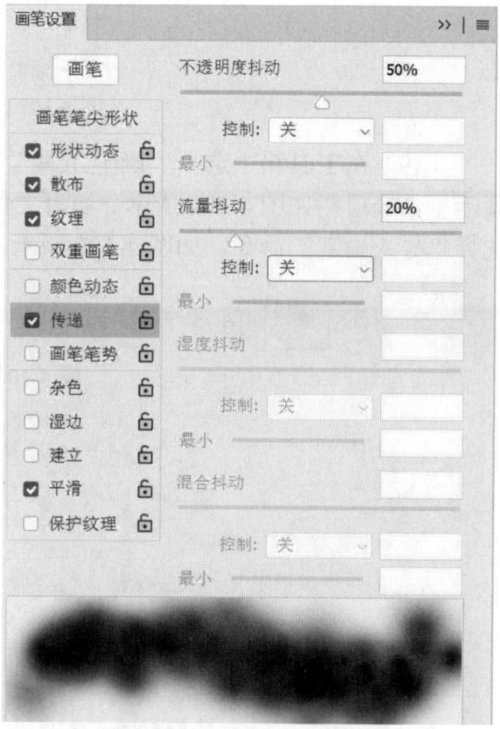

图 4-104 “传递”选项栏

（17）将拾色器的前景色设置为白色，在画布中绘制云朵形状，如图 4-105 所示。当前“图层”面板如图 4-106 所示。

图 4-105 云朵效果

图 4-106 “图层”面板

（18）在“图层”面板中，首先单击“背景”图层，再单击“图层”面板底部的“创建新图层”按钮，在“背景”图层上面新建“图层 3”，如图 4-107 所示。

图 4-107　创建“图层 3”图层

（19）在工具箱中选择“画笔工具”。单击画笔工具选项栏的“画笔预设”选取器按钮，画笔工具选项栏如图 4-108 所示。打开“画笔预设”面板，单击右上角的“面板设置”按钮，选择“导入画笔”命令，如图 4-109 所示。

图 4-108　画笔工具选项栏

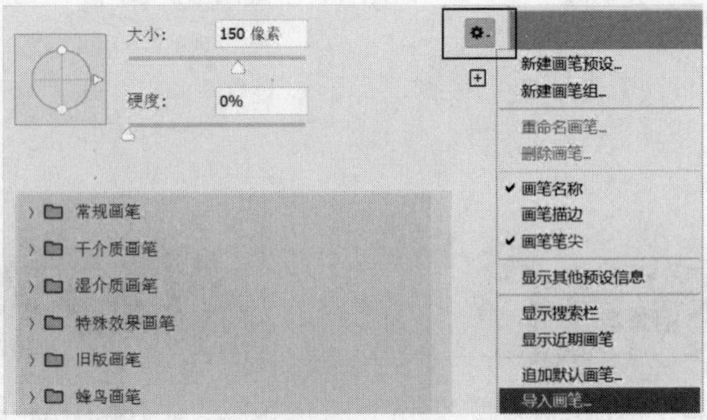

图 4-109　“画笔预设”面板及下拉菜单

（20）在弹出的“载入”对话框中，找到素材文件夹中的“放射光线笔刷.abr”文件，单击“载入”按钮，载入该画笔，如图 4-110 所示。此时，“画笔预设”面板最下面出现“放射光线笔刷”，如图 4-111 所示。

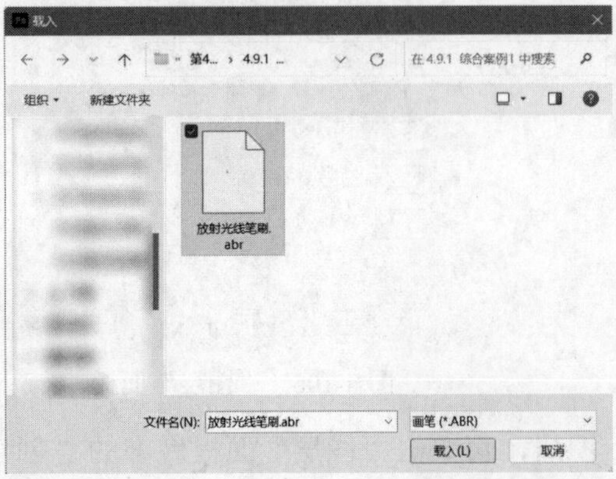

图 4-110　“载入”对话框

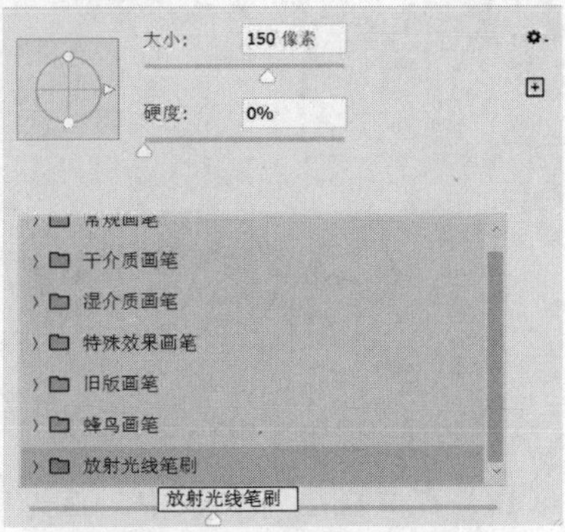

图 4-111　“画笔预设”面板

（21）单击该笔刷最左边的展开按钮，打开该笔刷组，选择 Pincel muestreado 45 笔刷，并设置其大小为 1000 像素，如图 4-112 所示。

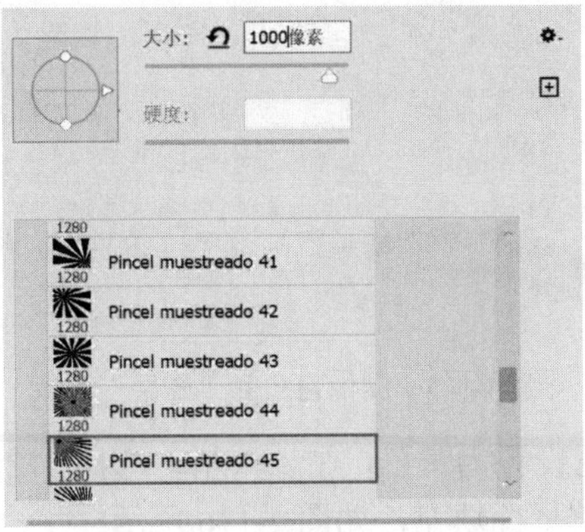

图 4-112　选择放射光线笔刷

（22）在图像窗口左上角单击，绘制出白色的光线，之后在“图层”面板中设置“图层 3”的“不透明度”为 15%，如图 4-113 所示。

图 4-113　图像窗口和“图层”面板

（23）执行“文件”→“打开”命令，打开本例素材 23 图像文件，使用移动工具，把图像内容移入新建图像文件，如图 4-114 所示。

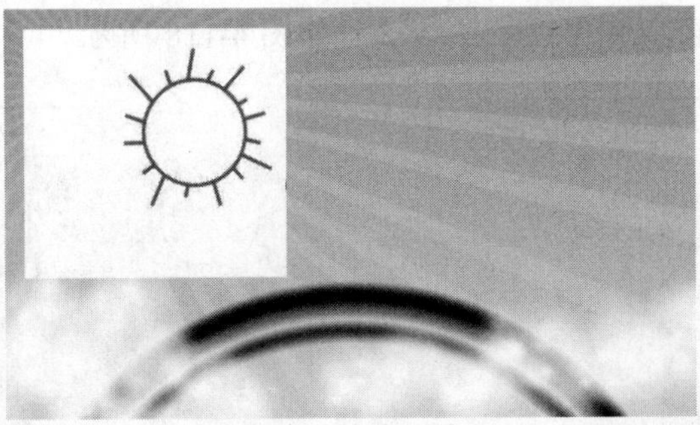

图 4-114　图像窗口

（24）在工具箱中选择“魔术橡皮擦工具”。在该图层白色背景区域单击，去除背景，并使用移动工具，把图层内容移动到“图层 3”光线集中发射的中心位置，移动后的图像和“图层”面板如图如图 4-115 所示。

图 4-115 图像窗口和“图层”面板

（25）将拾色器的前景色设置为黄色，在工具箱中选择“油漆桶工具”，在当前“图层 4”太阳圆心处单击，把太阳用前景色填充，如图 4-116 所示。

图 4-116 图像窗口

（26）在“图层”面板，选择“图层 2”，把“图层 2”作为当前图层。

（27）执行“文件”→“打开”命令，打开本例素材 24 图像文件，使用移动工具，把图像内容移入新建图像文件，按 Ctrl+T 组合键对移入的图像进行缩放，缩放比例为原来的 50%。图像窗口和自由变换选项栏如图 4-117 所示。

（28）执行“文件”→“打开”命令，打开本例素材 25 图像文件，使用移动工具，把图像内容移入新建图像文件，按 Ctrl+T 组合键对移入的图像进行缩放，缩放比例为原来的 40%，旋转角度为 16 度。图像窗口和自由变换选项栏如图 4-118 所示。

图 4-117 图像窗口和自由变换选项栏

图 4-118 图像窗口和自由变换选项栏

（29）适当放大图像，分别设置合适的拾色器前景色，在工具箱中选择“油漆桶工具”，给刚移入的男孩图像的不同位置填色，填色效果如4-119所示。

（30）执行“文件”→“打开”命令，打开本例素材26图像文件，使用移动工具，把图像内容移入新建图像文件，如图4-120所示。

图4-119　图像窗口

图4-120　图像窗口

（31）在工具箱中选择“魔术橡皮擦工具”。在该图层白色背景区域单击，去除背景。图像效果如图4-121所示。

图4-121　图像效果

（32）执行“文件”→“存储副本”命令，在弹出的对话框中设置文件名为“案例效果图”，在“保存类型”下拉列表中，选择JPEG格式，单击“保存”按钮，保存该图像文件为JPEG格式。

（33）执行“文件”→“关闭”命令，关闭该图像文件；执行“文件”→“退出”命令，退出Photoshop。

习　题

第4章习题答案

一、填空题

1．使用画笔工具绘制直线，需要在拖动光标的同时按住__________键。

2．使用__________工具，可使用前景色绘制边缘比较柔和的线条。

3．在英文输入法状态下，按__________或__________键，可快速调整绘画工具的画笔大小。

4．历史记录画笔工具通常需要配合__________面板来使用。

5．用__________工具可以加深或降低图像的饱和度。

二、单选题

1．利用仿制图章工具绘图时，按（　　）键可以定义取样点。

A．Ctrl　　B．Shift　　C．Alt　　D．Tab

2．使用（　　）不仅可以填充颜色，还可以填充图案。

A．渐变工具　　B．图章工具　　C．油漆桶工具　　D．画笔工具

3．使用（　　）工具，可以让图像纹理变得清晰。

A．减淡工具　　B．锐化工具　　C．加深工具　　D．海绵工具

4．在图像中，可以使用（　　）工具快速去除图像中颜色相近的区域。

A．涂抹工具　　B．魔术橡皮擦工具

C．橡皮擦工具　　D．背景橡皮擦工具

5．以下关于渐变工具的说法，错误的是（　　）。

A．同渐变类型、同渐变色的渐变设置，填充的渐变效果一定相同

B．在渐变编辑器中，可以设置渐变色的位置和颜色

C．在渐变编辑器中，可以设置渐变色的不同位置颜色的透明度

D．可以设置前景色到背景色的渐变

三、操作题

1．使用素材 27，如图 4-122 所示。结合本章所学修补工具知识，制作如图 4-123 所示的图像效果，并分别存储为 PSD、JPEG 格式的文件。

图 4-122　素材 27

图 4-123　图像效果

3．使用素材 28，如图 4-124 所示。结合本章所学颜色填充工具或命令的知识，制作如图 4-125 所示的图像效果，并分别存储为 PSD、JPEG 格式的文件。

图 4-124　素材 28

图 4-125　图像效果

第 5 章　图　层

本章导读

图层是Photoshop中最基本也是最重要的概念之一，使用图层不仅可以单独编辑图层元素，还可以给图层添加图层样式、图层蒙版，或者通过改变图层叠放顺序和其他属性，来改变图像的合成结果。本章主要内容：了解图层的不同类型、“图层”面板的组成；掌握图层的建立、移动、复制、删除、隐藏，链接、合并方法；掌握图层混合模式和图层样式的设置等操作和方法。

本章要点

- 图层的用途及基本操作
- 图层混合模式
- 图层样式

5.1　认 识 图 层

图层是 Photoshop 中最基本、最重要的常用功能。使用图层可以方便管理和修改图像，还可以创建各种特效。图层可以理解为一张张上、下顺序叠起来的透明纸，没有绘制内容的区域是透明的，透过透明区域可看到下面图层的内容，而每个图层上绘制的内容叠加起来就构成了完整的图像。图层与图层之间是相互独立的，在对其中的一个图层进行操作时，其他图层不会受到干扰。

5.1.1　图层的分类

1. 背景图层

一个图像文件只有一个背景图层，背景图层的位置在所有图层的下方，背景图层的位置、混合模式和不透明度都不能更改。当需要对背景图层进行上述编辑时，可以将其转换成普通图层。

2. 普通图层

普通图层是 Photoshop 中最基本的图层类型，新建的普通图层是透明的。用户可以在普通图层上任意添加、编辑图像，还可利用“图层”面板对其进行各种控制。

3. 文字图层

文字图层是一种特殊的图层，用于承载文字信息。在图像中输入文字，会自动产生一个文字图层。默认情况下，系统会将图层中的文字内容作为图层的名称。创建文字图层后，可以编辑文字并对其应用“图层”命令，但不能使用绘画和修饰工具，也不能执行“滤镜”命令。

如果对文字图层使用绘画和修饰工具或执行“滤镜”命令，可先将文字图层栅格化。

4. 调整图层

调整图层是一个存放图像色调和色彩的图层，可对调节层以下的图层进行色调、饱和度和色彩等的调整。

5. 填充图层

可以用纯色、渐变或图案 3 种类型来填充图层。填充图层不影响其下的图层。要控制填充图层在图像中的效果，可以通过修改图层的混合模式、不透明度或编辑填充图层的蒙版来实现。

6. 蒙版图层

蒙版图层是一种特殊的图层，它依附于除背景图层以外的图层存在，功能是控制图层内容的显示范围。

7. 形状图层

当使用形状工具在图像中绘制图形时，就会在“图层”面板中自动产生一个形状图层。

5.1.2 “图层”面板

Photoshop 使用“图层”面板来管理与操作图层。可以通过执行“窗口”→“图层”命令来显示和关闭“图层”面板。“图层”面板如图 5-1 所示。面板中列出了一个图像文件中所有的图层、图层组和图层样式。对某一图层进行编辑时，首先要在“图层”面板中选中该图层，选中的图层称为“当前图层”。

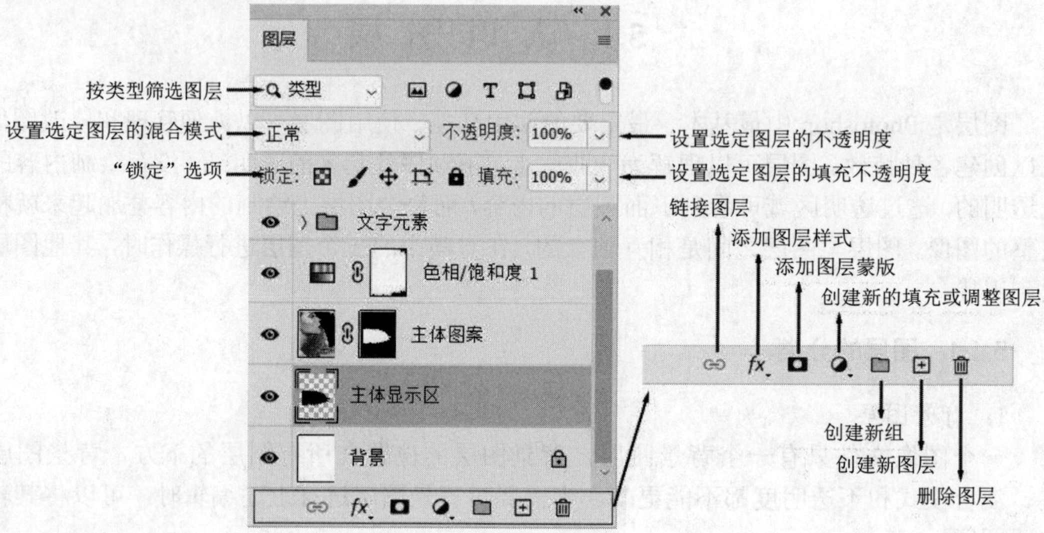

图 5-1 “图层”面板

“图层”面板中各组成部分的含义如下。

设置选定图层的混合模式选项：决定当前图层图像与下面图层图像之间的颜色混合形式，系统提供了 27 种模式选项。

“不透明度”选项：设定图层的不透明度。

“锁定”选项：包括“锁定透明像素”“锁定图像像素”“锁定位置”和“锁定全部”4 种方式。

“填充”选项：与“不透明度”选项相似，也是用来设置图层的不透明度，只是“填充”选项影响图层中绘制的像素或图层上绘制的形状，但不影响图层样式的不透明度。

“显示/隐藏图层”图标：用于显示或隐藏该图层图像内容。

“链接图层”按钮：在图像文件中，如果想同时移动或变形多个图层的图像，且不想将这些图层合并，可以选择需要的多个图层，单击此按钮将所选图层链接，就可以将多个图层一起移动或变形。链接的普通图层可以执行对齐、分布或合并图层等操作。

“添加图层样式”按钮：单击此按钮，将弹出下拉菜单，选取此菜单中的命令对当前图层添加图层样式。

“添加图层蒙版”按钮：单击此按钮，可以对当前图层添加图层蒙版。

“创建新的填充或调整图层”按钮：单击此按钮，将弹出下拉菜单，选取菜单中的命令，可以在“图层”面板中创建填充图层或调整图层。

“创建新组”按钮：单击此按钮，可以建立一个图层组。

“创建新图层”按钮：单击此按钮可以在“图层”面板中新建一个图层，将图层拖曳至此按钮上，可以完成图层的复制。

“删除图层”按钮：单击此按钮或将“图层”面板中的图层拖曳至此按钮上，可以将图层删除。

5.2 图层的基本操作

5.2.1 新建图层

1. 新建普通图层

创建普通图层方法有以下 3 种方式。

（1）通过主菜单命令创建普通图层。

方法一：执行“图层”→“新建”→“图层”命令，如图 5-2 所示，弹出“新建图层”对话框，如图 5-3 所示。

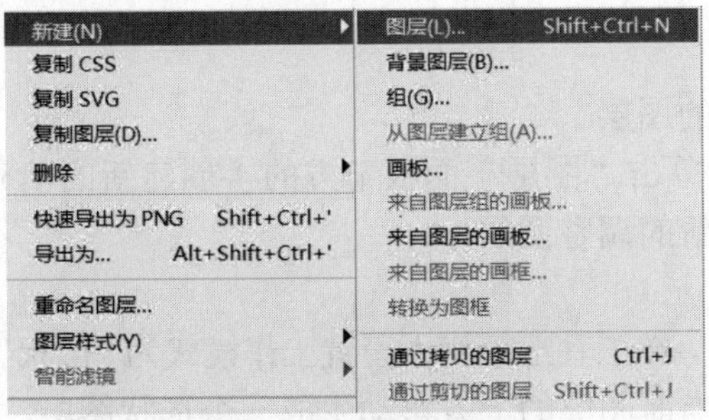

图 5-2　新建图层命令

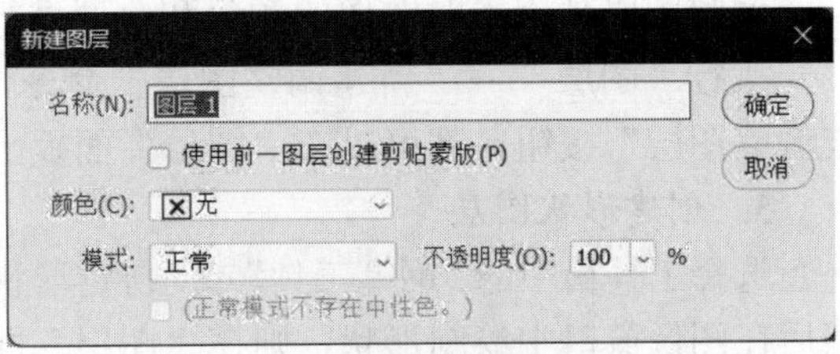

图 5-3　“新建图层”对话框

“新建图层”对话框具体参数如下。

名称：在该文本框中可以输入新图层的名称。

使用前一图层创建剪贴蒙版：勾选此复选框后，新图层将与当前选定图层形成剪贴蒙版组。

颜色：在“颜色”下拉列表中选择一种颜色名称，以定义新图层在“图层”面板中显示的颜色。

模式：在“模式”下拉列表中可以为新图层选择一种图层颜色混合模式。

不透明度：可以在该文本框中输入新图层的不透明度。

方法二：执行“图层”→“新建”→“通过拷贝的图层”命令（快捷键 Ctrl+J），可自动创建一个新图层，并将选取的内容复制后放置在该图层中，图层内容在新图层中的位置与其在原图层中的位置一样。

方法三：执行“图层”→“新建”→“通过剪切的图层”命令（快捷键 Ctrl+Shift+J），可创建一个新图层，并将选取的内容剪切后放置在该图层中，图层内容在新图层中的位置与其在原图层中的位置一样。

（2）通过“图层”面板下拉菜单创建普通图层。利用“图层”面板下拉菜单“新建图层”命令创建普通图层，如图 5-4 所示。

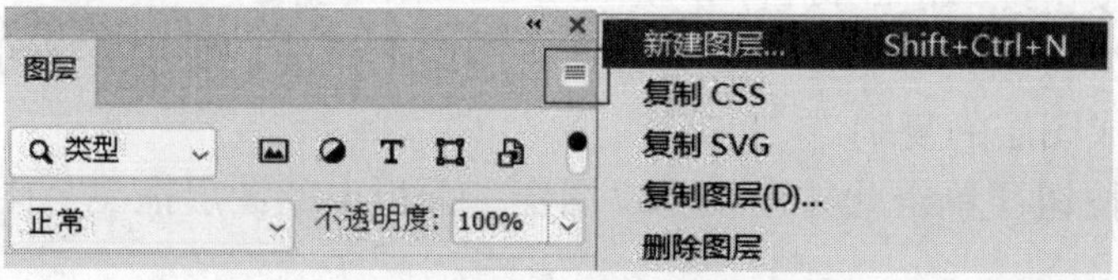

图 5-4 “图层”面板下拉菜单及命令

（3）利用“图层”面板底部“创建新图层”按钮创建普通图层。单击“图层”面板底部的“创建新图层”按钮，可以直接在当前图层上方新建一个图层。如果在单击时按住 Ctrl 键，可在该图层下方创建图层。

2. 新建背景图层

执行“图层”→“新建”→“图层背景”命令，可创建一个“背景”图层。

3. 创建填充图层

创建填充图层就是创建一个填充“纯色”“渐变”或“图案”的图层。

执行“图层”→“新建填充图层”命令，或者单击“图层”面板底部的“创建新的填充或调整图层”按钮，从弹出的下拉菜单中选择“纯色”“渐变”或“图案”命令，即可创建填充图层。

4. 创建调整图层

调整图层是用于对图像的颜色和色调进行调整的图层。

执行“图层”→“新建调整图层”命令，或者单击“图层”面板下方的“创建新的填充或调整图层”按钮，都可以在“图层”面板上创建新的调整图层。

5. 创建形状图层

选择工具箱中的“钢笔工具”或“自定形状工具”，在工具选项栏中设置工作模式为“形状”，然后在图像窗口中绘制形状，则在“图层”面板的当前图层的上方自动生成一个形状图层。

5.2.2 选择图层

1. 选择单个图层

在“图层”面板中，要选定某个图层，直接单击该图层，即可选定。被选定的单个图层是当前图层，图层名称将显示在文档窗口的标题栏中。

2. 选择多个图层

在“图层”面板中，按住 Ctrl 键，单击需要选择的多个图层，可以选择不连续的多个图层；如果要选择连续的多个图层，可在“图层”面板上先单击首个图层，然后按住 Shift 键单击最后一个图层，即可选定首、尾图层和它们之间连续的所有图层。

3. 选择所有图层

执行“选择”→“所有图层”命令，或者按 Ctrl+Alt+A 组合键即可。注意，使用该命令只能选择“背景”图层以外的所有图层。

4. 在文档窗口中选择图层

在工具箱中选择“移动工具”，在图像中右击，弹出的快捷菜单中列出了包含当前光标位置下的所有像素的图层，可从菜单中选取其中一个图层。

5.2.3 显示/隐藏图层

显示和隐藏图层是指图层在图像窗口中的可视状态。在“图层”面板上，图层缩览图的左边有图层内容的“显示/隐藏”图标，它控制着图层的可视性，如果图标显示，则图层的内容在图像区域是可见的；否则图层的内容是隐藏的，在图像窗口区域不可见。

如果同时选中了多个图层，执行“图层”→“隐藏图层”命令，可以将选中的图层都隐藏起来。

5.2.4 修改图层的名称和颜色

如果需要修改图层的名称，可在“图层”面板上双击图层的名称，图层的名称变为蓝色高亮显示，此时可输入新名称为图层重新命名。

更改图层的颜色是一种方便查找图层的方法，在图层上右击，在弹出的快捷菜单中可以看到多种颜色选项，选择其中一种，如“红色”，即可更改当前图层前方的色块效果，选择“无颜色”即可去除颜色效果，如图 5-5 所示。

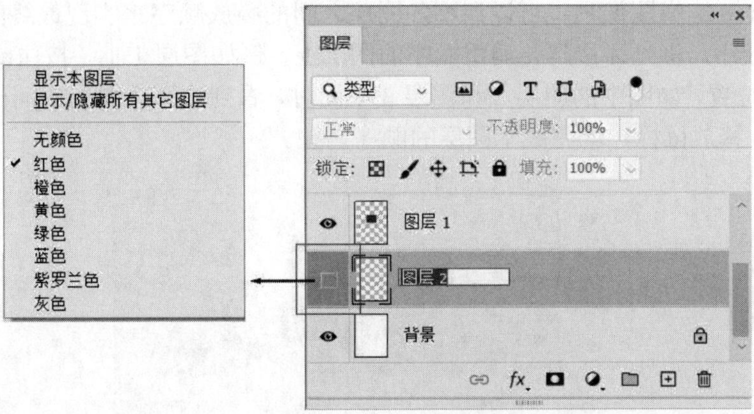

图 5-5 修改图层的名称和颜色

5.2.5 复制图层

复制图层有以下 4 种方式。

（1）在“图层”面板上选择需要复制的图层，将图层拖曳到“创建新图层”按钮上，可复制一个和原图层内容一样的图层，系统为新图层命名为原图层名称副本。

（2）在“图层”面板上选择需要复制的图层，执行“图层”→“复制图层”命令，在弹出的“复制图层”对话框中，输入图层副本的名称，然后单击“确定”按钮，即可复制图层，如图 5-6 所示。

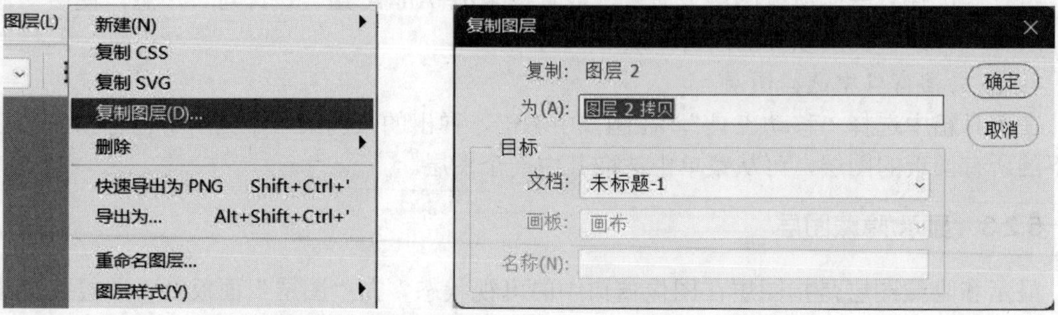

图 5-6 “复制图层”命令和“复制图层”对话框

“复制图层”对话框的具体参数如下。

为：在该文本框中可以输入复制图层的名称。

文档：在下拉列表中选择其他打开的文件，可以将图层复制到目标文件中。如果选择“新建”选项，则可以设置文件的名称，将图层内容创建为新建的文件。

（3）在源图像文件的“图层”面板中选择一个图层，将图层从“图层”面板拖曳到目标图像文件中，可在不同的图像间复制图层。

（4）在工具箱中选择“移动工具”，按下鼠标左键从源图像文件中拖曳到目标图像文件，可将当前图层复制到目标图层。

5.2.6 更改图层顺序

用 Photoshop 编辑图像时，可以调整各图层之间的叠放顺序来实现最终图像的显示效果。在“图层”面板中，将光标移到要调整顺序的图层上，例如图层 1 上，按住鼠标左键并拖曳图层 1 至适当的位置，如图中的图层 2 和图层 3 中间时，看到这两个图层中间出现双向线，如图 5-7 所示，这时释放鼠标，就完成了图层的顺序调整。

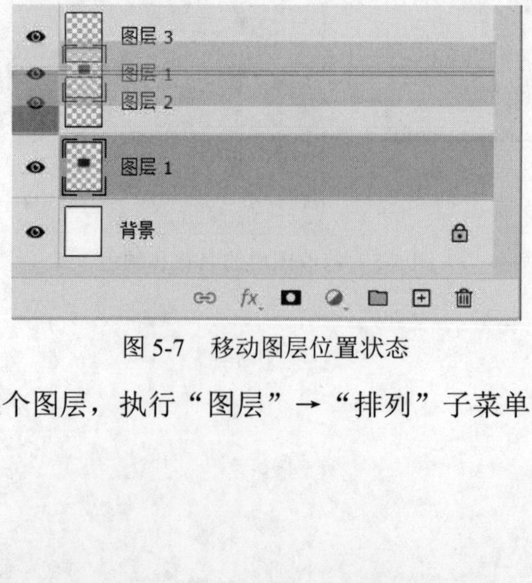

图 5-7 移动图层位置状态

此外，也可以选中某个图层，执行“图层”→“排列”子菜单中的命令来调整图层的顺序，如图 5-8 所示。

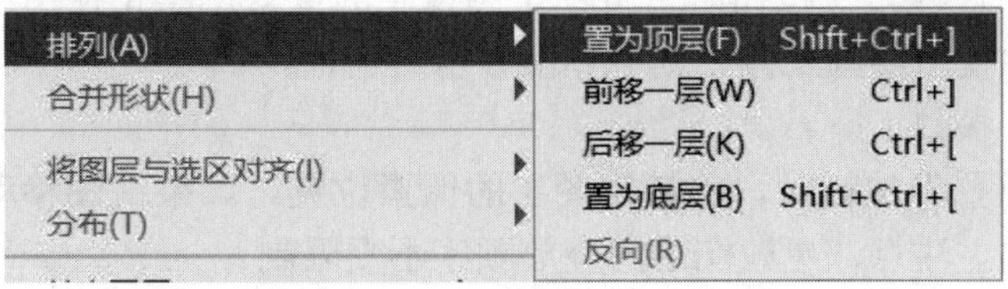

图 5-8 “排列”子菜单命令

“排列”子菜单中的具体命令如下。

置为顶层：该命令可以将当前图层移到顶层。

前移一层：该命令可以将当前图层在图层序列中上移一层。

后移一层：该命令可以将当前图层在图层序列中下移一层。

置为底层：该命令可以将当前图层移到底层。

反向：在“图层”面板中选择两个或两个以上图层时，该命令被激活，其作用是将选中的图层按倒序重新排列。

5.2.7 锁定图层

锁定图层功能是为了便于在图像的编辑过程中，保护已经编辑完成的内容。在“图层”面板中有 5 个“锁定”按钮可供选择，从左至右依次是“锁定透明像素”“锁定图像像素”“锁定位置”“锁定画板及画框”和“锁定全部”。这些方式只对普通图层起作用，对“背景”图层无效，如图 5-9 所示。

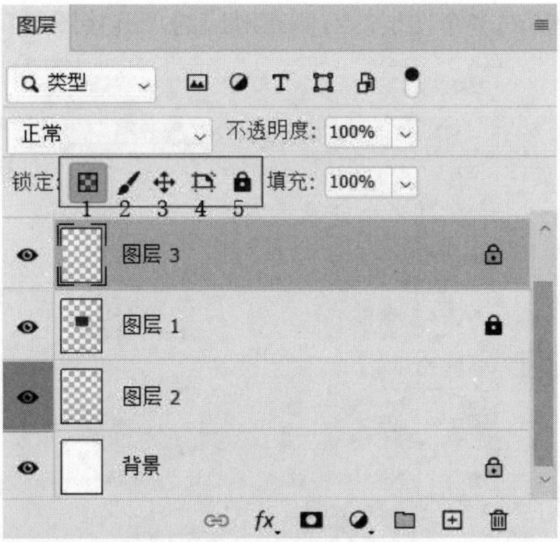

图 5-9 “锁定”按钮

这 5 个“锁定”按钮（从左到右）的具体作用如下。

1. “锁定透明像素”按钮

当单击“锁定透明像素”按钮时，锁定图层的透明区域，只能编辑图层的不透明部分。画笔只能在不透明区域起作用，即使经过了透明区域也不会留下痕迹。

2. “锁定图像像素”按钮

当单击“锁定图像像素”按钮时，将锁定图像中的像素，禁止使用绘画工具修改图层中的像素。若在图像中使用绘画工具，则会弹出警示对话框。

3. “锁定位置”按钮

当单击“锁定位置”按钮时，将锁定图层的像素位置。如果试图移动图层像素的位置，则会弹出警示对话框。注意，更改图层的叠放顺序不受限制。

4. “锁定画板及画框”按钮

当单击“锁定画源及画框”按钮时，可防止在画板和画框内、外自动嵌套。

5. “锁定全部”按钮

当单击“锁定全部”按钮时，将锁定图层的全部像素及其位置。

图层被锁定后，在图层名称的右侧会出现一个锁形图标。当图层被部分锁定时，锁形图标是空心的；当图层被全部锁定时，锁形图标是实心的。解除锁定，只需要在图层右侧单击对应锁形图标即可。

5.2.8 链接图层

Photoshop 为用户提供了图层链接功能，用户使用此功能可以将两个或两个以上的图层链接起来形成一个图层整体，然后对链接的多个图层执行统一移动、应用变换或创建剪贴蒙版等操作。如果不再需要这种关联，还可以取消链接。建立链接图层至少需要两个图层，在一个图像中可以创建多个链接，但不能将一个图层分别链接到两个链接中。

1. 创建链接

在“图层”面板上选择需建立链接的多个图层，然后单击面板底部的“链接图层”按钮，即可建立链接。建立链接后的多个图层的右侧有对应的“链接图层”图标，如图 5-10 所示。

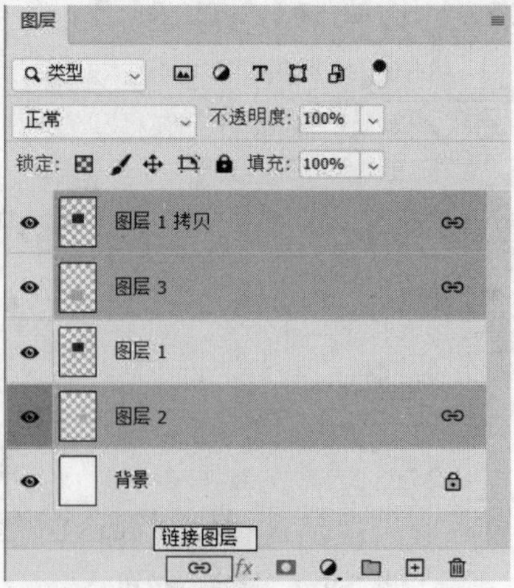

图 5-10 “链接图层”按钮及链接状态

2. 取消图层之间的链接

选择要取消链接的图层，然后单击“图层”面板底部的“链接图层”。可以取消当前图层的链接。如果需要取消所有图层的链接，可执行“图层”→“取消图层链接”命令。

3. 禁用和启用链接

按住 Shift 键，单击链接图层右侧的“链接图层”图标，在该图标上出现一个红×，表示当前图层的链接被禁用。如果按住 Shift 键，再次单击链接图层右侧的“链接图层”图标则可重新启用链接，如图 5-11 所示。

图 5-11 禁用和启用链接

5.2.9 删除图层

图像的内容确定后，可将不再需要的图层删除。删除图层有以下两种方式。

1. 使用“图层”面板删除图层

在“图层”面板中，选择要删除的图层，单击面板底部的“删除图层”按钮，在弹出的警示对话框中单击“是”按钮，即可删除图层。或者直接将不需要的图层拖曳到“删除图层”按钮上，即可删除该图层。

2. 使用菜单命令删除图层

在“图层”面板中，选择要删除的图层，执行“图层”→“删除”→“图层”命令，在弹出的警示对话框中单击“是”按钮，即可删除所选图层。

5.3 图 层 组

图层组是将多个图层编成组，即在“图层”面板上创建文件夹，一个文件夹就是一个组，将多个图层分类存放，方便用户对大量图层进行统一管理设置，如统一设置不透明度、颜色混合模式及锁定状态等。对图层组进行复制、移动、删除等操作，类似对图层进行的复制、移动、删除操作。

5.3.1 新建图层组

1. 新建空白图层组

新建空白图层组的方法有以下两种。

（1）执行“图层”→“新建”→“组”命令，弹出“新建组”对话框，分别设置图层组的名称、颜色、模式和不透明度等，单击“确定”按钮，即可在“图层”面板上新建一个空白图层组，如图 5-12 所示。

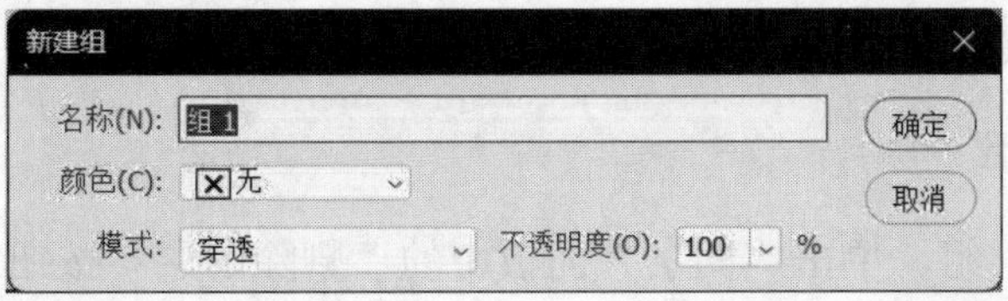

图 5-12 “新建组”对话框

（2）单击“图层”面板上的“创建新组”按钮，将直接在当前图层的上方创建一个空白图层组。新建图层组自动以“组”后加序号命名，如“组 1”“组 2”等。

2. 基于选择的图层创建图层组

基于选择的图层创建图层组的方法有以下 3 种。

（1）选择需要放在同一个图层组的图层，执行“图层”→“新建”→“从图层建立组”命令，弹出“从图层新建组”对话框，在对话框中分别设置图层组的名称、颜色、模式和不透明度等信息，单击“确定”按钮，即可。

（2）在“图层”面板中选择需要放在同一个图层组的图层，将其拖曳到“图层”面板底部的“创建新组”按钮上，将直接创建包含选择图层的图层组，新建图层组自动以“组”后加序号命名，如“组 1”“组 2”等。

（3）执行“图层”→“图层编组”命令，将直接创建包含选择图层的图层组，该命令的快捷键为 Ctrl+G。

5.3.2　加入和脱离图层组

将图层加入图层组时，将所选图层拖曳到图层组名称上，当图层组名称高亮显示时，松开鼠标，该图层即加入图层组，且被置于图层组的底部。

若图层组是展开的，将图层拖曳到图层组相应的位置，当高亮线出现时松开鼠标即可。

将图层组中的图层拖曳到图层组外的相应位置，即可将该图层脱离当前图层组。

5.3.3　复制图层组

通过复制图层组，可以复制图层组中的所有图层，从而起到备份的作用。

执行“图层”→“复制组”命令，或者在“图层”面板下拉菜单中选取“复制组”命令，可弹出“复制组”对话框，在对话框中设置图层组的名称和目标即可复制当前图层组，如图 5-13 所示。

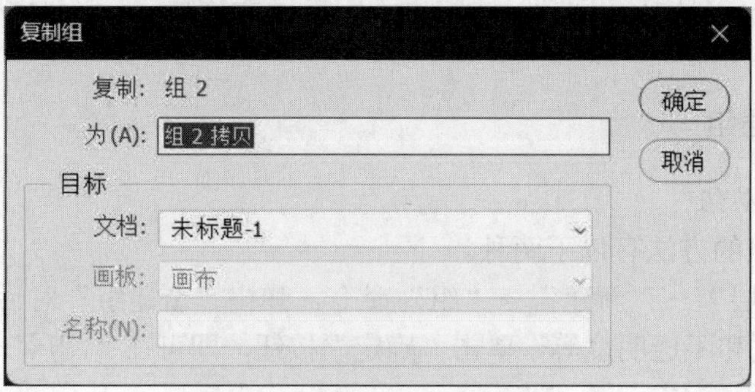

图 5-13　“复制组”对话框

也可将图层组拖曳至“图层”面板底部的“创建新图层”按钮上，即可复制该图层组。

5.3.4　删除图层组

选择要删除的图层组，单击“图层”面板中的“删除图层”按钮，或者执行“图层”→“删除”→“组”命令，弹出如图 5-14 所示的对话框，各按钮功能如下。

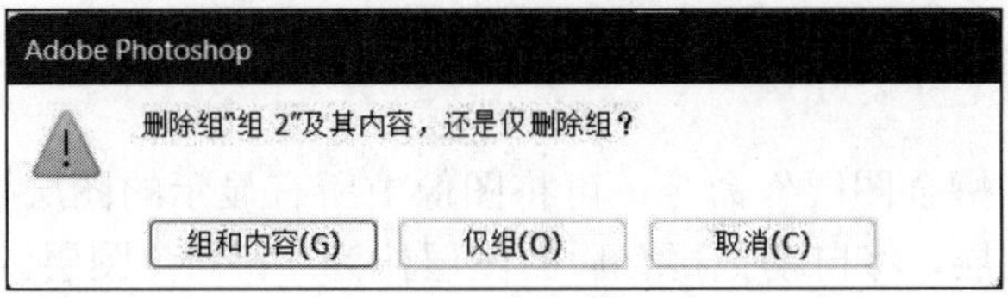

图 5-14　删除图层组

组和内容：单击此按钮，即可删除整个图层组，包含组内的所有图层。

仅组：单击此按钮，只删除图层组，组内的图层被脱离出来，其功能相当于取消图层编组。

取消：单击此按钮，取消本次操作。

5.3.5　锁定图层组

要给图层组内的所有图层赋予相同的锁定属性，可锁定图层组。使用下列任意一种方法均可锁定图层组。

在“图层”面板上选择图层组，单击对应锁定按钮，可锁定图层组内图层的所有编辑功能。

执行“图层”→“锁定组内的所有图层”命令，弹出“锁定组内的所有图层”对话框，有 5 个复选框可供选择，此时可指定图层组内所有图层的锁定属性，如图 5-15 所示。

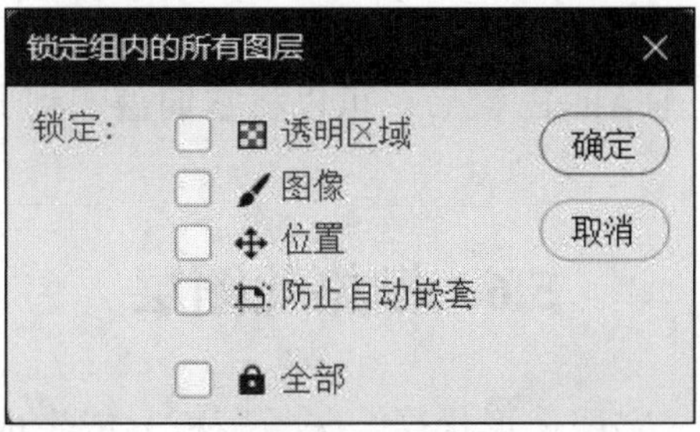

图 5-15　“锁定组内的所有图层”对话框

5.4　合 并 图 层

在一个图像文件中，建立的图层越多，则该文件所占用的磁盘空间也就越大。因此，对一些无须分开的图层可以将它们合并以减少文件所占用的磁盘空间，也可以提高操作速度。执行“图层”菜单或“图层”面板下拉菜单中的相应命令即可合并图层。合并图层的常用命令有“向下合并”“合并可见图层”和“拼合图层”。

5.4.1　向下合并图层

执行“图层”→“向下合并”命令或“图层”面板下拉菜单中的相应命令，可以将当前图层合并到下方的图层中，其他图层保持不变，该命令的快捷键为 Ctrl+E。

5.4.2　合并可见图层

执行“图层”→“合并可见图层”命令，可将图像中所有显示的图层合并，而隐藏的图层则保持不变。该命令的快捷键为 Ctrl+Shift+E。

5.4.3 拼合图层

执行“图层”→“拼合图层”命令，可将图像中所有显示的图层拼合到“背景”图层中，如果图像中没有背景图层，将自动把拼合后的图层作为“背景”图层。如果图像中含有隐藏的图层，则在拼合过程中丢弃隐藏的图层。在丢弃隐藏的图层时，Photoshop 会弹出提示对话框，提示用户是否确实要丢弃隐藏的图层。

5.5 盖印图层

盖印可以将多个图层的内容合并为一个目标图层，同时保持合并的原图层的独立、完好。

1. 向下盖印

选择一个图层，按下 Ctrl+Alt+E 快捷键后可将该图层中的图像盖印到下面的图像中，原图层内容保持不变。

2. 盖印可见图层

按下 Ctrl+Alt+Shift+E 快捷键后，可以将所有可见图层中的图像盖印到一个新的图层中，原图层内容保持不变。

3. 盖印多个图层

选择多个图层，按下 Ctrl+Alt+E 键后，可以将它们盖印到一个新的图层中，原图层内容保持不变。

5.6 栅格化图层

对于包含矢量数据（如文字层、形状层、矢量蒙板）或生成数据（如填充层）的图层，不能使用绘图类工具进行图像编辑和使用“滤镜”命令，只有将其栅格化后才能使用。

1. 栅格化单个图层

选择要栅格化的图层，执行“图层”→“栅格化”→“图层”命令；或者在要栅格化的图层上右击，在弹出的快捷菜单中选择“栅格化图层”命令。

2. 栅格化多个图层

先可将多个图层链接，然后再栅格化。

3. 栅格化所有图层

执行“图层”→“栅格化”→“所有图层”命令，即可栅格化所有图层。

5.7 图层的混合模式设置

在理解图层的混合模式时首先要了解 3 个和颜色有关的名词，即“基色”“混合色”“结果色”。“基色”是指图像中的原稿颜色，这里可以理解为两个图层中位于下面的图层。“混合色”是指通过绘画或编辑工具应用的颜色，这里可以理解为两个图层中位于上面的图层。“结果色”是指混合后得到的颜色，这里可以理解为上、下叠加的两个图层混合后得到的最终颜色。

图层的混合模式控制着叠加的两个图层最终的显示效果，选择的混合模式不同最终显示的效果也不同。

在“图层”面板上，选择要更改混合模式的图层，单击面板左侧的“设置选定图层的混合模式”下拉按钮，在弹出的下拉列表中选择混合模式即可，如图 5-16 所示。

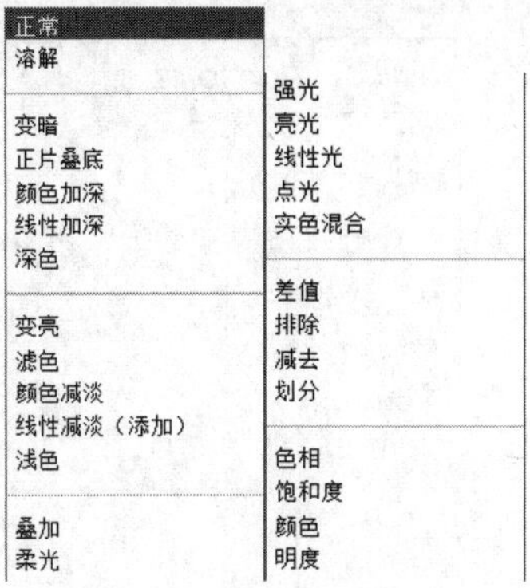

图 5-16　混合模式选项

（1）“正常”模式：上层图层的内容覆盖下层图层内容，是 Photoshop 默认的模式，如图 5-17 所示为“图层”面板和图层效果。

图 5-17　“图层”面板和图层效果

（2）“溶解”模式：根据像素位置的不透明度，结果色由基色或混合色的像素随机替换。选择此模式可创建点状效果，具体效果由设置的图层的不透明度决定，图层的不透明度设置得越小，点状效果越明显，图层的不透明度设置为 100%时，和正常类的效果没有分别，“图层”面板和图层混合效果如图 5-18 所示。

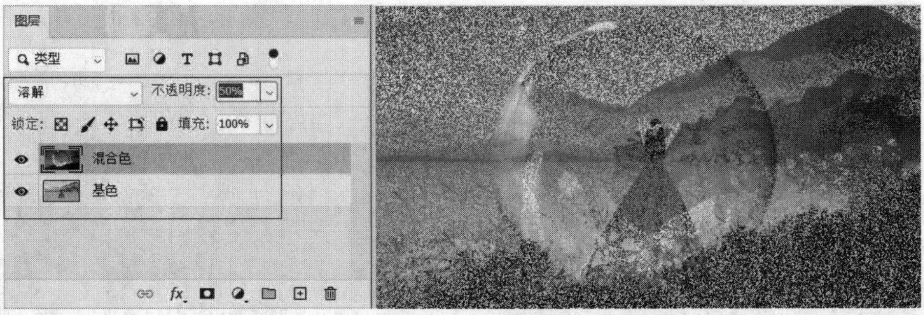

图 5-18　“图层”面板和图层混合效果

（3）“变暗”模式：查看每个通道中的颜色信息，并选择基色或混合色中较暗的颜色作为结果色。比混合色亮的像素将被替换，而比混合色暗的像素保持不变。选择此模式的结果是图像整体变暗，“图层”面板和图层混合效果如图 5-19 所示。

（4）“正片叠底”模式：查看每个通道中的颜色信息，并将基色与混合色复合。结果色总是较暗的颜色。任何颜色与黑色复合产生黑色，任何颜色与白色复合保持不变，混合效果如图 5-20 所示。

图 5-19 “图层”面板和图层混合效果

（5）“颜色加深”模式：查看每个通道中的颜色信息，并通过增加对比度使基色变暗以反映混合色，与白色混合后不产生变化，混合效果如图 5-21 所示。

图 5-20 “正片叠底”模式混合效果

图 5-21 “颜色加深”模式混合效果

（6）“线性加深”模式：查看每个通道中的颜色信息，并通过降低亮度使基色变暗以反映混合色，与白色混合后不产生变化，混合效果如图 5-22 所示。

（7）“深色”模式：该模式依据当前图像混合色的饱和度直接覆盖基色中暗调区域的颜色。基色中包含的亮度信息不变，以混合色中的暗调信息所取代，从而得到结果色，效果如图 5-23 所示。

图 5-22 “线性加深”模式混合效果

图 5-23 “深色模式”混合效果

（8）“变亮”模式：查看每个通道中的颜色信息，并选择基色或混合色中较亮的颜色作为结果色。比混合色暗的像素被替换，比混合色亮的像素保持不变。与“变暗”模式相反，“变亮”模式混合效果如图 5-24 所示。

（9）“滤色”模式：选择此模式结果色总是较亮的颜色。用黑色过滤时颜色信息保持不变。用白色过滤将产生白色，混合效果如图 5-25 所示。

图 5-24 “变亮”模式混合效果

图 5-25 “滤色”模式混合效果

（10）“颜色减淡”模式：查看每个通道中的颜色信息，并通过减小对比度使基色变亮以反映混合色。与黑色混合则不发生变化，此模式与“颜色加深”模式相反，混合效果如图 5-26 所示。

（11）“线性减淡”模式：查看每个通道中的颜色信息，并通过增加亮度使基色变亮以反映混合色。与黑色混合则不发生变化，此模式与“线性加深”模式相反，混合效果如图 5-27 所示。

图 5-26 “颜色减淡”模式混合效果

图 5-27 “线性减淡”模式混合效果

（12）“浅色”模式：该模式依据当前图像混合色的饱和度来覆盖基色中高光区域的颜色。基色中包含的暗调区域不变，以混合色中的高光色调所取代，从而得到结果色，混合效果如图 5-28 所示。

（13）“叠加”模式：图案或颜色在现有像素上叠加，保留基色的暗调和高光。基色不被替换，与混合色相混合以反映原图的亮度或暗度，混合效果如图 5-29 所示。

图 5-28 “浅色”模式混合效果

图 5-29 “叠加”模式混合效果

（14）“柔光”模式：使颜色变暗或变亮，具体取决于混合色。其效果与发散的聚光灯照在图像上相似。如果混合色（光源）比 50%灰色亮，则图像变亮，就像被减淡了一样。如果混合色（光源）比 50%灰色暗，则图像变暗，就像被加深了一样。用纯黑色或纯白色绘画会产生明显较暗或较亮的区域，但不会产生纯黑色或纯白色，混合效果如图 5-30 所示。

（15）“强光”模式：复合或过滤颜色，具体取决于混合色。其效果与耀眼的聚光灯照在图像上相似。如果混合色（光源）比 50%灰色亮，则图像变亮，就像过滤后的效果。这对于向图像中添加高光非常有用。如果混合色（光源）比 50%灰色暗，则图像变暗，就像复合后的效果。这对于向图像中添加阴影非常有用。用纯黑色或纯白色绘画会产生纯黑色或纯白色，混合效果如图 5-31 所示。

图 5-30 “柔光”模式混合效果

图 5-31 “强光”模式混合效果

（16）“亮光”模式：通过增加或减小对比度来加深或减淡颜色，具体取决于混合色。如果混合色（光源）比 50%灰色亮，则通过减小对比度使图像变亮。如果混合色比 50%灰色暗，则通过增加对比度使图像变暗，混合效果如图 5-32 所示。

（17）“线性光”模式：通过减小或增加亮度来加深或减淡颜色，具体取决于混合色。如果混合色（光源）比 50%灰色亮，则通过增加亮度使图像变亮。如果混合色比 50%灰色暗，则通过减小亮度使图像变暗，混合效果如图 5-33 所示。

图 5-32 “亮光”模式混合效果

图 5-33 “线性光”模式混合效果

（18）“点光”模式：根据混合色替换颜色。如果混合色（光源）比 50%灰色亮，则替换比混合色暗的像素，而不改变比混合色亮的像素。如果混合色比 50%灰色暗，则替换比混合色亮的像素，而不改变比混合色暗的像素。这对于向图像中添加特殊效果非常有用，混合效果如图 5-34 所示。

（19）“实色混合”模式：该模式下，如果混合色比 50%灰色亮，则基色变亮；如果混合色比 50%灰色暗，则会使底层图像变暗。该模式通常会使图像产生色调分离的效果，减小填充不透明度时，可减弱对比强度，混合效果如图 5-35 所示。

（20）“差值”模式：查看每个通道中的颜色信息，并从基色中减去混合色，或者从混合色中减去基色，具体取决于哪一个颜色的亮度值更大。与白色混合将反转基色值；与黑色混合则不产生变化，混合效果如图 5-36 所示。

图 5-34 “点光”模式混合效果

图 5-35 “实色混合”模式混合效果

（21）“排除”模式：创建一种与“差值”模式相似但对比度更低的效果。与白色混合将反转基色值，与黑色混合则不发生变化，混合效果如图 5-37 所示。

图 5-36 “差值”模式混合效果

图 5-37 “排除”混合模式混合效果

（22）“减去”模式：该模式是基色的数值减去混合色，与“差值”模式类似。如果混合色与基色相同，那么结果色为黑色，混合效果如图 5-38 所示。

（23）“划分”模式：该模式是查看每个通道中的颜色信息，并用基色分割混合色。基色数值大于或等于混合色数值，混合出的颜色为白色；基色数值小于混合色数值，结果色比基色更暗。因此，结果色对比非常强。白色与基色混合得到基色，黑色与基色混合得到白色，混合效果如图 5-39 所示。

图 5-38 “减去”模式混合效果

图 5-39 “划分”模式混合效果

（24）“色相”模式：用基色的亮度和饱和度及混合色的色相创建结果色，混合效果如图 5-40 所示。

（25）“饱和度”模式：用基色的亮度和色相及混合色的饱和度创建结果色，混合效果如图 5-41 所示。

图 5-40　“色相”模式混合效果

图 5-41　“饱和度”模式混合效果

（26）“颜色”模式：用下方图层的亮度及上方图层的色相和饱和度创建结果色，这样可以保留图像中的灰阶，并且对于给单色图像上色和给彩色图像着色都会非常有用，混合效果如图 5-42 所示。

（27）“明度”模式：用下方图层的色相和饱和度及上方图层的明度创建结果色。此模式创建与“颜色”模式相反的效果，混合效果如图 5-43 所示。

图 5-42　“颜色”模式混合效果

图 5-43　“明度”模式混合效果

提示：Photoshop 提供的混合模式还有“背后”和“清除”模式，这两种模式是画笔工具所独有的，另外，“颜色减淡”“颜色加深”“变暗”“变亮”“差值”和“排除”模式不可用于 Lab 图像。

图层组的默认混合模式是“穿透”，表示图层组没有自己的混合属性。为图层组选取混合模式时，会将组中的所有图层放在一起视为一幅单独的图像，然后利用所选混合模式与图像的其余部分混合，如果为图层组选取的混合模式不是“穿透”，则组中的调整图层或图层混合模式都将不会应用于组外部的图层。

图层的混合模式只能在两幅图层图像之间产生作用；“背景”图层上的图像不能设置图层混合模式。如果要为背景图层设置混合模式，则必须先将其转换为普通图层。

5.8　图层的不透明度

图层的不透明度决定图层覆盖或显示下面图层的程度。不透明度为 0%的图层是完全透明的，可完全显示下面图层内容；而不透明度为 100%的图层则完全不透明，将完全覆盖下面图层的内容；不透明度为 50%的图层为半透明，将半透明显示下面图层的内容。

设置图层的不透明度的方法有以下两种。

（1）在“图层”面板的“不透明度”文本框输入数值，或者拖动“不透明度”弹出式滑块。

（2）双击图层缩览图，弹出“图层样式”对话框，在“混合选项”中的“不透明度”文本框中输入数值，或者拖动“不透明度”滑块。

5.9 图层样式

图层样式可快速为图层添加特殊效果。Photoshop为用户提供投影、发光、斜面、叠加和描边样式等，在图层上应用这些样式，这些样式将成为图层自定样式的一部分。应用图层样式，“图层”面板中对应图层名称右侧将出现一个“fx”图标。在“图层”调板中可展开样式，查看组成样式的所有效果，也可编辑效果以更改样式。图层效果与图层内容是链接的，当移动或编辑图层内容时，图层内容的效果也会做相应的修改。

5.9.1 应用图层样式

在“图层”→“图层样式”子菜单中，选取图层样式命令，如图5-44所示。或者单击“图层”面板底部的“添加图层样式”按钮，即可弹出“图层样式”对话框，如图5-45所示。

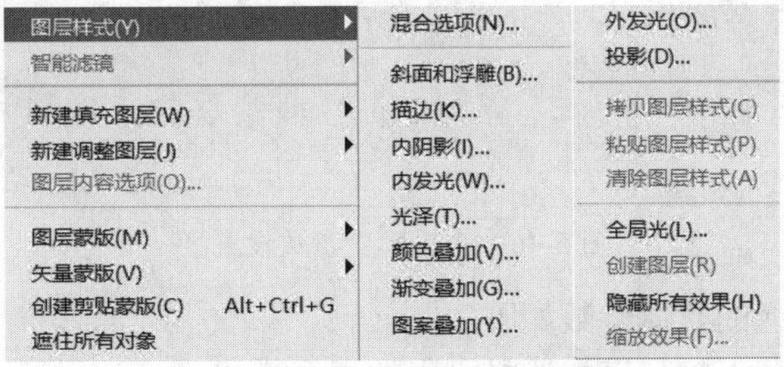

图5-44 “图层样式”子菜单命令

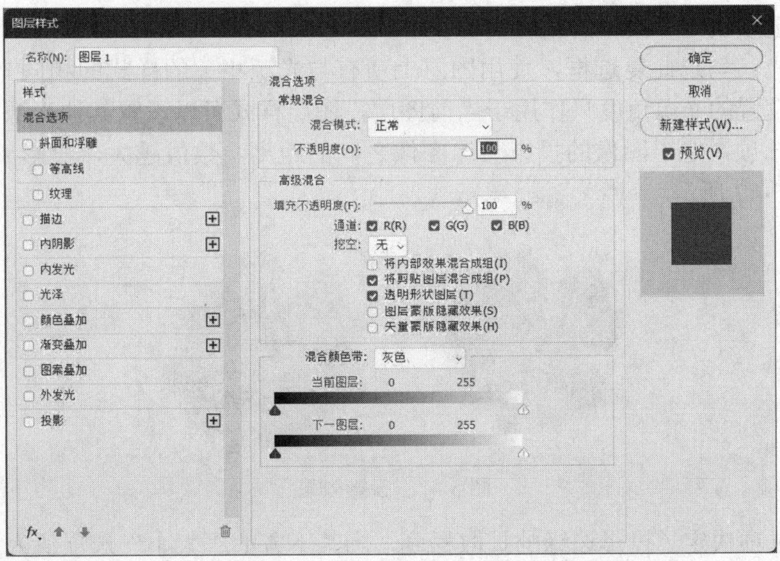

图5-45 “图层样式”对话框

在“图层样式”对话框中，左边是样式列表，包括投影、发光、斜面和浮雕、叠加和描边等；中间是各种样式的参数设置；右边是所设定样式的预览。

1. 投影

投影是指为图层内容添加阴影，“投影”参数设置区如图 5-46 所示，投影效果如图 5-47 所示。

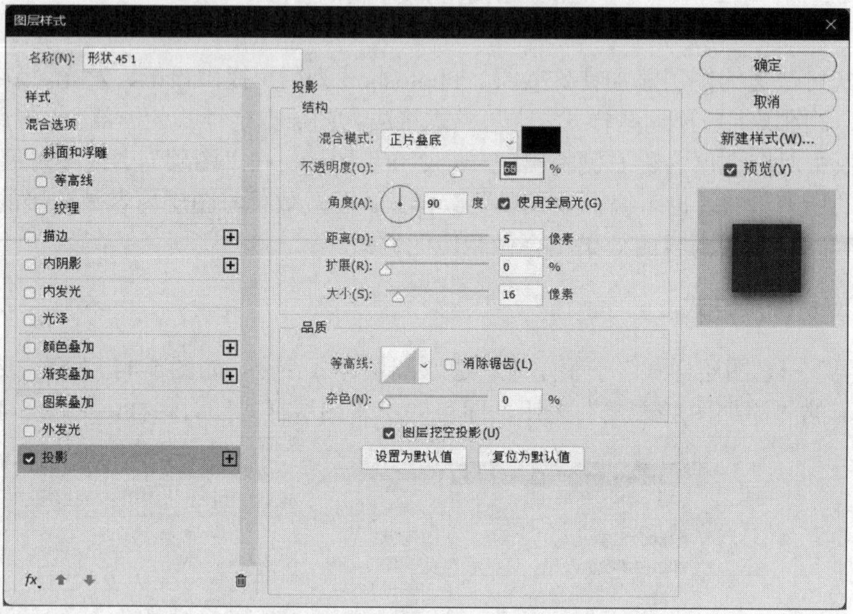

图 5-46 “投影”参数设置区

“投影”参数设置区的具体参数如下。

混合模式：可以在此下拉列表中选择投影的混合模式。

不透明度：此选项中的数值决定了投影的不透明度。

角度：此选项决定了投影的角度。

使用全局光：勾选此复选框，使用图层上所有与光源相关的样式的相同光源角度。不勾选此复选框，设置的光源角度只作用于当前图层，图层样式可以设置其他光源角度。

距离：此选项决定了图像的投影与原图像之间的距离。数值越大，投影离原图像越远，投影效果如图 5-47 所示。

图 5-47 投影效果

扩展：此选项决定了投影边缘的扩散程度，当其下方的“大小”选项值为 0 时，此选项不起作用。

大小：此选项决定了产生的投影大小。数值越大，投影越大且会产生一种逐渐从阴影色到透明的渐变效果，

等高线：在此选项中可以调整阴影的投射样式，用户可以选择预设的样式，也可以根据自己的想法自定义投射样式，单击“等高线”用户右侧的下拉按钮，弹出选项调板，可以选择等高线的样式。单击“等高线”右侧的图标，弹出“等高线编辑器”对话框，在此对话框中可以重新编辑等高线的样式，如图 5-48 所示。

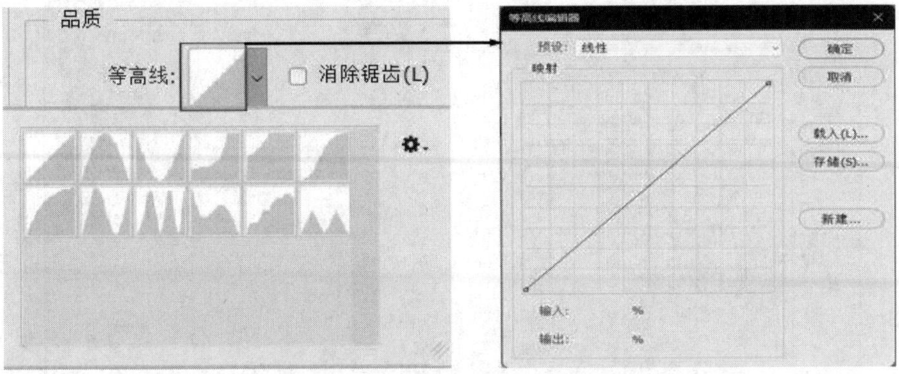

图 5-48 “等高线”预设样式及“等高线编辑器”对话框

消除锯齿：勾选此复选框，可以使投影周围像素变得平滑。

杂色：决定投影生成杂点的多少，数值越大，生成的杂点越多。

图层挖空投影：填充为透明时，决定图像是否将投影挖空，即只有将图层“不透明度”设置为小于 100 的数值时才能看出效果。

2. 内阴影

内阴影是指为紧靠在图层内容的边缘内添加阴影，使图层具有凹陷外观，参数设置区如图 5-49 所示。其具体参数与“投影”的相似。

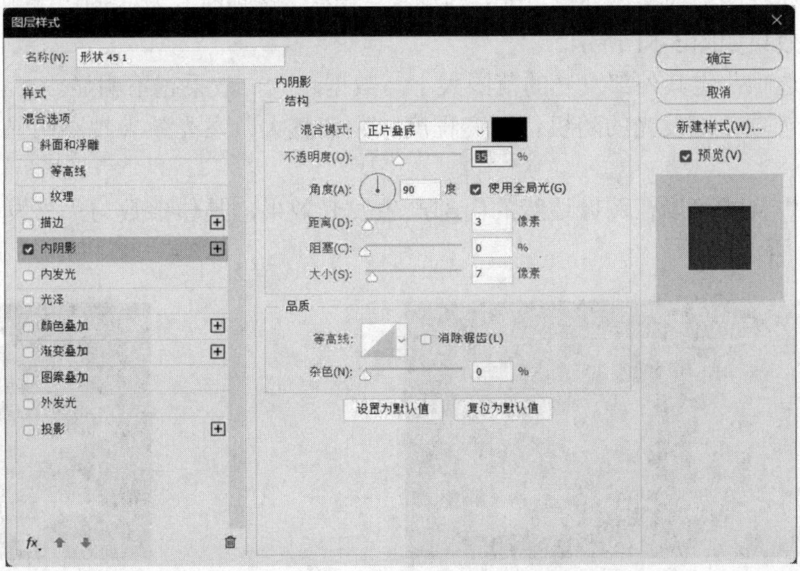

图 5-49 “内阴影”参数设置区

3. 外发光和内发光

“外发光”样式可以使当前图层中图像边缘的外部产生发光效果，“外发光”参数设置区如图 5-50 所示。

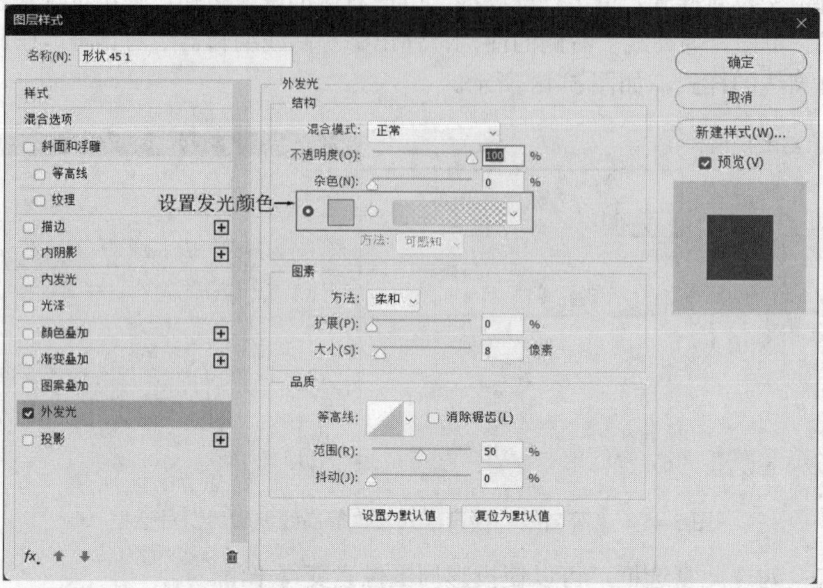

图 5-50 “外放光”参数设置区

“外放光”参数设置区的具体参数如下。

设置发光颜色：设置发光的颜色，单击左边的色块可打开拾色器选择单色；单击右边的色块可打开“渐变编辑器”对话框设置渐变色，单击最右边的下拉按钮，可在弹出的“渐变”下拉列表中选择渐变样式。

方法：此选项的下拉列表中包括“柔和”和“精确”两个选项，当选择“柔和”选项时其发光的边缘根据图形的整体外形发光；当选择“精确”选项时其发光的边缘根据图形的每一个部位发光，效果如图 5-51 所示。

范围：此选项决定其外部发光的范围大小，数据越大，效果越不明显。

抖动：此选项决定发光的随机化渐变程度，数值越大，发光效果越不明显，且变成杂色的效果。

“内发光”样式可以在图像边缘的内部产生发光效果，具体参数与“外发光”的相似，效果如图 5-52 所示。

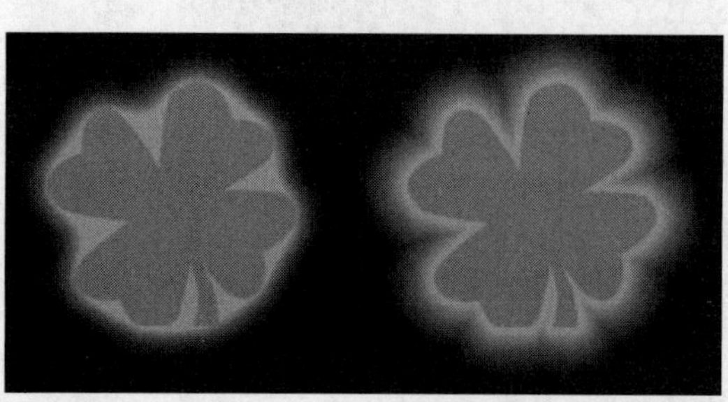

图 5-51 外发光效果

图 5-52 内发光效果

4. 斜面和浮雕

“斜面和浮雕”样式可以对图层添加斜面和浮雕的效果，“斜面和浮雕”参数设置区如图5-53所示。

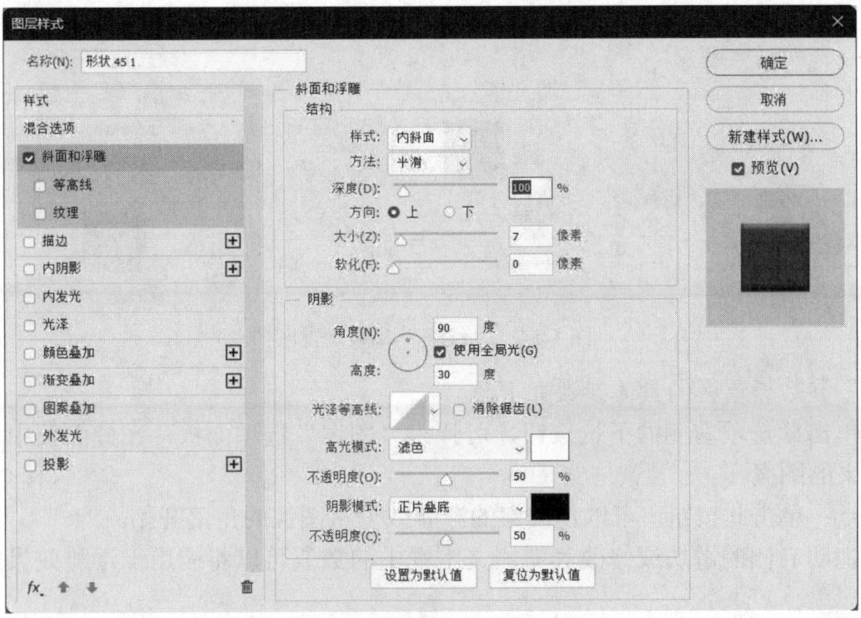

图5-53　“斜面和浮雕”参数设置区

“斜面和浮雕”参数设置区具体参数如下。

样式：在此选项的下拉列表中包括“外斜面”“内斜面”“浮雕效果”“枕状浮雕”和“描边浮雕”5种浮雕样式，选择不同的样式会产生不同的浮雕效果。

方法：其下拉列表中包括“平滑”“雕刻清晰”和“雕刻柔和”3个选项，选择“平滑”选项得到的效果边缘比较柔和；选择“雕刻清晰”选项得到的效果边缘变化明显，立体感强；选择“雕刻柔和”选项得到的效果边缘界于“平滑”和“雕刻清晰”之间。

深度：决定生成浮雕效果后的阴影强度，数值越大，阴影颜色越深。

方向：决定生成浮雕效果亮部和阴影的方向，选择“上”单选按钮表示亮部在上面，选择“下”单选按钮表示亮部在下面。

大小：决定生成浮雕效果阴影面积的大小。

软化：决定生成浮雕效果阴影边缘的模糊度，数值越大，边缘越模糊。

角度：此选项决定光照的方向。

高度：此选项决定光源的位置。将光标移动到圆内单击，可改变光照的方向及位置。

光泽等高线：决定生成的浮雕图层的光泽质感，可以选择原有的样式，也可以根据自己的意愿设置自己满意的样式。

高光模式：决定浮雕效果亮部的模式，单击其右侧的色块，可以修改亮部的颜色；调整下方的不透明度可以改变亮部颜色的透明程度。

阴影模式：决定浮雕效果暗部的模式，单击其右侧的色块，可以修改暗部的颜色；调整下方的不透明度可以改变暗部颜色的透明程度。

“斜面和浮雕”样式下还包括“等高线”和“纹理”样式，其中“等高线”参数与“光泽等高线”的相似。

“纹理”参数设置区如图 5-54 所示。

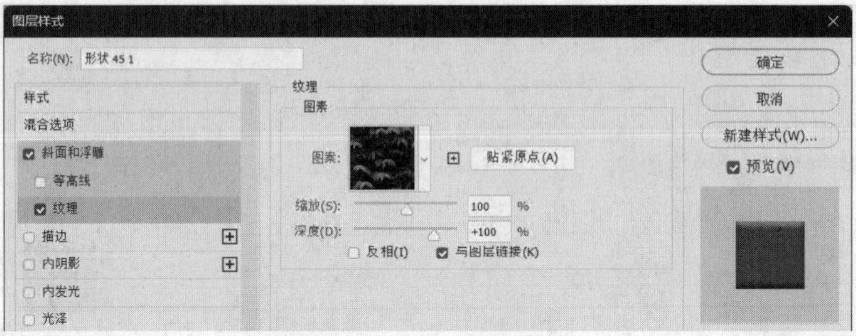

图 5-54　“纹理”参数设置区

“纹理”参数设置区的具体参数如下。

图案：单击此选项右侧的下拉按钮，可弹出“图案”选项面板，在此面板中可以选择应用于浮雕效果的图案。

贴紧原点：单击此按钮，可以使图案的浮雕效果从图像的角落开始。

缩放：拖动右侧的滑块或修改其右侧文本框中的数值可以将应用于浮雕效果的图案放大或缩小。

深度：拖动右侧的滑块或修改其右侧文本框中的数值可以设置图案浮雕的深度，数值为正值时表示浮雕效果凹进去，数值为负值时表示浮雕效果凸出来。

反相：勾选此复选框，可以将应用于浮雕效果的图案反转，在图像文件中得到一种与当前状态相反的效果。

与图层链接：用于链接图案与图层。

斜面和浮雕效果如图 5-55 所示。

5. 光泽

“光泽”样式可以使当前图层中的图像产生类似光泽的效果，在其右侧可以设置光泽的颜色、不透明度、角度、距离和大小等参数，光泽效果如图 5-56 所示。

图 5-55　斜面与浮雕效果

图 5-56　光泽效果

6. 颜色叠加

“颜色叠加”样式可以在当前层的上方覆盖一种颜色，然后对颜色设置不同的混合模式和不透明度，使当前图层中的图像产生类似于纯色填充图层所产生的特殊效果，如图 5-57 所示。

7. 渐变叠加

“渐变叠加”样式可以在当前图层的上方覆盖一种渐变颜色，使其产生类似于渐变填充层的效果。

单击“渐变编辑器”按钮，可以弹出“渐变编辑器”对话框，可以在此对话框中选择适当的渐变类型，来完成对图像的渐变编辑。

样式：在此下拉列表中包括 5 种不同的渐变样式，选择不同的渐变样式，可以产生不同的渐变效果，如图 5-58 所示。

8. 图案叠加

“图案叠加”样式可以在当前层的上方覆盖不同的图案，然后对图案的“混合模式”和“不透明度”进行调整、设置，使之产生类似于图案填充层的效果，如图 5-59 所示。

图 5-57 颜色叠加效果

图 5-58 渐变叠加效果

图 5-59 图案叠加效果

9. 描边

使用颜色、渐变或图案在当前图层上描绘对象的轮廓。它对于硬边形状（如文字）特别有用，“描边”参数设置区如图 5-60 所示。

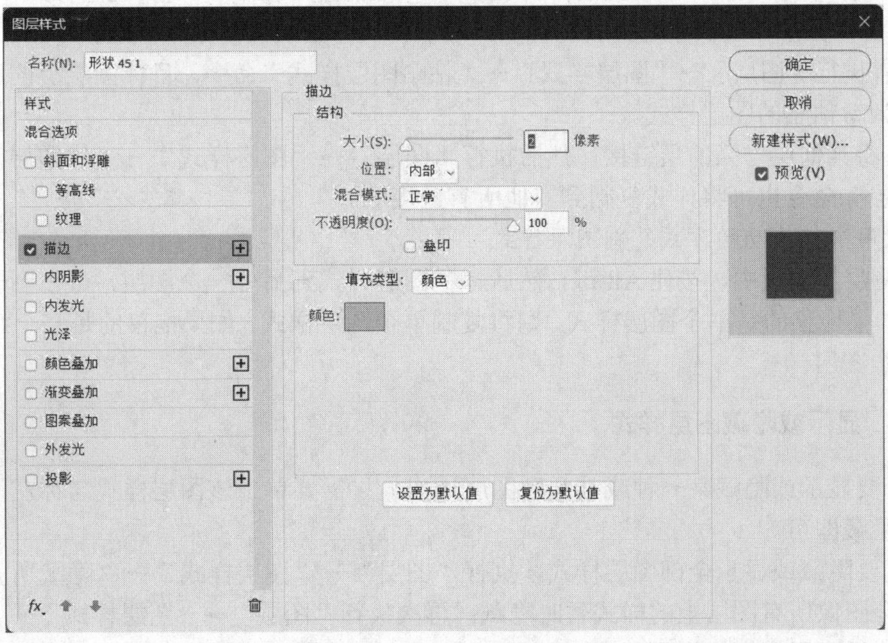

图 5-60 “描边”参数设置区

“描边”样式栏的具体参数如下。

大小：此选项决定描绘边缘的宽度。

位置：此选项决定描绘边缘与图像边缘的相对位置，包括外部、内部和居中。

填充类型：在此下拉列表中可以选择对描绘边缘的填充样式，包括“颜色”“渐变”和“图案”，当选择不同的填充样式，其下显示的参数也各不相同。选择不同选项对图形描边后的效果如图 5-61 所示。

图 5-61　描边效果

如果要修改图层样式，指定样式图层为当前图层，双击图层缩览图打开“图层样式”对话框，在对话框左边的列表中单击某个被应用的样式，可在其右侧的参数设置区中重新设置参数来修改效果。

5.9.2　复制、粘贴图层样式

复制和粘贴样式是对多个图层应用相同效果的便捷方法，在图层间复制样式可通过使用菜单命令或鼠标拖动的方式来实现。

1. 使用菜单命令复制图层样式

（1）在“图层”面板中，选择包含要复制的样式的图层。右击，从弹出的快捷菜单中选择“拷贝图层样式”命令，或者执行“图层”→“图层样式”→“拷贝图层样式”命令。

（2）在“图层”面板中选择目标图层，右击，从弹出的快捷菜单中选择“粘贴图层样式”命令，或者执行“图层”→“图层样式”→“粘贴图层样式”命令，目标图层上的原有图层样式将替换为新粘贴的图层样式。

（3）将其他层与当前层链接，然后执行“图层”→“图层样式”→“将图层样式粘贴到链接的图层”命令也可将样式复制到其他所有链接层。

2. 使用鼠标拖动的方式复制图层样式

在“图层”面板中，按住 Alt 键，然后拖移图层样式到另外一个图层，可在图层间复制图层样式。如果拖移的是单个图层样式，则将复制单个图层样式，如果拖移的是整个“样式”栏，则复制整个图层样式。

5.9.3　显示或隐藏图层样式

（1）要显示或隐藏某一种或某几种图层样式，只需要单击该图层样式名称左侧的眼睛图标，使其隐藏即可。

（2）要隐藏或显示全部图层样式，执行“图层”→“图层样式”→“隐藏所有效果”命令，将整幅图像所有图层上的样式暂时隐藏；再次执行“图层”→“图层样式”→“显示所有效果”命令重新显示所有图层样式。

5.9.4 缩放图层样式

应用“图层样式”缩放效果命令可以对目标分辨率和指定大小的效果进行调整。通过使用缩放效果，用户可以将图层样式中的效果进行缩放，而不会缩放应用图层样式的对象。执行“图层”→“图层样式”缩放效果命令，即可以打开“缩放图层效果”对话框，如图 5-62 所示。

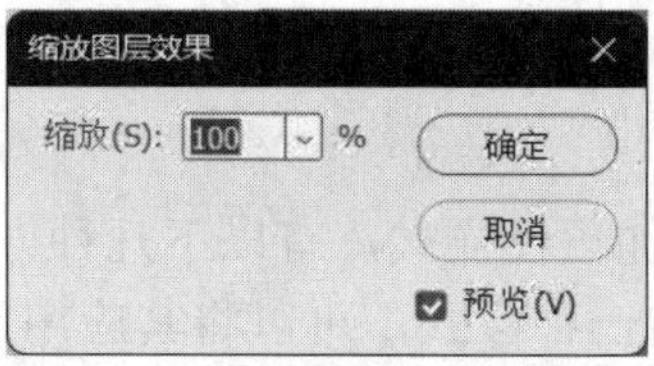

图 5-62 “缩放图层效果”对话框

5.9.5 清除图层样式

如果只删除一种图层样式，将其拖曳至“删除图层”按钮上即可。执行“图层”→“图层样式”→“清除图层样式”命令，可删除当前图层上的所有样式。

5.9.6 栅格化图层样式

选中带有图层样式的图层，执行“图层”→“栅格化”→“图层样式”命令；或者直接在图层上右击，在弹出的快捷菜单中选择“栅格化图层”命令，即可将当前图层的图层样式栅格化到当前图层中。

5.10 “样式”面板

在图层上应用效果，效果就成为图层的自定义样式；存储自定义样式，该样式就成为预设样式。预设样式会出现在“样式”面板中，在使用时只需在“样式”面板中单击选择所需要的样式即可。

执行“窗口”→“样式”命令，可显示“样式”面板，如图 5-63 所示。

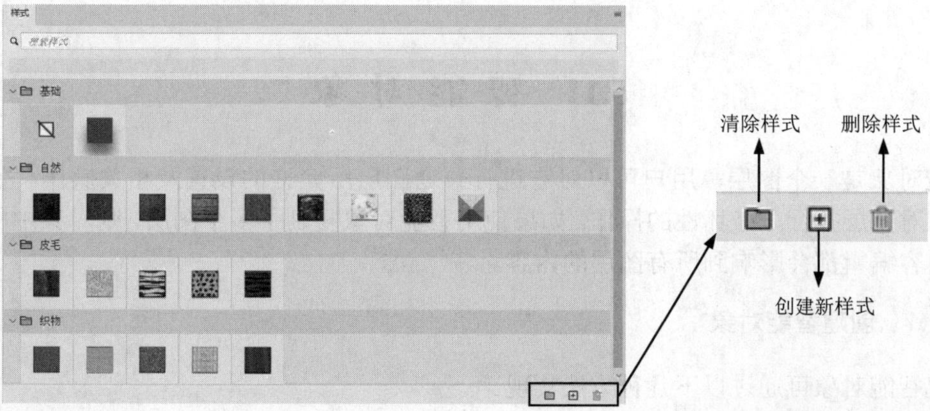

图 5-63 “样式”面板

“样式”面板中各组成部分的含义如下。

预设样式：系统组织好的各种图层样式的组合，位于“样式”面板的中间，每一种样式都有一个缩览图，当把光标放在缩览图上时，会出现该样式的名称

“清除样式”按钮：单击该按钮，可清除当前图层所应用的样式。

“创建新样式”按钮：单击该按钮，创建新的样式。

“删除样式”按钮：删除预设样式。

5.10.1 应用、删除样式

使用“样式”面板给图层添加预设样式，有以下几种方法。

（1）在“样式”面板中单击一种样式，可以将其应用到当前选定的图层上。

（2）将样式从“样式”面板拖曳到“图层”面板的图层上。

（3）将样式从“样式”面板拖曳到“图像”窗口，当鼠标指针位于希望应用该样式的图层内容上时，松开鼠标，可将样式应用到该图层上。

要删除样式，只需将样式拖曳至“样式”面板底部的“删除样式”按钮上即可。在“样式”面板中按住 Alt 键，当光标变为“剪刀”形状时，单击需要删除的样式也可将其删除。

5.10.2 存储、载入样式库

在“图层”面板中选择应用了一种或多种图层样式的图层，单击“样式”面板中的“创建新样式”按钮，将弹出“新建样式”对话框，在对话框中，除命名新样式外，还可以选择保存的样式中是否包含图层效果和图层混合选项，如图 5-64 所示。

图 5-64 “新建样式”对话框

5.11 智能对象

智能对象是一个图层，用户可以对它进行普通图层所允许的设置及相关操作。使用智能对象可以对图层执行非破坏性的操作。如果使用智能对象复制了多个图层，则对其中的任意一个图层内容编辑都会影响到所有图层的内容。

5.11.1 创建智能对象

创建智能对象可通过以下几种方法实现。

（1）执行“文件”→“置入嵌入对象”命令，选择图像文件作为智能对象置入当前文件。

（2）选择一个或多个要创建智能对象的图层，执行“图层”→“智能对象”→“转换为智能对象”命令，即可将选中图层转换为智能对象图层。创建的智能对象图层的缩览图右下角显示出“智能对象图标”，如图 5-65 所示。

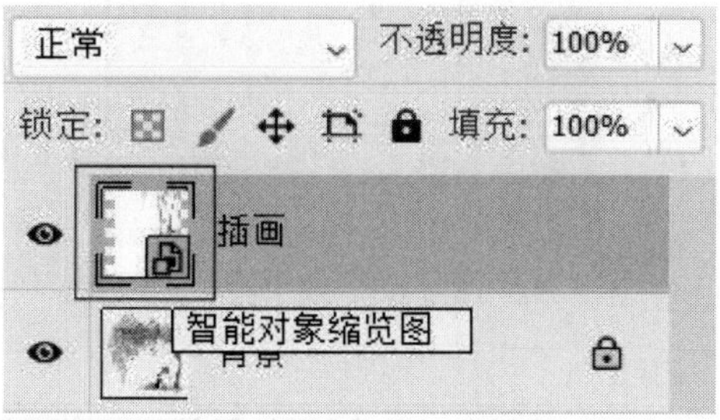

图 5-65　智能对象图层

5.11.2　编辑智能对象

创建智能对象后，如果要编辑智能对象，可以直接双击智能对象图层的缩览图，则智能对象会打开相关联的软件进行编辑。而在关联软件中修改完成后，只需要重新存储，系统就会自动更新 Photoshop 中的智能对象。

5.11.3　复制智能对象

智能对象是图层的一种，也可以进行复制，复制的方法不同，得到的新实例与原智能对象的关系也不同。如果将智能对象图层拖曳到“图层”面板底部的“创建新图层”按钮上，或者执行“图层”→“新建”→“通过拷贝的图层”命令来复制智能对象，则复制的新实例与原智能对象之间存在关联，对任何新实例所做的任何编辑将影响原智能对象，同样，对原智能对象所做的任何更改也会影响新实例。

如果执行“图层”→“智能对象”→“通过拷贝新建智能对象”命令来复制智能对象，则复制的新实例与原智能对象之间相互独立。对新实例所做的任何编辑与原智能对象无关。

5.11.4　替换智能对象内容

如果用户对创建的智能对象不满意，可以执行“图层”→“智能对象”→“替换内容”命令，打开“置入”对话框，重新选择文件替换当前选择的智能对象。

5.11.5　栅格化智能对象

可将智能对象栅格化转换为普通图层，执行“图层”→“栅格化”→“智能对象”命令，“图层”面板上的智能对象图标消失，智能对象被转换为普通图层。

5.12　综 合 实 例

综合实例

实例描述：通过实例操作，使读者了解并掌握图层样式的使用方法，效果图如图 5-66 所示。

图 5-66 效果图

操作步骤如下。

（1）执行“文件”→“新建”命令，新建图像文件，参数设置如图 5-67 所示。

图 5-67 新建图像文件

（2）设置前景色为灰色（#b3b2b8），填充“背景”图层。

（3）使用矩形选框工具绘制正方形，填充为白色，工具选项栏参数设置如图 5-68 所示。

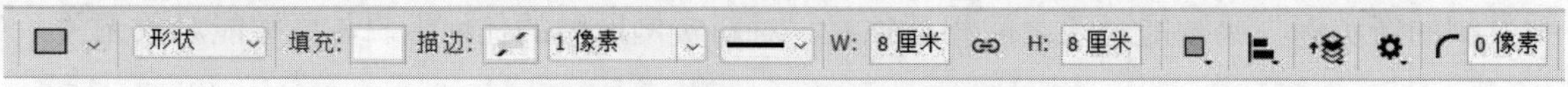

图 5-68 矩形选框工具选项栏参数设置

（4）双击形状图层右边蓝色空白处，打开“图层样式”面板，对其添加自上而下、由白色（#ffffff）到浅灰色（#d7d7d7）色的渐变叠加，如图 5-69 所示。

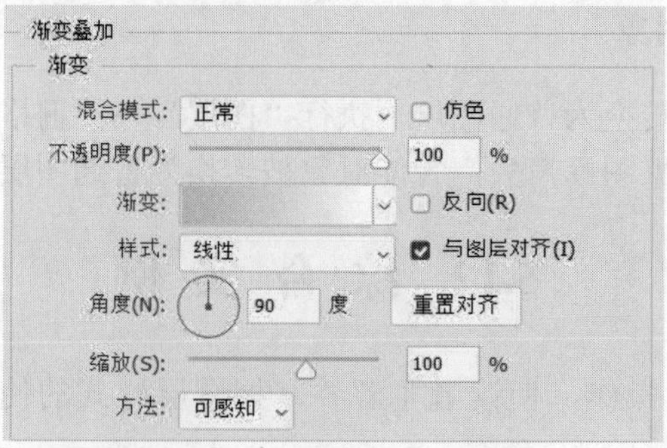

图 5-69 “渐变叠加”参数设置

（5）添加“斜面与浮雕”图层样式，参数设置如图 5-70 所示，添加后的图像效果如图 5-71 所示。

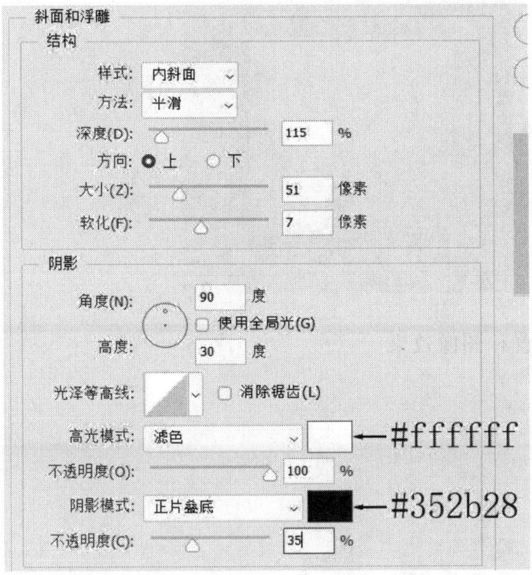

图 5-70 “斜面与浮雕”参数设置

图 5-71 图像效果

（6）添加“投影”图层样式，参数设置如图 5-72 所示。

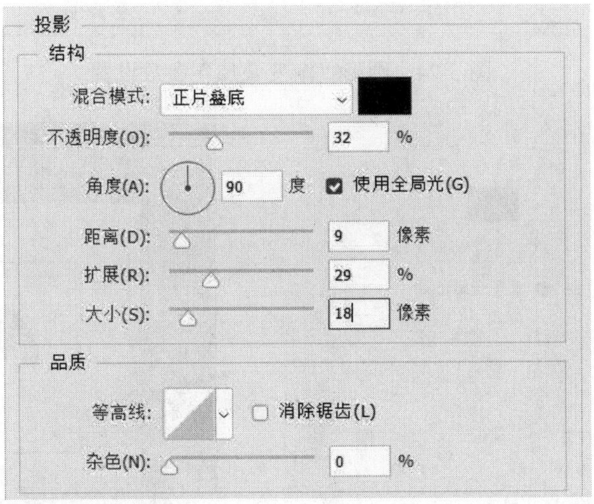

图 5-72 “投影”参数设置

（7）复制矩形，并删除其图层样式，使用快捷键 Ctrl+T 和 Shift 键对复制的矩形进行等比缩放，缩放大小为 296 像素×296 像素，并和原矩形中心对齐，设置无填充、描边为深灰到浅灰 90 度渐变，参数设置和图像效果如图 5-73 所示。

（8）使用椭圆工具，按住 Shift 新建正圆，大小为 180 像素×180 像素，将其与矩形中心对齐，打开此形状图层的“图层样式”面板，对其添加渐变叠加，参数设置如图 5-74 所示。

（9）为圆形添加“内阴影”图层样式，参数设置如图 5-75 所示，调整后的图像效果如图 5-76 所示。

图 5-73 矩形参数设置和图像效果

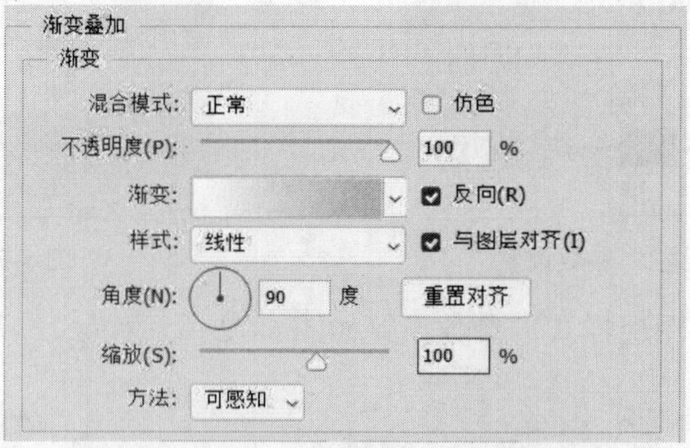

图 5-74 圆形“渐变叠加”参数设置

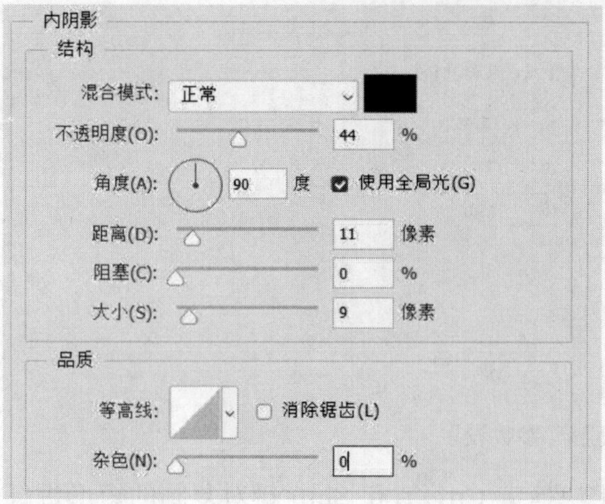

图 5-75 圆形“内阴影”参数设置

图 5-76 图像效果

（10）使用矩形工具，新建宽×高分别为 20 像素×40 像素、圆角半径为 10 像素的插座插孔矩形，矩形工具选项栏参数设置如图 5-77 所示。

图 5-77 矩形工具选项栏参数设置

（11）对其添加“斜面和浮雕”图层样式，参数设置如图 5-78 所示。

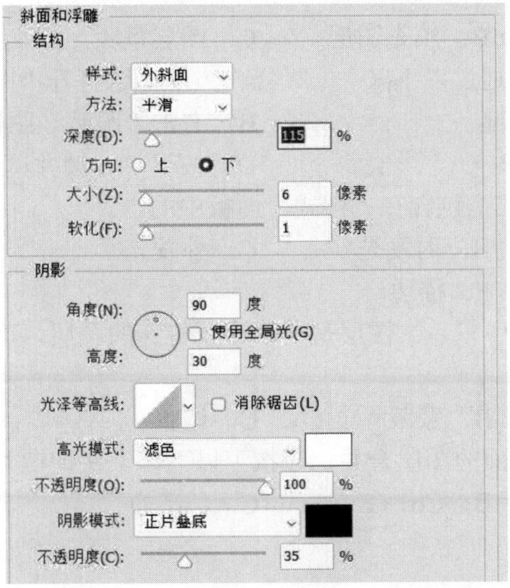

图 5-78　插孔“斜面和浮雕”参数设置

（12）对其进行复制，并调整两个插孔位置，插座图像制作完成，效果如图 5-79 所示。

图 5-79　图像最终效果

习　题

第 5 章习题答案

一、选择题

1．单击“图层”面板上当前图层左边的“眼睛”图标，结果是（　　）。

A．当前图层被锁定　　B．当前图层被隐藏

C．当前图层以线条稿显示　　D．当前图层被删除

2．在 Photoshop 中，可以通过建立（　　）来屏蔽图像中不需要的部分，还可以制作图像的融合效果。

A．调整图层　　B．填充图层　　C．图层蒙版　　D．图层样式

3．编辑图层样式时，通过以下（　　）操作方法可以打开“图层样式”面板。

A．按 Ctrl+E 快捷键　　B．右击“眼睛”图标

C．双击图层缩览图　　D．按下 Ctrl 键并单击“眼睛”图标

4．以下（　　）样式是包含在“样式”面板中的。

A．投影　　B．内发光　　C．外发光　　D．斜面和浮雕

E．光晕　　F．描边

5．在 Photoshop 中，（　　）图层是一种比较特殊的图层，这类图层主要用来控制色调和色彩的调整。

A．普通　　B．蒙版　　C．调整　　D．填充

6．要使某图层与其下面的图层合并，应按下以下哪个快捷键？（　　）

A．Ctrl+K　　B．Ctrl +E　　C．Ctrl+D　　D．Ctrl+L

二、操作题

结合本章所学知识，利用素材制作节水海报。

设计制作提示：

（1）利用图层样式制作出透明玻璃质感的主题文字；

（2）对文字添加图层样式，制作艺术效果，最终效果图如图 5-80 所示。

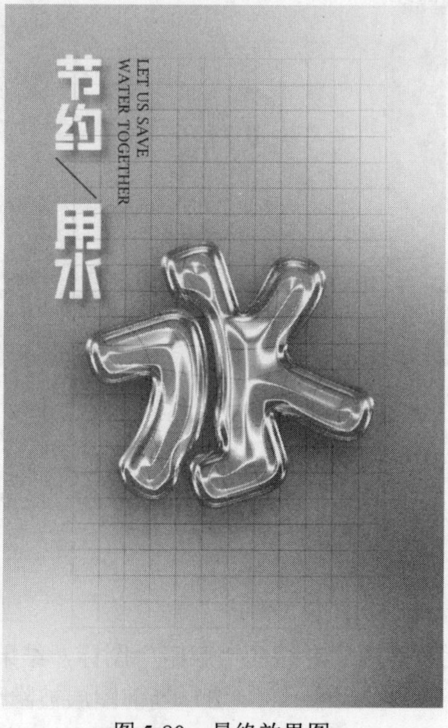

图 5-80　最终效果图

第6章　路　　径

本章导读

Photoshop 虽然是以图像处理为主的绘图软件，也可处理矢量图形。Photoshop 中内置了各种各样的矢量图形绘制工具，如“钢笔工具”“椭圆工具”等。本章的主要学习内容包括认识路径、路径的组成及种类；使用钢笔工具、自由钢笔工具、弯度钢笔工具、形状工具创建路径；使用路径编辑工具添加锚点、删除锚点；使用路径选择工具、直接选择工具来调整路径的形状及位置；使用路径面板对路径进行填充、描边、复制、删除、显示、隐藏及存储；使用形状路径工具的布尔运算来对图形形状进行合并、减去、排除、相交。通过学习路径工具，学会绘制矢量图形。

本章要点

- 路径概述
- 路径的创建
- 路径的编辑
- 路径的布尔运算

6.1　路 径 概 述

路径的概念、路径的组成、路径的种类是认识路径需要掌握的基本概念和知识。

1. 路径的概念

所谓路径，就是用一系列锚点连接起来的线段或曲线。可以沿着这些线段或曲线进行描边或填充，还可以转换为选区。路径通常被用作选择的基础，使用路径工具可以进行精确定位和调整，适用于不规则且难以使用其他工具进行选择的区域，还可以使用颜色、图案来填充路径，从而在图像或图层上创建出意想不到的效果。

2. 路径的组成

路径由锚点、直线段或曲线构成，每一部分都可以进行编辑，从而改变路径形状。每条线段的端点称为锚点，每一个锚点还带有手柄，曲线的形状及前、后线段的光滑度由这些手柄来调整，如图 6-1 所示。因此，通过编辑路径的锚点和手柄，可以很方便地改变路径的形状。

3. 路径的种类

（1）闭合路径：闭合路径的起点与终点重合，形成一个封闭线段，如图 6-2（a）所示。

（2）开放路径：此类路径的起点与终点不重合，由一条开放的路径线构成，如图 6-2（b）所示。

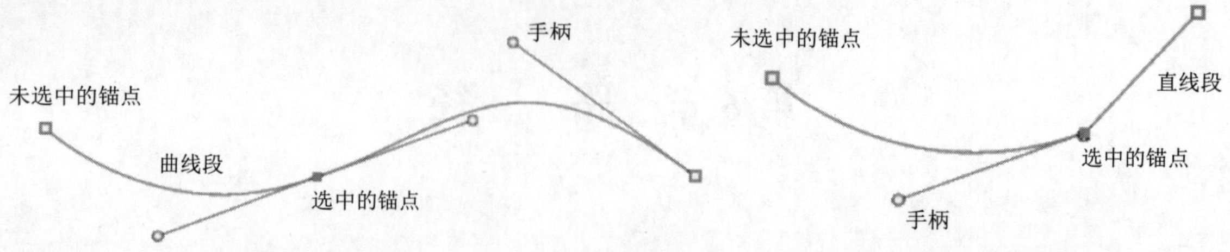

（a）曲线段构成的路径　　　　（b）直线段与曲线段构成的路径

图 6-1　路径的组成

（3）直线路径：直线路径的两侧没有手柄，锚点两侧均为直线段，如图 6-2（c）所示。

（4）曲线路径：曲线路径的线条具有一定的曲率，此类路径是最为常见的路径，如图 6-2（d）所示。

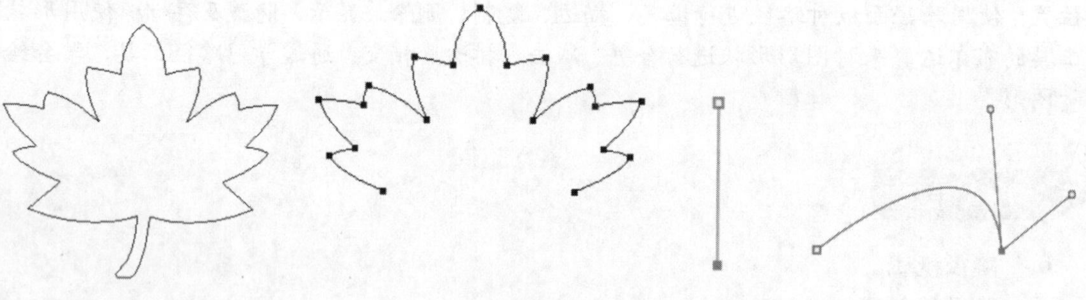

（a）闭合路径　　（b）开放路径　　（c）直线路径　　（d）曲线路径

图 6-2　路径的种类

6.2 路径的创建

在 Photoshop 中，可以使用钢笔工具、自由钢笔工具、弯度钢笔工具、形状工具创建路径，也可以通过将选区转换为路径的方式来实现。

6.2.1 路径的创建方法

1. 使用钢笔工具创建路径

（1）钢笔工具选项栏。在工具箱中选中该工具，工具选项栏中将显示该工具的属性，如图 6-3 所示。

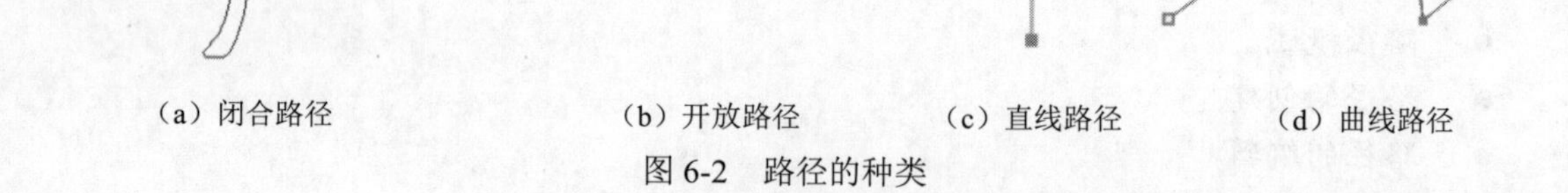

图 6-3　钢笔工具选项栏

使用钢笔或形状工具时，可以使用 3 种不同的模式进行绘制，它们分别是形状、路径、像素。单击“形状”按钮可以使用钢笔或形状工具来创建形状图层，它是由定义形状颜色的填充图层及定义形状轮廓的链接矢量蒙版组成。单击“路径”按钮，可以在当前图层中绘制一个工作路径，随后可以使用它来创建选区、创建矢量蒙版，或者使用颜色填充和描边以创建栅格图形（与使用绘画工具非常类似）。除非存储工作路径，否则它是一个临时路径。单击“像素”按钮，可以直接在图层上绘制。在此模式下工作时，创建的是栅格图像，而不是矢量图形，并且只能使用形状工具。

（2）创建直线路径。使用钢笔工具，可以创建的最简单路径是直线。

绘制直线路径

绘制直线路径的操作方法：在工具箱中选择“钢笔工具”，并在工具选项栏中单击“路径”按钮。将钢笔定位在绘图起点处并单击，创建第一个锚点。然后将鼠标指针移到另外一个位置，再次单击创建第二个锚点，在两个锚点之间会自动连上一条直线，如果再次单击，可以创建连续的直线路径，如图 6-4 所示。

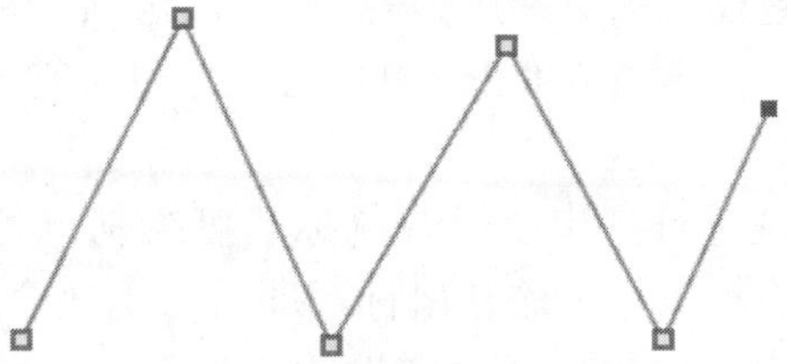

图 6-4　创建直线路径

绘制曲线路径

（3）创建曲线路径。使用钢笔工具，可以创建出曲线路径。

创建曲线路径的操作方法：在工具箱中选择“钢笔工具”，并在工具选项栏中单击“路径”按钮。然后将鼠标指针移动到曲线的起点，单击，绘制出路径的起点。将鼠标指针移动到下一个锚点位置，点按或拖移绘制新的锚点。调整手柄的长度和方向，可以改变曲线的形状和平滑度，如图 6-5（a）所示。按住 Alt 键，可以将“钢笔工具”暂时更改为“转换点工具”。用于改变调整手柄的方向，如图 6-5（b）所示。绘制过程中，按住 Ctrl 键，可以将“钢笔工具”暂时更改为“直接选择工具”，用于调整手柄的方向和移动锚点的位置，如图 6-5（c）所示。

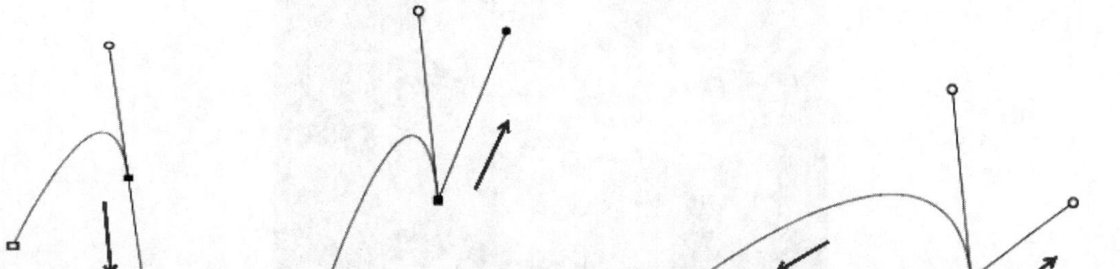

（a）曲线路径　（b）曲线路径改变手柄方向　（c）曲线路径调整手柄方向和移动锚点的位置

图 6-5　创建曲线路径

通过同样的操作可以绘制其他锚点。若要保持开放路径，按住 Ctrl 键，并在远离所有对象的任何位置单击即可，如图 6-6（a）所示。若要闭合路径，将钢笔工具移动至第一个锚点处，钢笔工具指针旁出现一个小圆圈时，单击即可闭合路径，如图 6-6（b）所示。

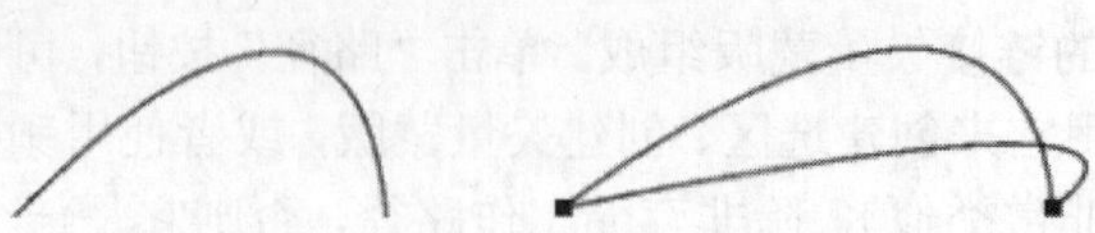

（a）曲线开放路径　　　　（b）曲线闭合路径

图 6-6　曲线开放路径和曲线闭合路径

2. 使用自由钢笔工具创建路径

使用自由钢笔工具
创建路径

自由钢笔工具的使用方法类似于铅笔工具，与铅笔工具不同的是，使用自由钢笔工具绘制图形时得到的是路径。自由钢笔工具可用来随意绘图，就像用铅笔在纸上绘图一样，在绘图时，将自动添加锚点。

使用自由钢笔工具创建路径的操作方法：在工具箱中选择“自由钢笔工具”，如果需要控制最终路径对鼠标指针或光笔移动的灵敏度，需点按工具选项栏中设置其他钢笔和路径选项按钮，然后在“曲线拟合”文本框中输入 0.5～10.0 像素之间的值。此值越高，创建的路径锚点越少，路径越简单。

在图像窗口按住鼠标左键进行拖曳，松开鼠标即可绘制一条开放路径。如果需要创建闭合路径，将直线拖曳至路径的起点，再松开鼠标，即可绘制闭合路径。

在自由钢笔工具选项栏中，如果勾选“磁性的”复选框，磁性钢笔工具被激活。它可以绘制与图像中定义区域的边缘对齐的路径，比自由钢笔工具绘制得更加精确，可以定义对齐方式的范围和灵敏度，以及所绘路径的复杂程度。磁性钢笔工具的功能与磁性套索工具基本相同，区别在于磁性套索工具生成的是选区，磁性钢笔工具生成的是路径。

打开第 6 章素材图片 6.2.1 中的素材 1 图像文件，在工具箱中选择“自由钢笔工具”，勾选“磁性的”复选框，激活磁性钢笔工具，在“曲线拟合”文本框中输入“5 像素”。在图像中荷花轮廓的某一位置单击作为起点，按住鼠标左键沿轮廓拖曳光标。将光标拖曳至路径的起点释放鼠标，荷花轮廓的闭合路径创建完成，如图 6-7 所示。

图 6-7　使用自由钢笔工具创建荷花轮廓路径

3. 使用弯度钢笔工具创建路径

使用弯度钢笔
工具创建路径

使用弯度钢笔工具可以轻松绘制弧线路径并可以快速调整弧线的位置、弧度等，方便创建线条比较圆滑的路径和形状。

使用弯度钢笔工具创建路径的操作方法：在工具箱中选择“弯度钢笔工具”，并在工具选项栏中单击“路径”按钮。在画面中合适位置单击创建一个锚点，紧接着在第二个位置单击再创建一个锚点，此时两个锚点之间产生了一条直线路径。用同样的方式创建第三个锚点，这时候3个锚点连接形成了一条弧线路径，此时单击中间的锚点并拖动改变其位置可以改变路径的弧度，单击末端的锚点并拖动改变其位置可以改变路径的方向和弧度，当把光标移动到两个锚点之间的弧形路径上时，钢笔形状的光标的右下角出现“+”符号，此时单击即可在该路径上再添加一个锚点，拖动该锚点即可改变路径的弧度和形状，光标移动到一个锚点上双击，此时该锚点所在位置变为了尖角，再双击，尖角又变回了圆弧。当末端的锚点和起始锚点相连接即可形成闭环路径，此时可调整路径弧度，按快捷键 Ctrl+Enter 可将该路径转换为选区，可对该选区进行下一步操作。

打开第 6 章的素材图片 6.2.1 中的素材 2 图像文件，在工具箱中选择“弯度钢笔工具”，在图像中鸡蛋轮廓的某一位置创建一个锚点，在第二个位置创建锚点，再在第三个位置创建锚点，单击中间锚点并拖动改变其位置和路径弧度，在路径的起点处单击，鸡蛋轮廓的闭合路径创建完成，如图 6-8 所示。

图 6-8　使用弯度钢笔工具创建鸡蛋轮廓路径

4. 使用形状工具创建路径

使用形状工具可以方便绘制许多特定的形状，还可以通过形状的运算及自定义形状让形状更加丰富。绘制形状的工具有“矩形工具”“椭圆工具”“三角形工具”“多边形工具”“直线工具”及“自定形状工具”等，形状工具组如图 6-9 所示。

图 6-9　形状工具组

（1）矩形工具。在工具箱中选择“矩形工具”，在画布上单击并拖曳即可绘制出所需要的矩形，若在拖曳时按住 Shift 键则可绘制出正方形。矩形工具选项栏如图 6-10 所示，从左至右依次为：可用来设置矩形的选择工具模式、颜色、描边、描边像素、描边类型、设置矩形的宽度和高度、设置路径的组合方式、对齐方式、排列方式、路径选项、圆角的半径、是否对齐边缘。

图 6-10　矩形工具选项栏

矩形路径选项栏如图 6-11 所示，从上至下依次为：粗细、颜色、不受约束、方形、固定大小、比例、从中心。

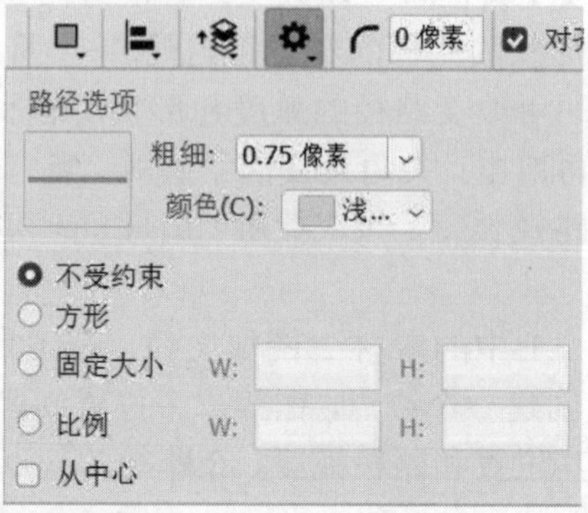

图 6-11　矩形路径选项栏

该选项栏的主要选项的含义如下。

不受约束：绘制的形状或路径的长、宽比例和大小不受约束。

方形：绘制的形状或路径为正方形。

固定大小：按设定好的长和宽绘制形状或路径。

比例：按设定好的长和宽的比例绘制形状或路径。

从中心：以单击处为中心绘制形状或路径。

移动鼠标指针到图像窗口，按下鼠标左键拖动至大小合适时，松开鼠标，即可绘制出矩形形状或路径，如图 6-12（a）所示。四周小圆点可直接向中心拖曳设定圆角的半径，绘制圆角矩形，如图 6-12（b）所示。也可直接更改选项栏中的圆角半径，用于设定圆角矩形的平滑度，输入为 0 时则为矩形，输入大于 0 的值时为圆角矩形，输入的值越大图形越平滑。

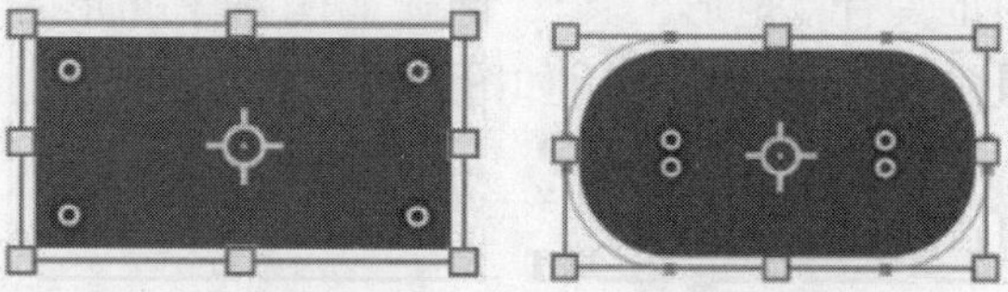

（a）矩形路径或形状　　（b）圆角矩形路径或形状

图 6-12　矩形路径或形状、圆角矩形路径或形状

（2）椭圆工具。在工具箱中选择“椭圆工具”，在画布上单击并拖曳即可绘制出所需要的椭圆，绘制时按住 Shift 键可以绘制正圆，它的使用方法与矩形工具基本相同，其选项栏如图 6-13 所示。

图 6-13　椭圆工具选项栏

（3）三角形工具和多边形工具。使用三角形工具和多边形工具可以绘制三角形、多边形的形状或路径，绘制方法与矩形工具相同，不同的是工具选项栏，多边形路径选项栏如图 6-14 所示。

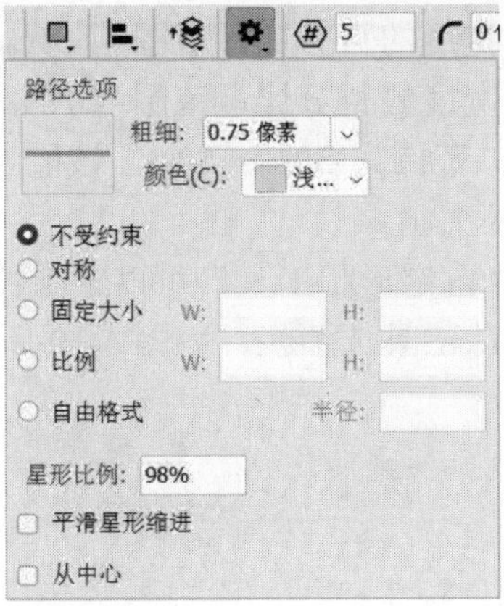

图 6-14　多边形路径选项栏

半径：按设定好的半径绘制形状或路径。

星形比例：用于设置星形的形状和尖锐度，是以百分比的形式设置内外半径的，如果设置比例大于 50%，则可以绘制比较尖的形状或路径；如果小于 50%，则创建更圆的形状或路径，如图 6-15（a）、图 6-15（b）所示。

平滑星形缩进：可以将星形缩进的角变成圆角，如图所示 6-15（c）、图 6-15（d）所示。

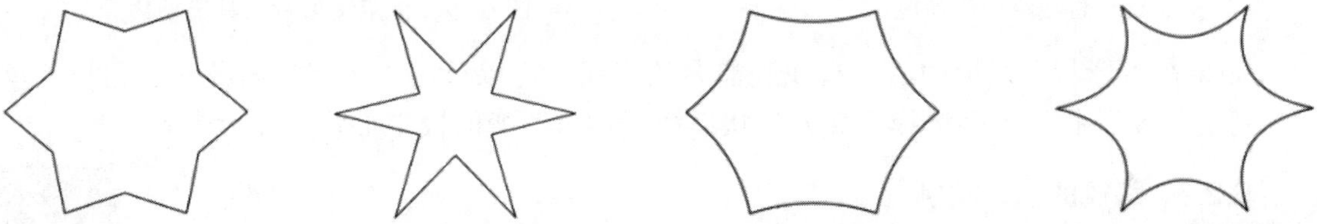

（a）星形比例 80%　（b）星形比例 40%　（c）平滑星形缩进 80%　（d）平滑星形缩进 40%

图 6-15　使用多边形工具绘制星形

（4）直线工具。在工具箱中选择“直线工具”，在画布上单击并拖曳即可绘制出直线段或带有箭头的线段，其选项栏如图 6-16 所示。

图 6-16　直线工具选项栏

绘制时鼠标指针的起点为直线段的起点，拖曳的终点则为线段的终点。按住 Shift 键，可沿水平、垂直或 45° 倍数方向绘制直线，如图 6-17 所示。

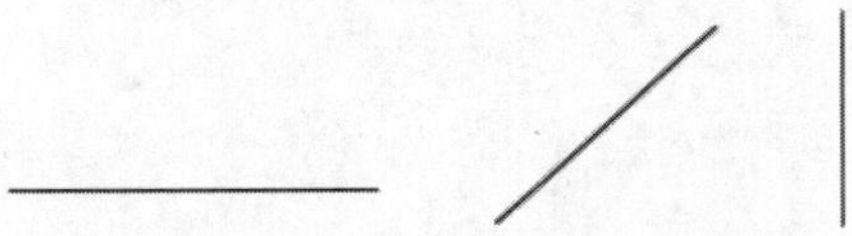

图 6-17　使用直线工具绘制直线路径

直线路径选项栏如图 6-18 所示，选项含义如下。

粗细：用于设置所绘制直线的粗细。

起点、终点：勾选“起点”或“终点”复选框，可在线段的起点或终点位置添加箭头。

宽度：设置箭头宽度和直线宽度的百分比，范围为 10%～1000%。

长度：设置箭头长度和直线宽度的百分比，范围为 10%～1000%。

凹度：设置箭头的凹陷长度，范围为-50%～50%。该值为 0%时，箭头尾部平齐；大于 0%时，向内凹陷；小于 0%时，向外突出。

（5）自定形状工具。使用“自定形状工具”可以绘制各种预设的形状或路径，如树木、动物、植物、花卉等。自定义形状工具选项栏，如图 6-19 所示。

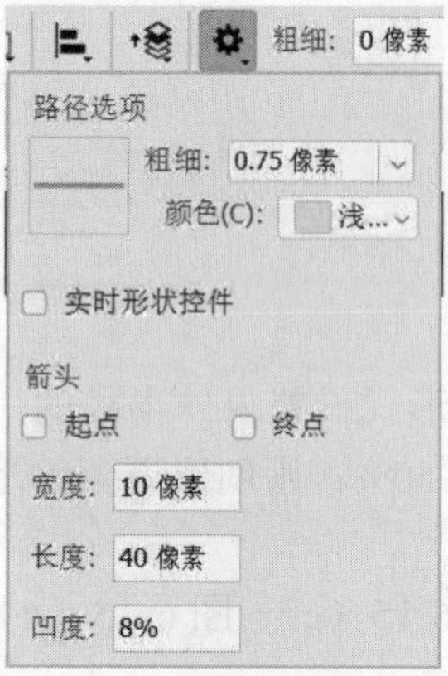

图 6-18　直线路项选项栏

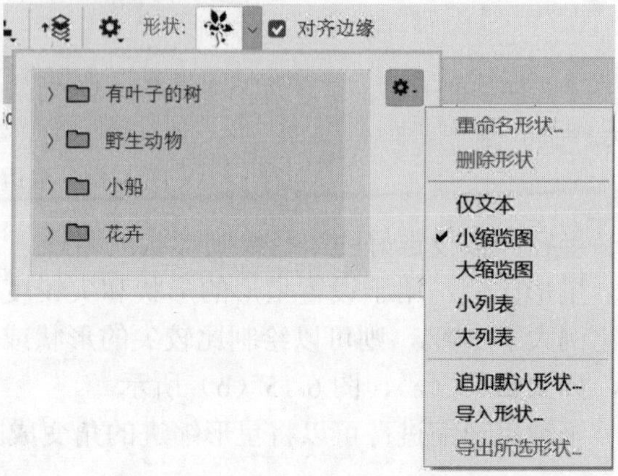

图 6-19　自定义形状工具选项栏

如果在“形状”面板中，没有找到需要的形状，可以单击“形状”面板右上角设置里的下拉按钮，从下拉菜单中选择“导入形状”命令，来改变面板中形状的显示内容。

6.2.2　路径的创建实例

路径的创建实例

实例描述：绘制弥散风海报，通过实例操作，使读者熟练掌握路径的创建，椭圆工具、矩形选框工具、钢笔工具、涂抹工具、渐变工具、滤镜工具、文字工具、变形工具的操作方法。打开第 6 章的素材图片 6.2.2 中的素材 1 图像文件作为参考，效果图如图 6-20 所示。

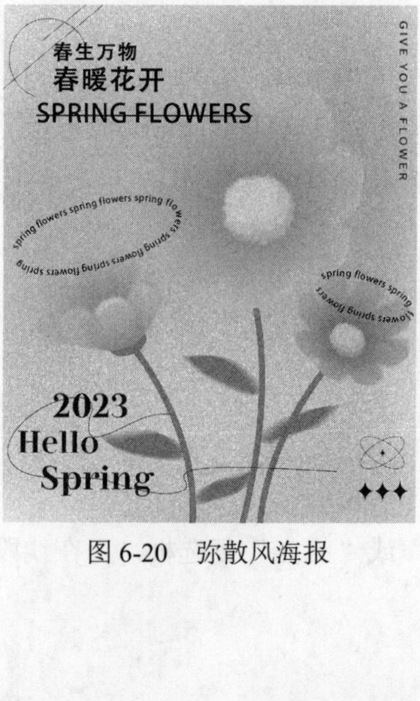

图 6-20　弥散风海报

操作步骤如下。

（1）新建宽×高为800像素×1000像素、分辨率为100像素/英寸、颜色模式为RGB的图像文件，并将其命名为“弥散风海报”，如图6-21所示。

（2）使用椭圆工具，绘制几个不同大小的椭圆，分别填充颜色并摆放到适当的位置，然后合并图层，如图6-22所示。

图6-21　新建图像文件

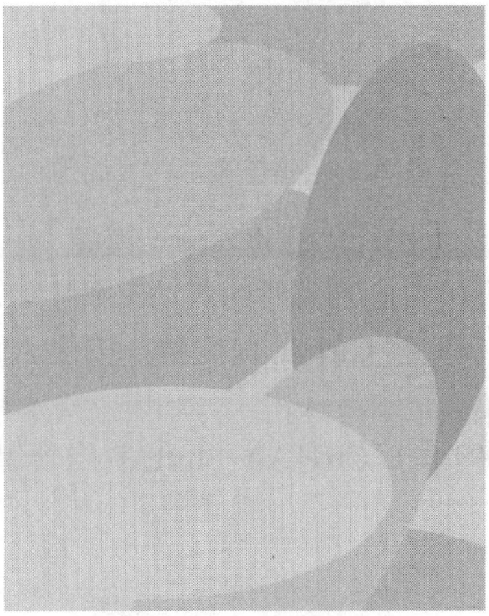

图6-22　绘制椭圆

（3）执行“滤镜”→“模糊”→“高斯模糊”命令，模糊参数设定为75.5（参数可自定义），如图6-23所示。

图6-23　高斯模糊后的椭圆背景图

（4）新建图层，使用矩形选框工具，新建一个选框，再使用“渐变工具”，用一个亮橘色到亮黄色的渐变，从下往上拖曳。

（5）按Ctrl+T快捷键，右击选择“变形”，将矩形顶端线条往上调整使其变得有弧度，再将底端稍微变小一些，出现一个大小的变化，按Enter键结束，如图6-24所示。

（6）按Ctrl+T快捷键，右击选择“变形”，应用变形里的凸起，更改变形方向，让花瓣产生一个向两边凸起的感觉，按Enter键结束，如图6-25所示。

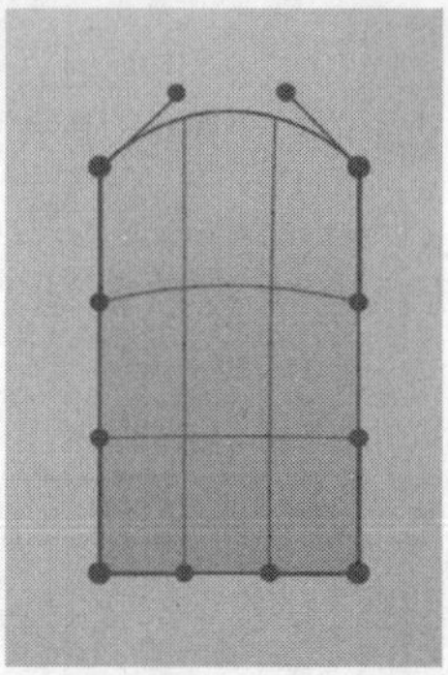

图 6-24　调整矩形弧度线条

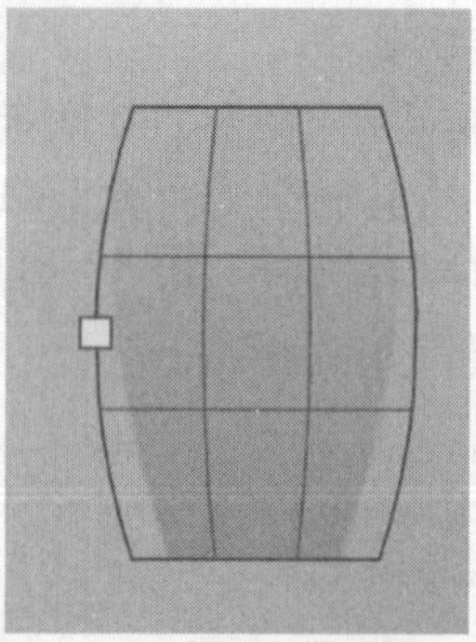

图 6-25　调整矩形横向凸起

（7）执行“滤镜”→“模糊”→“径向模糊”命令，模糊方式选择旋转，数量调整为 12，具体可根据自己需要的尺寸来确定，花瓣就产生了一个弥散的效果，如图 6-26 所示。

（8）按 Ctrl+T 快捷键，按住 Alt 键将花瓣的旋转中心点向下拖到适当位置，将花瓣旋转 45 度。

（9）按 Ctrl+Alt+Shift+T 组合键，不断重复变换，花瓣旋转效果图绘制完成，如图 6-27 所示。

图 6-26　调整花瓣模糊效果

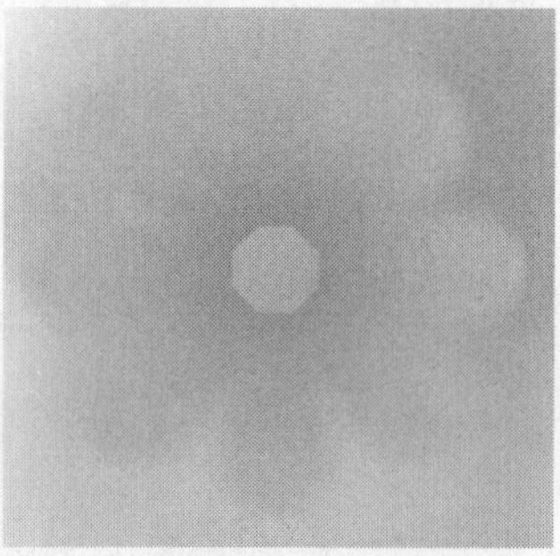

图 6-27　花瓣旋转效果图

（10）新建图层，使用椭圆选框工具，绘制椭圆形选区，同样使用亮橘色到亮黄色的渐变，稍微拉长一些，让花心大部分都是亮黄色，如图 6-28 所示。

（11）按 Ctrl+D 快捷键取消选区。

（12）用涂抹工具，将描边强度设置低一点，在边缘处进行涂抹，主要在花心周围做一些不规则的边缘，如图 6-29 所示。

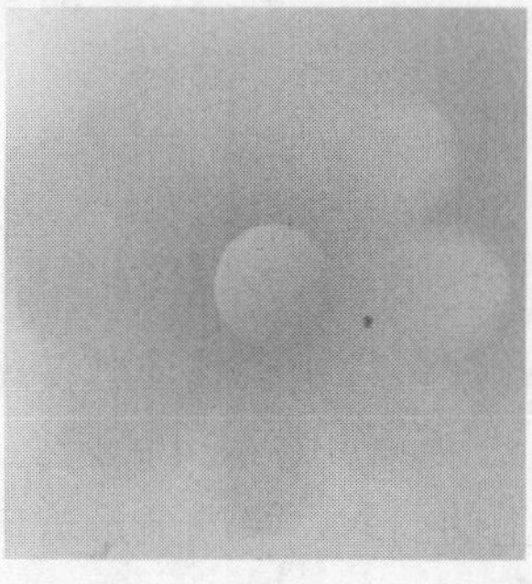

图 6-28　花心颜色渐变图

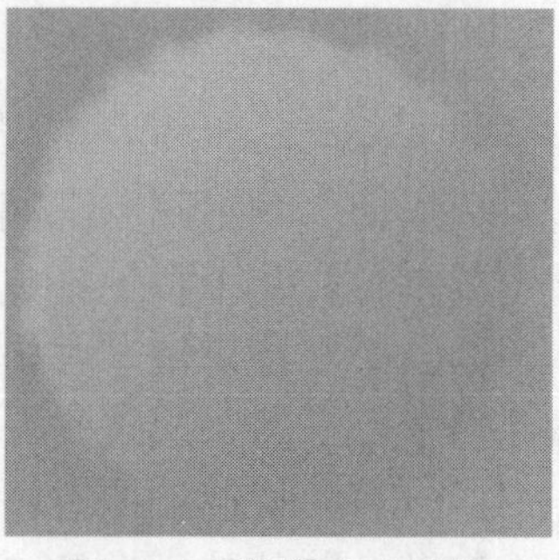

图 6-29　涂抹花心边缘

（13）使用“锁定透明像素”→“画笔”工具，用一个更亮的黄色在亮部进行涂抹，再使用稍微暗一些的颜色在暗部进行涂抹，让暗部出现一定的转折感，最后调整花心，将其适当放大，如图 6-30 所示。

（14）新建图层，使用画笔工具，将画笔大小设置为 1，在叶子部分画出几条长短不一的细线。

（15）按 Ctrl+T 快捷键，右击选择“变形”，应用变形里的凸起，更改变形方向，调整凸起的程度，回到缩放将线条拉高一些，回车结束命令。

（16）使用橡皮擦工具，把超出花瓣部分的线条进行擦除，如图 6-31 所示。

图 6-30　花心颜色的调整

图 6-31　绘制花瓣叶脉

（17）按 Ctrl+T 快捷键，按住 Alt 键将线条的旋转中心点向下拖到适当位置，将线条旋转 45 度。

（18）按 Ctrl+Alt+Shift+T 组合键，不断重复变换，花瓣叶脉线条旋转效果图绘制完成，如图 6-32 所示。

（19）将除背景之外的所有图层选中，右击将其转化为智能对象，就得到了一整朵花。

（20）按 Ctrl+T 快捷键，调整花的大小、角度，以及整朵花的比例，将其稍微压扁。右击选择“变形”，将网格向下拉，让花有一种往外凸出的感觉，如图 6-33 所示。

图 6-32　花瓣叶脉线条旋转效果图

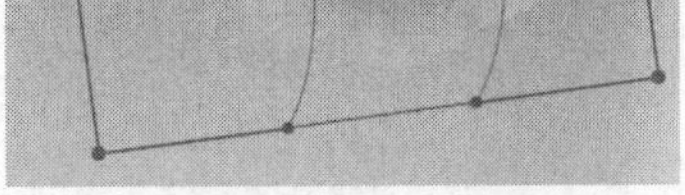

图 6-33　变形后的黄花

（21）按 Alt 键，再复制一个花朵，将其缩小并旋转调整方向。

（22）按 Ctrl+U 快捷键，调整花朵的色相，如图 6-34 所示。

（23）选中黄色花朵图层，右击执行“通过拷贝新建智能对象”命令，双击进入智能对象，去掉所有的花瓣脉络，如图 6-35 所示。

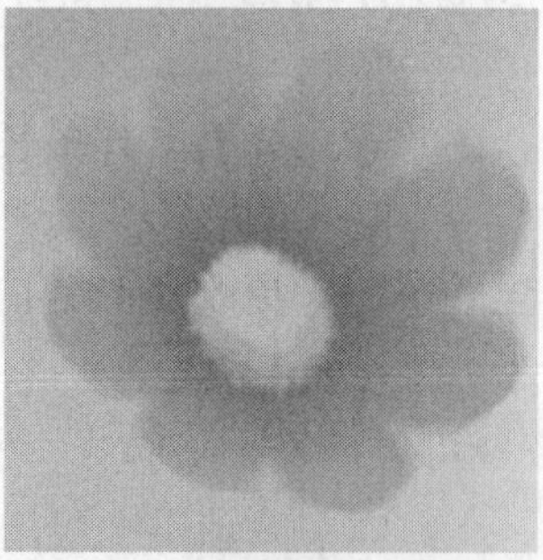

图 6-34　调整色相后的花朵

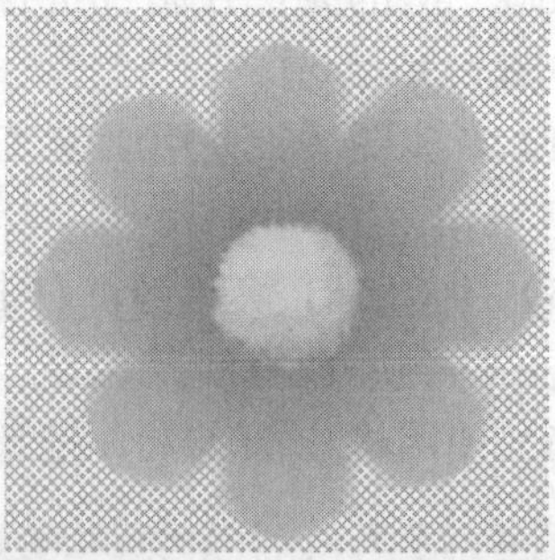

图 6-35　进入智能对象处理后的花瓣

（24）按 Ctrl+Shift+]快捷键，将下面部分的花瓣叶子置顶，置顶后调整它的角度，从侧面产生竖起来的效果，如图 6-36 所示。

（25）按 Ctrl+S 快捷键，将调整好后的花瓣保存，回到原图像文件，花的状态已经出现变化。3 朵花的效果图绘制完成，如图 6-37 所示。

图 6-36　调整角度后的花瓣

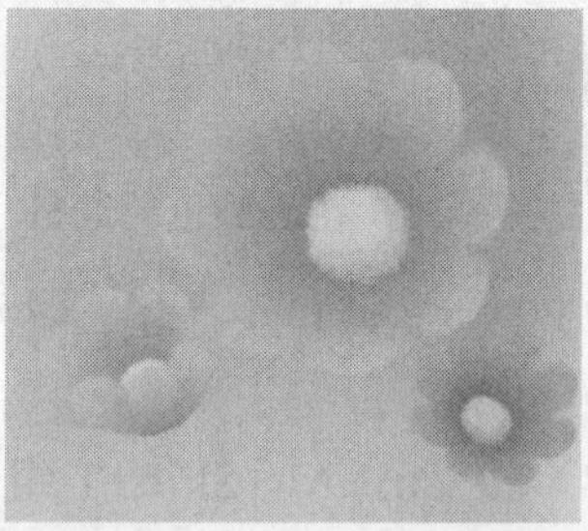

图 6-37　调整角度、位置、颜色后的 3 朵花

（26）使用椭圆工具绘制花茎，并使用草绿色进行填充。

（27）使用钢笔工具绘制枝干部分，如图 6-38 所示。

（28）使用椭圆工具绘制叶子，如图 6-39 所示。

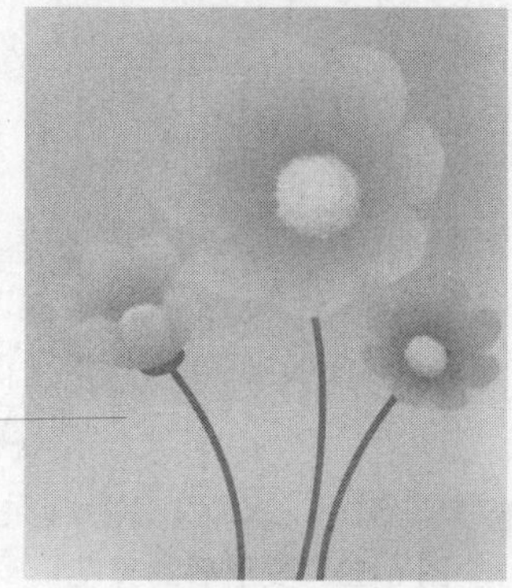

图 6-38　绘制枝干

图 6-39　绘制叶子

（29）执行“滤镜”→“模糊”→“径向模糊”命令，选择旋转模糊，叶子就产生了一个弥散的效果，将叶子复制到其他花朵枝干脉络上。

（30）按 Ctrl+T 快捷键，调整叶子的大小、角度，以及比例。

（31）执行“文件”→“打开”命令，打开第 6 章的素材图片 6.2.2 中的素材 2 图像文件，选择素材文字导入，设置图层的混合模式为正片叠底。在海报上增加一些文字的装饰，如图 6-40 所示。

（32）使用椭圆工具设置无描边、无填充绘制椭圆路径。

（33）使用文字工具移动鼠标指针至椭圆边缘，当文字工具呈现波浪线时，单击即可输入文字 Spring Flowers，如图 6-41 所示。

图 6-40　素材文字导入效果图

图 6-41　环形文字效果图

（34）按 Ctrl+Alt+Shift+E 组合键，将图层盖印成一个图层，右击将其转换为智能对象。

（35）执行“滤镜”→“Camera Raw 滤镜”命令，调整饱和度、添加锐化、增加颗粒感，让画面更有质感，确定后结束操作，如图 6-42 所示。

图 6-42　用 Camera Raw 滤镜调整后的效果图

（36）执行“文件”→“存储为”命令，将其保存在计算机桌面上。

6.3 路径的编辑

使用钢笔工具绘制的路径，往往不能很准确地绘制出所需要的图形，需要更进一步地调整和编辑。路径的编辑包括两个方面，一方面是通过路径编辑工具，如添加锚点工具、删除锚点工具、转换点工具、路径选择工具、直接选择工具来调整路径的形状及位置；另一方面可以通过“路径”面板对路径进行填充、描边、复制、删除、显示、隐藏及存储。

6.3.1 路径的编辑操作

1. 编辑锚点工具

（1）添加锚点与删除锚点。使用添加锚点工具在路径上单击，可以添加一个锚点。使用“删除锚点工具”，在锚点上单击，可以删除该锚点。如果在钢笔工具选项栏上勾选了“自动添加/删除选项”复选框，使用钢笔工具在路径上单击，可以添加锚点；使用钢笔工具在锚点上单击，可以删除该锚点。

（2）转换点工具。创建路径后，使用“转换点工具”可以将锚点转换为平滑点、将平滑点转换为锚点。

将锚点转换为平滑点：选择要修改的路径，再选择转换点工具，把锚点往外拖动，拖出方向线，如图 6-43（a）所示。

将平滑点转换为锚点：选择要修改的路径，再选择转换点工具，在平滑点上单击即可，如图 6-43（b）的左图所示。拖动锚点，使之成为具有方向线的平滑点，松开鼠标，然后拖动任一方的手柄，就可以把没有方向线的锚点转换为具有独立方向线的锚点，如图 6-43（b）的右图所示。

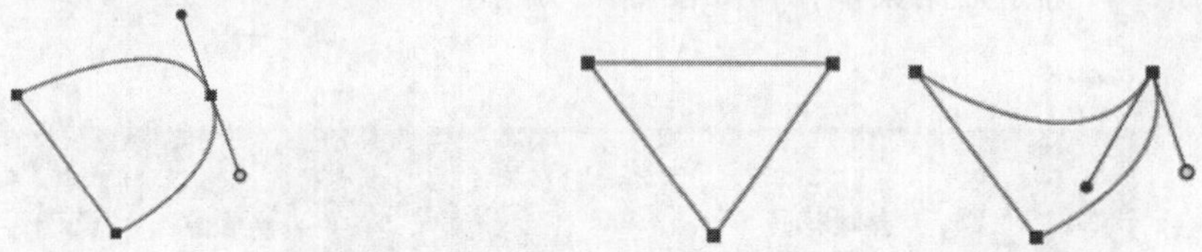

（a）将锚点转换为平滑点　　（b）将平滑点转换为锚点

图 6-43　转换点工具的使用

2. 路径选择工具组

路径创建后可以进行调整和修改。在编辑路径之前需要选择路径和锚点，选择路径的常用工具是路径选择工具和直接选择工具。

（1）路径选择工具。路径选择工具选择的是整条路径，在路径的任何位置单击，即可选中路径。被选中的路径以实心点的方式显示各个锚点，如图 6-44（a）所示。如果路径由几个路径组件组成，则只有鼠标指针所指的路径组件被选中。利用路径选择工具,可以对图像中的整体路径进行选择、移动、复制、变形、组合、对齐和分布等一系列操作。

（2）直接选择工具。直接选择工具选择的是路径段或路径上的锚点，单击路径上的一个锚点，即可以选中此锚点，或者在路径段的一部分上拖移选框即可选中多个锚点。利用直接选择工具,可以选择路径上的一个或多个锚点，然后对选择的锚点进行位置的移动，并且可以调整平滑点两侧的控制点，使路径的形状发生改变。此时被选中的锚点以实心小正方形的方式显示，未被选中的锚点以空心小正方形的方式显示，如图 6-44（b）所示。

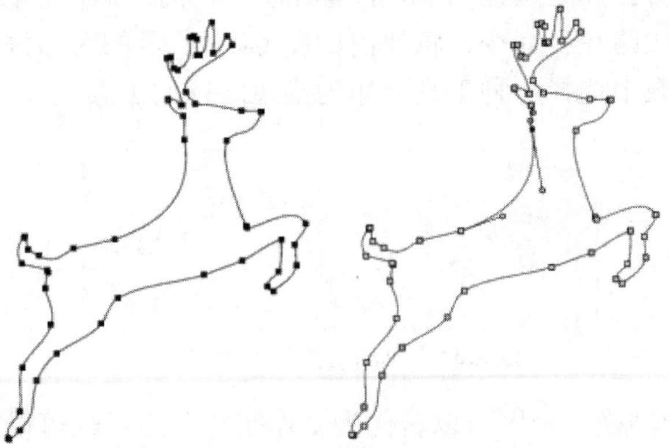

（a）路径选中状态　　（b）直接选择工具调整路径

图 6-44　选择路径和锚点

3. “路径”面板

执行“窗口”→“路径”命令，打开“路径”面板。在“路径”面板下边，有一行路径快捷工具栏，从左至右分别是：“填充路径”按钮、“描边路径”按钮、“路径转换为选区”按钮、“选区转换为路径”按钮、“添加蒙版”按钮、“创建新路径”按钮和“删除当前路径”按钮，如图 6-45 所示。下面分别介绍这些工具的使用。

（1）填充路径。使用钢笔工具创建路径后，利用“路径填充”命令，可以使用前景色、背景色、图案来填充路径包围的内部区域。

在“路径”面板上选择要填充的路径，执行下列操作之一，即可完成路径的填充。

1）选择“路径选择”工具，在路径上右击，在弹出的快捷菜单中选择“填充路径”命令即可。

2）直接单击“路径”面板底部的“用前景色填充”按钮，将会以前景色自动填充路径。

3）按住 Alt 键后，单击“路径”面板底部的“用前景色填充”按钮，会弹出“填充路径”对话框，可以选择指定的内容、模式、不透明度、渲染的羽化半径、是否羽化半径，设置好后，单击“确定”按钮即可完成路径的填充，如图 6-46 所示。

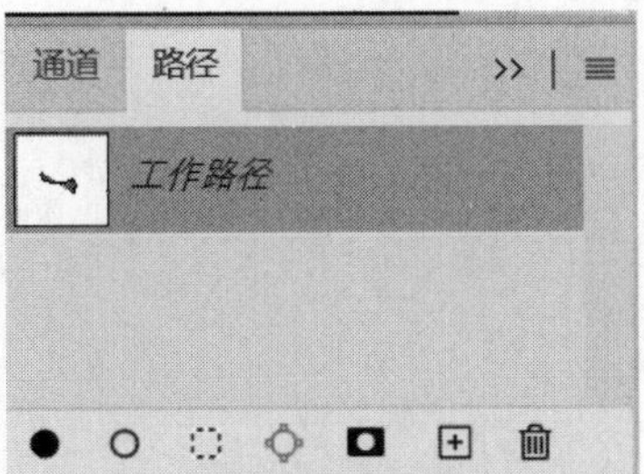

图 6-45　“路径”面板

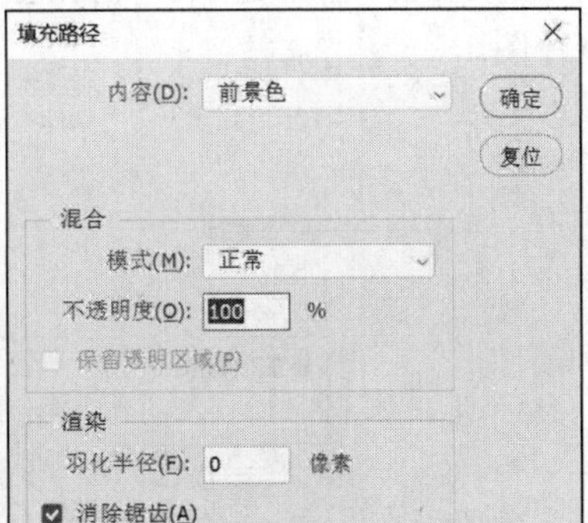

图 6-46　“填充路径”对话框

（2）描边路径。利用画笔工具沿当前路径的形状进行描边，可以得到丰富的图像效果。若要为当前路径描边，需要先设置前景色，再选择描边用的画笔，最后单击“路径”面板下面的“描边路径”按钮即可。如果按住 Alt 键的同时单击“描边路径”按钮，或者选择“路径”面板下拉菜单中的“描边路径”命令，将弹出如图 6-47 所示的对话框。如果需要，可以在对话框的“工具”下拉列表中选择一种工具，作为描边路径的工具。

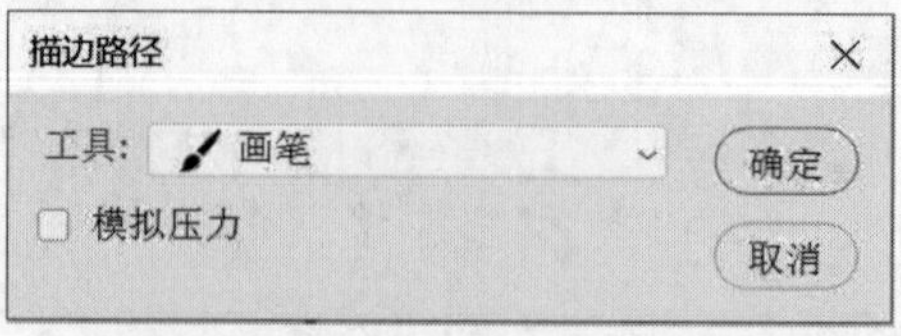

图 6-47　“描边路径”对话框

（3）路径与选区的转换。选区可以转化为工作路径，路径也可以转化为选区。因此，利用路径的这些功能可以制作出形状较为复杂的选区。

1）将路径转换为选区。在“路径”面板中单击要转换为选区的路径栏，然后单击面板下面的“路径转换为选区”按钮，即可将当前路径转换为选择区域。按住 Alt 键，单击“将路径转换为选区”按钮，可以调整选区的羽化半径数值。也可使用快捷键 Ctrl+Enter 将路径快速转换为选区，如图 6-48 所示为原路径和路径转换后的选区。

图 6-48　路径转换为选区

2）将选区转换为路径。在当前图像中存在选区的状态下，单击“路径”面板下面的“选区转换为路径”按钮即可将选区转换为相同形状的路径。按住 Alt 键，单击“从选区生成路径”按钮，可以调整工作路径的容差，范围为 0.5～10.0，调整容差后的路径锚点数量减少。容差越大，平滑越重；容差越小，与原选区对照会更精确。如图 6-49 所示为调整容差后的选区转换为路径图。

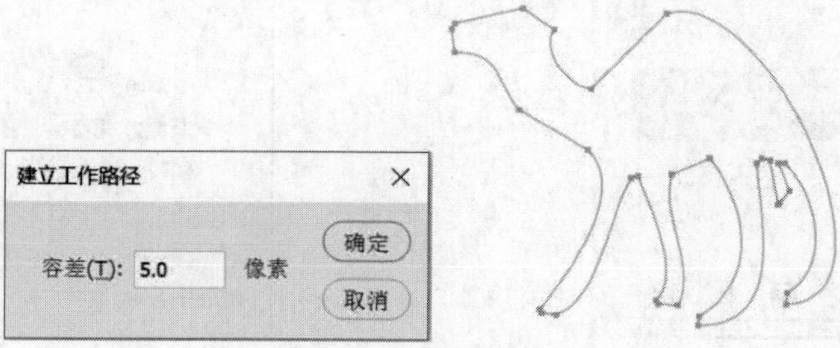

图 6-49　选区转换为路径

（4）创建新路径。选择钢笔工具，点击工具栏上的小三角按钮选择“路径”，在画布上依次单击，画出自己需要的路径即可完成路径建立。

（5）删除路径。在该路径被选中的情况下，直接单击“路径”面板底部的“删除当前路径”按钮，在弹出的对话框中单击“是”按钮，即可删除路径。也可以将路径栏拖曳至“路径”面板下面的“删除当前路径”按钮上，也可删除该路径栏中所保存的路径。

4. 隐藏和显示路径

默认情况下，路径以黑色显示于当前图像中。这种显示状态可能会影响用户的其他操作。若要隐藏路径，只需单击“路径”面板的空白处；若要显示路径，只需单击“路径”面板的某条路径。

5. 变换路径

在变换路径前，选择要变换的路径，执行“编辑”→“自由变换路径”命令；也可以执行“编辑”→“变换路径”子菜单下的命令或按快捷键 Ctrl+T，对路径段或路径进行旋转、缩放、扭曲等以达到需要的特殊效果。

6. 移动、复制路径和存储路径

（1）移动路径。新绘制的路径的位置往往不合适，这就需要对路径进行移动。移动路径的操作方法为，在“路径”面板中，单击需要移动的路径，并使用“路径选择工具”在图像中选择此路径。若要选择多条路径，按住 Shift 键并单击其他路径，将其依次添加到选区。然后拖动鼠标指针，将路径移到新位置即可。

（2）复制路径。复制路径的优点在于，对于同样的路径无须进行重复性操作，只需执行复制路径操作即可。

根据当前使用的工具的不同，有以下几种方法可以对路径进行复制包括复制整条路经及复制部分路径。

1）可以将“路径”面板中的路径名拖动到面板底部的“创建新路径”按钮即可复制路径。

2）当前使用的工具是钢笔工具，按住 Ctrl+Alt 键并单击拖动路径，可完成复制路径操作。

3）若要复制部分完成路径，可以使用直接选择工具，也可以选中某一个或某几个锚点，执行“编辑”→“拷贝”命令完成复制路径操作，然后执行“编辑”→“粘贴”命令完成粘贴路径操作。如果要将一条路径复制到另一个图像文件中，用路径选择工具选中路径并在另一个图像文件可见的情况下，直接将该路径拖动到另一个图像中即可。

（3）存储路径。当使用钢笔工具或形状工具创建路径时，新的路径以工作路径的形式出现在“路径”面板中。工作路径是临时路径，如果没有保存，再次开始绘制新的路径时，新绘制的路径将会取代现有路径。为了保证绘制好的路径不丢失，必须保存它。可以在“路径”面板中双击该路径，为其命名，从而将其保存。

6.3.2 路径的编辑实例

路径的编辑实例

实例描述：绘制卡通小熊形象 IP，通过实例操作，使读者熟练掌握路径的编辑，椭圆工具、矩形选框工具、钢笔工具、涂抹工具、渐变工具、滤镜工具、变形工具的操作方法。打开第 6 章的素材图片 6.3.2 中的素材 1 图像文件作为参考，效果图如图 6-50 所示。

操作步骤如下。

（1）新建宽×高为 2500 像素×1000 像素、分辨率为 100 像素/英寸、颜色模式为 RGB 的图像文件，并将其命名为“卡通小熊形象 IP”，如图 6-51 所示。

图 6-50　卡通小熊形象 IP

图 6-51　新建图像文件

（2）按 Alt+Delete 快捷键，将背景底色填充为深绿色。

（3）使用椭圆工具，按住 Shift 键绘制小熊的脸庞，关闭描边，颜色填充为米白色。

（4）使用椭圆工具，再次按住 Shift 键绘制两只小熊耳朵，颜色填充为米黄色，如图 6-52 所示。

（5）使用椭圆工具，绘制小熊的鼻子，颜色填充为黑色。

（6）使用钢笔工具，按住 Shift 键绘制直线，按 Enter 键结束绘制。

（7）使用钢笔工具，定义起点后，在定义终点的同时按住鼠标左键，拖曳贝塞尔曲线杆调节曲线弧度，绘制小熊的嘴巴，如图 6-53 所示。

（8）使用椭圆工具，按住 Shift 键绘制小熊的眼睛，如图 6-54 所示。

图 6-52　小熊脸庞和耳朵效果图

图 6-53　小熊鼻子效果图

图 6-54　小熊眼睛效果图

（9）使用钢笔工具，绘制小熊身体描边，如图 6-55 所示。

（10）使用直接选择工具，调整上端两个顶点与小熊脸庞相接，关闭描边，填充颜色为米白色，并复制该形状图层，如图 6-56 所示。

（11）按 Ctrl+T 快捷键，右击选择“水平翻转”，单击并按住 Shift 键向右平移适当距离。

（12）使用直接选择工具，调整小熊身体图层相关锚点，将小熊身体与小熊脸庞图层合并，如图 6-57 所示。

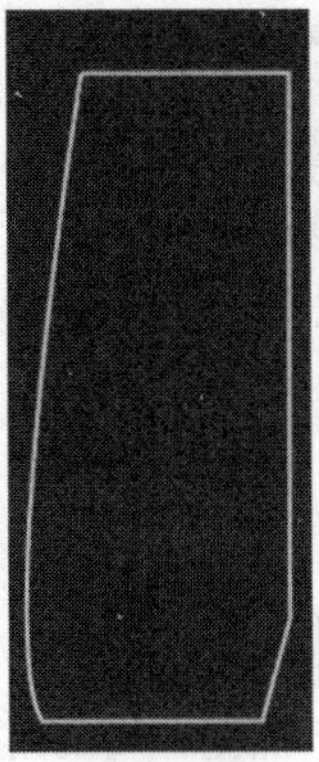

图 6-55 小熊身体描边示意

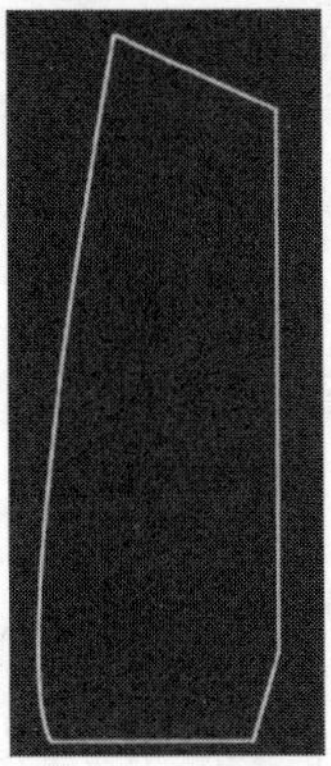

图 6-56 调整锚点示意

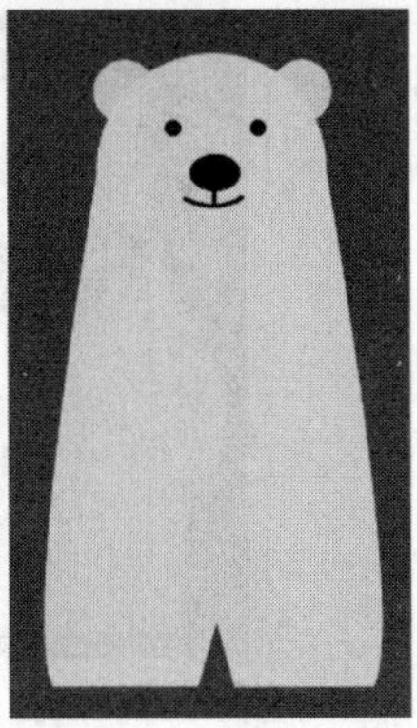

图 6-57 填充绘制示意

（13）使用钢笔工具，绘制小熊手臂描边，并复制一份该形状图层。

（14）按 Ctrl+T 快捷键，右击选择“水平翻转”，单击并按住 Shift 键向右平移适当距离。小熊手臂效果图绘制完成，如图 6-58 所示。

（15）使用钢笔工具，绘制小熊装饰围巾，颜色填充为宝蓝色，如图 6-59 所示。

（16）使用直接选择工具，调整围巾形状上的相关锚点。小熊视觉形象绘制完毕，如图 6-60 所示。

图 6-58 小熊手臂效果图

图 6-59 小熊装饰围巾效果图

图 6-60 小熊视觉形象效果图

（17）执行“使用新建图层”→“创建剪贴蒙版”命令，在小熊身体图层上创建剪贴蒙版。

（18）使用画笔工具，调整画笔大小及画笔种类，选择柔边圆画笔，画笔大小尽量大一些。

（19）使用吸管工具，吸取小熊身体颜色米白色，在拾色器中选择与其相邻的稍深的颜色，在身体右边缘快速涂抹，让暗部区域颜色暗一些，适当降低一些不透明度。

（20）使用吸管工具，吸取小熊身体颜色米白色，在拾色器中选择与其相邻的稍浅的颜色，在身体左边缘快速涂抹，让亮部区域颜色亮一些，适当降低一些不透明度，让整体呈现一种立体光影效果，如图 6-61 所示。

（21）采用同样的方法，分别在小熊的耳朵、手臂、围巾处制作出光影效果，立体小熊光影效果制作完毕，如图 6-62 所示。

图 6-61　调整光影后的小熊效果图

图 6-62　立体小熊光影效果图

（22）使用椭圆工具，按住 Shift 键绘制正圆，并用浅蓝色进行填充。将立体光影小熊放置正圆图形上方，并创建剪贴蒙版，如图 6-63 所示。

（23）使用钢笔工具，绘制远处山脉，并将其填充为天青色，将其位于正圆图层上方，创建剪贴蒙版，如图 6-64 所示。

图 6-63　小熊背景效果图

图 6-64　远处山脉效果图

（24）使用椭圆工具，按住 Shift 键绘制正圆，并用白色进行填充。重复复制并制作大小不一的雪花图案放置远处。

（25）使用三角形工具，按住 Shift 键绘制正三角形，并用深绿色进行填充。重复复制多个正三角形并进行叠加。

（26）使用矩形工具，制作树枝枝干并用姜黄色进行填充。小熊视觉效果场景图绘制完毕，如图 6-65 所示。

图 6-65　小熊视觉效果场景图

（27）按 Ctrl+Alt+Shift+E 组合键，将图层盖印成一个图层，右击将其转换为智能对象。

（28）执行“滤镜”→“Camera Raw 滤镜”命令，调整饱和度、添加锐化、增加颗粒感（参数可根据画面效果自定义），让画面更有质感，确定后结束操作，如图 6-66 所示。

图 6-66　小熊视觉效果及场景展示图

（29）执行“文件”→“存储为”命令，将其保存在计算机桌面上。

6.4　路径的布尔运算

了解并掌握路径或形状的运算是绘制图形过程中的一项重要技巧，它主要是通过工具选项栏上的 5 个运算命令来实现的，其下拉列表从上到下依次为“新建图层”“合并形状”“减去顶层形状”“与形状区域相交”“排除重叠形状”“合并形状组件”。在 Photoshop 中，用这种特殊的逻辑运算产生新的图形的过程称为路径或形状的布尔运算，如图 6-67 所示。

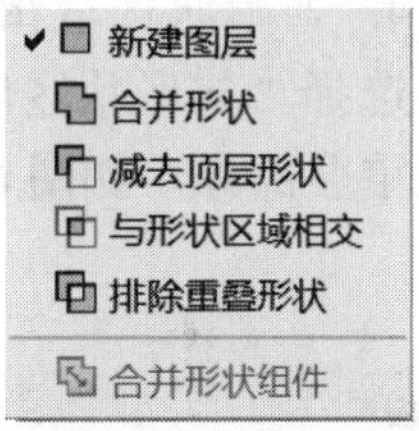

图 6-67　路径操作框

6.4.1　路径的布尔运算方式

1. 新建图层

它是形状工具的默认编辑状态。选择“新建图层”后，每画一个新的形状时都会自动创建一个新图层，如图 6-68 所示。

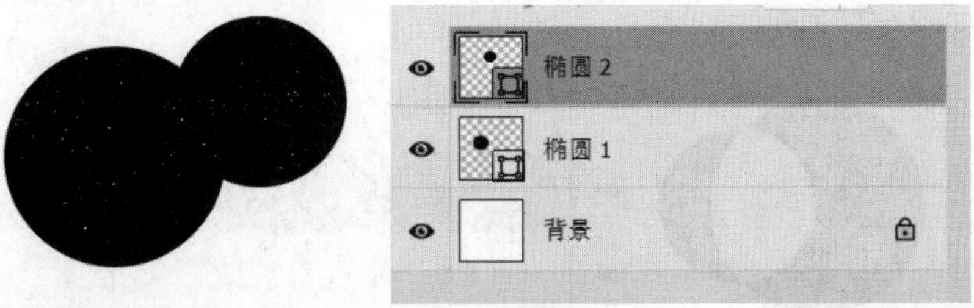

图 6-68　新建图层

2. 合并形状

选择“合并形状”后，将要绘制的形状自动合并至当前形状所在的图层，并与其合并为一个整体，如图 6-69 所示。

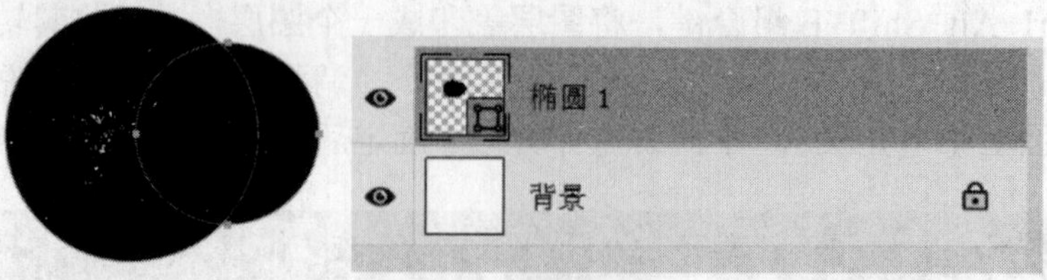

图 6-69　合并形状

3. 减去顶层形状

选择“减去顶层形状”后，将要绘制的形状自动合并至当前形状所在的图层，并减去后绘制的形状部分，如图 6-70 所示。

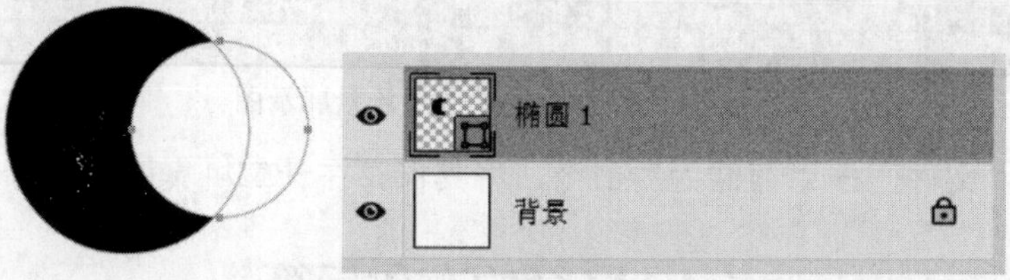

图 6-70　减去顶层形状

4. 与形状区域相交

选择“与形状区域相交”后，将要绘制的形状自动合并至当前形状所在的图层，并保留形状重叠部分，如图 6-71 所示。

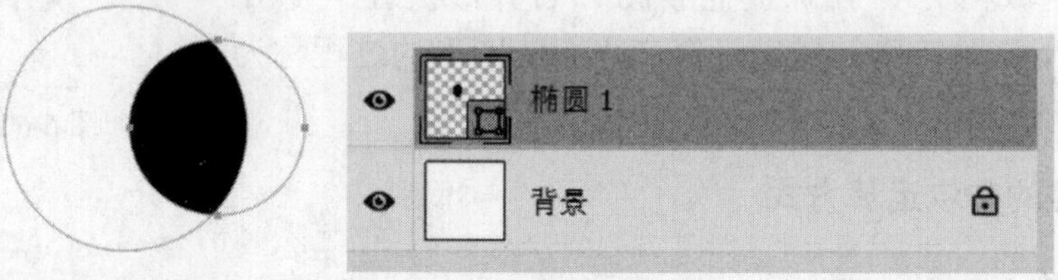

图 6-71　与形状区域相交

5. 排除重叠形状

选择“排除重叠形状”后，将要绘制的形状自动合并至当前形状所在的图层，并减去形状重叠部分，如图 6-72 所示。

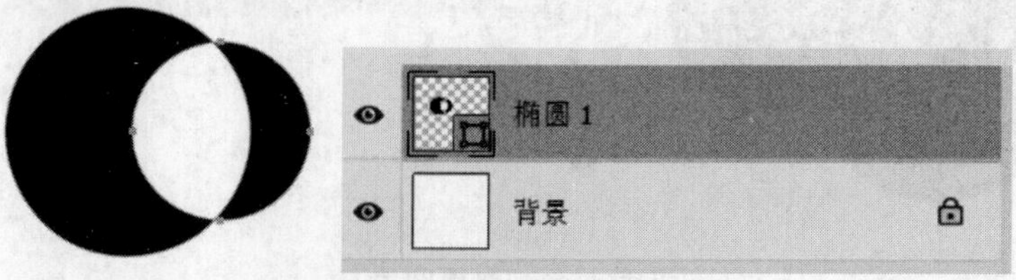

图 6-72　排除重叠形状

6. 合并形状组件

其用于合并进行布尔运算的图形，合并后的形状组件不可再移动，如图 6-73 所示。

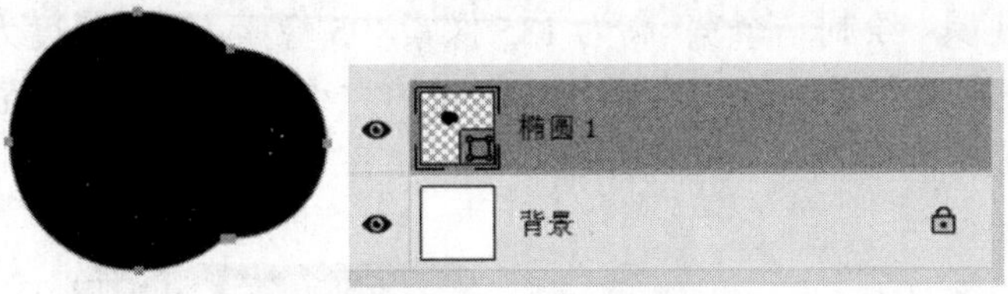

图 6-73　合并形状组件

6.4.2　路径的布尔运算实例

路径布尔运算实例

实例描述：绘制 MBE 风格桌面静物，通过实例操作，使读者能熟练掌握矩形工具、布尔运算、钢笔工具，以及添加锚点、创建剪贴蒙版的操作方法。打开第 6 章的素材图片 6.4.2 中的素材 1 图案文件作为参考，效果图如图 6-74 所示。

图 6-74　MBE 风格桌面静物

操作步骤如下。

（1）新建宽×高为 800 像素×600 像素、分辨率为 72 像素/英寸、颜色模式为 RGB 的图像文件，并将其命名为“MBE 风格桌面静物”，如图 6-75 所示。

图 6-75　新建图像文件

（2）使用矩形工具，绘制一个宽×高为 135 像素×95 像素，圆角弧度为上左右角各 6 像素、下左右角各 0 像素的圆角矩形，描边为黑色 6 像素的大小，内部填充为蓝色；并将圆角矩形图层命名为“电脑屏幕内框”，如图 6-76 所示。

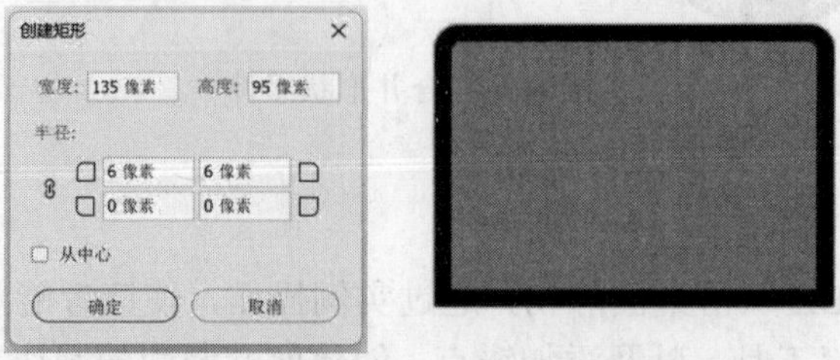

图 6-76　创建矩形绘制计算机屏幕内框

（3）使用矩形工具，绘制一个宽×高为 165 像素×110 像素，圆角弧度为上左右角各 15 像素、下左右角各 0 像素的圆角矩形，描边为黑色 6 像素的大小，内部填充为白色；并将圆角矩形图层命名为“电脑屏幕外框”，如图 6-77 所示。调整图层顺序，将其置于“电脑屏幕内框”底层，如图 6-78 所示。

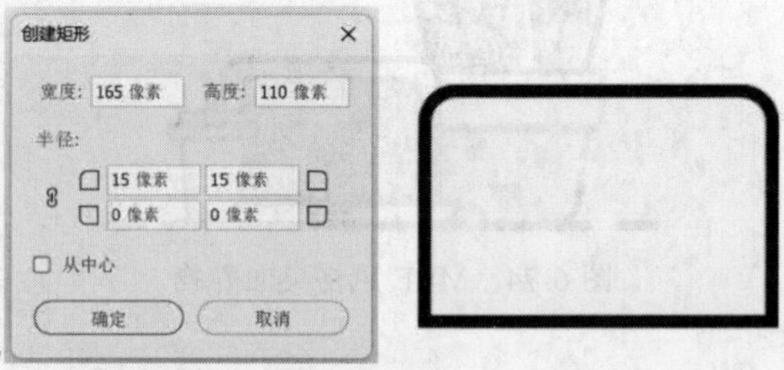

图 6-77　创建矩形绘制计算机屏幕外框

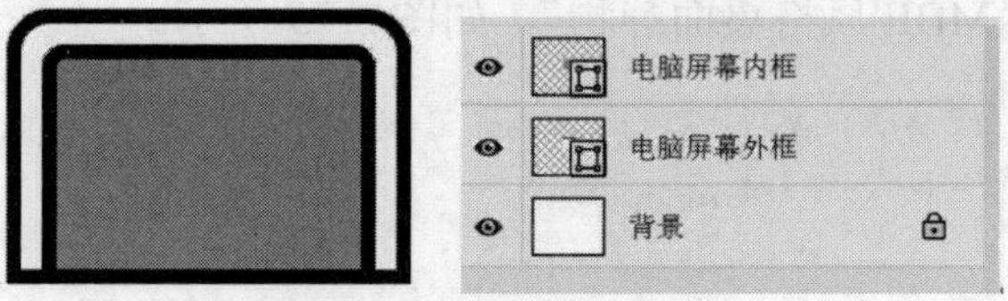

图 6-78　调整图层顺序

（4）使用矩形工具，绘制一个宽×高为 198 像素×17 像素，圆角弧度为上左右角各 0 像素、下左右角各 15 像素的圆角矩形，描边为黑色 6 像素的大小，内部填充为白色，并将圆角矩形图层命名为“电脑底座”，如图 6-79 所示。

图 6-79　创建矩形绘制计算机底座

（5）使用椭圆工具，按住 Shift 键绘制 6 像素×6 像素的正圆，填充为黑色，将图层命名为“摄像头”。

（6）使用矩形工具，绘制一个 34 像素×5.5 像素，圆角弧度为上左右角各 0 像素、下左右角各 3 像素的圆角矩形，描边为黑色 2 像素的大小，内部填充为紫色；并将圆角矩形图层命名为“按钮”，将其放置于电脑底座内部，如图 6-80 所示。

图 6-80 计算机底座内部添加按钮

（7）按住 Alt 键，拖曳复制“电脑屏幕内框”图形，得到“拷贝 1”图层。关闭描边命令，继续按住 Alt 键向左拖曳图形，得到“拷贝 2”图层。将该图形向左、向上各移动 5 像素的距离，如图 6-81 所示。将两个图层合并，使用路径选择工具选中圆角矩形，执行“布尔运算”→“减去顶层形状”→“合并形状组件”命令，得到新图形，将新图形命名为“屏幕阴影”，并更改颜色为稍深一些的蓝色，将其放入计算机屏幕内框边缘，如图 6-82 所示。

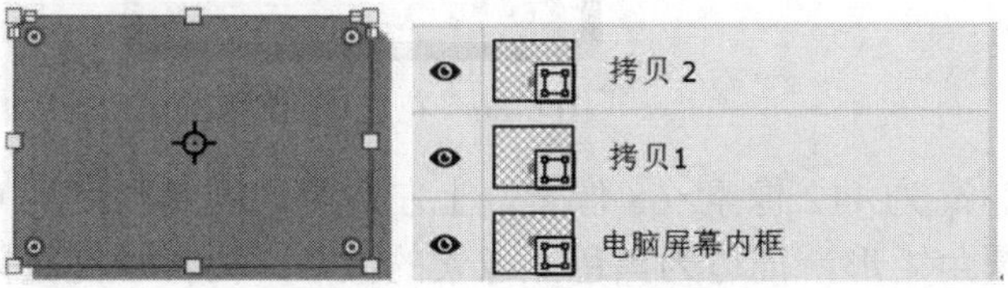

图 6-81 执行布尔运算绘制阴影

图 6-82 调整屏幕阴影图层的锚点

（8）使用直接选择工具选中白色方块锚点，调整“屏幕阴影”图层边缘，使其更贴合屏幕大小，如图 6-83 所示。

图 6-83 调整阴影后的计算机屏幕及图层顺序

（9）使用椭圆工具，按住 Shift 键绘制两个正圆形对屏幕进行卡通装饰，并将图层命名为“眼睛 1”和“眼睛 2”。嘴巴部分同样先绘制一个正圆形，再绘制一个正方形。

（10）选择“减去顶层形状”，剪掉部分正圆形。绘制椭圆 1 并将其命名为“舌头”，放在“嘴巴”图层上并创建剪切蒙版，如图 6-84 所示。

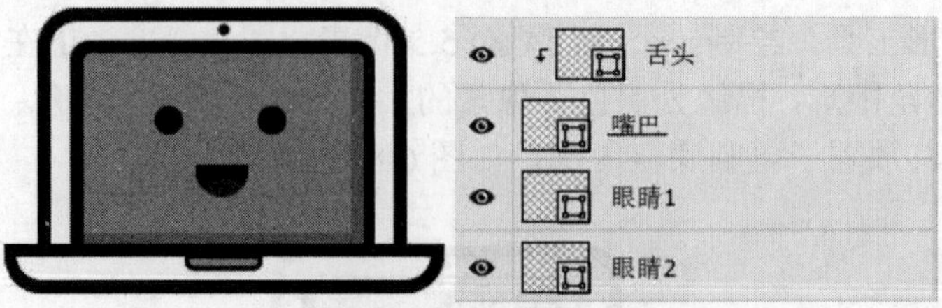

图 6-84　绘制卡通装饰表情以及创建剪贴蒙版

（11）使用矩形工具，绘制一个宽×高为 130 像素×40 像素、圆角弧度为 4 像素的圆角矩形，描边为黑色 6 像素的大小，内部填充关闭；并将圆角矩形图层命名为“花盆边”。

（12）执行“拷贝”命令，将“花盆边”图层命名为“拷贝 1”，调整图层顺序，将其置于底部，内部填充为浅杏色，把描边关闭，向右平移 5 个像素的距离，如图 6-85 所示。

（13）执行“拷贝”命令，连续复制“拷贝 1”并命名为“拷贝 2”“拷贝 3”，将“拷贝 2”向左平移 5 个像素后与“拷贝 3”合并形状。使用路径选择工具并执行“布尔运算”→“减去顶层形状”→“合并形状组件”命令，并更改为深一些的颜色，作为右侧的阴影，如图 6-86 所示。

图 6-85　花盆边填充效果图

图 6-86　花盆边阴影效果图

（14）使用矩形工具，绘制一个宽×高为 112 像素×68 像素，上左右两边圆角弧度为 0 像素、下左右两边圆角弧度为 20 像素的圆角矩形，描边为黑色 6 像素的大小，内部填充关闭，并将圆角矩形图层命名为“花盆底”。

（15）使用直接选择工具，调整“花盆底”图层上半部分左、右两边的锚点，使其呈现一个倒梯形的样式，如图 6-87 所示。

（16）执行“拷贝”命令，连续复制“花盆底”图层并命名为“拷贝 1”“拷贝 2”“拷贝 3”，调整图像颜色，合并图层形状。使用路径选择工具并执行“布尔运算”→“减去顶层形状”→“合并形状组件”命令，绘制花盆底阴影，方法同花盆边的绘制过程，如图 6-88 所示。

图 6-87　绘制花盆底

图 6-88　花盆底部填充及阴影绘制

（17）使用直接选择工具，在“花盆底”图层上添加若干锚点，框选或单击一部分锚点，按 Delete 键删除。随后可以用鼠标拖动已选中的锚点或使用方向键移动锚点，从而调整相应的路径。将“描边选项”中的“对齐”“端点”“角点”进行相应调整，如图 6-89 所示。

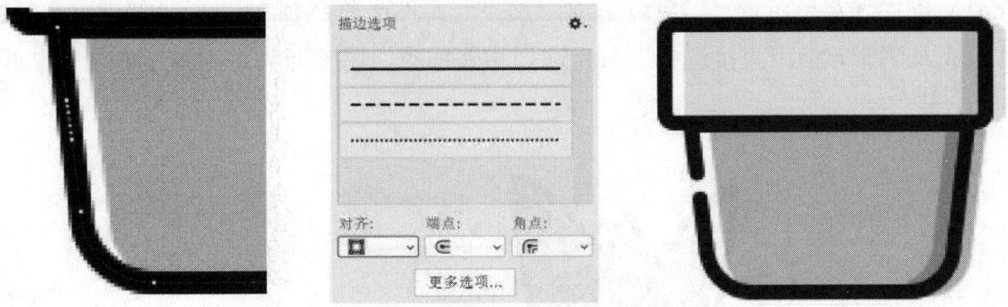

图 6-89　花盆底线段断点处理及描边设置

（18）复制步骤（9）、（10）中创建的卡通装饰表情，并将其置于花盆底内部，如图 6-90 所示。

（19）使用钢笔工具，做一个花盆底的高光。先用钢笔工具绘制一段弧线并将图层命名为“高光”，再用添加锚点工具在线段上随意添加几个锚点，然后使用直接选取工具框选或单击一些锚点，直接按 Delete 键删除。同样可以单击某些锚点进行上、下调整，如图 6-91 所示。

图 6-90　“花盆底”图层添加卡通装饰表情

图 6-91　使用钢笔工具绘制高光

（20）使用钢笔工具，单击，绘制出路径的起点。将鼠标指针移动到下一个锚点位置，点按或拖移绘制新的锚点。调整手柄的长度和方向，改变曲线的形状和平滑度。采用这样的方式，依次绘制叶片 1、叶片 2、叶片 3，如图 6-92 所示。

图 6-92　使用钢笔工具绘制叶片

（21）执行“布尔运算”→“减去顶层形状”命令依次绘制“叶片 1”“叶片 2”“叶片 3”的叶片填充及阴影，使用直接选择工具”选择相关锚点，调整细节，具体方法同上，如图 6-93 所示。

图 6-93　叶片填充、阴影绘制及图层顺序

（22）使用弯度钢笔工具绘制叶脉，先绘制出路径的起点，再将鼠标指针移动到下一个锚点位置，找到线段中间处拖曳即可形成一条弧线。将填充颜色设置为黑色，描边颜色设置为黑色，大小设置为 0.5 像素，命名为“叶脉 1”，如图 6-94 所示。

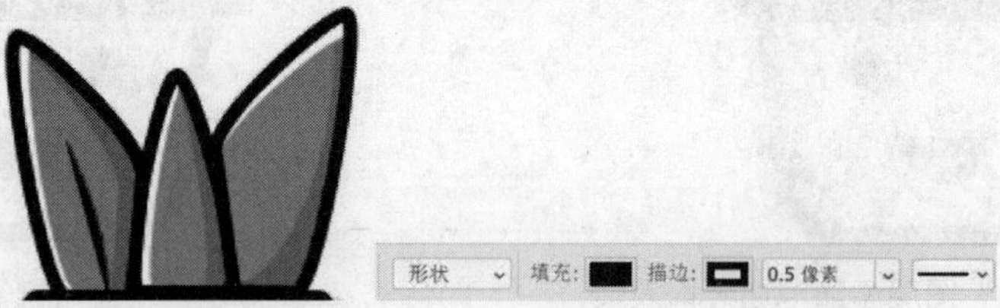

图 6-94　使用弯度钢笔工具添加叶脉并设置参数

（23）采用同样的方法，绘制“叶脉 2”“叶脉 3”，如图 6-95 所示。

图 6-95　叶脉效果图及图层顺序

（24）使用矩形工具，绘制一个宽×高为 53 像素×14 像素，圆角弧度为上左右角各 5 像素、下左右角各 0 像素的圆角矩形，描边为黑色 4 像素的大小，内部填充为西瓜红色，并将圆角矩形图层命名为“杯盖”。

（25）使用矩形工具，绘制一个宽×高为 72 像素×15 像素，圆角弧度为 6.5 像素的圆角矩形，描边为黑色 4 像素的大小，内部填充为香芋紫色；并将圆角矩形图层命名为“杯顶”，如图 6-96 所示。

（26）使用矩形工具，绘制一个宽×高为 53 像素×91 像素，圆角弧度为上左右角各 0 像素、下左右角各 16 像素的圆角矩形，描边为黑色 4 像素的大小，内部填充为浅肉色，并将圆角矩形图层命名为“杯身”。再用直接选择工具选择杯身顶端锚点，分别向左、右两边各移动 4 个像素的距离，如图 6-97 所示。

图 6-96 使用矩形工具绘制杯盖、杯顶

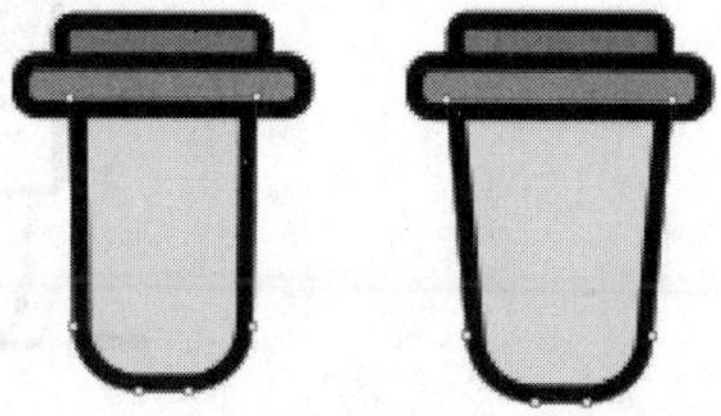

图 6-97 使用直接选择工具调整锚点

（27）执行“布尔运算”命令为奶茶杯绘制阴影部分，颜色设置为稍深杏色，并将图层命名为“杯身阴影”，如图 6-98 所示。

（28）同样复制卡通装饰表情及盆栽花盆的高光图形置于奶茶杯杯身，如图 6-99 所示。

（29）使用矩形工具绘制吸管，颜色填充为白色，描边填充为黑色，大小为 3 像素；调整图层位置，如图 6-100 所示。

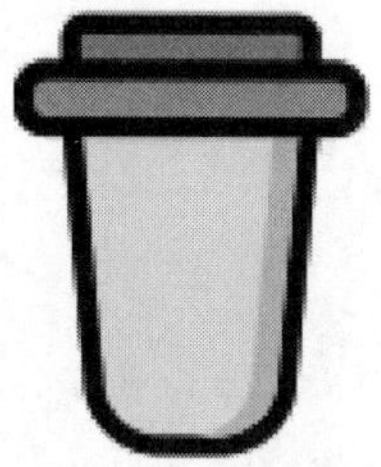

图 6-98 杯身底部填充及阴影绘制

图 6-99 添加卡通装饰表情及高光

图 6-100 使用矩形工具绘制吸管

（30）调整盆栽、计算机、奶茶杯的位置，如图 6-101 所示。

图 6-101 调整图形位置

（31）使用直线工具，绘制地平线放置于桌面静物下方，并设置工具选项栏中描边的线段端点为圆角端点。

（32）使用添加锚点工具，在线段上随意添加几个锚点，并框选一部分，按 Delete 键删除部分锚点并左、右调整，如图 6-102 所示。

图 6-102　绘制地平线

（33）使用椭圆工具，按住 Shift 键绘制正圆形，将图形放在静物底层进行装饰，颜色填充为浅蓝色。

（34）使用矩形工具，绘制长方形，与正圆图层合并。再用路径选择工具选择上方长方形，然后执行“布尔运算”→“减去顶层形状”命令，得到半圆形。调整图形位置，以及各个部分的细节，最终效果图完成，如图 6-103 所示。

图 6-103　最终效果图

（35）执行“文件”→“存储为”命令，将其保存在计算机桌面上。

习　题

第 6 章习题答案

一、填空题

1. 路径工具选项中呈现了工具的 3 种模式，分别为________、________、________。

2. 在 Photoshop 中，路径是指使用贝塞尔曲线所构成的一段________或________或开放的曲线段。

3．转换点工具是负责改变夹角的，使用其拖动节点，将生硬的转角变换成了圆润的__________。

4．“路径”面板的下方有很多选项，其中有对封闭的路径设置填充色的选项，填色后的内容会自动生成在__________中。

5．路径的布尔运算同选区的布尔运算类似，路径也可以相加、相减或相交。它们分别为__________、__________、__________、__________。

二、单选题

1．下列选项中“钢笔工具”命令的快捷键为（　　）。

A．M　　B．V　　C．P　　D．U

2．下列选项中，连续多次“自由变换”命令的快捷键为（　　）。

A．Ctrl+T　　B．Ctrl+Alt+Shift+T

C．Ctrl+C　　D．Ctrl+W

3．能够将路径面板中的路径转化为选区，下列快捷键可行的是（　　）。

A．Ctrl　　B．Ctrl +Enter

C．Enter　　D．Ctrl +Shift

4．关于路径的叙述，下列说法错误的是（　　）。

A．路径是利用绘图工具绘制的矢量线条

B．路径可以是闭合的，也可以是不闭合的

C．路径颜色丰富，放大后容易失真

D．路径易于编辑

5．下列不可以绘制位图的工具是（　　）。

A．钢笔工具　　B．矩形工具

C．直线工具　　D．自定形状工具

三、操作题

打开第 6 章素材图片中的练习操作题素材风景图作为参考，结合本章所学知识，制作风景图像效果图，如图 6-104 所示。

图 6-104　风景图像效果图

第 7 章　图像色彩调整

本章导读

Photoshop 具有强大的调整图像色彩的功能，色彩调节也是学习 Photoshop 图像处理的重要内容，在图像处理过程中经常会使用到该功能。本章的主要学习内容为图像色彩调整的基本方法和应用。

本章要点

- 图像的色调调整
- 图像的色彩调整
- 图像特殊调整命令

图像的处理离不开对图像色彩的调整和矫正，以达到更好的视觉效果。调整色彩图像也是 Photoshop 系列软件强大的功能之一。

在 Photoshop 中，可以通过“图像”→“调整”打开各种调整命令，如图 7-1 所示。

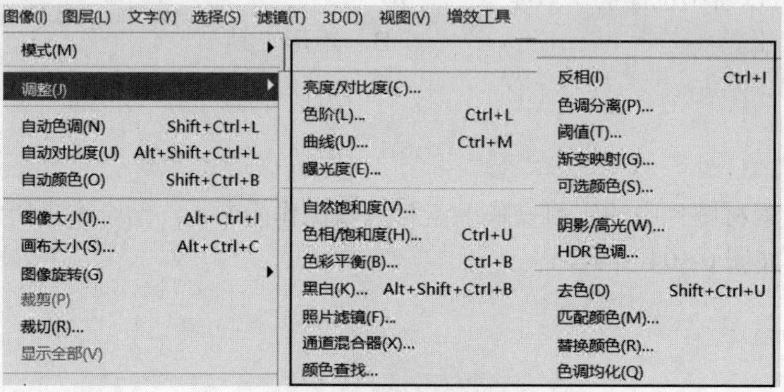

图 7-1　“调整”子菜单命令

7.1　色调调整命令

色调调整命令包括“亮度/对比度”“色阶”“曲线”“曝光度”。

7.1.1　亮度/对比度

亮度：指画面的明亮程度。白色亮度最高，黑色亮度最低。调整亮度是调整色彩的明暗程度。图像亮度调整通常适用于较暗或过于明亮的图像，用户可根据自己的需要进行调整。

对比度：指一幅图像中明暗区域最亮的白和最暗的黑之间不同亮度的差异。图像对比度调整适用于明暗反差过大或整体较灰的图像，是常用的图像处理方法。

亮度和对比度调整是图像调整的最基础的方法，可以粗略地调整图像的色调范围。执行“图像”→“调整”→“亮度/对比度”，弹出“亮度/对比度”对话框，如图 7-2 所示。

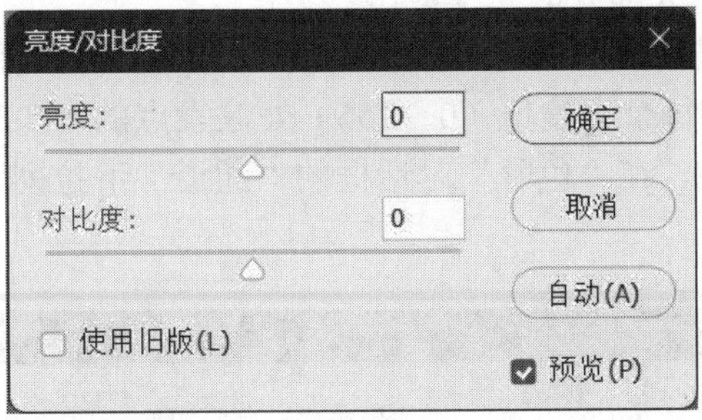

图 7-2　“亮度/对比度”对话框

“亮度/对比度”对话框中，亮度的设定范围是-150～150，对比度的设定范围是-50～100。亮度/对比度操作比较直观，是对图像的亮度和对比度进行直接调整。拖动滑竿可以观察到，图像的亮度和饱和度越高，对应的数值越大。使用此命令调整图像颜色时，将对图像中所有的像素进行相同程度的调整，从而容易导致图像细节的损失。因此，在使用此命令时要防止过度调整图像，要根据画面的需要选择适当的调整幅度。分别调整亮度、对比度的原图和效果图如图 7-3、图 7-4 所示。

图 7-3　亮度调整前、后对比

图 7-4　对比度调整前、后对比

自动对比度调整：执行“图像”→“调整”→“自动对比度”命令，可以自动调整图像的对比度，并且可以连续调整图像，效果十分明显。

7.1.2 色阶

色阶主要用于调整图像的明暗程度，也可以利用通道来调整图像的色彩。色阶是指图像中的颜色或颜色中的某一组成部分的亮度范围。

执行“图像”→“调整”→“色阶”命令，或者按 Ctrl+L 快捷键，弹出“色阶”对话框，如图 7-5 所示。色阶是根据每个亮度值（0～255）处像素点的多少来划分的，最暗的像素点在左边，最亮的像素点在右边。在“色阶”对话框的“通道”下拉列表中，也可以选择其他单色通道来进行调整。

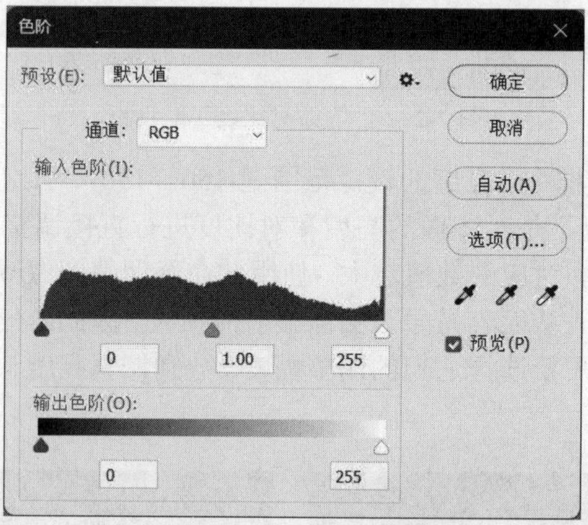

图 7-5 “色阶”对话框

“色阶”对话框各选项含义如下。

（1）通道：其右侧的下拉列表中包括了图像所使用的所有色彩模式，以及各种原色通道。例如：图像应用 CMYK 模式，即在该下拉列表中包含 CMYK、洋红、黄色、青色、黑色等 5 个通道，在通道中所做的选择将直接影响到该对话框中的其他选项。

（2）输入色阶：用来指定选定图像的最暗处（左边的文本框）、中间色调（中间的文本框）、最亮处（右边的文本框）的数值，改变数值将直接影响着色调分布图 3 个滑块的位置。

（3）色调分布图：用来显示图像中明、暗色调的分布图。在“通道”下拉列表中选择的颜色通道不同，其分布图的显示也不同。

（4）输出色阶：通过在其下方的两个文本框中输入数值，可以调整图像的亮度和对比度。

（5）吸管工具：该对话框有 3 个吸管工具，由左至右依次是“设置黑场”“设置灰点”“设置白场”工具，分别单击，可以在图像中以取样点作为图像的最亮点、灰平衡点和最暗点。

（6）自动：单击该按钮，将自动对图像的色阶进行调整。

（7）调整滑竿：分别代表了图像的暗调、中间调和亮调。

分别拖动“输入色阶”的 3 个滑块，或者直接在文本框中输入数值，图像会产生不同的色彩效果。如图 7-6 所示为素材的原始色阶及原图，如图 7-7 所示为调整高光色阶及图像效果，如图 7-8 所示为调整中间色调色阶及图像效果，如图 7-9 所示为调整暗调色阶及图像效果。

图 7-6　原始色阶及原图

图 7-7　调整高光色阶及图像效果

图 7-8　调整中间色调色阶及图像效果

图 7-9　调整暗调色阶及图像效果

分别调整“输出色阶”的两个滑块，或者直接在文本框中输入数值，图像会产生与输入色阶相反的效果，以及把暗调色阶调亮、高光色阶调暗。如图 7-10、图 7-11 分别为调整暗调和高光色阶及图像效果。

图 7-10　调整暗调色阶及图像效果

图 7-11　调整高光色阶及图像效果

自动色阶：执行“图像”→“调整”→“自动色阶”命令，或者按快捷键 Ctrl+Shift+L，此命令不出现对话框，可以自动定义，使图像中最亮的像素变白、最暗的像素变黑，然后按比例重新分配其像素值。一般来说，此命令对于调整简单的灰阶图比较合适。

7.1.3　曲线

“曲线”命令是用来调整图像的色彩范围的。通过此命令可以调节图像总通道或单通道，既可以调节亮度，也可以调节颜色。

执行“图像”→“调整”→“曲线”命令，或者按快捷键 Ctrl+M 打开“曲线”对话框，如图 7-12 所示。“曲线”对话框中，水平轴代表原亮度值，垂直轴代表调整后的亮度值。将会看到如图 7-12 所示的设置框，其中有一条呈 45° 的线段，这就是所谓的曲线了。曲线图下方有一个切换按钮，单击可以将亮度条两端相互转变。移动鼠标指针到曲线图上，该对话框中的“输入”和“输出”会随之发生变化。单击曲线上的任一位置，会出现一个控制点，拖曳该控制点可以改变图像的色调范围。单击左上方的曲线工具，可以在图中直接绘制曲线，单击铅笔工具可以在图中绘制自由形状的曲线。

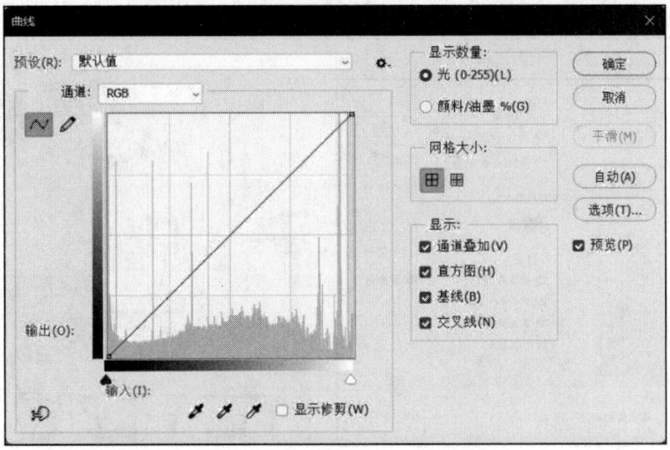

图 7-12　“曲线”对话框

S 型曲线（增加反差）将曲线向内推，图像反差会相应提高。此时图像的明暗对比更加强烈，整个画面也更加明快鲜艳，如图 7-13 所示。

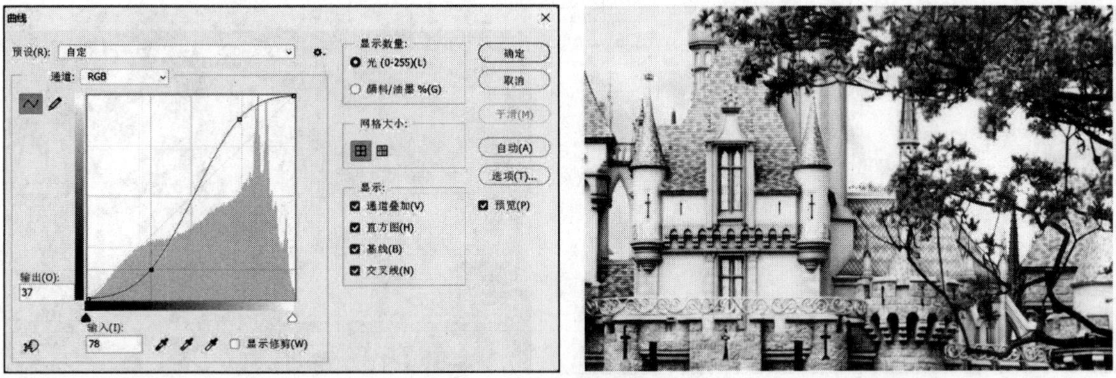

图 7-13　S 型曲线调整效果

反 S 型曲线（降低反差）将曲线向外拉，图像反差则会下降。此时图像效果明显灰暗许多，饱和度下降，整个画面显得沮丧黯淡，如图 7-14 所示。

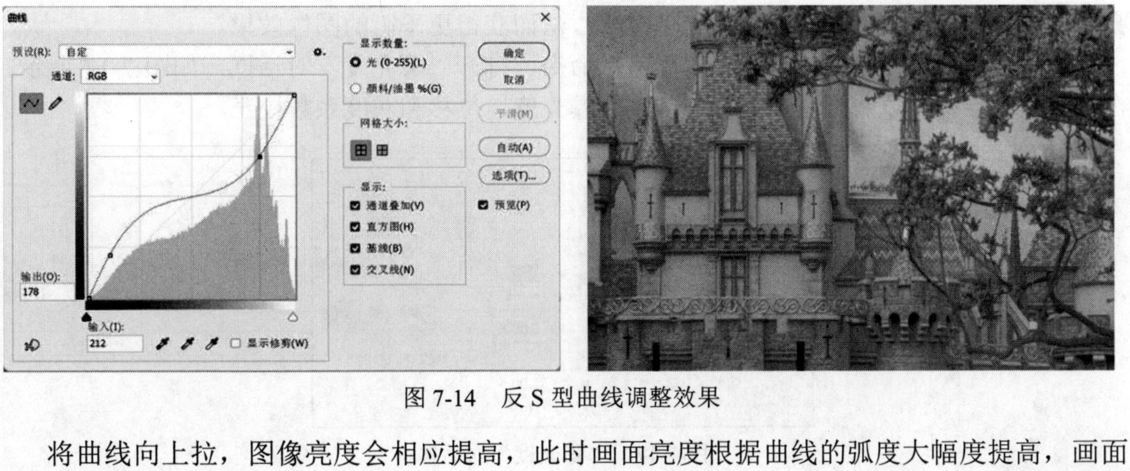

图 7-14　反 S 型曲线调整效果

将曲线向上拉，图像亮度会相应提高，此时画面亮度根据曲线的弧度大幅度提高，画面显得明快艳丽，但过亮也会产生一种不协调的效果，如图 7-15 所示。

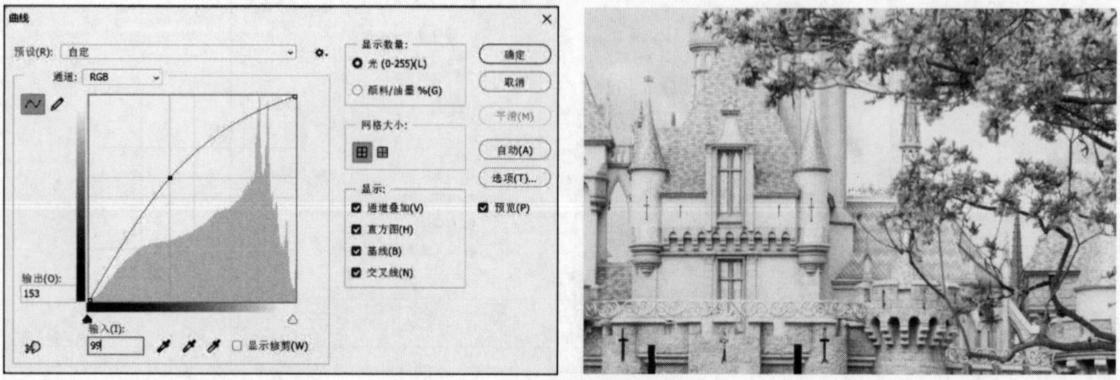

图 7-15　曲线向上调整效果

将曲线向下拉，图像亮度则会下降。此时画面亮度下降，同时画面中所有色彩的颜色亮度也随之下降，如图 7-16 所示。

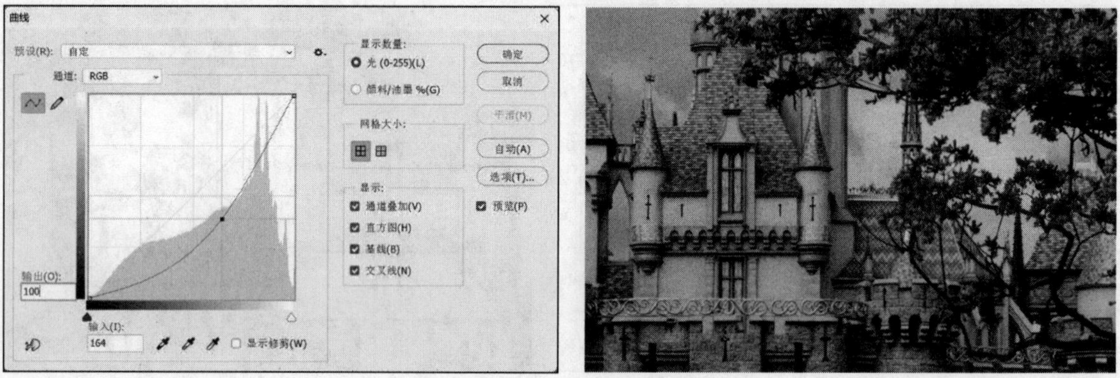

图 7-16　曲线向下调整效果

7.1.4　曝光度

“曝光度”命令可以调整 HDR 图像的色调。通过调整曝光度，可以有效地调整图像的整体亮度，恢复过曝区域的细节或提亮欠曝区域，从而获得更平衡的图像效果。

执行“图像”→“调整”→“曝光度”命令，打开“曝光度”对话框，如图 7-17 所示。在曝光度对话框可以看到有三个调节参数：曝光度、位移和灰度系数校正。

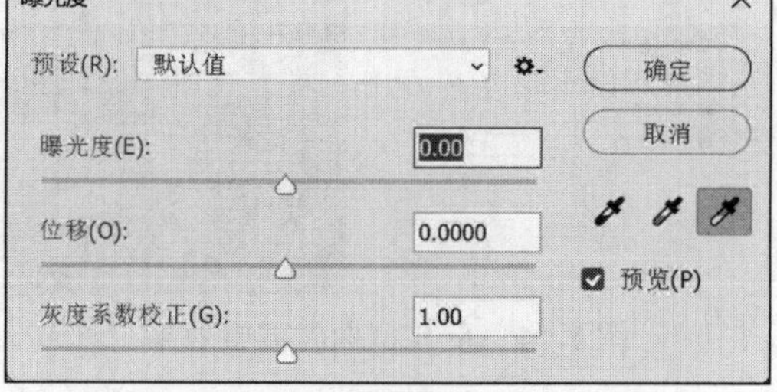

图 7-17　“曝光度”对话框

“曝光度”滑杆用来调整色调范围的高光端，对特别重的阴影的影响不大；“位移”滑杆可以调节阴影和中间调的明暗，对高光的影响不大；“灰度系数校正”可以调整图像整体光影的灰度。

利用“曝光度”命令调整对话框参数，如图 7-18 所示，图像前后变化效果如图 7-19 所示。

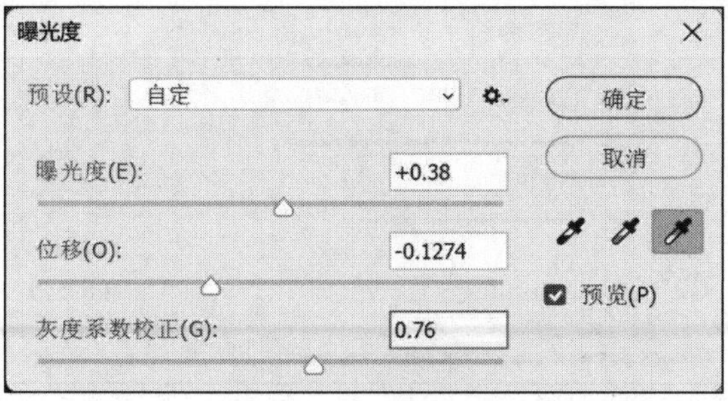

图 7-18 调整曝光度

图 7-19 调整对比效果

7.2 色彩调整命令

色彩调整命令包括“色相/饱和度”“色彩平衡”“照片滤镜”“通道混合器”等。

7.2.1 色相/饱和度

色相：色彩呈现出的相貌。

饱和度：指色彩的鲜艳程度，也称色彩的纯度。

“色相/饱和度”命令不但可以用来调整图像的色相、饱和度和明度，还可以用来调整图像中不同颜色的色相、饱和度和明度，或者使图像成为一张单色调图形，同时可以调整图像中单个颜色的色相、饱和度、亮度。它的 3 个调整标尺分别为调整色相、饱和度、明度。调整色相，也就是调整颜色的变化，即赤橙黄绿青蓝紫的变化，在调整时，是以文本框中的数值加上图像中的数值得到最终色，当数值为最大或最小时，颜色将是原来颜色的补色。调整饱和度，就是调整颜色的鲜艳度，通俗地说就是颜色在图像中所占的数量的多少，文本框中输入的值越大，颜色就越鲜艳，反之图像就趋向于灰度化。调整明度，就是调整图像的明暗度，文本框中输入的值越大，图像就越亮，当输入的值最大时，图像将是白色，反之就是黑色。

执行“图像”→“调整”→“色相/饱和度”，弹出“色相/饱和度”对话框，如图 7-20 所示。

图 7-20　“色相/饱和度”对话框

“色相/饱和度”对话框各选项含义如下。

“编辑”下拉列表：包括红色、绿色、蓝色、青色、洋红和黄色 6 种颜色，可选择一种颜色单独调整，也可以选择“全图”选项，即对图像中的所有颜色进行调整。当选择了单色调整时，在下方有 3 个吸管工具和两个颜色条可用。3 个吸管工具的作用是：第一个吸管工具在图像中单击吸取一定的颜色范围，用第二个吸管工具单击图像可在原有颜色范围上增加一个颜色范围，用第三个吸管工具是在原有的颜色范围上减去一个颜色范围。

色相：拖动滑块或在文本框中输入数值可以调整图像的色相，如图 7-21 所示。

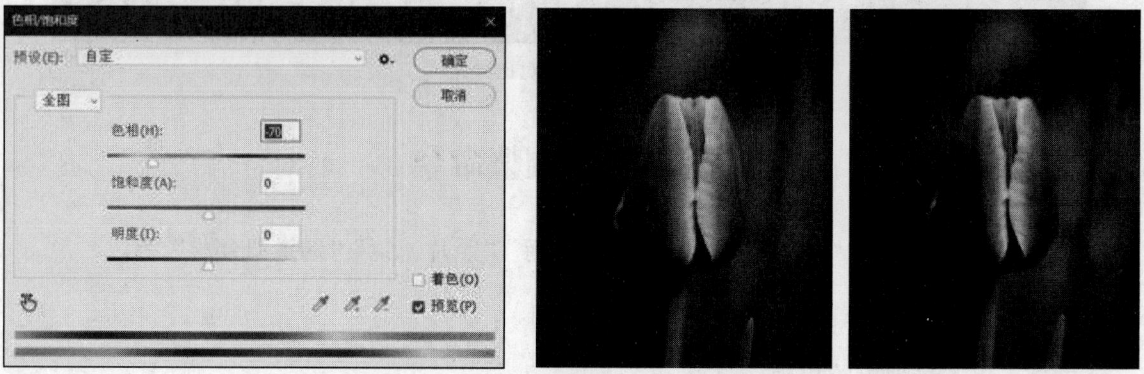

图 7-21　色相调整及图像前、后对比

饱和度：拖动滑块或在文本框中输入数值可增大或减小图像的饱和度，如图 7-22、图 7-23 所示。

明度：拖动滑块或在文本框中输入数值可以调整图像的明度，设定范围为-100～100。“色相/饱和度”对话框最下面的两个色谱中上面的表示调整前的状态，下面的表示调整后的状态。

着色：勾选该复选框后，可以对图像添加不同程度的灰色或单色。其是将图像原有色相全部去除，再重新调整以上的 3 个值来上色的。当白色或黑色在“着色”时无法调整颜色，可将明度值进行调整，白色就将明度值调为负值，黑色就将明度值调为正值，即可调色。

吸管工具：该工具可以在图像中吸取颜色，从而达到精确调节颜色的目的。

图 7-22　饱和度调整

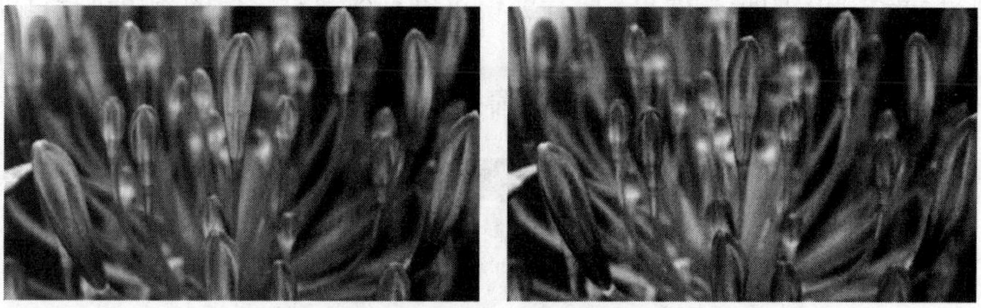

图 7-23　饱和度调整前、后对比

7.2.2　色彩平衡

它可让用户在彩色图像中改变颜色的混合。该命令可以粗略地调整图像的总体混合效果，只有在复合通道中才可用。选择要调整的图像，执行“图像”→“调整”→“色彩平衡”命令，或者按快捷键 Ctrl+B，弹出“色彩平衡”对话框，如图 7-24 所示。

对话框中的 3 个滑块，用来控制各主要色彩的变化，3 个单选按钮，可以选择“阴影”“中间色调”和“高光”来对图像的不同部分进行调整，勾选“预览”复选框可以在调整的同时随时观看图像生成的效果。勾选“保持亮度”复选框，图像像素的亮度值不变，只有颜色值发生变化。

色彩平衡调整的对话框设置及图像效果如图 7-25 和图 7-26 所示。

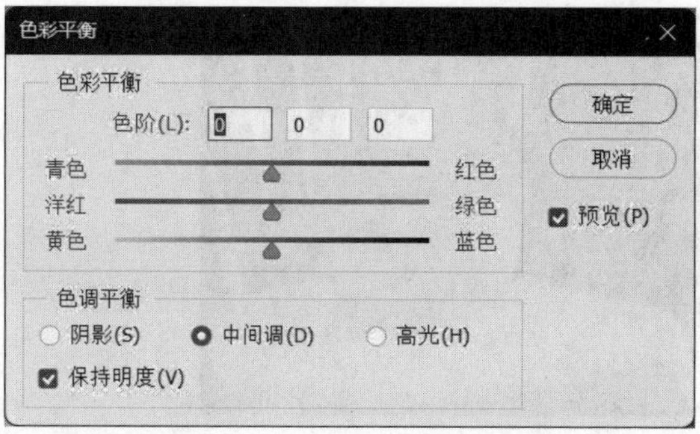

图 7-24　“色彩平衡”对话框

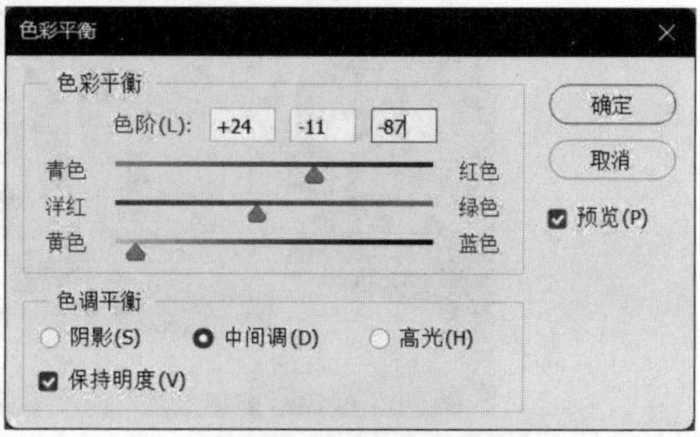

图 7-25　对话框调整

图 7-26　色彩平衡调整前、后对比

7.2.3　照片滤镜

“照片滤镜”命令类似于传统摄影中滤光镜的功能，即模拟在相机镜头前加上彩色滤光镜，从而使胶片产生特定的曝光效果。照片滤镜可以有效地对图像的颜色进行过滤，使图像产生不同颜色的滤色效果。

执行“图像”→“调整”→“照片滤镜”命令，弹出“照片滤镜”对话框，如图 7-27 所示。

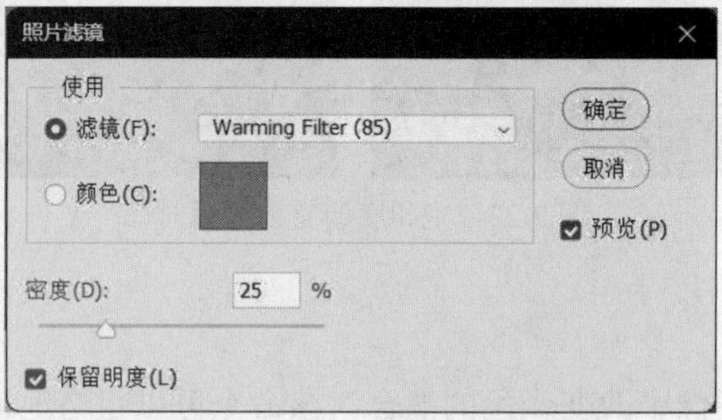

图 7-27　“照片滤镜”对话框

“照片滤镜”对话框各选项含义如下。

滤镜：可以在其下拉列表中选取滤镜的效果。

颜色：单击该色块，弹出拾色器，根据画面的需要选择滤镜颜色。

密度：拖动滑块以便调整应用于图像的颜色数量，数值越大，应用的颜色调整越大。

保留明度：勾选该复选框，在调整颜色的同时保持原图像的亮度。

使用该命令，调整 Warming Filter(85)滤镜的密度为 90%的图像效果，如图 7-28 所示。

图 7-28　调整照片滤镜前、后对比

7.2.4 通道混和器

“通道混和器”命令实现从细致颜色调整到图像基本颜色的彩色变化，该命令只能用于 RGB 和 CMYK 模式的图像。执行“图像”→“调整”→“通道混和器”命令，弹出“通道混和器”对话框，如图 7-29 所示。

“通道混和器”对话框各选项含义如下。

输出通道：在其下拉列表中选择需要调整的输出通道。

源通道：下面的各颜色滑块：拖动各滑块，可以调整相应颜色在输出通道中所占的比例。向左拖动滑块或在文本框中输入负值，可以减少该通道在输出通道中所占的比例。

常数：拖曳滑块，可以增加该通道的补色，即可以添加具有各种不透明度的黑色或白色通道。

单色：勾选该复选框，可以创建只包含灰度值的彩色图像。

利用“通道混和器”命令，输出通道选择“红”，分别设置一个 RGB 模式图像的 3 种通道数值，调整对话框和图像效果，如图 7-30、图 7-31 所示。

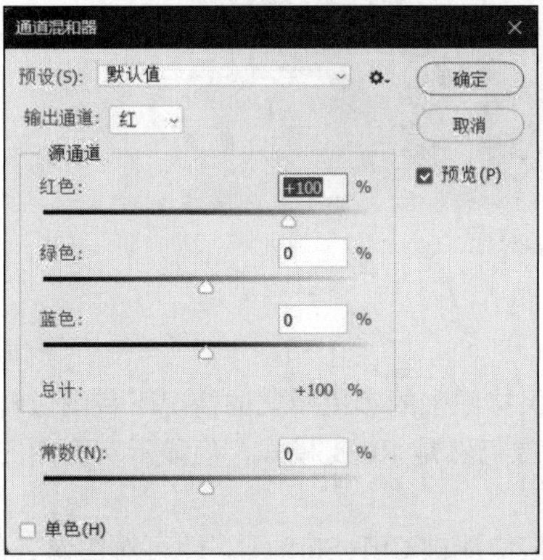

图 7-29 “通道混和器”对话框

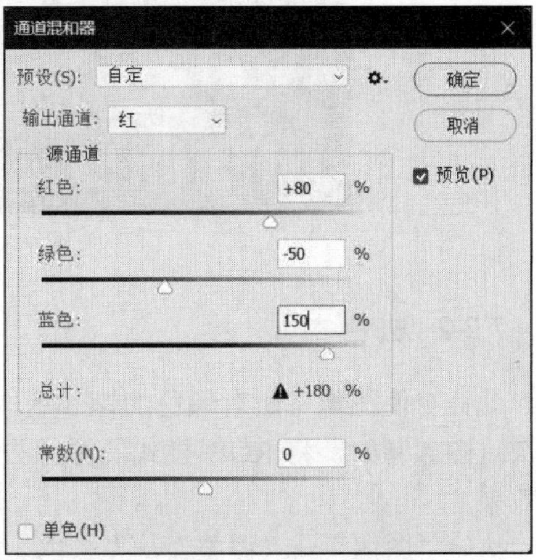

图 7-30 参数设置

图 7-31 调整前、后对比

7.3 特殊调整命令

在 Photoshop 色彩调整命令里，还有一些特殊的调整命令，如“反相”“去色”“阈值”等。

7.3.1 反相

使用“反相”命令可以制作类似照片底片的效果，它可以对图像进行反相，即将黑色变为白色，或者从扫描的黑白负片中得到一个正片。若是一幅彩色的图像，它能够将每一种颜色都反转成其互补色。将图像颜色反转时，通道中每个像素的亮度值都会被转换成 256 级颜色刻度上相反的值，用于产生原图的负片。当使用此命令后，白色变为黑色，原来像素值由 255 变成了 0，彩色图像中的像素点也取其对应值（255-原像素值=新像素值）。此命令常用于产生底片效果。执行“图像”→“调整”→“反相”命令，或者按快捷键 Ctrl+I，即可对图像进行反相调整，如图 7-32 所示。

图 7-32　反相前、后对比

7.3.2 去色

此命令使图像中所有颜色的饱和度成为 0，可在保持原来的彩色模式的情况下将图像转换为灰阶图。例如，将 RGB 模式的图像去色后，该图像仍然是 RGB 模式，但显示灰度图的颜色效果。

执行“图像”→“调整”→“去色”命令，或者按快捷键 Ctrl+Shift+U，即可对图像去色，如图 7-33 所示。

图 7-33　去色前、后对比

去色效果是将图像颜色处理成黑白色经常要使用的一种处理方法，但值得注意的是，在快速地将彩色图片处理成黑白图片后，应该结合其他的调整方法，如对比度调整或曲线调整等方法来调整图像的明暗关系，这样可以根据自己实际的需要使黑白图片具有更加丰富的层次，画面也更加具有艺术效果。

7.3.3　匹配颜色

使用“匹配颜色”命令，可以将一幅图像的颜色与另外一幅图像的颜色相匹配，从而使这两幅色调不同的图像自动调节成统一协调的颜色。打开两个素材图像文件，如图 7-34 所示，执行“图像”→“调整”→“匹配颜色”命令，弹出“匹配颜色”对话框，如图 7-35 所示。

图 7-34　素材图像文件

图 7-35　“匹配颜色”对话框

“匹配颜色”对话框各选项含义如下。

目标图像：当前选中的图像的名称、图层及颜色模式。

图像选项：可以通过对“明亮度”“颜色强度”“渐隐”选项来调整颜色匹配的效果。其中“明亮度”可以增加或减少目标图层的亮度，最大值是 200，最小值是 1。“颜色强度”可以调整目标图层中颜色像素值的范围，最大值是 200，最小值是 1。“渐隐”可以控制应用于图像的调整量。

中和：勾选此复选框，可以使源文件和将要进行匹配的目标文件的颜色进行自动混合，产生更加丰富的混合色。

图像统计：如果在源文件中建立选区并希望使用选区中的颜色进行匹配，则勾选“使用源选区计算颜色”复选框。

源：在其下拉列表中选择需要进行匹配的目标文件。

把滑雪图像作为当前图像文件，选择沙漠图像为匹配源，单击“确定”按钮，得到匹配结果，如图 7-36 所示。

图 7-36　匹配结果

7.3.4　替换颜色

“替换颜色”命令能够将图像全部或选定部分的颜色用指定的颜色进行替换，操作方法如下。

打开素材图像文件，执行“图像”→“调整”→“替换颜色”命令，弹出“替换颜色”对话框，如图 7-37 所示。

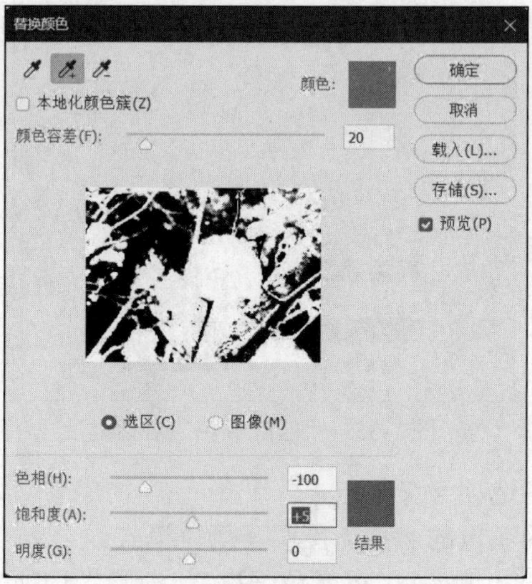

图 7-37　“替换颜色”对话框

“替换颜色”对话框各选项含义如下。

吸管工具：在图像中吸取需要替换颜色的区域，并确定需要替换的颜色，可以连续地吸取颜色，可以在选择范围内删除已选的颜色。

颜色容差：选定颜色的选取范围，值越大，选取颜色的范围越大。

替换：通过对色相、饱和度和明度的调整来进行图像颜色的替换。

结果：单击该色标，在弹出的“拾色器”对话框中设置某颜色作为替换色，精确控制颜色变化。

执行“图像”→“调整”→“替换颜色”命令后，即可对图像颜色进行替换，如图7-38所示。

图7-38　替换颜色前、后对比

7.3.5　可选颜色

“可选颜色”命令可以对RGB、CMYK和灰度等颜色模式的图像进行分通道的颜色调节，以此来校正图像颜色的平衡。

执行“图像”→“调整”→“可选颜色”命令，打开“可选颜色”对话框，如图7-39所示。

“可选颜色”对话框各选项含义如下。

颜色：在其下拉列表中，选择要调整的颜色通道，然后拖动下面的颜色滑块来改变颜色的组成。

相对：勾选该复选框后，调整图像时将按图像总量的百分比来更改现有的青色、洋红、黄色或黑色。例如，将30%的红色减少20%，则红色的总量为30%×20%=6%，结果就是红色的像素总量变为24%。

绝对：勾选该复选框后，调整图像时将按绝对的调整值来设定图像颜色中增加或减少的百分比数值。例如，图像中有40%的洋红，如果增加了20%，则增加后的洋红数值为60%。

利用“可选颜色”命令调整对话框参数，如图7-40所示，图像前后变化效果如图7-41所示。

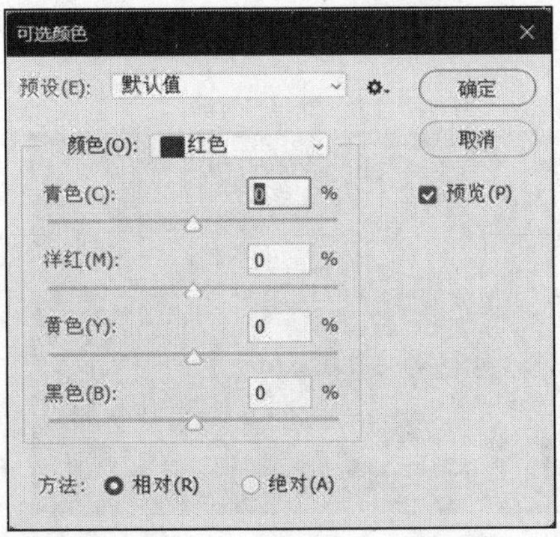

图7-39　“可选颜色”对话框

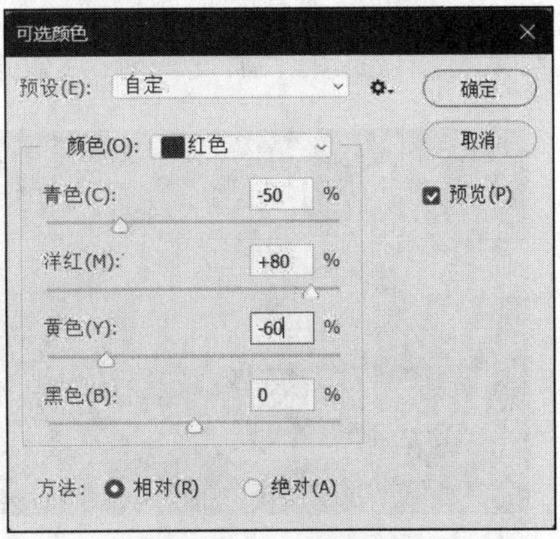

图7-40　参数设置

图 7-41　图像前、后变化效果

7.3.6　渐变映射

“渐变映射”命令用来将图像中相等的灰度范围映射到所设定的渐变填充色中。默认情况下，图像的暗调、中间调和高光分别映射到渐变填充的起始颜色、中间端点和结束颜色。

打开一幅图像，执行“图像”→“调整”→“渐变映射”命令，弹出“渐变映射”对话框，如图 7-42 所示。

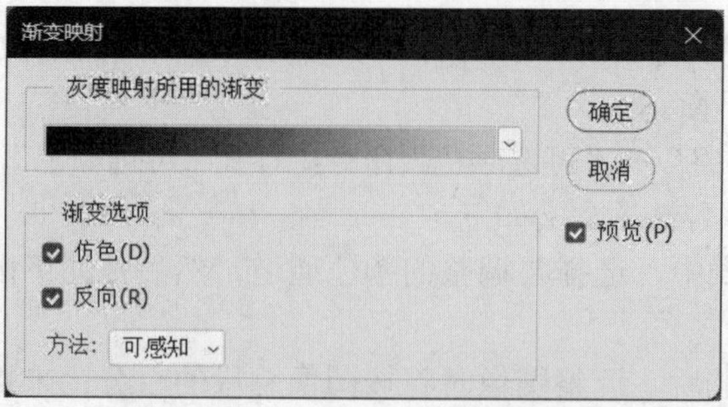

图 7-42　“渐变映射”对话框

“渐变映射”对话框各选项含义如下。

灰度映射所用的渐变：单击渐变条右侧的下拉按钮，打开下拉列表，选择或编辑渐变填充样式。

仿色：使色彩过渡更平滑。

反向：可以使现有的渐变色逆转方向。

对素材图像应用“渐变映射”，效果如图 7-43 所示。

图 7-43　应用“渐变映射”前、后对比

7.3.7 阴影/高光

“阴影/高光”命令可以处理图片中过暗或过亮的图像，并尽量恢复其中的图像细节，保证图像的完整性。

执行“图像”→“调整”→“阴影/高光”命令，打开“阴影/高兴”对话框，如图 7-44 所示。

勾选对话框中的“显示更多选项”复选框，可以打开扩展项，如图 7-45 所示。

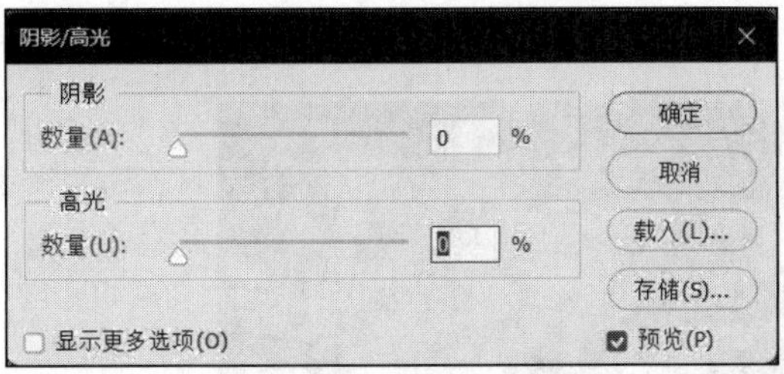

图 7-44 “阴影/高光”对话框

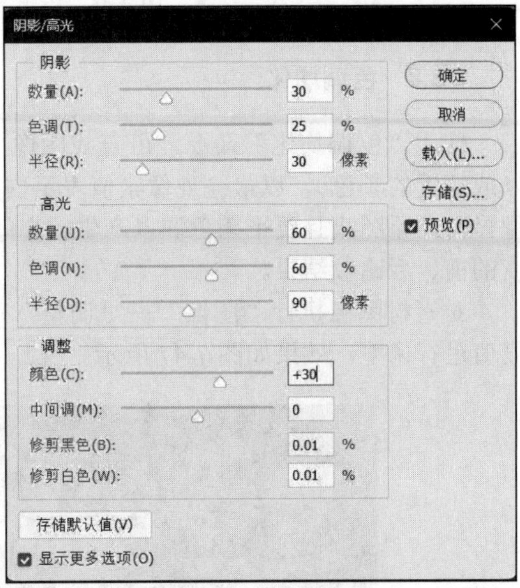

图 7-45 对话框更多选项

该对话框扩展后，除包含原有的两个基本参数外，又扩展出了多个高级参数，具体如下。

数量：在“阴影”和“高光”区域中拖动该滑块，可以对图像暗调或高光区域进行调整，该数值越大，则调整的幅度也越大。

色调宽度：在“阴影”和“高光”区域中拖动该滑块，可以控制对图像的暗调或高光部分的修改范围，该数值越大，则调整的范围也越大。

半径：在“阴影”和“高光”区域中拖动该滑块，可以控制每个像素周围的局部相邻像素的大小，该大小用于确定像素是在暗调还是在高光中，即可以确定哪些区域是暗调，哪些区域是亮调，向左滑动可以指定较小的区域，向右滑动可以指定较大的区域。

颜色：此选项仅适用于彩色图像。拖动该滑块或在文本框中输入数值，可以对图像的颜色进行微调，数值越大则图像中的颜色饱和度越高，反之，饱和度则降低。

中间调对：此选项用来调整中间色调中的对比度。拖动该滑块或在文本框中输入数值，调整位于暗调和高光部分之间的中间色调，使其与调整暗调和高光后的图像相匹配。

修剪黑色/白色：在文本框中输入数值，可以确定新的暗调截止点（设置“修剪黑色”数值）和新的高光截止点（设置“修剪白色”数值），这两个数值设置得越大，则图像的对比度越强。

对素材图像应用“阴影/高光”效果，如图 7-46 所示。

图 7-46　应用“阴影/高光”前、后对比

7.3.8　色调均化

使用“色调均化”命令，可查找图像中最亮和最暗的像素，并以最暗处像素值表示黑色（或相近的颜色），以最亮处像素值表示白色，然后对图像的亮度进行色调均化。当扫描的图像显得比原图暗且要平衡色调以产生较亮的图像时，就可以使用此命令，它能够清楚地显示亮度的前、后比较结果。

对素材图像执行“图像”→“调整”→“色调均化”命令，自动对原始图像中像素的亮度值进行调整，效果如图 7-47 所示。

图 7-47　应用“色调均化”前后对比效果

7.3.9　阈值

使用“阈值”命令，可以将一幅灰度或彩色图像转换为高对比度的黑白图像。它能将设置的色阶指定为阈值色阶，所有比该阈值色阶亮的像素都会被转换成白色，比该阈值色阶暗的像素都被转换成黑色。使用该命令可以制作黑白风格的图像效果。

打开素材图像文件，执行“图像”→“调整”→“阈值”命令，弹出“阈值”对话框，如图 7-48 所示，通过设置“阈值色阶”参数，可以使图像转换为高对比度的黑白图像，如图 7-49 所示。

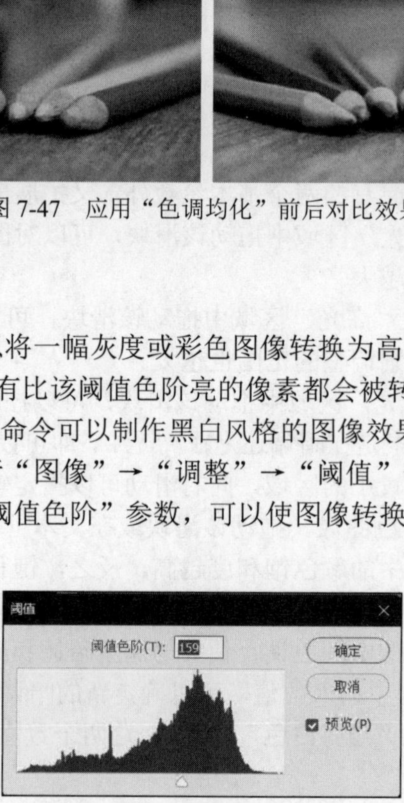

图 7-48　“阈值”对话框

图 7-49 设置“阈值色阶”参数前、后对比效果

7.3.10 色调分离

“色调分离”命令可以定义色阶的数量。在灰阶图像中可以用此命令来减少灰阶数量。打开素材图像文件，执行“图像”→“调整”→“色调分离”命令，弹出“色调分离”对话框，如图 7-50 所示。

图 7-50 “色调分离”对话框

“色阶”文本框中的数值确定了颜色的色调等级，数值越大，颜色过渡越细腻；数值越小，图像的色块效果越明显。色阶为 4 时，图像对比效果如图 7-51 所示。

图 7-51 图像对比效果

习　题

第 7 章习题答案

一、选择题

1. 下面哪个色彩调整命令可提供最精确的调整？（　　）
   A. 色阶　B. 亮度/对比度　C. 曲线　D. 色彩平衡
2. 下列（　　）命令可以用来调整色偏。
   A. 色调均化　B. 阈值　C. 色彩平衡　D. 亮度/对比度

3．在 RGB 模式中，RGB(0,255,0)表示（　　）。

A．红色　　B．绿色　　C．蓝色　　D．橙色

4．下面的命令中，不可以进行图像色彩调整的是（　　）。

A．“色阶”命令　　B．“曲线”命令　　C．“变化”命令　　D．“模糊”命令

5．对图像的明暗度有调节作用的命令有（　　）。

A．色相/饱和度和色调均化　　B．曲线和色阶

C．渐变映射和去色　　D．变化和阈值

二、判断题

1．在 Photoshop 中，彩色图像可以直接转化为黑白位图。（　　）

2．“色阶”命令只能够调整图像的明暗变化，而不能调整图像的色彩。（　　）

3．已完成图像的色彩模式不允许再发生变化。（　　）

4．RGB 模式分别代表了红、绿、蓝 3 种颜色，是一种印刷模式。（　　）

5．Photoshop 中，将图像转换为位图模式会使图像颜色减少到黑、白两种。（　　）

三、操作题

使用如图 7-52 所示的素材图，结合本章所学知识，将其色彩调整为夕阳下校园的效果，如图 7-53 所示。

图 7-52　素材

图 7-53　图像效果

第 8 章 通　　道

本章导读

通道是 Photoshop 中非常重要的功能。Photoshop 利用通道可以更改图像的色彩、利用通道存储选区，结合通道的这两个功能来抠取复杂的图像，或者编辑处理特殊图像。本章的主要学习内容包括通道分类、“通道”面板，通道的创建、复制、删除等操作方法和主要应用。

本章要点

- 认识通道
- 通道操作
- 通道和选区
- 利用通道抠图

8.1 认识通道

Photoshop 中，通道是通过颜色来存储不同类型的通道信息。一般情况下，通道用灰度显示，因为通道的颜色与选区有直接的关系，在通道中，完全白色的通道区域表示完全选择，完全黑色的通道区域表示完全没有选择，不同深浅的灰度通道区域表示不完全选择，体现在选区上就是根据灰度的浅和深，对应选区羽化值的大和小。

通道信息由“通道”面板存储，按照通道的作用，分为颜色通道、Alpha 通道和专色通道 3 类。

8.1.1 “通道”面板

执行“窗口”→“通道”命令，打开“通道”面板。一个 RGB 模式图像的通道如图 8-1 所示。在“通道”面板中，可以看到 6 个通道：4 个颜色通道和 2 个创建的专色通道、Alpha 通道。通道名称的左侧为通道可见性状态按钮、显示通道内容的缩览图，通道缩览图会根据通道的编辑情况自动更新。“通道”面板的底部还有 4 个按钮，分别是“将通道作为选区载入”“将选区存储为通道”“创建新通道”和“删除当前通道”，单击“通道”面板右上角的“面板设置”按钮，可以打开面板下拉菜单选择相应的命令。

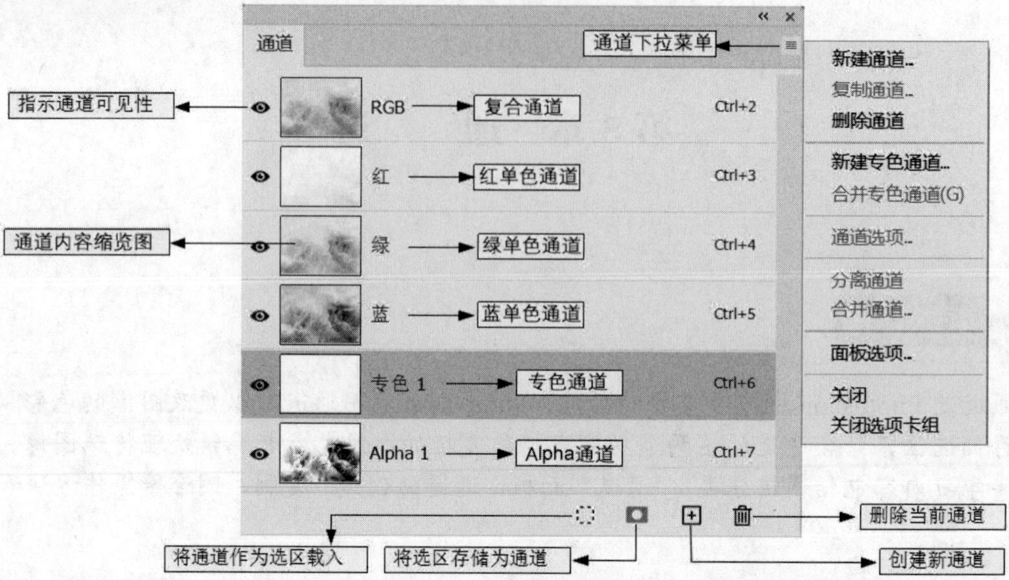

图 8-1　“通道”面板

8.1.2　颜色通道

Photoshop 中，颜色通道存储图像颜色信息。不同颜色模式的图像，其颜色通道也不同。常用的图像颜色通道有位图、灰度、Lab、CMYK 和 RGB 图像颜色通道。

颜色通道的主要特点如下。

（1）图像的颜色模式决定了颜色通道的数量。RGB 模式为一个复合通道和红、绿、蓝 3 个单色通道，CMYK 模式为一个复合通道和青色、洋红、黄色、黑色 4 个单色通道，灰度图像只有一个颜色通道。一幅图像的不同颜色模式的颜色通道显示状态，如图 8-2 所示。

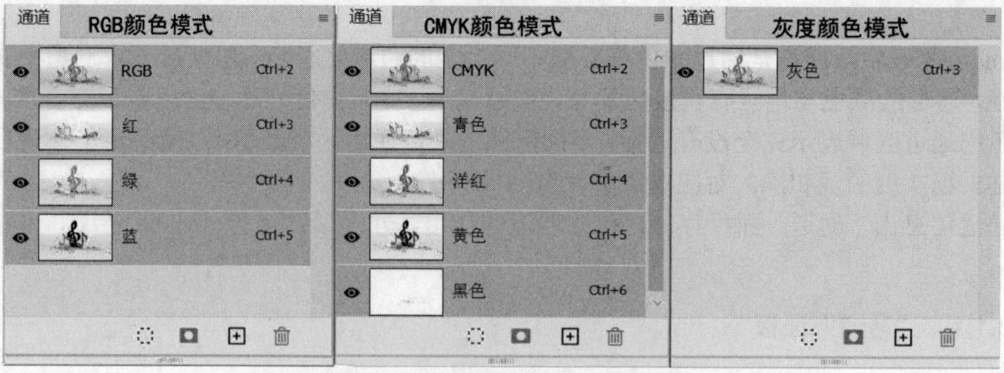

图 8-2　不同颜色模式的颜色通道

（2）除第一个复合通道外，其他通道以灰色显示通道颜色信息。执行“编辑”→“首选项”→“界面”→“用彩色显示通道”命令，实现单色通道的彩色显示，如图 8-3、图 8-4 所示。

（3）通道根据颜色模式将颜色信息分离出来供用户查看、编辑。每个颜色通道用于保存图像中相应颜色信息，通过通道叠加来获取图像的最终颜色。

（4）颜色通道名称不可更改。

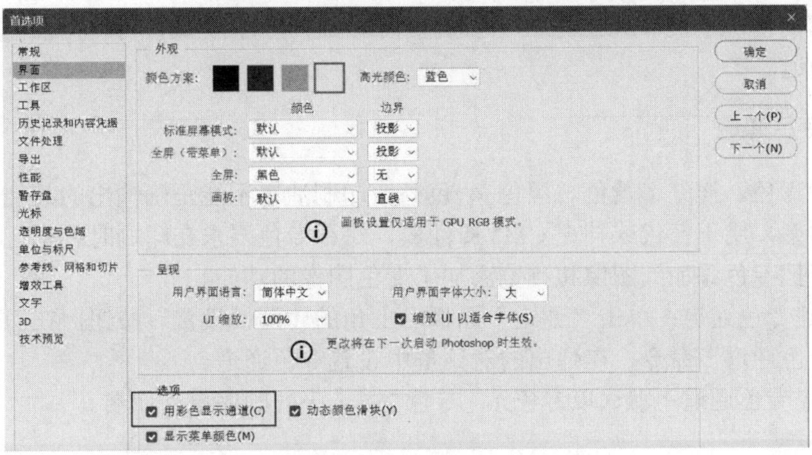

图 8-3 “界面”选项卡

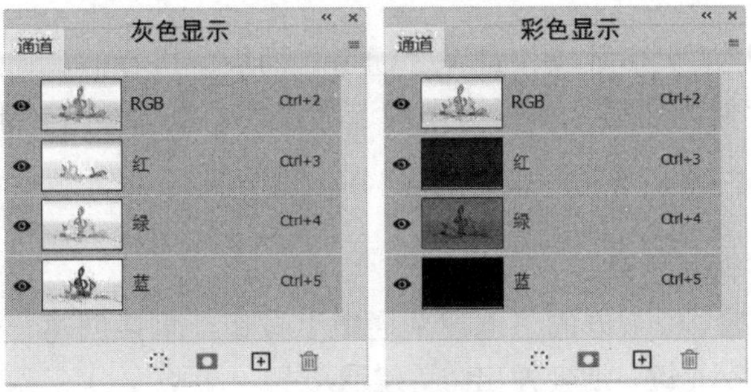

图 8-4 灰度和彩色通道显示

8.1.3 Alpha 通道

Alpha 通道用于保存和编辑选区，常利用 Alpha 通道来建立和编辑复杂选区。

Alpha 通道的主要特点如下。

（1）每个通道需要手动建立，新建 Alpha 通道时，默认以 Alpha1、Alpha2、……的顺序自动命名，也可以根据需要采用图层的命名方法。

（2）保存选区就等同于在通道中建立了一个同名称的 Alpha 通道，它们是对应的。修改选区，对应的通道就被修改；反之，修改通道，选区也同样发生相应的改变。

（3）在 Alpha 通道中，纯白色为选区，纯黑色为非选区，灰色为有羽化值的选区，选区和通道显示及“通道”面板如图 8-5 所示。

图 8-5 选区和通道显示及“通道”面板

当有选区的情况下，单击通道中“将选区存储为通道”按钮，可将当前图像中的选区转换为 Alpha 通道。

8.1.4 专色通道

专色指除青色、洋红、黄色、黑色 4 色外，印刷油墨不能正确输出的其他颜色。专色是特殊的混合油墨，用于替代或补充 CMYK 油墨，每种专色要求在印刷时有与之对应的印版。专色通道具有把专色添加到图像和预览添加了专色图像的功能。

（1）创建专色通道：单击“通道”面板右上角的“面板设置”按钮，在面板下拉菜单中选择“新建专色通道”命令，在弹出的对话框中设置专色通道。

（2）新建专色通道，默认以专色 1、专色 2、……的顺序自动命名。

8.2 通道操作

Photoshop 中，通道的大多数操作是在“通道”面板中进行的。通道的基本操作主要包括创建新通道、将选区存储为通道、将通道作为选区载入、复制通道、删除通道等。

8.2.1 创建新通道

创建新通道有以下两种方法。

（1）单击“通道”面板下方的“创建新通道”按钮，直接创建一个白色的 Alpha 通道，如果在单击按钮时按住 Alt 键，则会弹出“新建通道”对话框，在对话框中可以设置通道名称、色彩指示、颜色等选项，如图 8-6 所示。

“新建通道”对话框各选项含义如下。

名称：新建通道的名称。

色彩指示：用于设定通道中蒙版的显示方式。

1）被蒙版区域：白色为选区，黑色为蒙版区。

2）所选区域：白色为蒙版区，黑色为选区。

颜色：表示新建通道中蒙版显示的颜色。

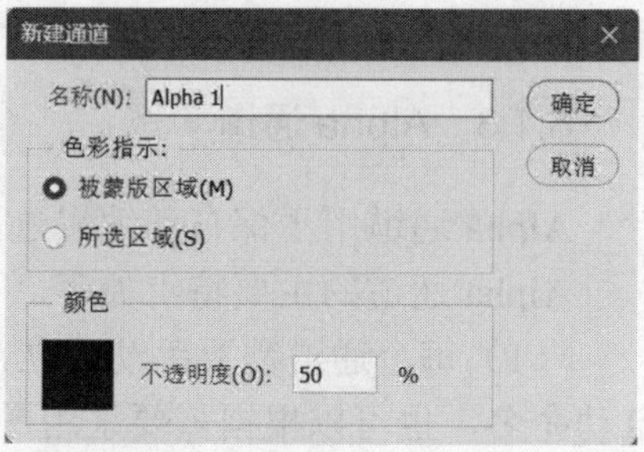

图 8-6 “新建通道”对话框

（2）单击“通道”面板右上角的“面板设置”按钮，在面板下拉菜单中选择“新建通道”命令，可以打开“新建通道”对话框，新建通道。

8.2.2 将选区存储为通道

将选区存储为通道有以下两种方法。

（1）建立一个确定的选区，之后单击“通道”面板下方的“将选区存储为通道”按钮，一般情况下，通道中，选区区域为白色，非选区区域为黑色，如图 8-7 所示。

（2）执行“选择”→“存储选区”命令，在打开的“存储选区”对话框中设置相关设置，如图 8-8 所示，该对话框提供以下几种选择。

文档：显示已经打开的图像文件名称，选择相应图像文件，即可将选区保存在相应的图像文件中。

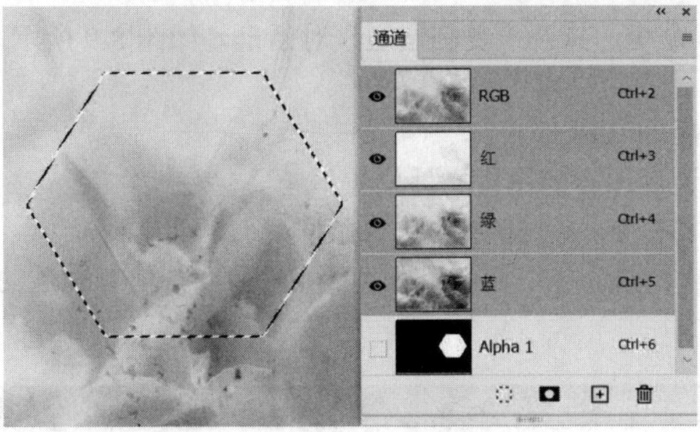

图 8-7 将选区存储为通道

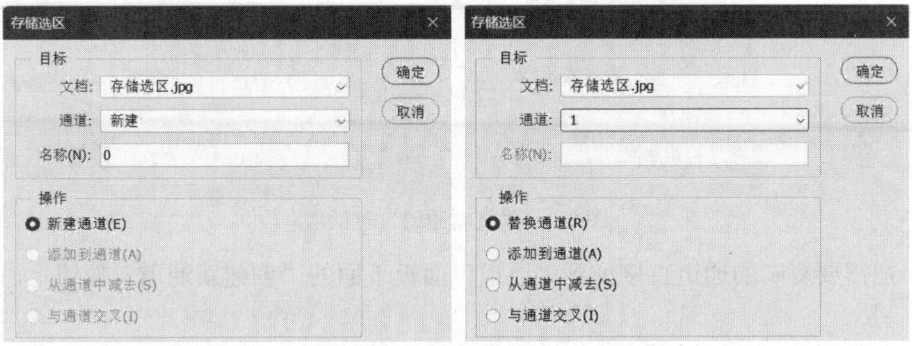

图 8-8 “存储选区”对话框

通道：包括当前图像文件中已经存在的 Alpha 通道名称及新建选项。如果选择“新建”，则可以创建新的 Alpha 通道；如果选择“已有的 Alpha 通道”，则可以执行“替换通道”“添加到通道”“从通道中减去”“与通道交叉选项”命令。

名称：新建通道的名称。

操作：包括以下 4 种。

1）新建通道：添加当前选区所创建的新通道。

2）添加到通道：在原通道基础上添加当前选区所创建的通道。

3）从通道中减去：在原通道基础上减去当前选区所创建的通道。

4）与通道交叉：将原通道与当前选区的交叉部分创建为新通道。

8.2.3 将通道作为选区载入

将通道作为选区载入有以下两种方法。

（1）单击“通道”面板下方的“将通道作为选区载入”按钮。

（2）执行“选择”→“载入选区”命令，弹出“载入选区”对话框，对话框中选项的含义与“存储选区”对话框类似。

8.2.4 复制通道

复制通道有以下两种方法。

（1）选中要复制的通道，单击“通道”面板右上角的“面板设置”按钮，在面板下拉菜单中选择“复制通道”命令，打开“复制通道”对话框，如图 8-9 所示，该对话框提供以下几种选择。

1）为：复制通道后的名称。

2）文档：复制通道后保存的图像文件位置。

3）名称：在“文档”下拉列表中选择“新建”后才可用。

4）反相：类似于“图像”→“调整”→“反相”命令，使复制后的通道颜色以反相显示，即黑变白，白变黑。

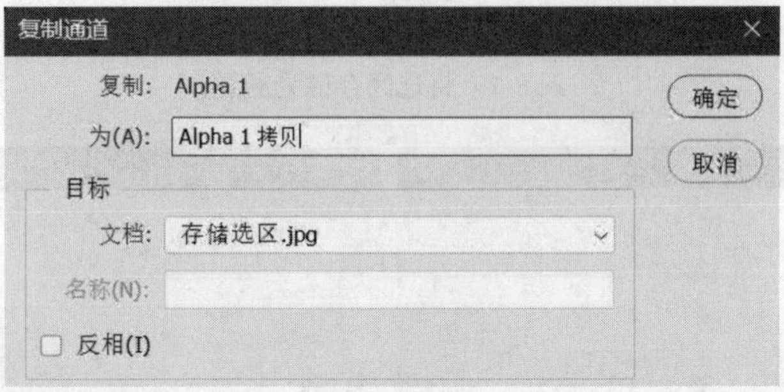

图 8-9 “复制通道”对话框

（2）把需要复制的通道直接拖到“通道”面板下面的“创建新通道”按钮上，就可以复制通道。

（3）在需要复制的通道上右击，在弹出的快捷菜单中选择复制通道命令。

8.2.5 删除通道

删除通道有以下两种方法。

（1）选中要删除的通道，单击“通道”面板下方的“删除当前通道”按钮。

（2）在需要删除的通道上右击，在弹出的快捷菜单中选择“删除通道”命令。

8.2.6 分离通道和合并通道

1. 分离通道

单击“通道”面板右上角的“面板设置”按钮，在面板下拉菜单中选择“分离通道”命令。分离通道后会使每个通道从原图像中分离出来，同时关闭原图像文件。必须满足以下条件才能分离通道。

（1）必须要有 2 个以上的通道。

（2）如果文件中有 2 个以上图层，则必须先拼合图像。

2. 合并通道

选择分离后的通道图像，单击“通道”面板右上角的“面板设置”按钮，在面板下拉菜单中选择“合并通道”命令，在弹出的对话框中设置以下选项。

“模式”：合并后图像的颜色模式。

“通道”：输入合并通道的数目。

8.3 通道调整图像颜色实例

通道调整图像颜色实例

实例描述：通过实例操作，使读者认识和掌握利用颜色通道调整图像颜色的操作方法。素材 1 和效果图如图 8-10 所示。

图 8-10　素材 1 和效果图

操作步骤如下。

（1）执行“文件”→“打开”命令，打开素材 1 图像文件，素材 1、图层和通道如图 8-11 所示。

图 8-11　素材 1、图层和通道

（2）执行“窗口”→“通道”打开“通道”面板，单击 Alpha1 通道灰色区域，把 Alpha1 作为当前通道，单击“通道”面板下面的“将通道作为选区载入”按钮，载入花瓣选区，如图 8-12 所示。

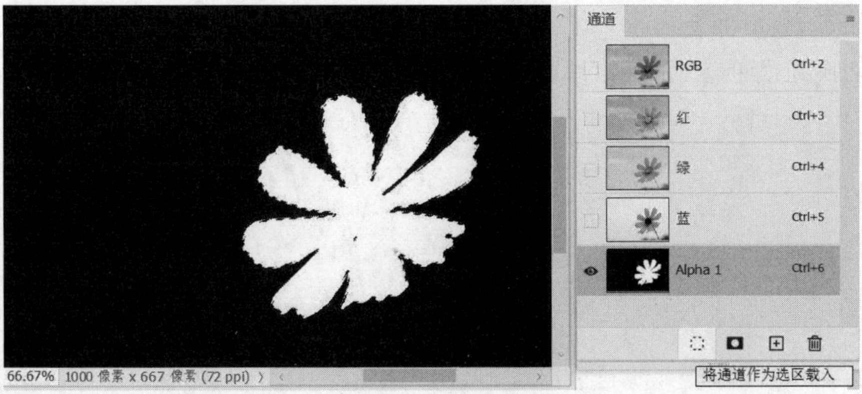

图 8-12　图像窗口和“通道”面板

（3）在“通道”面板中单击 RGB 通道，由 Alpha1 通道切换为复合通道，如图 8-13 所示。

图 8-13　图像窗口和“通道”面板

（4）在“图层”面板中单击“背景”图层，把“背景”图层作为当前图层，如图 8-14 所示。

图 8-14　图像窗口和“图层”面板

（5）按快捷键 Ctrl+J，复制“背景”图层选区图像到新图层，给新图层命名为“花瓣”，隐藏“背景”图层和“花心”图层，如图 8-15 所示。

图 8-15　创建“花瓣”图层

（6）切换到“通道”面板，单击“红”通道，将其作为当前通道，如图 8-16 所示。

图 8-16　选择“红”通道

（7）执行“图像”→“色阶”命令，调整“输入色阶”参数为20、1.5、150，如图8-17所示。

图8-17 图像窗口和“色阶”对话框

（8）单击“绿”通，将其道作为当前通道，如图8-18所示。

图8-18 选择“绿”通道

（9）执行“图像”→“亮度/对比度”命令，调整“亮度”“对比度”参数为-30、10，如图8-19所示。

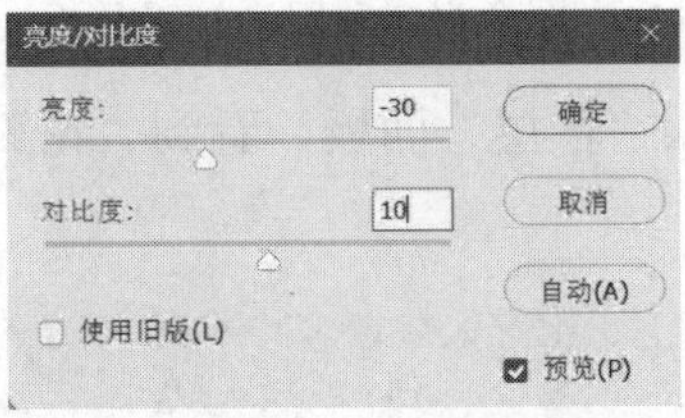

图8-19 图像窗口和“亮度/对比度”对话框

（10）单击“蓝”通道，将其作为当前通道，如图8-20所示。

图8-20 选择“蓝”通道

（11）将前景色设置为白色，选择画笔工具，使用“柔边圆”，大小为 500 像素，不透明度为 20%，如图 8-21 所示。

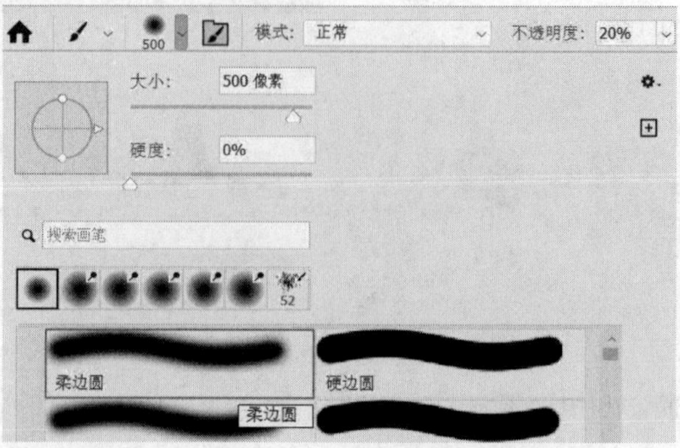

图 8-21　画笔设置

（12）使用画笔工具在花瓣上单击 5 次，使花瓣颜色适度变白，如图 8-22 所示。

图 8-22　图像窗口和用画笔工具添加白色

（13）依次单击 RGB 通道、“图层”面板，看到“花瓣“图层中原来灰色的花瓣变成紫色花瓣了，如图 8-23 所示。

图 8-23　图像窗口和“图层”面板

（14）看到花心部分偏蓝，可以切换到“通道”面板，使用白色柔边画笔，适当调小画笔大小，在“红”通道的花心处涂抹，增加花心部分的红色信息，调整后的图像、“通道”面板如图 8-24 所示。

图 8-24 图像窗口和“通道”面板

（15）依次单击 RGB 通道、“图层”面板，显示“花心”和“背景”图层，完成图像的颜色调整，调整后的图像、“图层”面板和“通道”面板如图 8-25 所示。

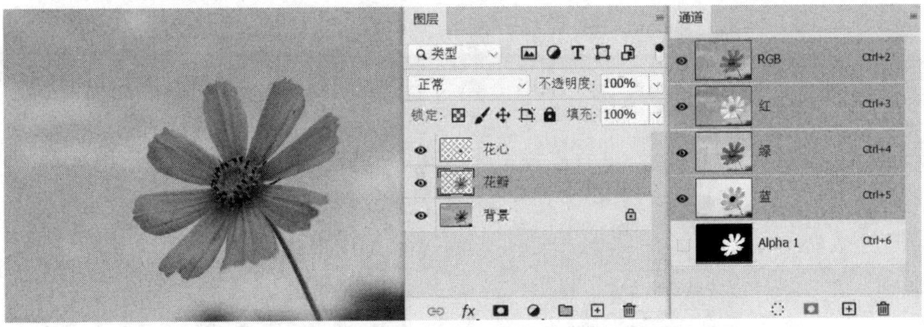

图 8-25 图像窗口、“图层”和“通道”面板

（16）另存文件为 PSD 和 JPEG 格式，完成作图。

8.4 利用通道抠图实例

在 Photoshop 中，经常需要将通道和其他工具或命令结合起来建立复杂选区。通常会使用选区工具建立大致的选区，借助画笔、橡皮擦等工具调整通道边缘局部细节，借助图像调整命令如“亮度/对比度”“色阶”等来调整通道的明暗度。

对于树木、毛发等形状不规则、颜色不一致的图像，很难用常规方法建立选区。使用通道建立选区的一般方法是：首先，在“通道”面板中查看和比较单色通道的哪个通道的主体图像和周围背景的灰阶差别较大，选出差别最大的那个单色通道，并对该通道进行复制；之后，对复制的通道进行色调调整，使主体对象和周围背景的色调的差别进一步变大，即黑的更黑，白的更白。在通道中的颜色表现就是主体对象为白色，背景为非选区的黑色。需要注意：色调调整需要适度，如果参数调整过大，则细节会丢失；如果参数调整太小，则选区不完整。

8.4.1 实例 1——通道抠图

通道抠图实例 1

实例描述：通过实例操作，使读者认识和掌握利用颜色通道和 Alpha 通道来抠取树木的操作方法，使用此方法也可以抠取毛发。素材 2、3 和效果图如图 8-26 所示。

（a）素材 2　　（b）素材 3　　（c）效果图

图 8-26　素材 2、3 和效果图

操作步骤如下。

（1）执行“文件”→“打开”命令，打开素材 3。

（2）执行“选择”→“主体”命令，抠取树木，命令及选区如图 8-27 所示。

图 8-27　“主体”命令和选区

（3）按 Ctrl+J 快捷键复制选区内容到新图层，并在“树木”图层（即图层 1）下面新建“图层 2”，填充黑色，看到抠取的树木中间原来的白色背景内容还没有被抠除，如图 8-28 所示。由此看到像树木、毛发这类图像对象的抠图，可以使用类似魔棒、磁性套索或“选择”菜单下的“主体”“色彩范围”等命令来抠取，但抠除的图像不太令人满意。因此，像这一类的图像对象可以借助通道来进行抠图。

图 8-28　图像窗口和“图层”面板

（4）选中“背景”图层，删除“图层 1”，隐藏“图层 2”。

（5）从“图层”面板切换到“通道”面板，依次单击 3 个单色通道，观察 3 个单色通道中，哪个通道的树木和背景的差别比较大，这里可以观察到“蓝”通道的树木部分和周围背景亮度差别大，如图 8-29 所示。

图 8-29　单色通道显示和“通道”面板

（6）选中“蓝”通道，在该通道上右击，在弹出的快捷菜单中选择“复制通道”命令，复制一个“蓝”通道，这个通道就成为一个普通的 Alpha 通道。“复制通道”命令和“通道”面板如图 8-30 所示。

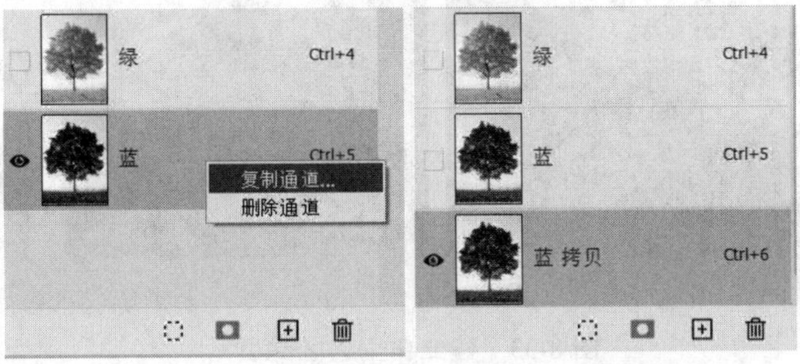

图 8-30　“复制通道”命令和“通道”面板

（7）执行“图像”→“调整”→“反相”命令，树木中暗的区域转换为亮的区域，因为在 Alpha 通道中，亮的区域表示选区。下面的操作就是利用色调调整方法，把树木区域调整得更亮，背景部分调整得更暗。“反相”命令和反相后的通道效果如图 8-31 所示。

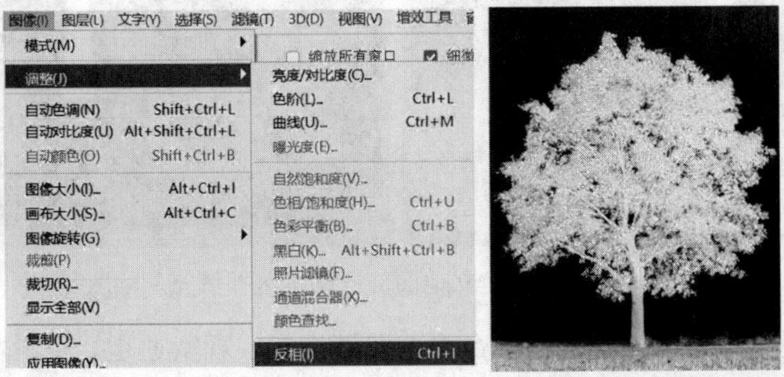

图 8-31　“反相”命令和反相后的通道效果

（8）执行“图像”→“色阶”命令，调整“输入色阶”参数为40、0.7、220，通过色阶调整，观察到树被调整得更亮了，背景变得更暗，表示亮的选区和表示暗的非选区被调整出来，树中间的背景图像也呈现出非选区的黑色。调整色阶后的通道效果和“色阶”对话框如图 8-32 所示。

图 8-32　调整色阶后的通道效果和“色阶”对话框

（9）在“蓝 拷贝”通道，观察到树干还不是全白的，使用磁性套索工具，建立树干选区，并填充白色，如图 8-33 所示。

图 8-33　建立树干选区并填充

（10）使用多边形选区工具，建立地面部分的选区，并填充象征非选区的黑色，至此，整棵树的选区就在通道中表现出来了，如图 8-34 所示。

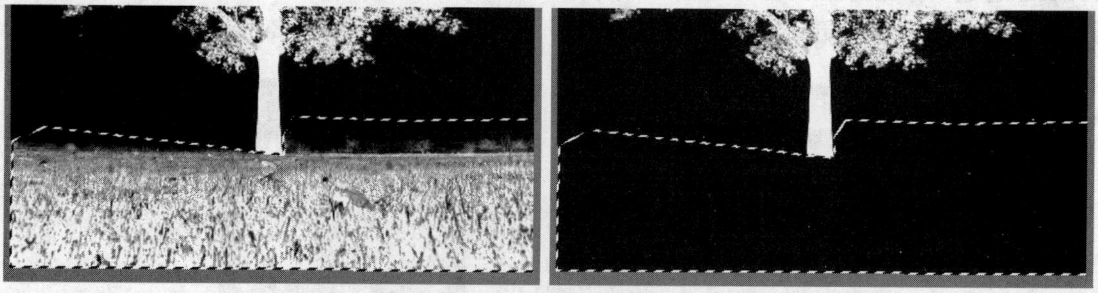

图 8-34　建立地面部分的选区并填充

（11）执行“选择”→“取消选择”命令，取消选区，观察通道，背景如果有白色的杂点，可以用黑色的画笔涂抹，去除白色杂点，也可以用白色的画笔涂抹，增加需要的选区。

（12）单击“通道”面板下方的“将通道作为选区载入”按钮，载入调整后的树的选区，如图 8-35 所示。

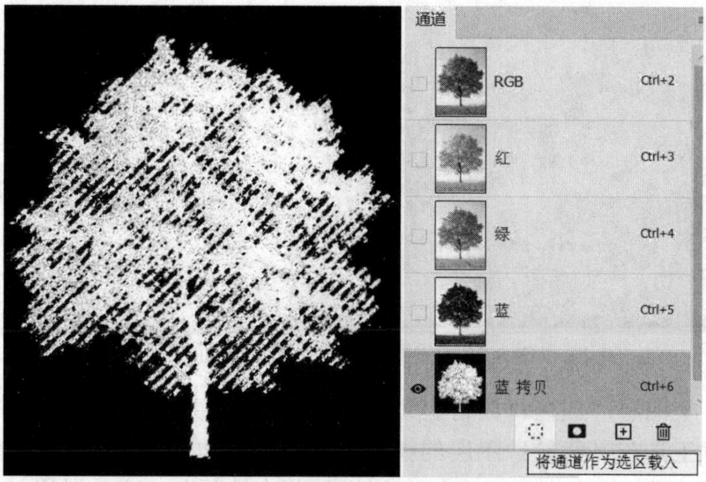

图 8-35　通道效果和“通道”面板

（13）依次单击 RGB 通道、“图层”面板，选择“背景”图层，按快捷键 Ctrl+J，复制选区内容到新图层，完成树的抠图操作，如图 8-36 所示。

图 8-36　复制树的选区到新图层

（14）显示黑色“图层 2”，把“图层 3”移到“图层 2”上面，观察抠图的效果，树中间的背景部分已经被去除了，如图 8-37 所示。

图 8-37　图像窗口和“图层”面板

（15）执行“文件”→“打开”命令，打开素材 4。使用移动工具把素材 3 中抠取出的树移入素材 4 合适的位置，并重命名图层为“树”，再对该图层复制，增加效果，如图 8-38 所示。

图 8-38　图像窗口和“图层”面板

（16）新建一个图层，放在“树 拷贝”图层的上面，并命名为“草皮”。

（17）用图章工具在“背景”图层的树根附近复制，再在“草皮”图层的树根位置绘制，之后可以对该图层使用加深工具，适当加深树根部草皮的颜色，遮盖树根部不自然的效果，如图 8-39 所示。

图 8-39　图像窗口和“图层”面板

（18）关闭素材 3。

（19）另存文件为 PSD 和 JPEG 格式，效果图如图 8-40 所示。

图 8-40　效果图

8.4.2　实例 2——Alpha 通道创建特殊选区

通道抠图实例 2

实例描述：通过实例操作，使读者进一步认识和掌握利用 Alpha 通道建立选区的操作方法。

操作步骤如下。

（1）执行“文件”→“打开”命令，打开素材 5 图像文件，如图 8-41 所示。

图 8-41　素材 5

（2）复制“背景”图层，填充“背景”图层颜色为 RGB(221、221、221)，如图 8-42 所示。

图 8-42　复制“背景”图层并填充“背景”图层

（3）切换到“通道”面板，在面板下部单击“创建新通道”按钮，新建一个黑色的 Alpha1 通道，如图 8-43 所示。

图 8-43　创建新通道

（4）使用画笔工具，设置画笔为“干介质画笔”中的“KYLE 终极炭笔 25 像素中等 2”，大小为 250，不透明度为 48%，流量为 55%，画笔工具选项栏的设置如图 8-44 所示。

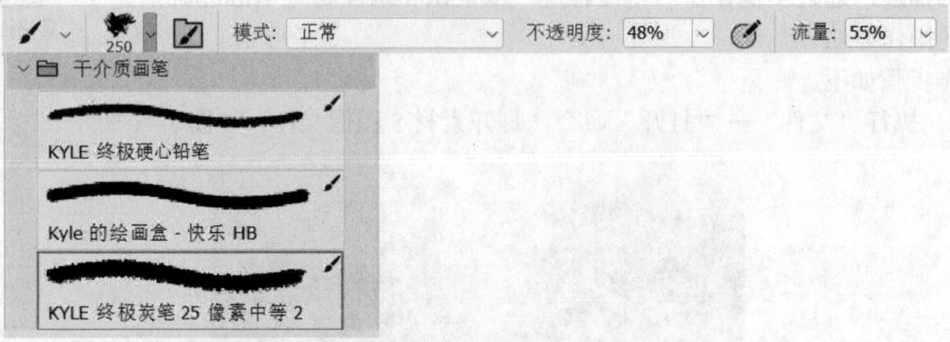

图 8-44　画笔工具选项栏的设置

（5）将前景色设置为白色，在 Alpha1 通道绘制一个中间白、边缘有一定灰度的随意形状，如图 8-45 所示。

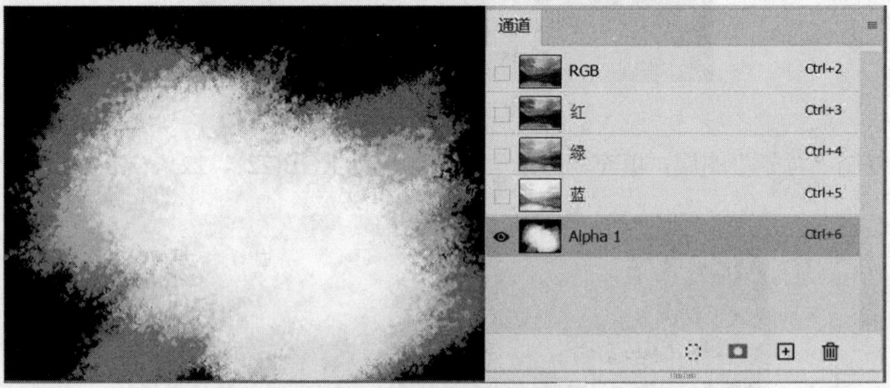

图 8-45　绘制不规则选区

（6）在“通道”面板下部单击“将通道作为选区载入”按钮，载入绘制的不规则选区，如图 8-46 所示。

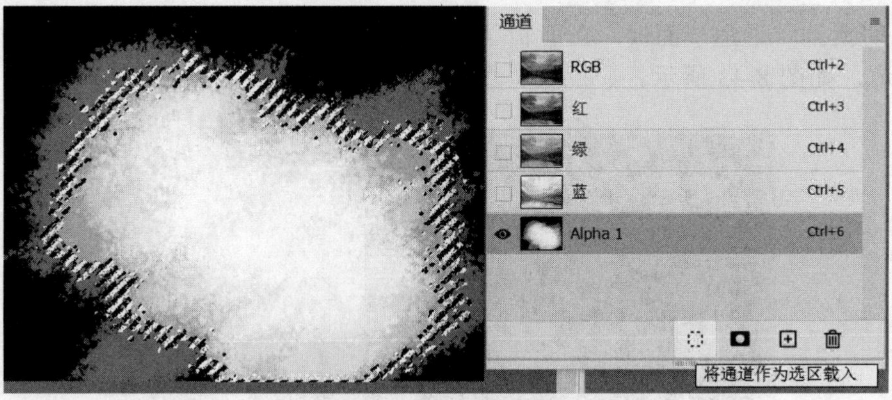

图 8-46　载入不规则选区

（7）单击 RGB 通道，切换到“图层”面板，单击“背景 拷贝”图层，如图 8-47 所示。

图 8-47　图像窗口、“图层”面板和“通道”面板

（8）执行“选择”→“反选”命令，反选选区，如图 8-48 所示。

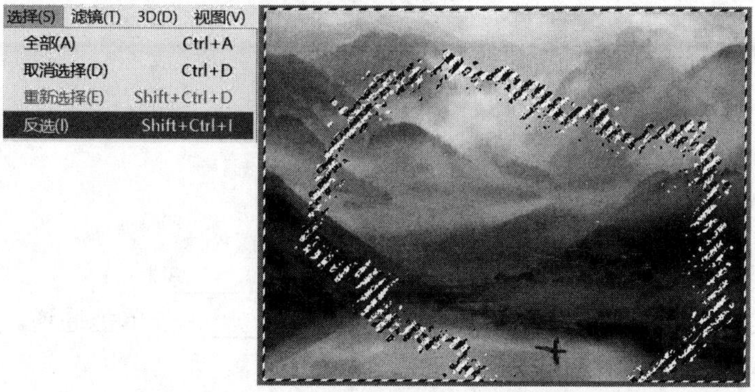

图 8-48　“反选”命令和反选选区

（9）执行“编辑”→“清除”命令，清除当前图层选区图像，如图 8-49 所示。

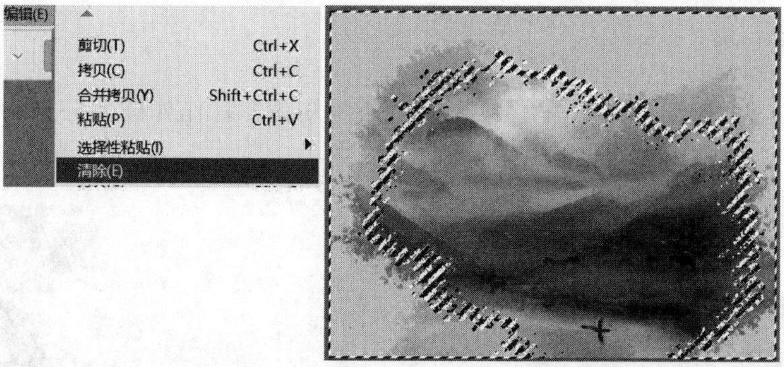

图 8-49　“清除”命令和清除选区图像

（10）执行“选择”→“取消选择”命令，如图 8-50 所示。

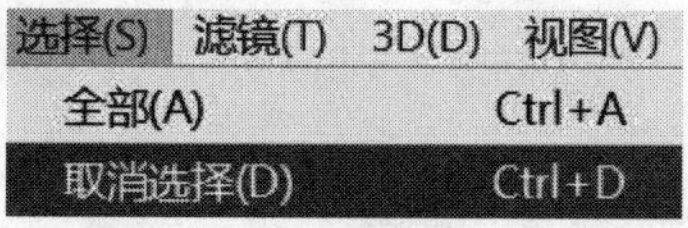

图 8-50　“取消选择”命令

（11）另存文件为 PSD 格式，存储副本为 JPEG 格式，效果图如图 8-51 所示。

图 8-51 效果图

习 题

第 8 章习题答案

一、填空题

1．通道的类型有__________、__________、__________3 种。

2．RGB 模式有__________、__________、__________3 个单色通道。

3．CMYK 模式有__________个单色通道。

4．在 Alpha 通道中，选区为__________色，非选区为__________色，有羽化值的选区为__________色。

5．分离通道时，必须要求有__________个以上通道才可以执行该命令。

二、操作题

使用素材 6、7，如图 8-52 所示，结合本章所学知识，制作如图 8-53 所示的图像效果，并分别存储为 PSD、JPEG 格式的文件。

图 8-52 素材 6、7

图 8-53 效果图

第9章 蒙　　版

本章导读

Photoshop 中，蒙版是合成图像的重要工具，使用它可在不破坏原始图像的基础上实现图层的特殊叠加。本章的主要学习内容包括认识蒙版，快速蒙版、图层蒙版、剪贴蒙版和矢量蒙版的编辑方法和主要应用。

本章要点

- 认识蒙版
- 快速蒙版
- 图层蒙版
- 剪贴蒙版
- 矢量蒙版

9.1 认识蒙版

在 Photoshop 中，蒙版可以理解为遮罩，用来保护被遮蔽的图像内容。可以调整蒙版的灰度来使图层不同部位的透明度产生相应的变化：黑色蒙版为完全透明，白色蒙版为完全不透明。不同灰度的蒙版，按照灰度深浅，图层显示的透明度也不同。

蒙版可以分为快速蒙版、图层蒙版、剪贴蒙版、矢量蒙版 4 种。

9.2 快速蒙版

快速蒙版的功能是创建和修改选区。在快速蒙版模式下，选区部分显示为图像本来的颜色，非选区部分显示为半透明的红色。通过建立快速蒙版，可以更精确地修改选区，主要适用于临时性的选区编辑。

9.2.1 快速蒙版模式

默认情况下，图像为标准模式编辑状态，如果要进入快速蒙版模式，有以下两种方法。

（1）单击工具箱下方的“以快速蒙版模式编辑”按钮，就可以进入快速蒙版模式，再次单击该按钮，就可以切换为标准模式，如图 9-1 所示。

（2）执行“选择”→“在快速蒙版模式下编辑”命令，就可以进入快速蒙版模式，再次执行该命令，就可以切换为标准模式，如图 9-2 所示。

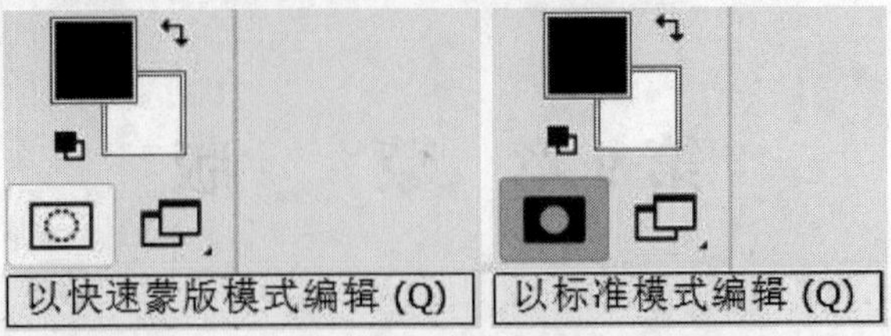

图 9-1　“以快速蒙版模式编辑”按钮

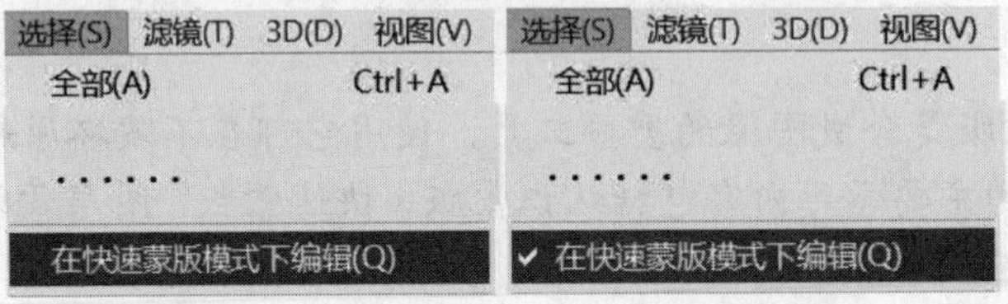

图 9-2　“在快速蒙版模式下编辑”命令

9.2.2　快速蒙版选项设置

双击“以快速蒙版模式编辑”按钮，打开“快速蒙版选项”对话框，如图 9-3 所示。该对话框的设置项有“色彩指示”和“颜色”。

色彩指示包括以下两项。

1）被蒙版区域：透明区域为选区覆盖部分。

2）所选区域：不透明区域为选区覆盖部分。

颜色：操作快速蒙版显示的颜色和颜色的不透明度设置，默认为红色，不透明度为 50%。

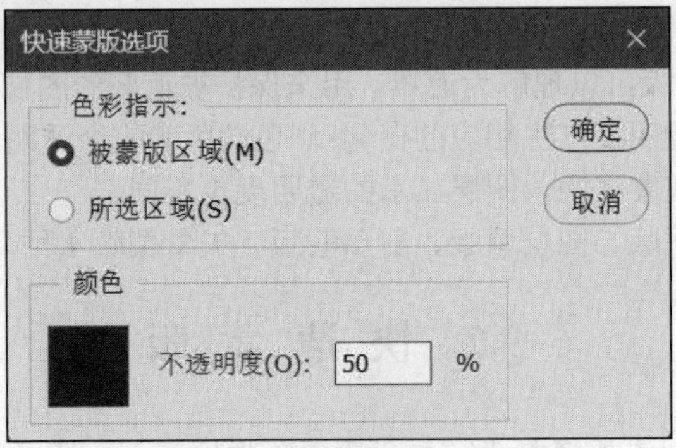

图 9-3　“快速蒙版选项”对话框

9.2.3　快速蒙版编辑

Photoshop 应用中，有各种各样确定选区的方法，确定选区后，如果对选区比较生硬，特别是无法用色彩范围确定选区的图片，就需要对选区进行细微的调整。这时，快速蒙版编辑选区的方法就变得特别重要。使用快速蒙版不会修改图像，只会建立图像的选区。它可以在不使用通道的情况下快速地将选区范围转换为蒙版，然后在快速蒙版模式下进行编辑。当转换为标准模式时，未被蒙版遮住的部分就是选区。将选区作为蒙版编辑时可以使用几乎所有的 Photoshop 工具或滤镜来修改蒙版。

1. 快速蒙版即蒙版显示

在图像中创建选区，单击“以快速蒙版模式编辑”按钮，就进入快速蒙版模式，如图 9-4 所示。在快速蒙版模式下，选区区域没有任何变化，非选区为默认设置的 50%透明度的红色。如果没有建立选区的图像，单击“以快速蒙版模式编辑”按钮后，在快速蒙版模式下，图像没有变化。

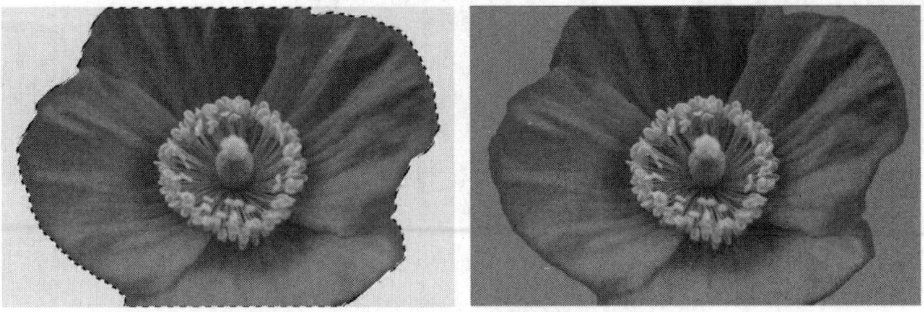

图 9-4 标准模式转换为快速蒙版模式

双击“以快速蒙版模式编辑”按钮，在弹出的对话框中设置快速蒙版的“颜色”为绿色，不透明度不变，蒙版的颜色就变为 50%透明度的绿色，如图 9-5 所示。

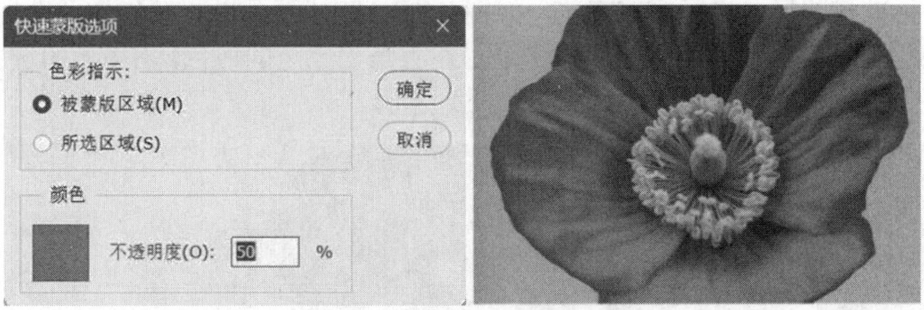

图 9-5 设置“颜色”选项及对应蒙版显示

2. 蒙版编辑

在快速蒙版模式状态下，可以使用很多工具或滤镜对蒙版进行编辑修改。

在 9-5 的快速蒙版模式下，执行“滤镜”→“像素化”→“晶格化”命令，弹出“晶体化”对话框，设置单元格大小为 100，绿色的蒙版发生变化，切换为标准模式，原来的选区也对应发生变化，如图 9-6 所示。

（a）设置单元格大小　（b）蒙版滤镜效果　（c）对应的选区

图 9-6 使用“滤镜”命令编辑蒙版

将前景色设置为黑色，使用画笔工具，设置合适大小的硬边圆，透明度为 100%，在图像中心进行绘制，如图 9-7（a）所示。

转换为标准模式后，选区发生了变化：增加的绿色蒙版区域作为非选区从原选区减去。用白色填充选区，可以清晰观察到新选区区域，并且，减去的选区部分的羽化值为 0。

（a）使用硬边圆画笔绘制蒙版　　（b）对应的选区　　（c）填充白色效果

图 9-7　绘制蒙版

将前景色设置白色，使用画笔工具，设置合适大小的硬边圆，不透明度设置为 100%后，在左上角绘制，该区域的绿色蒙版被清除；不透明度设置为 50%，在右下角绘制，绿色蒙版区域不透明度降低，如图 9-8（a）所示。

转换为标准模式后，选区对应变化，如图 9-8（b）所示。左上角增加了没有羽化值的选区，右下角的选区有羽化值。用白色填充选区，左上角为完全的白色，右下角的选区有羽化值，填充白色后，具有一定的透明度，如图 9-8（c）所示。

（a）使用硬画笔绘制蒙版　　（b）对应的选区　　（c）填充白色效果

图 9-8　绘制蒙版

9.2.4　快速蒙版实例

快速蒙版实例

实例描述：通过实例操作，使读者认识和掌握利用快速蒙版修改选区的操作方法。素材 1 如图 9-9 所示。

图 9-9　素材 1

操作步骤如下。

（1）执行“文件”→“打开”命令，打开素材1图像文件。

（2）执行“选择”→“主体”命令，创建苹果选区，如图9-10所示。

图9-10 “主体”命令和图像选区

（3）单击“以快速蒙版模式编辑”按钮，就进入快速蒙版模式。在快速蒙版模式下，选区区域没有任何变化，非选区为默认设置的50%透明度的红色，如图9-11所示。

图9-11 图像窗口

（4）这幅图像以红色为主色调，红色的快速蒙版不利于蒙版的编辑，此时可以双击“以快速蒙版模式编辑”按钮，在弹出的“快速蒙版选项”对话框中设置快速蒙版选项的“颜色”为绿色，“不透明度”不变，如图9-12所示。

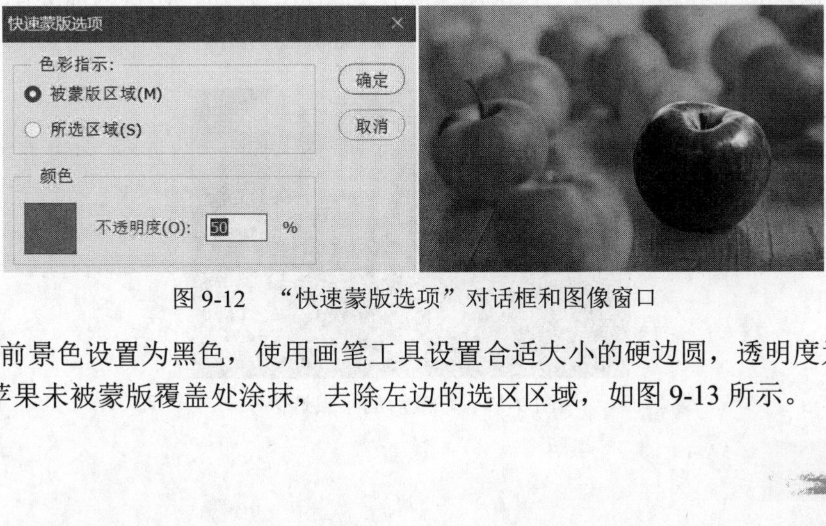

图9-12 “快速蒙版选项”对话框和图像窗口

（5）将前景色设置为黑色，使用画笔工具设置合适大小的硬边圆，透明度为100%，在图像左边的苹果未被蒙版覆盖处涂抹，去除左边的选区区域，如图9-13所示。

图 9-13　使用黑色画笔添加蒙版

（6）放大主体苹果区域，看到苹果左上部边缘区域有蒙版，使用白色的硬边圆画笔，不透明度设置为 100%，在这些区域涂抹绘制，去掉蒙版，前后对比如图 9-14 所示。

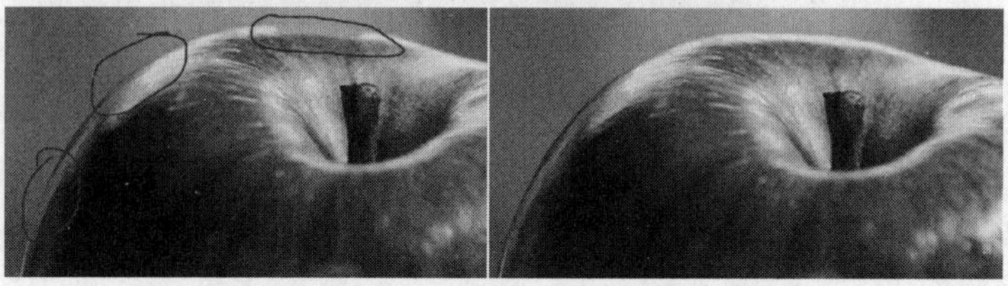

图 9-14　选择“红”通道

（7）使用抓手工具移动窗口，观察苹果其他部分，如图 9-15 所示。看到苹果左下边缘红色画圈处有非选区的蒙版，使用白色的硬边圆画笔，不透明度设置为 100%，在这些区域涂抹绘制，去掉蒙版；对边缘模糊的地方，如粉色画圈处，遵循白色画笔去除蒙版、黑色画笔添加蒙版这个原理，进行蒙版的修改，修改效果如图 9-16 所示。

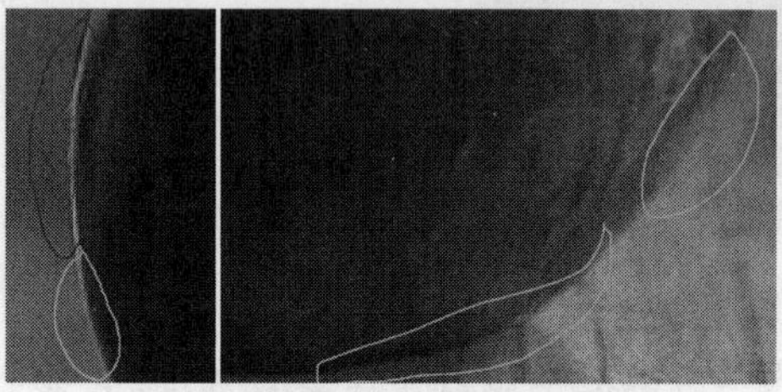

图 9-15　需要修改的蒙版区域

图 9-16　修改后的蒙版区域

（8）再次单击工具箱下方的“以快速蒙版模式编辑”按钮，切换为标准模式，观察得到的苹果选区，该选区已经被修改得比较满意了，如图 9-17 所示。

图 9-17　修改后的苹果选区

（9）复制几个苹果，调整位置及大小，效果图如图 9-18 所示。

图 9-18 效果图

（10）另存文件为 PSD 和 JPEG 格式，完成作图。

9.3 图 层 蒙 版

图层蒙版的主要功能是控制图层内容的显示与隐藏。通过编辑图层蒙版的色调即灰度，来调整图层的显现效果：黑色蒙版隐藏，白色蒙版显示，灰色蒙版根据灰度呈现不同透明度的显示。

图层蒙版在合成图像和对图层进行限制性编辑过程中非常有用。

9.3.1 创建图层蒙版

创建图层蒙版有以下两种方法。

（1）单击“图层”面板下方的“添加图层蒙版”按钮，如图 9-19 所示。添加的图层蒙版为白色，完全显示图层。如果无选区，则添加的图层蒙版为白色，完全显示图层，如图 9-19 所示；如果有选区，则添加的图层蒙版选区为白色，非选区为黑色，只显示选区图层内容，如图 9-20 所示。

图 9-19 添加无选区的图层蒙版

图 9-20　添加有选区的图层蒙版

按住 Alt 键，单击“添加图层蒙版”按钮，创建黑色蒙版，完全隐藏图层内容，如图 9-21 所示。

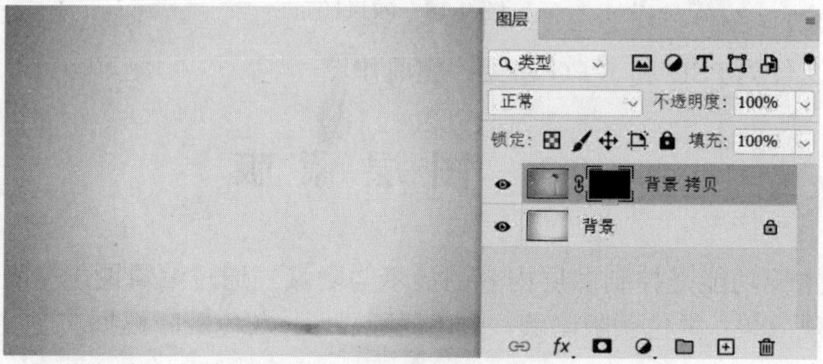

图 9-21　图像窗口和图层蒙版

（2）执行“图层”→“图层蒙版”→“显示全部”命令，如图 9-22 所示，建立白色的图层蒙版，完全显示当前图层。

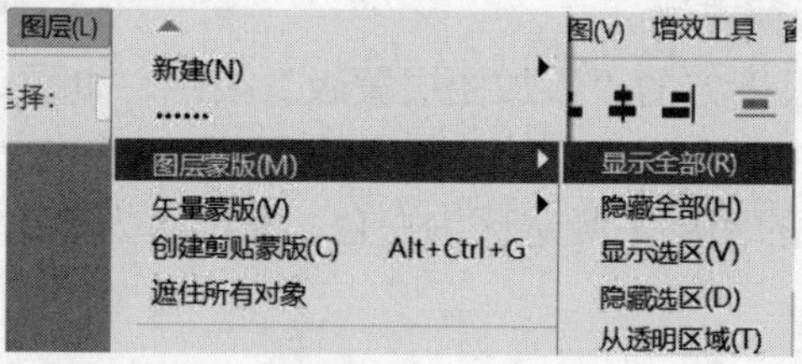

图 9-22　添加图层蒙版命令

执行“图层”→“图层蒙版”→“隐藏全部”命令，建立黑色的图层蒙版，完全隐藏当前图层。

执行“图层”→“图层蒙版”→“显示选区”命令，建立选区为白色、非选区为黑色的图层蒙版，只显示选区图层内容。

执行“图层”→“图层蒙版”→“从透明区域”命令，建立不透明区域为白色、透明区域为黑色、过渡区域为灰色的图层蒙版，图层内容不受影响。

9.3.2　编辑图层蒙版

编辑图层蒙版主要使用渐变、画笔、橡皮擦等绘图工具，或者使用“滤镜”等命令在图层蒙版上进行（只能涂黑、白、灰色）。

1. 进入图层蒙版编辑状态

按住 Alt 键，单击“图层”面板上的图层蒙版缩览图，可以在图像窗口显示该图层蒙版，可以根据需要对该图层蒙版进行修改编辑，如图 9-23 所示；再次按住 Alt 键，单击“图层”面板上的图层蒙版缩览图，即可恢复图层的显示。

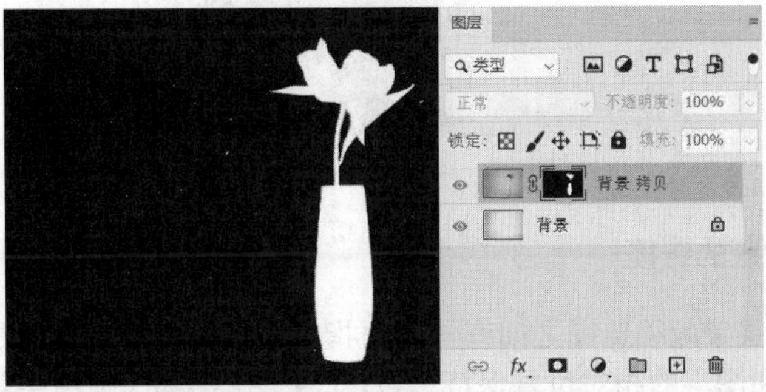

图 9-23　图像窗口和“图层”面板

2. 图层和图层蒙版的选择

对一个图层创建了图层蒙版，默认情况下，选中的是图层蒙版，在“图层”面板中，该图层蒙版缩览图被框选，处于选中状态，如图 9-24 所示。

单击该图层缩览图，该图层缩览图被框选，切换为图层编辑状态，如图 9-25 所示。

图 9-24　图层蒙版缩览图的选中状态

图 9-25　图层缩览图的选中状态

3. 修改图层蒙版

使用渐变、画笔、橡皮擦等工具，或者使用“滤镜”等命令在蒙版上进行编辑（只能涂黑、白、灰色），就可以对图层蒙版进行编辑。

（1）选中图层蒙版后，使用画笔工具对蒙版进行绘涂，涂白色的部分显示对应图层图像，涂黑色的部分隐藏对应图层图像，而涂灰色的部分为半透明，显示对应图层图像，如图 9-26 所示。

图 9-26　图像显示和图层蒙版

（2）在蒙版中使用白到黑的渐变，可以得到图像逐渐透明的效果，如图 9-27 所示。

图 9-27　图像显示和图层蒙版

9.3.3　图层与蒙版的链接

图层缩览图和图层蒙版缩览图之间有一个“指示图层蒙版链接到图层”按钮，如图 9-28 所示。它使图层蒙版和图层的相对位置保持一致，如果图层移动，则图层蒙版也跟着一起移动，如图 9-29 所示。如果取消链接，则图层移动，图层蒙版不会跟着移动，或者图层蒙版移动，图层不会跟着移动，两者之间就会出现错位，如图 9-30 所示。

图 9-28　“指示图层蒙版链接到图层”按钮

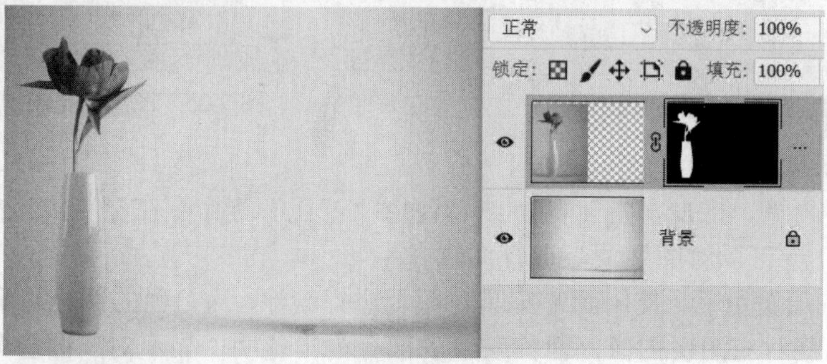

图 9-29　链接的图层和图层蒙版

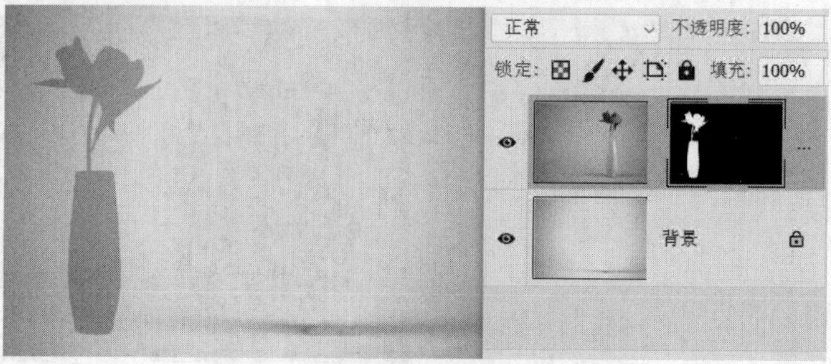

图 9-30　取消链接的图层和图层蒙版

9.3.4 图层蒙版的停用与启用

如果暂时不需要蒙版效果，则可通过右击图层蒙版缩览图，在弹出的快捷菜单中选择“停用图层蒙版”命令，或者执行“图层”→“图层蒙版”→“停用”命令，如图 9-31 所示。

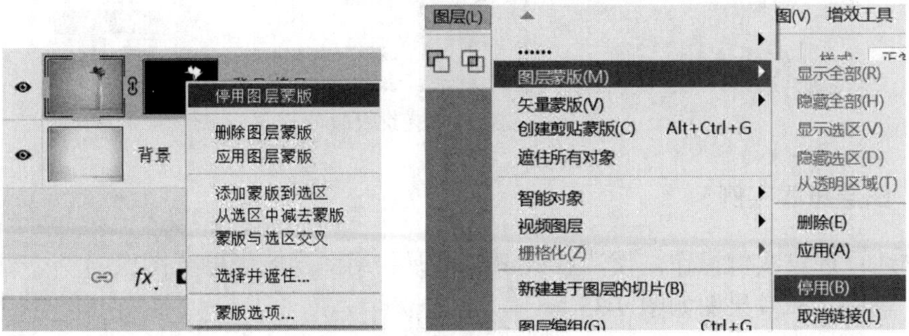

图 9-31 停用图层蒙版命令

如果再次需要蒙版效果，也可以使用上面两种方法启用图层蒙版，如图 9-32 所示。

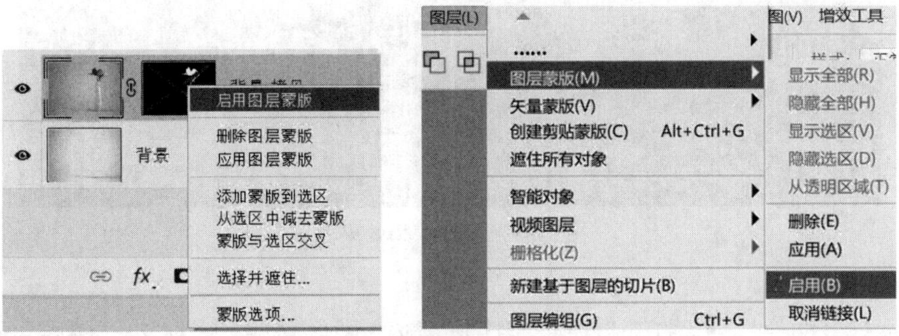

图 9-32 启用图层蒙版命令

9.3.5 图层蒙版的删除和应用

删除图层蒙版可以用蒙版快捷菜单和菜单命令两种方法，具体命令如图 9-33 所示。同理，应用图层蒙版命令如图 9-34 所示。

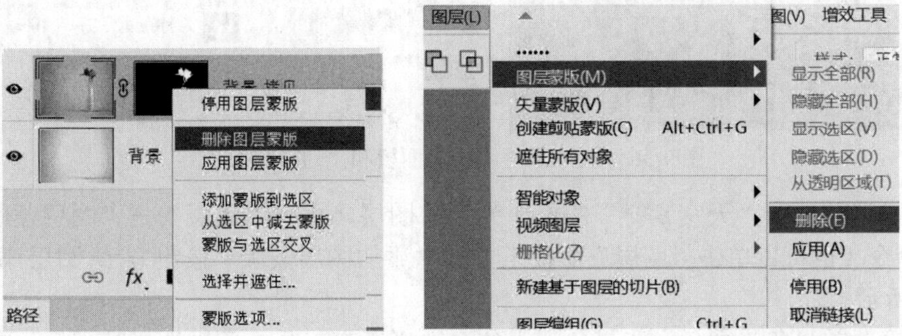

图 9-33 删除图层蒙版命令

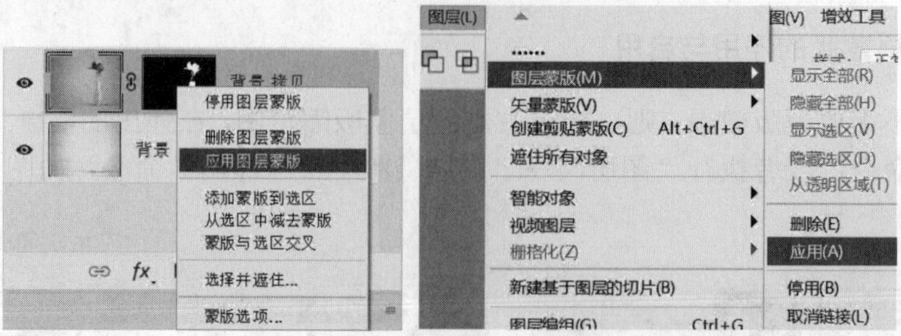

图 9-34　应用图层蒙版命令

9.3.6　图层蒙版实例

图层蒙版实例

实例描述：通过实例操作，使读者认识和掌握利用图层蒙版融合图像的操作方法。素材 2 和效果图如图 9-35 所示。

图 9-35　素材 2 和效果图

操作步骤如下。

（1）执行“文件”→“打开”命令，打开素材 2 图像文件，素材 2、“图层”面板和“通道”面板如图 9-36 所示。

图 9-36　素材 2、“图层”面板和“通道”面板

（2）显示并选择“天空素材”图层作为当前图层，执行“图层”→“图层蒙版”→“显示全部”命令（也可以单击“图层”面板下方的“添加图层蒙版”按钮），给图层添加白蒙版，如图 9-37 所示。

（3）设置前景色为白色，背景色为黑色，选择渐变工具，预设选择基础里面的“前景色到背景色渐变”，如图 9-38 所示。

图 9-37　菜单命令、图像窗口和“图层”面板

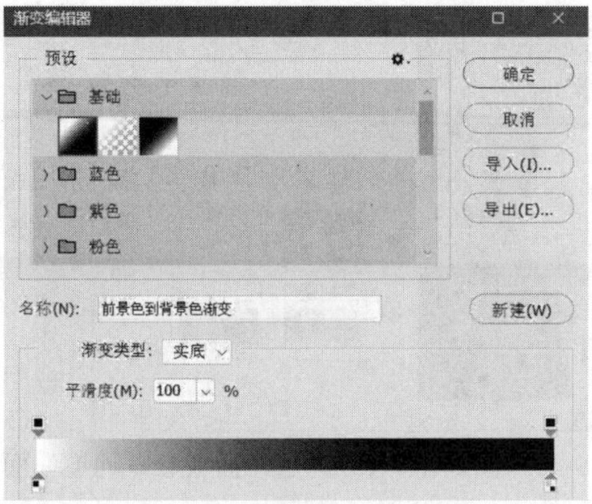

图 9-38　预设选择基础里面的“前景色到背景色渐变”

（4）在图像窗口从上到下的二分之一处下拉渐变工具，使当前图层上面三分之一的图像显示，其他渐变隐藏，按住 Alt 键的同时单击图层蒙版，切换图层蒙版在图像窗口显示，如图 9-39 所示。

图 9-39　图像窗口、图层蒙版和“图层”面板

（5）使用画笔工具，选取“柔边圆”画笔，在图层蒙版中用黑色绘制，隐藏“天空素材”图层对应“背景”图层山脉及以下位置的图像区域，注意绘制时要自然，可以随时切换前景色为白色，调整当前图层显示和隐藏效果，使当前图层的天空和“背景”图层自然融合，如图 9-40 所示。

（6）显示并选择“人物素材”图层作为当前图层，切换到“通道”面板，可以看到“通道”面板下方有一个“人物图层蒙版”通道，这个通道内存储的是人物选区，如图 9-41 所示。

（7）选中“人物图层蒙版”通道，单击“将通道作为选区载入”按钮，载入素材选区，如图 9-42 所示。

图 9-40　图像窗口、图层蒙版和“图层”面板

图 9-41　图像窗口、“图层”面板和“通道”面板

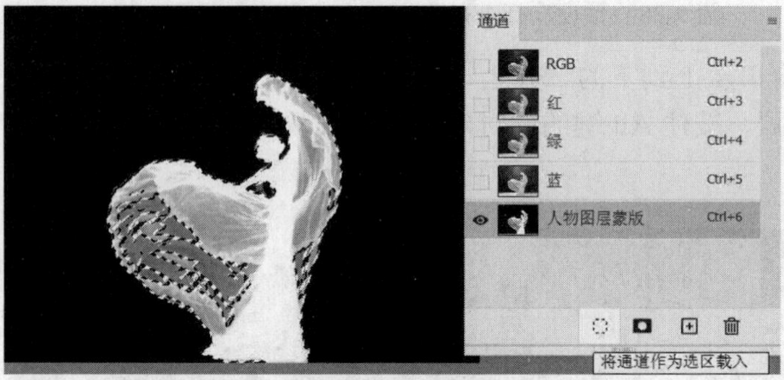

图 9-42　通道和“通道”面板

（8）单击 RGB 通道，再切换到“图层”面板，单击“图层”面板下方的“添加图层蒙版”按钮，对“人物素材”图层添加图层蒙版，人物的背景就被创建的蒙版遮蔽了，如图 9-43 所示。

图 9-43　图像窗口和“图层”面板

（9）另存文件为 PSD 和 JPEG 格式，完成作图。

9.4 剪 贴 蒙 版

剪贴蒙版是蒙版的又一个特殊用法，由两个或多个图层组成，最下面的一个图层称为“基底”图层（简称基层），位于其上的图层称为“顶层”图层（简称顶层）。基层只能有一个，顶层可以有若干个。

该蒙版通过使用处于下方图层的形状来限制上方图层的显示状态：建立了剪贴蒙版的图层，“顶层”图层显示的区域对应基层不透明度不为 0 的区域，而“基层”图层的透明区域则是顶层图像的蒙版，不显示顶层图像内容，从而达到一种剪贴画的效果，简称“上色下形”。

9.4.1 创建剪贴蒙版

创建剪贴蒙版有以下 3 种方法。

（1）菜单命令。设置基层和顶层的顺序，如图 9-44 所示。选择“顶层”，执行“图层”→“创建剪贴蒙版”命令（或按快捷键 Ctrl+Alt+G），即可创建剪贴蒙版，如图 9-45 所示。

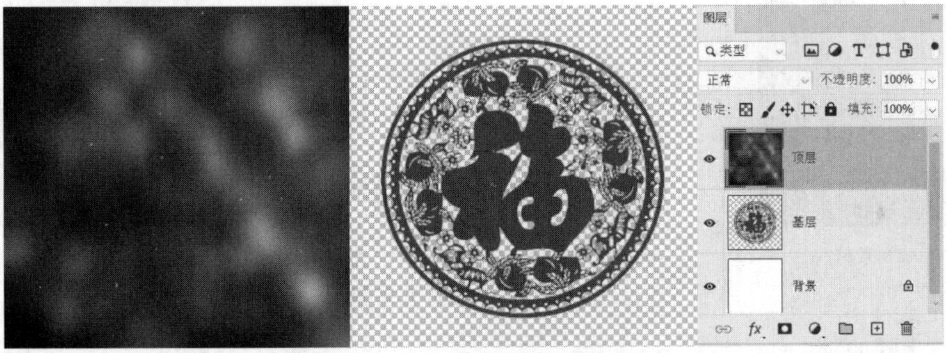

图 9-44 顶层、基层和“图层”面板

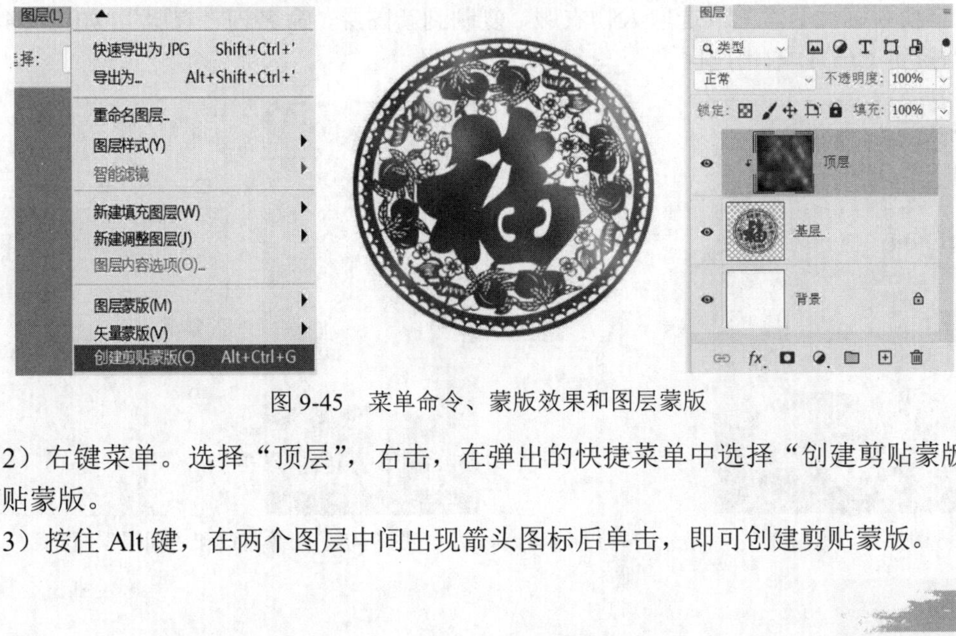

图 9-45 菜单命令、蒙版效果和图层蒙版

（2）右键菜单。选择“顶层”，右击，在弹出的快捷菜单中选择“创建剪贴蒙版”即可创建剪贴蒙版。

（3）按住 Alt 键，在两个图层中间出现箭头图标后单击，即可创建剪贴蒙版。

9.4.2 释放剪贴蒙版

（1）菜单命令。选择“顶层”，执行“图层”→“释放剪贴蒙版”命令，即可释放剪贴蒙版。

（2）右键菜单。选择“顶层”，右击，在弹出的下拉菜单，选择“释放剪贴蒙版”即可。

（3）按住 Alt 键，在两图层中间出现箭头图标后单击，即可释放。

9.4.3 剪贴蒙版实例

剪贴蒙版实例

实例描述：通过实例操作，使读者认识和掌握利用剪贴蒙版编辑图像的操作方法。素材 3、4、5 和效果图如图 9-46 所示。

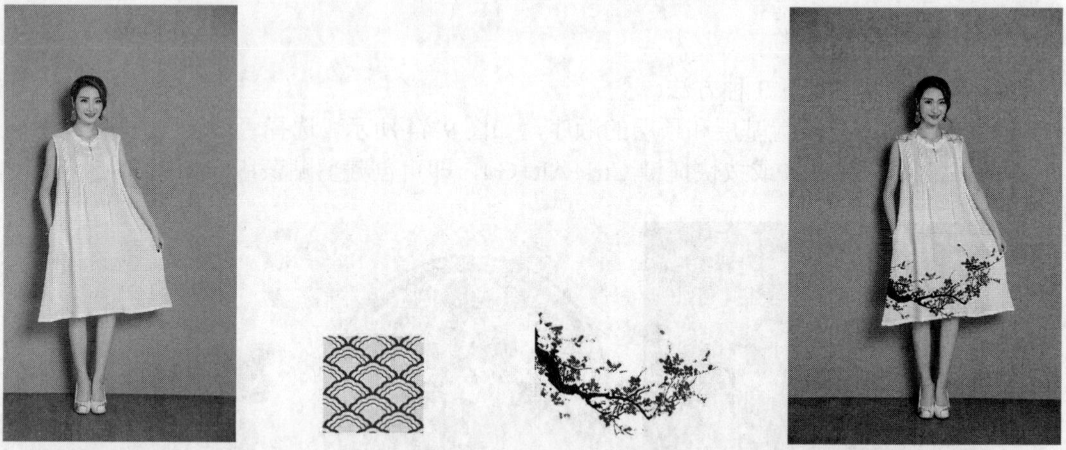

（a）素材 3　（b）素材 4　（c）素材 5　（d）效果图

图 9-46　素材和效果图

操作步骤如下。

（1）执行“文件”→“打开”命令，打开素材 3，如图 9-47 所示。

（2）使用磁性套索工具选取人物衣服，复制到新图层，命名为“衣服”，如图 9-48 所示，之后按快捷键 Ctrl+D 取消选区。

图 9-47　素材 3

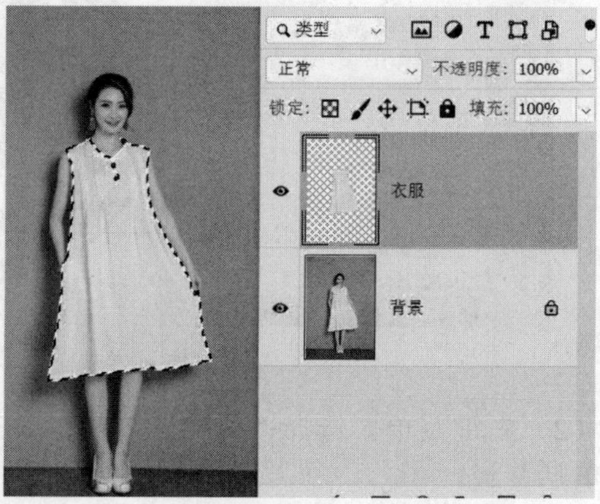

图 9-48　图像窗口和“图层”面板

（3）执行“文件”→“打开”命令，打开素材4，并把素材4移入素材3，如图9-49所示。

（4）复制素材4，分别放在人物衣服左、右两肩上，并调整大小及位置，合并两个图层，命名图层为“图案1”，如图9-50所示。

图9-49　移入素材4

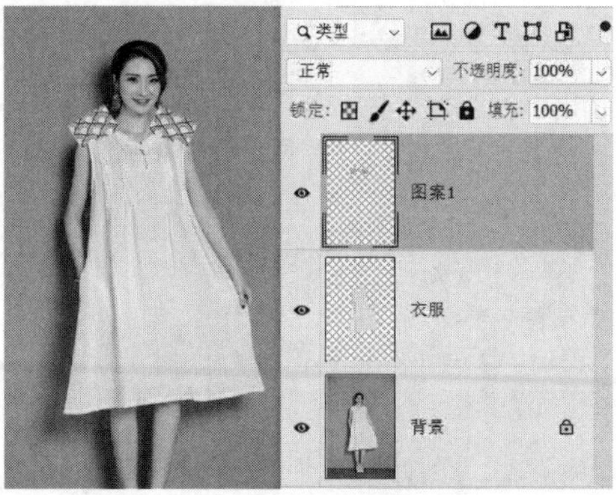

图9-50　图像窗口和“图层”面板

（5）执行“文件”→“打开”命令，打开素材5，并把素材5移入素材3中，命名为“图案2”，如图9-51所示。

（6）调整、变换素材5的大小及位置，如图9-52所示。

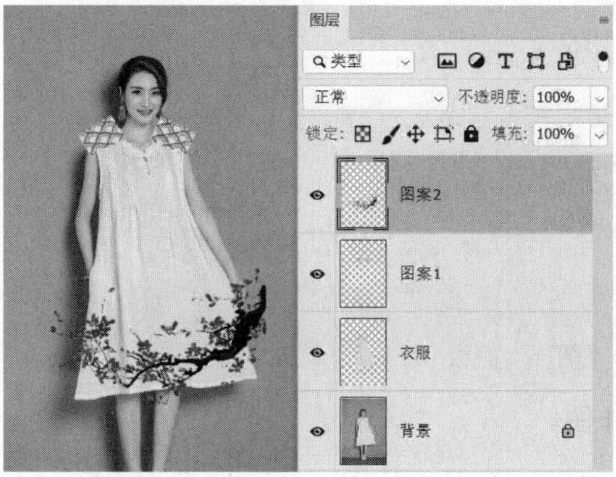

图9-51　图像窗口和“图层”面板

图9-52　调整、变换素材5

（7）选中“图案1”图层，按住Shift键的同时单击“图案2”图层，同时选择两个图层，如图9-53所示。

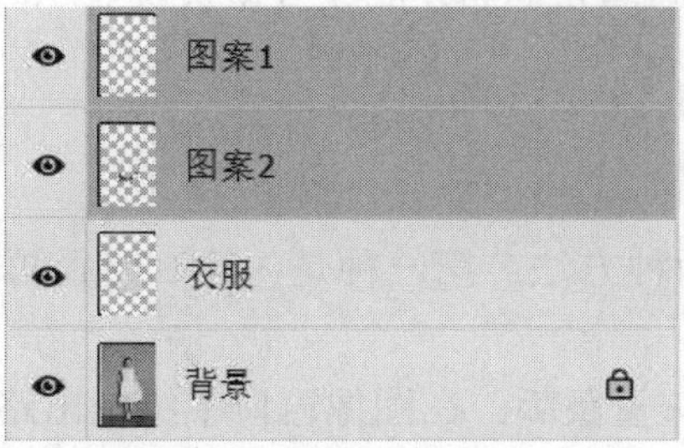

图9-53　选择两个图层

（8）执行“图层”→“创建剪贴蒙版”命令（或按快捷键 Ctrl+Alt+G），创建“图案 1”“图案 2”图层和“衣服”图层为剪贴蒙版图层，如图 9-54 所示。

（9）设置“图案 1”图层的混合模式为颜色加深，如图 9-55 所示。

图 9-54　图像窗口和“图层”面板

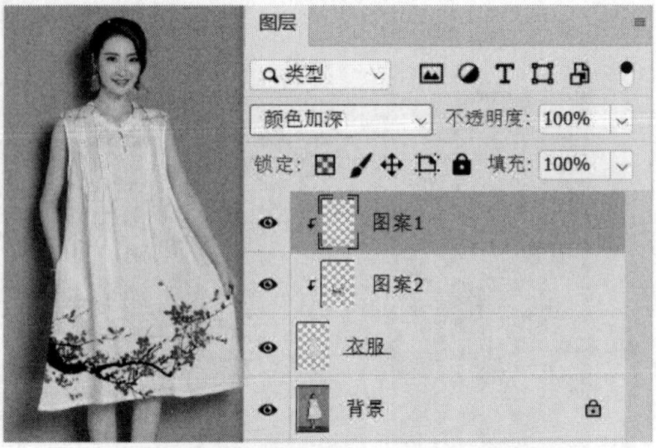

图 9-55　图像窗口和“图层”面板

（10）设置“图案 2“图层的混合模式为正片叠底，如图 9-56 所示。

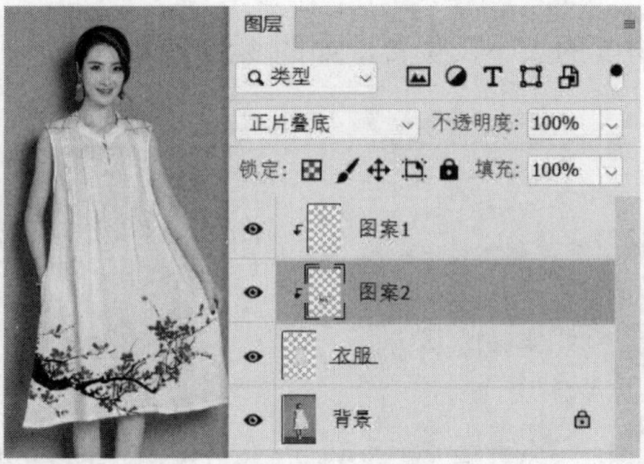

图 9-56　图像窗口和“图层”面板

（11）另存文件为 PSD 和 JPEG 格式，完成作图。

9.5　矢量蒙版

矢量蒙版是指依靠路径来定义图层中图像的显示区域，实现蒙版效果。由于矢量蒙版具有矢量特性，可在图层上创建锐边形状，并能够方便实现显示区域的缩放，所以常使用钢笔工具或形状工具编辑路径。

9.5.1　创建矢量蒙版

创建矢量蒙版主要分为两种方法：第一种是先绘制路径再创建矢量蒙版，第二种是先创建矢量蒙版再绘制路径。

（1）先绘制路径再创建矢量蒙版。在图像窗口中绘制出路径，执行“图层”→“矢量蒙版”→“当前路径”命令，如图 9-57 所示，即可创建矢量蒙版（或按住 Ctrl 键的同时，单击

“图层”面板下方的“添加图层蒙版”按钮，也会产生“矢量蒙版”命令效果)，显示效果如图 9-58 所示。

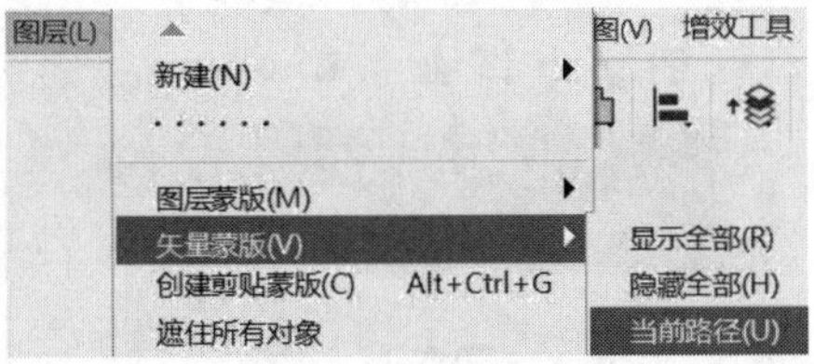

图 9-57　创建矢量蒙版命令

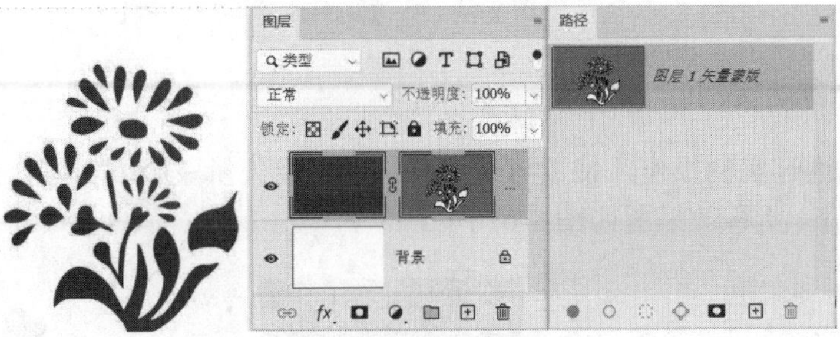

图 9-58　图像效果、“图层”面板和“路径”面板

（2）先创建矢量蒙版再绘制路径。执行“图层”→“矢量蒙版”→“显示全部”命令，如图 9-59 所示。接着在画布中绘制路径，也会产生“矢量蒙版”命令效果。

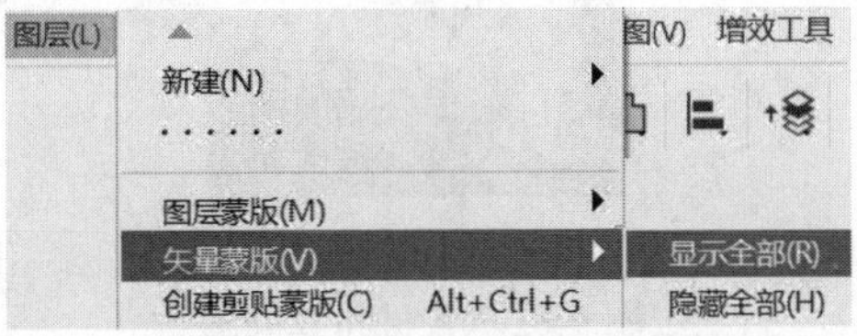

图 9-59　创建矢量蒙版命令

9.5.2　停用和启用矢量蒙版

停用和启用矢量蒙版的方法有以下两种。

（1）菜单命令。执行“图层”→“矢量蒙版”→“删除”/“停用（或‘启用’）”/“取消链接”命令，分别对矢量蒙版进行删除、停用或取消链接的操作，如图 9-60 所示。

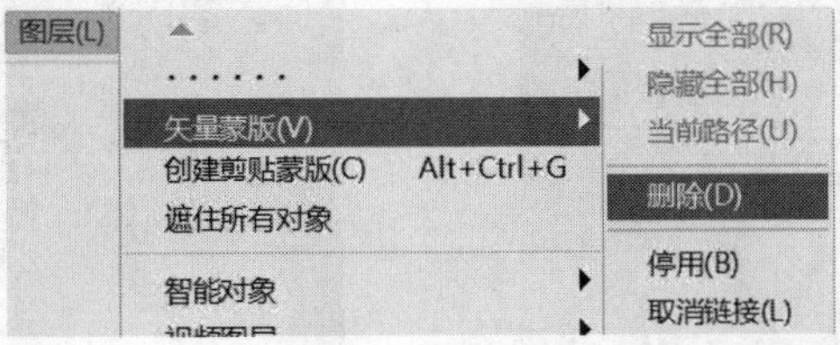

图 9-60　菜单命令

（2）右键菜单。右击图层的矢量蒙版，在弹出的快捷菜单中，可以选择相应的矢量蒙版操作，如图 9-61 所示。

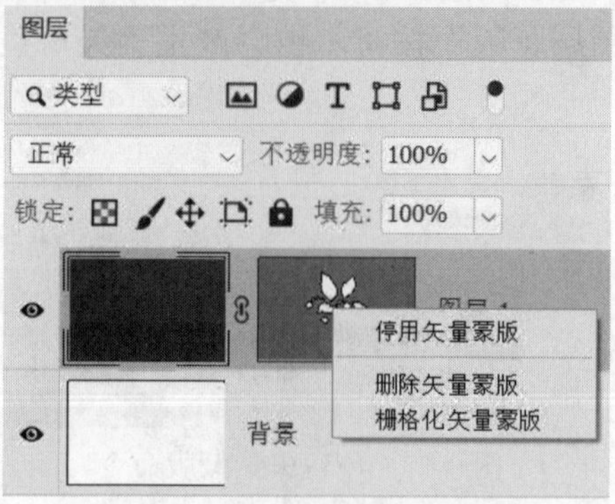

图 9-61　快捷菜单命令

9.5.3　矢量蒙版实例

矢量蒙版实例

实例描述：通过实例操作，使读者认识和掌握利用矢量蒙版编辑图像的操作方法。素材 6、7 和效果图如图 9-62 所示。

（a）素材 6　　（b）素材 7　　（d）效果图

图 9-62　素材和效果图

操作步骤如下。

（1）执行“文件”→“打开”命令，打开素材 6、7，如图 9-63 所示。

（2）使用移动工具把素材 7 移入素材 6，并关闭素材 7，图像窗口和“图层”面板如图 9-64 所示。

图 9-63　素材 6、7

图 9-64　图像窗口和“图层”面板

（3）选择钢笔工具，将工具选项栏的“工具模式”选择为“路径”，如图9-65所示。

图9-65 钢笔工具选项栏

（4）打开“路径”面板，新建路径，并命名为“矢量蒙版路径”，在画布上绘制几个大小和位置不同的心形路径，如图9-66所示。

（5）执行“图层”→“矢量蒙版”→“当前路径”命令，如图9-67所示。

图9-66 新建的路径和“路径”面板

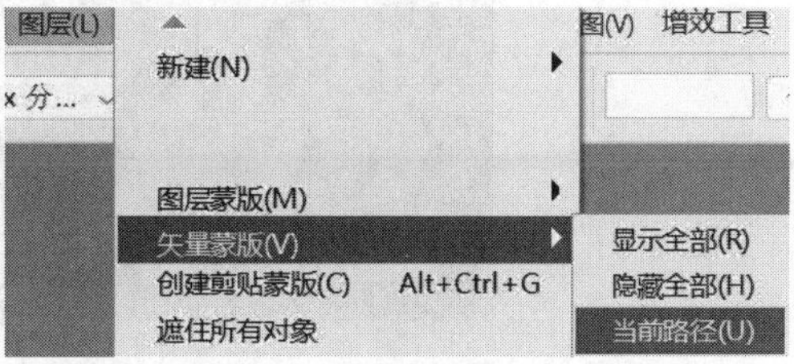

图9-67 创建矢量蒙版命令

（6）执行了创建矢量蒙版命令的图像效果和“图层”面板如图9-68所示。

图9-68 图像效果和“图层”面板

（7）另存文件为PSD和JPEG格式，完成作图。

习　题

第9章习题答案

一、选择题

1．蒙版的类型有__________、__________、__________、__________4种。

2．为图层添加图层蒙版，该图层与蒙版的黑色对应的区域是__________（选填：透明/不透明/呈一定的透明度）的。

3．为图层添加图层蒙版，该图层与蒙版的灰色对应的区域是__________（选填：透明/不透明/呈一定透明效果）的。

4．剪贴蒙版的基层__________，顶层__________（选填：只能有一个/可以有若干个）。

5．默认情况下，快速蒙版和图像一起显示时，将呈现不同透明度的__________色。

二、操作题

使用素材 8～素材 11，如图 9-69 所示，结合本章所学知识，制作如图 9-70 所示的图像效果，并分别存储为 PSD、JPEG 格式的文件。

图 9-69　素材文件

图 9-70　效果图

第 10 章　滤　　镜

本章导读

Photoshop 中包含多种滤镜，它可以使图像产生特殊的效果，具有非常神奇的功能。通过学习滤镜的基本概念和使用方法，读者能够灵活运用滤镜效果来处理图像。

本章要点

- 滤镜的分类
- 特殊滤镜
- 滤镜组

10.1　滤 镜 概 述

10.1.1　滤镜的分类

Photoshop 中的滤镜是一种插件模块，可以对图像进行位置和颜色值的处理，从而使图像生成各种特殊效果的命令组合。

滤镜分为内置滤镜和外挂滤镜两大类。

内置滤镜是 Photoshop 自身提供的滤镜，打开 Photoshop 软件即可以直接应用。内置滤镜可以创建具体的图像特效，如可以生成纹理、波浪等各种特殊效果，还可以编辑图像，如减少杂色、提高清晰度等。另外，“滤镜库”“自适应广角”“Camera Raw 滤镜”“液化”“消失点”“镜头矫正”滤镜比较特殊，它们的功能强大，有自己的工具和独立的操作方法，更像是独立软件。

外挂滤镜则是由第三方开发的滤镜，也称为插件。使用前，需要把下载的插件复制到 Photoshop 系统的 plug-ins 文件夹中，之后关闭软件，再重启软件，可以看到新的外挂滤镜出现在滤镜菜单的最下端，这时即可使用该插件了。

单击菜单栏的“滤镜”菜单，Photoshop 中的全部滤镜命令都在此菜单里，“滤镜”菜单命令如图 10-1 所示。

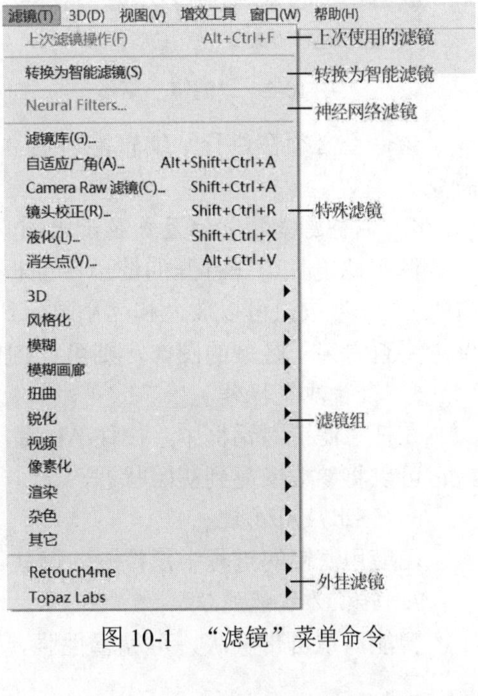

图 10-1　“滤镜”菜单命令

10.1.2　滤镜的使用规则

1. 使用范围

（1）滤镜可以对当前图层、选区、图层蒙版、快速蒙版、通道进行操作。

（2）滤镜的处理效果是以像素为单位来进行计算的，相同滤镜参数对应不同分辨率的图像，滤镜效果也会不同。

（3）除了“云彩”滤镜可以应用在没有像素的区域，其他 Photoshop 的内置滤镜都必须应用在包含像素的区域，否则不能使用。

（4）滤镜不能应用于位图、索引模式和 16 位通道模式的图像中，而且部分滤镜只能在 RGB 图像中应用。

2. 重复执行滤镜操作

执行完一个滤镜命令之后，如“风滤镜”命令。“滤镜”菜单命令的第一行便会出现该滤镜的名称，如图 10-2 所示。单击该命令或按 Ctrl+F 快捷键，可以再次快速应用这一滤镜。如果要对该滤镜的参数进行调整，则需要再次执行该滤镜命令或按 Ctrl+Alt+F 快捷键打开滤镜的对话框重新设置参数。

3. “渐隐”滤镜操作

如果要减弱上一次应用的滤镜效果，则需要执行“渐隐”命令。

执行某种滤镜命令处理图像后，执行“编辑”→“渐隐”命令或按 Ctrl+Shift+F 快捷键，在弹出的“渐隐”对话框中，修改滤镜效果的混合模式和不透明度，如图 10-3 所示。

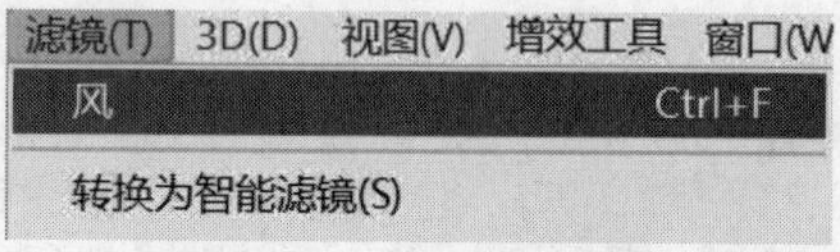

图 10-2　“滤镜”菜单

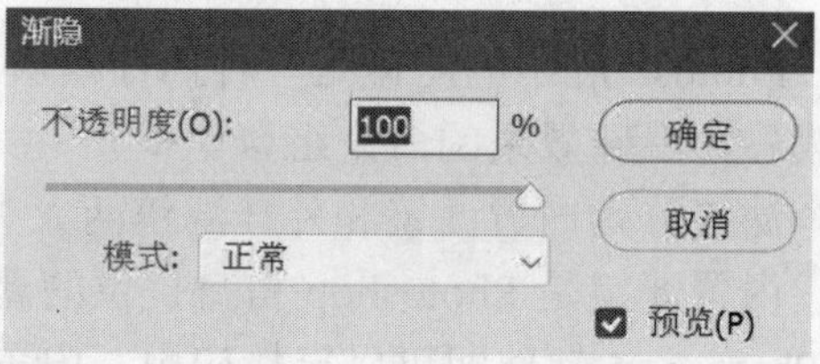

图 10-3　“渐隐”对话框

该命令必须在进行了编辑操作后立即执行，如果中间又执行了其他操作，则无法执行该命令。

4. 调整滤镜预览位置或显示比例

使用滤镜时，在打开的滤镜库面板或某些对话框的效果预览框中可以预览滤镜效果，单击“+”“-”按钮可以放大和缩小显示比例；单击并拖动预览框中的图像，可以移动图像，如果想要查看某一区域的图像，则可在图像文件中单击，滤镜预览框中就会显示单击处的图像。

5. 复位滤镜操作

在任意滤镜对话框中，按住 Alt 键，对话框中的“取消”按钮就会变为“复位”按钮，单击它可以将参数恢复到初始状态。

6. 终止应用滤镜

在应用滤镜的过程中，按 Esc 键就可以终止滤镜处理。

7. 转换为智能滤镜

智能滤镜自带蒙版，可编辑性强，可以对滤镜的效果单独进行多次修改或调整，是一种很受欢迎的滤镜操作方式。

（1）选中需要处理的对象，如图层。

（2）执行“滤镜”→“转换为智能滤镜”命令。

（3）执行对应的滤镜命令，如“晶格化”滤镜。“晶格化”显示在当前图层的下级图层上，单击“眼睛”图标关闭滤镜效果，“图层”面板如图 10-4 所示。

图 10-4 “图层”面板

（4）双击滤镜图层，可以重新编辑滤镜效果，以达到多次修改的目的。

10.2 特 殊 滤 镜

10.2.1 滤镜库

滤镜库将风格化、画笔描边、扭曲、素描、纹理、艺术效果 6 种常用的滤镜组合在一个面板中，以折叠菜单显示，通过该面板的预览框显示滤镜效果。对素材 1 图像文件执行“滤镜”→“滤镜库”命令，打开滤镜库面板，如图 10-5 所示。

图 10-5 滤镜库面板

滤镜库面板中，左侧是图像应用滤镜的效果预览框，可以通过下面的“-”“+”按钮或文本框来调整预览缩放比；中部为滤镜列表，单击折叠按钮打开一个滤镜组，再单击组下的某个滤镜，在右侧的上半部分的滤镜参数设置栏中可以设置滤镜参数；右侧下半部分为滤镜效果图层框，如果需要应用多个滤镜，单击面板右下角的“添加滤镜效果图层”按钮后，在列表中单击需要应用的滤镜并设置对应的滤镜参数即可。对于不需要的滤镜，也可以单击“删除滤镜效果图层”按钮，进行删除。也可以单击每个滤镜效果图层左边的“显示/隐藏”按钮，进行滤镜效果的观察，每个滤镜效果图层的顺序也是可以调整的。

10.2.2 自适应广角

“自适应广角”滤镜可以校正由于使用广角镜头或鱼眼镜头拍摄而造成的镜头扭曲、失真问题。“自适应广角”滤镜对话框如图 10-6 所示。

图 10-6 “自适应广角”滤镜对话框

（1）主要工具。

约束：将线条拖过关键对象进行拉直。

多边形约束：沿着对象绘制多边形以进行拉直，滤镜会检测弯曲，并绘制沿对象等高线的线条。

（2）校正类型。

鱼眼：校正由鱼眼镜头所引起的极度弯度。

透视：校正由视角和相机倾斜角所引起的汇聚线。

完整球面：校正 360 度全景图。全景图的长宽比必须为 2:1。

自动：自动检测合适的校正。

（3）为滤镜指定其他设置。

缩放：指定值以缩放图像。使用此值最小化在应用滤镜之后引入的空白区域。

焦距：指定镜头的焦距。如果在照片中检测到透镜信息，则此值会自动填充。

裁剪因子：指定值以确定如何裁剪最终图像。将此值与“缩放”配合使用以补偿应用滤镜时引入的任何空白区域。

使用素材 2，对素材执行“自适应广角”滤镜，原图和执行该滤镜后的效果如图 10-7 所示。

图 10-7　原图和效果图

注意：

（1）要垂直约束或水平约束，在拖动该线时按住 Shift 键。要定义现有线条的方向，右击图像中的约束线，然后从弹出的快捷菜单中选取方向。

（2）在广角校正完成之后，矫正的图片可能有几个空白的区域，可以通过裁剪图像来删除这些区域，也可以使用内容识别填充向该区域添加内容。

10.2.3　Camera Raw 滤镜

Camera Raw 滤镜是 Photoshop 自带的一个滤镜插件，是针对 RAW 格式照片进行后期处理的工具，它支持所有的 RAW 格式并会自动关联。该滤镜的功能强大，可用来调整图像的基本颜色、增加图像质感、对照片进行镜头校正、相机校准、效果增强等。Camera Raw 滤镜对话框如图 10-8 所示。

图 10-8　Camera Raw 滤镜对话框

10.2.4 镜头校正

镜头校正是一种可以快速校正因数码相机拍摄引起的图像变形失真问题，如桶形失真、枕形失真、晕影和色差等。对素材 3 执行“镜头校正”滤镜，原图和效果图如图 10-9 所示。

图 10-9　原图和效果图

10.2.5 液化

“液化”滤镜可用于推、拉、旋转、反射、折叠和膨胀图像的任意区域。创建的扭曲可以是细微或剧烈的，这使“液化”命令成为修饰图像和创建艺术效果的强大工具。打开素材 4 图像文件，执行“液化”滤镜命令，其对话框如图 10-10 所示。

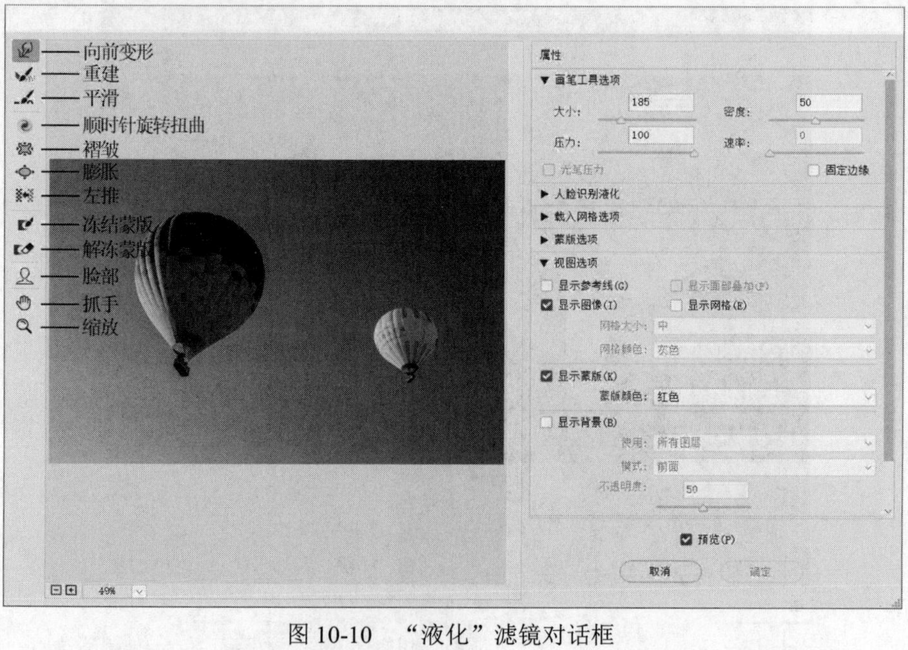

图 10-10　“液化”滤镜对话框

应用“液化”滤镜对话框中的不同工具制作出的图像效果如图 10-11 所示。

（a）原图

（b）向前变形

（c）膨胀

（d）褶皱

图 10-11　原图和效果图

10.2.6　消失点

“消失点”滤镜可以指定一个平面作为透视面，然后应用仿制图章工具、绘画工具、复制、粘贴、变化等对这个平面根据选定区域内的透视关系，按照一定的角度和比例自动进行调整来编辑图像。打开素材 5 图像文件，创建地板的透视平面，其滤镜对话框如图 10-12 所示。

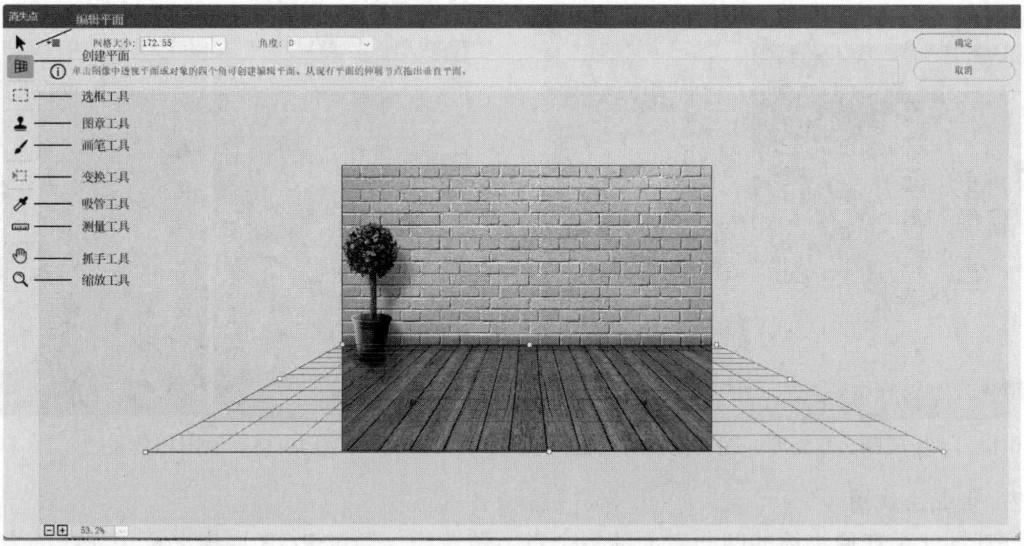

图 10-12　“消失点”滤镜对话框

全选并复制素材 6 图案，在“消失点”滤镜对话框进行粘贴，移动到创建好的网格进行编辑，使其符合透视平面。素材 5、6 和效果图如图 10-13 所示。

（a）素材 5　　（b）素材 6　　（c）效果图

图 10-13　素材 5、6 和效果图

10.3 滤 镜 组

10.3.1 3D

“3D”滤镜组包括两种滤镜，生成凹凸（高度）图和生成法线图。

1. 生成凹凸（高度）图

凹凸图中包含的凹凸信息，在 3D 中是指在模型表面通过灰度图制造出凹凸不平的质感。在系统中打开素材 7 图像文件，执行“滤镜”→“3D”→“生成凹凸（高度）图”命令，弹出“生成凹凸（高度）图”滤镜对话框，如图 10-14 所示。当灰度值变亮时，表面呈突出状，当灰度值变暗时，表面呈凹陷状。对图像执行“生成凹凸（高度）图”滤镜，原图和效果图如图 10-15 所示。

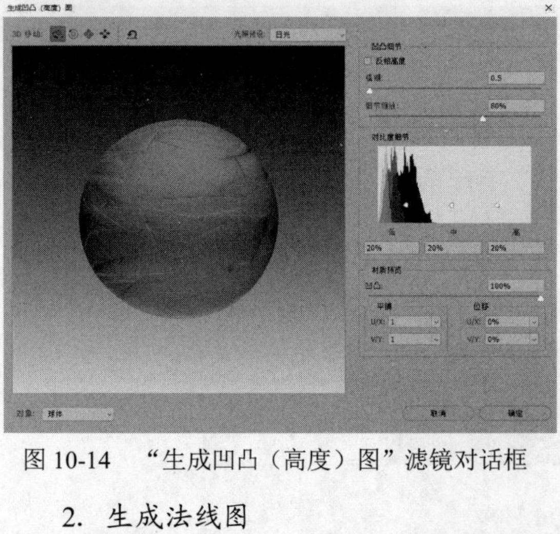

图 10-14　“生成凹凸（高度）图”滤镜对话框

图 10-15　原图和效果图

2. 生成法线图

法线图就是在原物体的凹凸表面的每个点上做法线，通过 RGB 通道来标记法线的方向。执行“滤镜”→“3D”→“生成法线图”命令，会弹出“生成法线图”滤镜对话框，如图 10-16 所示。对图像执行生成法线图滤镜，原图和效果图如图 10-17 所示。

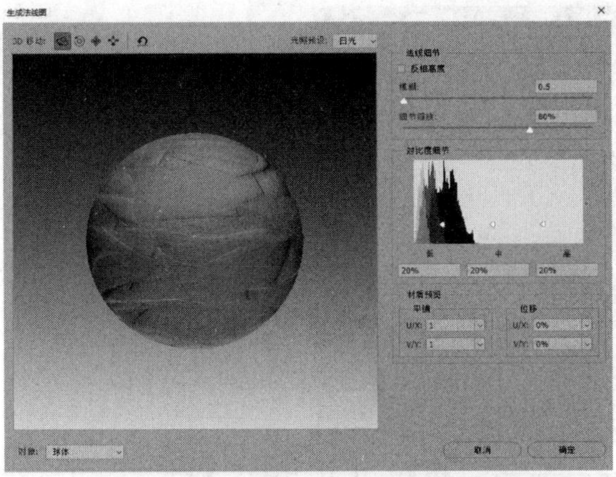

图 10-16　“生成法线图”滤镜对话框

图 10-17　原图和效果图

10.3.2　风格化

该滤镜组可以产生不同风格的印象派艺术效果或其他画派的艺术风格，包括查找边缘、等高线、风、浮雕效果、扩散、拼贴、曝光过度、凸出、油画 9 个滤镜。

1. 查找边缘

“查找边缘”滤镜可以查找图像中对比强烈的边缘，用反差感较强的线条勾勒图像的轮廓，用彩色线条勾画出彩色图像边缘，用白色线条勾画出灰度图像边缘。这对生成图像周围的边界非常有用。图 10-18 所示为素材 8 应用“查找边缘”滤镜的原图和效果图。

图 10-18　原图和效果图

2. 等高线

该滤镜查找图像中主要亮度区域的过渡区域，并对每个颜色通道用细线勾画这些边缘，让图像以线条的形式显示。“等高线”滤镜对话框如图 10-19 所示，“色阶”值是调节色阶的等高线阈值；“边缘”选项有“较低”和“较高”两项，可以用来调整等高线的高低。为素材 9 应用“等高线”滤镜，原图和效果图如图 10-20 所示。

3. 风

该滤镜可以在图像中创建细小的水平线以模拟风效果，滤镜对话框如图 10-21 所示。“方法”有“风”“大风”（风的效果更生动）、“飓风”（图像的线条会发生偏移）3 个选项；“方向”可以选择“从左”“从右”来调整风的方向。图 10-22 所示为素材 10 执行“风”滤镜命令，应用“风”“从右”的图像效果。

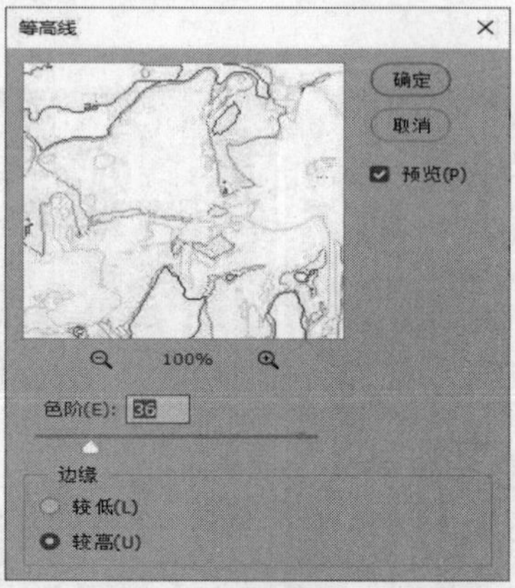

图 10-19 “等高线”滤镜对话框

图 10-20 原图和效果图

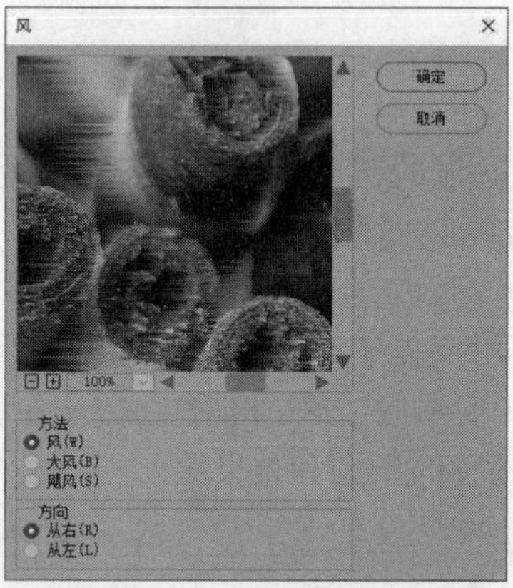

图 10-21 “风”滤镜对话框

图 10-22 应用“风”“从右”的图像

4. 浮雕效果

该滤镜通过勾画图像或降低周围色值来生成凸起或凹陷的浮雕效果，“浮雕效果”滤镜对话框如 10-23 所示。“角度”调整当前图像浮雕效果的角度；“高度”调节当前图像凸出的厚度；“数量”的值越大，图像本身的纹理越清晰。为素材 11 应用“浮雕效果”滤镜，原图和效果图如图 10-24 所示。

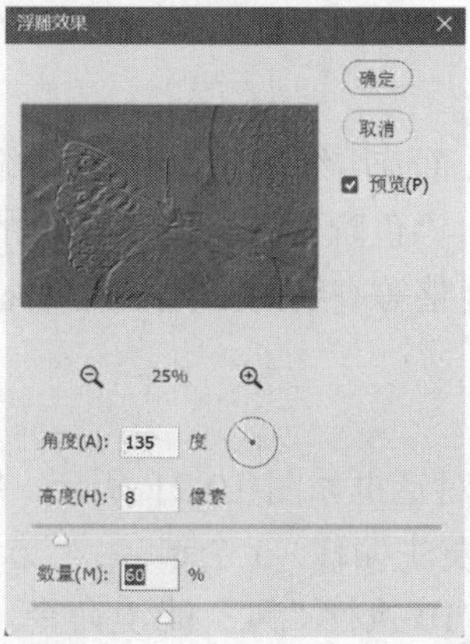

图 10-23 “浮雕效果”滤镜对话框

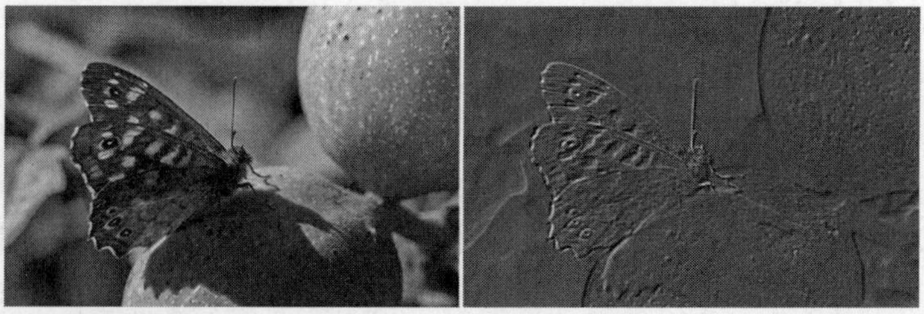

图 10-24 原图和效果图

5. 扩散

该滤镜根据选项来搅乱选区内的像素，使选区看起来聚焦较低。为素材 12 应用该滤镜，其原图和效果图如图 10-25 所示。

图 10-25　原图和效果图

6. 拼贴

该滤镜可以将图像拆散为一系列的小方块。“拼贴”滤镜对话框如图 10-26 所示。“拼贴数”可以调整当前拼贴的数量；“最大位移”可以调整拼贴方块之间的距离；“填充空白区域用”中的“背景色”是指用背景色填补小方块之间的空白，“前景颜色”以 Photoshop 的前景色填充小方块之间的空白，勾选“反向图像”复选框后图像会自动保存一份，反向图像后，填充小方块之间的空白，勾选“未改变的图像”复选框后，会用复制的图像填充小方块之间的空白。为素材 13 应用该滤镜，其原图和效果图如图 10-27 所示。

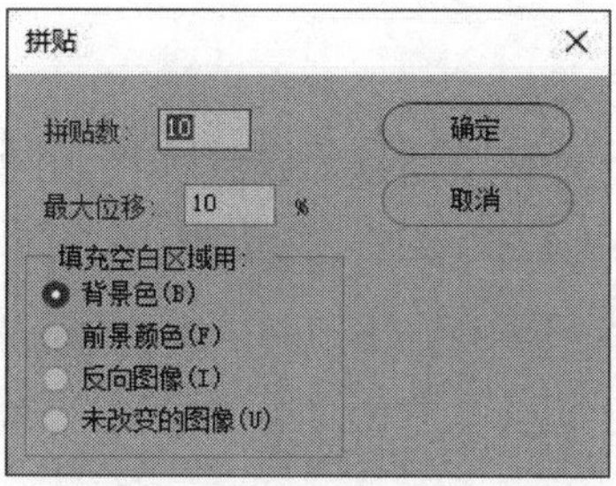

图 10-26　“拼贴”滤镜对话框

图 10-27　原图和效果图

7. 曝光过度

该滤镜可以混合正片和负片图像，模拟出摄影中增加光线强度而产生的过度曝光效果。为素材 14 应用该滤镜，其原图和效果图如图 10-28 所示。

图 10-28　原图和效果图

8. 凸出

该滤镜可以产生一种三维立体纹理图像效果，其对话框如图 10-29 所示。“类型”可以设置凸出的纹理类型，可以选择“块”或“金字塔”;“大小”可以调整突出的大小；“深度”可以调整凸出的深度。勾选“随机”可以为每个“类型”设置随机的深度。勾选“基于色阶”可以基于色阶设置深度；勾选“立方体正面”复选框将用该“类型”的平均颜色填充立方体的正面，勾选“蒙版不完整块”复选框会把当前图片变成正方体进行凸出，隐藏延伸出选区的对象。为素材 15 应用“凸出”滤镜，其原图和效果图如图 10-30 所示。

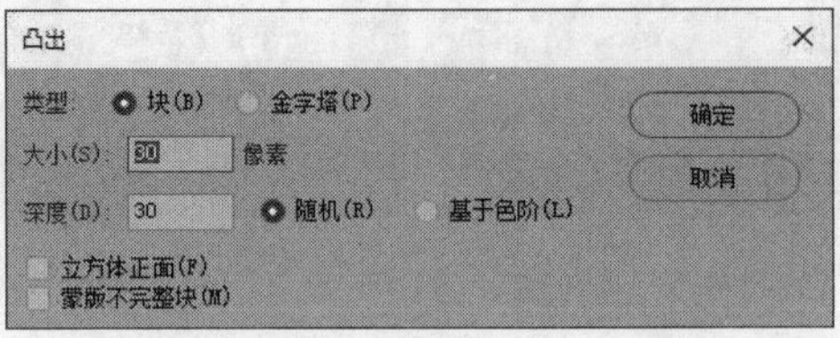

图 10-29　“凸出”滤镜对话框

图 10-30　原图和效果图

9. 油画

“油画”滤镜能快速让我们的作品呈现为油画效果。“油画”滤镜对话框如图 10-31 所示。

还可以控制画笔的样式及光线的方向和亮度，以产生出色的效果。为素材 16 应用“油画”滤镜，其原图和效果图如图 10-32 所示。

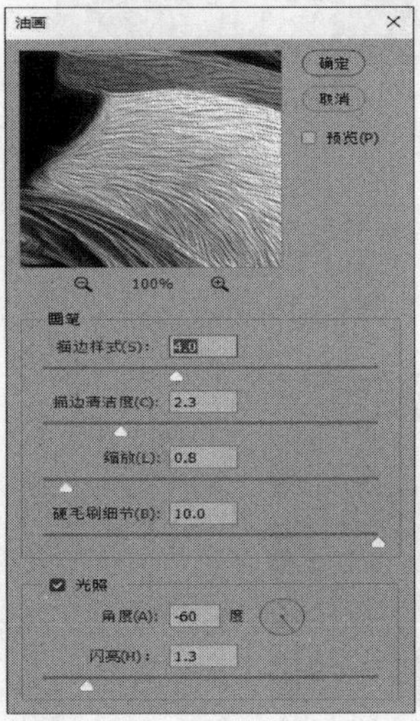

图 10-31　“油画”滤镜对话框

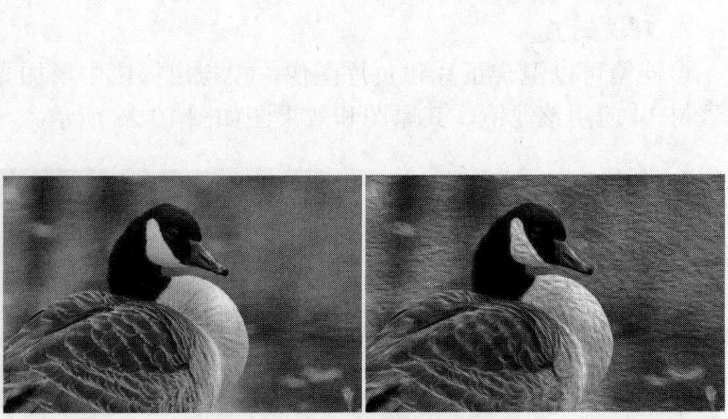

图 10-32　原图和效果图

10.3.3 模糊

“模糊”滤镜组可以削弱相邻像素的对比度并柔化图像，使图像产生模糊效果，包括表面模糊、动感模糊、方框模糊、高斯模糊、进一步模糊、径向模糊、镜头模糊、模糊、平均、特殊模糊、形状模糊共 11 种。

1. 表面模糊

该滤镜在保留边缘的同时模糊图像，用于创建特殊效果并消除杂色或粒度，其对话框如图 10-33 所示。“半径”用于调节模糊的范围空间；“阈值”用于调节模糊边缘的范围。为素材 17 应用该滤镜，其原图和效果图如图 10-34 所示。

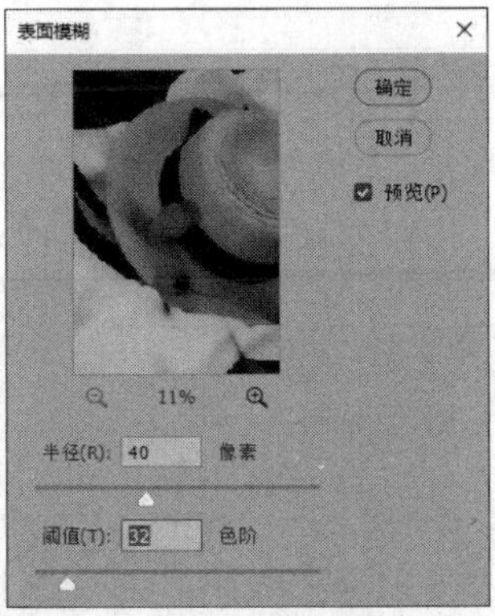

图 10-33 “表面模糊”滤镜对话框

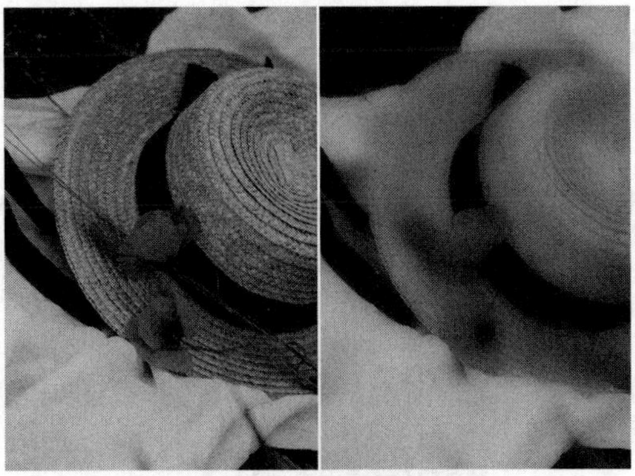
图 10-34 原图和效果图

2. 动感模糊

该滤镜以固定的曝光时间给移动的对象拍照，沿指定方向（-360～+360）以指定强度（1～999）进行模糊“动感模糊”滤镜对话框如图 10-35 所示。“角度”可以调节模糊方向；“距离”可以调节模糊强度。为素材 18 应用该滤镜，其原图和效果图如图 10-36 所示。

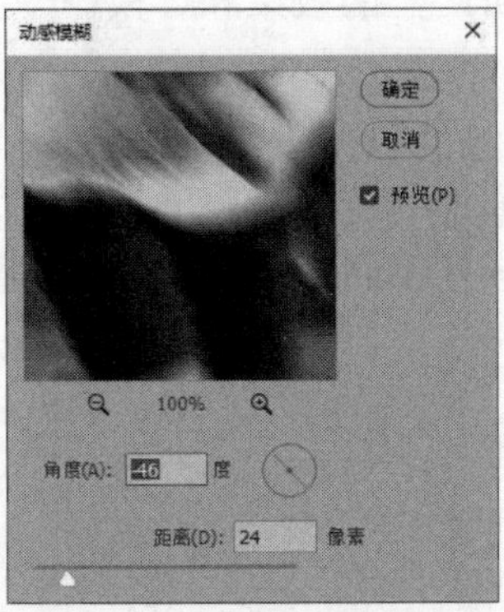

图 10-35 “动感模糊”滤镜对话框

图 10-36 原图和效果图

3. 方框模糊

该滤镜以一定大小的矩形为单位，基于相邻像素的平均颜色值来模糊图像，“方框模糊”滤镜对话框如图 10-37 所示。“半径”值可以调整用于计算给定像素平均值的区域大小。为素材 19 应用该滤镜，其原图和效果图如图 10-38 所示。

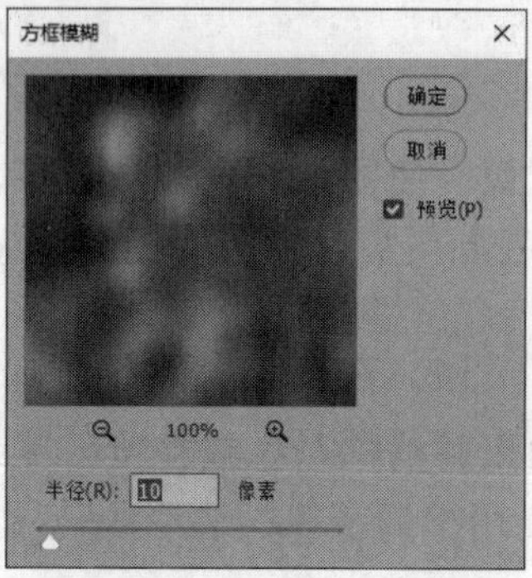

图 10-37 “方框模糊”滤镜对话框

图 10-38 原图和效果图

4. 高斯模糊

该滤镜的核心算法是正态分布（又称高斯分布），因此得名。它的模糊效果就像是经过一个半透明屏幕来观察图像，“高斯模糊”滤镜对话框如图 10-39 所示。当调整“高斯模糊”滤镜的“半径”值时，数值越高，图像越模糊。为素材 20 应用该滤镜，其原图和效果图如图 10-40 所示。

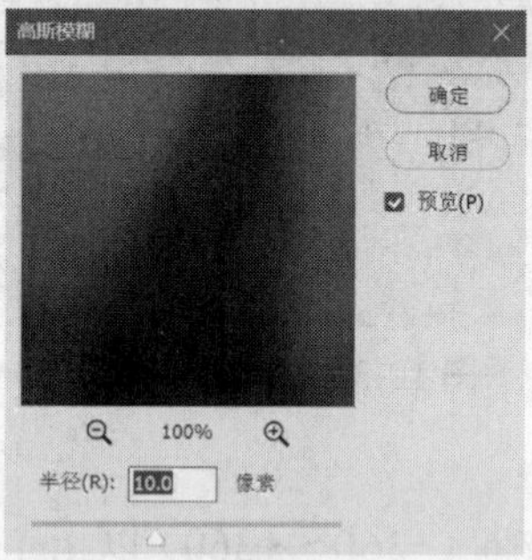

图 10-39 “高斯模糊”滤镜对话框

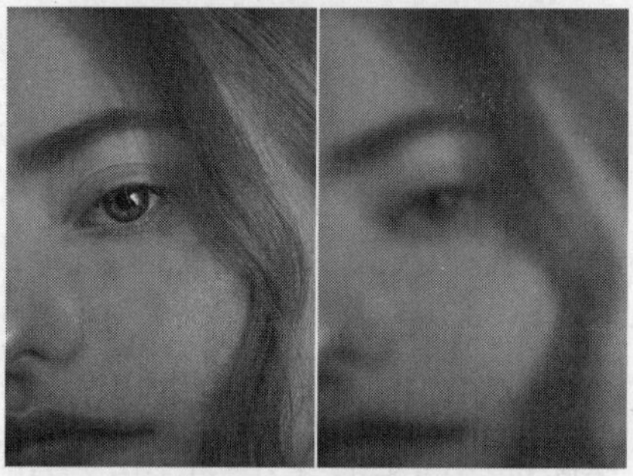

图 10-40 原图和效果图

5. 进一步模糊

该滤镜也可以消除图像中有明显颜色变化处的杂点，所产生的效果和“模糊”滤镜相似，但是模糊程度比“模糊”滤镜强 3～4 倍。

6. 径向模糊

“径向模糊”滤镜对话框中包含两个“模糊方法”选项：“旋转”与“缩放”，如图 10-41 所示。两者分别对应不同的模糊规则，使用方法和用途也各自不同。为素材 21 应用该滤镜，选择“缩放”模糊方式，原图和效果图如图 10-42 所示。

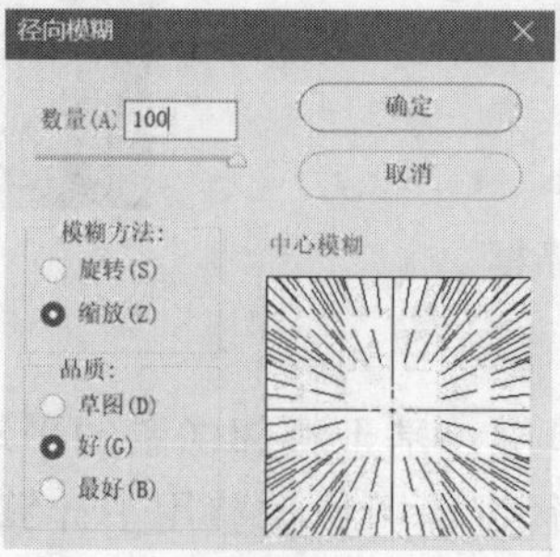

图 10-41 “径向模糊”滤镜对话框

图 10-42　原图和效果图

7. 镜头模糊

该滤镜向图像中添加模糊以产生景深效果。“镜头模糊”滤镜对话框如图 10-43 所示。通过“深度映射”的“源”可以选择一个创建深度映射的源，以准确描述模糊程度及需要模糊的区域的位置；“模糊焦距”用于设置位于焦点内的像素的深度；“反相”可以将选取或用作深度映射源的蒙版和 Alpha 通道反转使用；可以在“光圈”的“形状”下拉列表中选择光圈类型，以确定模糊方式：“半径”用于调整模糊程度，半径越大图像越模糊；“叶片弯度”用于调整光圈叶片的弯度，对光圈边缘的图像进行平滑处理；“旋转”可以旋转光圈；“镜面高光”的“亮度”可以调整高光区域的亮度，“阈值”用于选择亮度截止点；在杂色的“数量”文本框中可以设置杂点的数量，数值越大，杂点越多；选择“分布”的“平均”单选按钮可以随机分布杂色的颜色值；“高斯分布”单选按钮用于控制沿一条钟形曲线分布杂色的颜色值，以获得斑点状的效果；勾选“单色”复选框可以生成灰色杂点。为素材 22 应用“镜头模糊”滤镜，其原图和效果图如图 10-44 所示。

图 10-43　“镜头模糊”滤镜对话框

图 10-44　原图和效果图

8. 模糊

该滤镜是对图像进行轻微模糊的滤镜，可以在图像中有显著颜色变化的地方消除杂色，还可以对过于清晰、对比度过于强烈的区域进行光滑处理。

9. 平均

该滤镜的算法比较特殊，类似于将当前区域以“整个区域的平均色调”进行填充。它的用途并不是很广泛，但可以有效用于消除色偏。

例如，素材 23 图像整体色调偏绿，人物的皮肤呈现淡绿色，是色偏照片，要消除色偏，首先复制图层，使用“平均”滤镜，得到一个纯色图层。然后对纯色图层进行反向（按快捷键 Ctrl+I），设为“柔光”。可以看到色偏照片的颜色得到了矫正。多复制几个柔光图层，照片的颜色就更加完善，如图 10-45 所示。

图 10-45　原图、“平均”滤镜效果、调整柔光图层效果

10. 特殊模糊

使用“特殊模糊”滤镜可以对一幅图像进行精细模糊。“特殊模糊”滤镜对话框如图 10-46 所示。“半径”可以确定模糊范围；“阈值”可以确定像素被消除像素的差别；“品质”可以制定模糊品质；“模式”可以设置整个选区的模式，或者颜色过渡边缘的模式。为素材 24 应用“特殊模糊”滤镜，其原图和效果图如图 10-47 所示。

图 10-46 “特殊模糊”滤镜对话框

图 10-47 原图和效果图

11. 形状模糊

该滤镜可以使用指定的形状创建特殊的模糊效果，用指定的内核来创建模糊。“形状模糊”滤镜对话框如图 10-48 所示。从自定形状预设列表中选取一种内核，并使用“半径”滑块来调整其大小。通过单击分类左侧的三角形并从列表中进行选取，可以载入不同的形状库。半径决定了内核的大小；内核越大，模糊效果越好。为素材 25 应用“形状模糊”滤镜，其原图和效果图如图 10-49 所示。

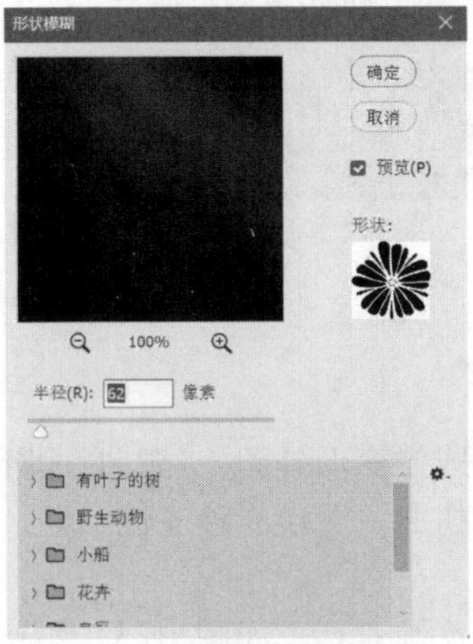

图 10-48 “形状模糊”滤镜对话框

图 10-49 原图和效果图

10.3.4 模糊画廊

“模糊画廊”滤镜组中的滤镜可以同时应用在图像上，非常适合处理数码照片包括场景模糊、光圈模糊、倾斜偏移、路径模糊、旋转模糊 5 种，单击其中一种，就会出现场景模糊对话框，其中所有场景模糊滤镜及选项。

“模糊画廊”滤镜组中所有滤镜的通用调整面板是“效果”面板和“杂色”面板，如图 10-50 所示。在“效果”面板中可以调整“光源散景”“散景颜色”“光照范围”。在“杂色”面板中可以调节为“颗粒”“高斯分布”“平均”，在对应的“数量”“大小”“粗糙度”“颜色”“高光”文本框中进行调节。为素材 26 分别应用 5 种“模糊画廊”滤镜，原图和效果图如图 10-51 所示。

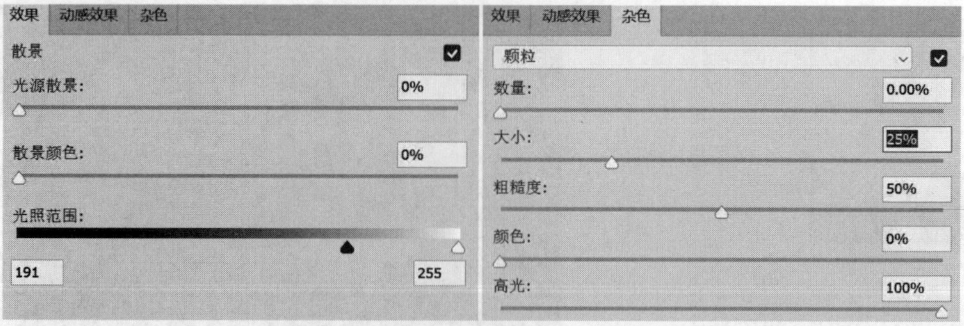

图 10-50 “效果”面板和“杂色”面板

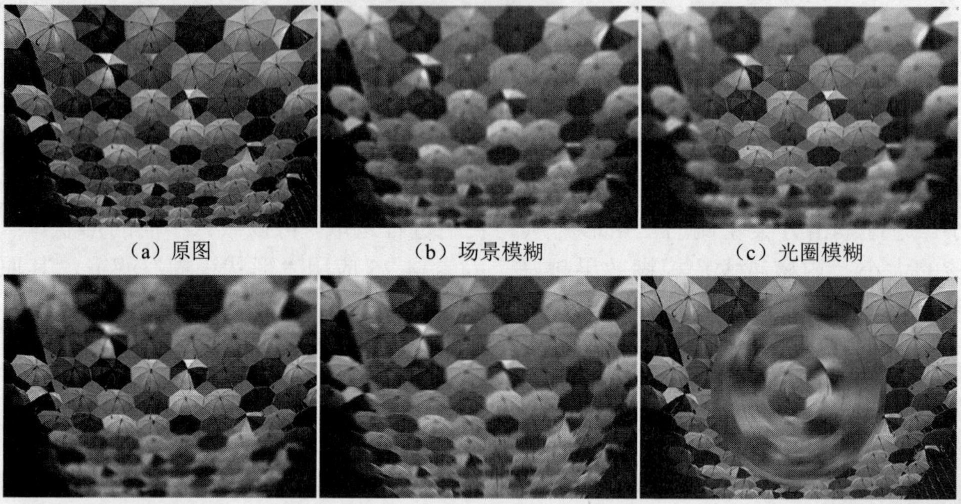

（a）原图　（b）场景模糊　（c）光圈模糊

（d）移轴模糊　（e）路径模糊　（f）旋转模糊

图 10-51 原图和 5 种模糊效果

10.3.5 扭曲

“扭曲”滤镜组可以对图像进行几何变化，将图像做几何方式的变形处理。“扭曲”滤镜组中有波浪、波纹、极坐标、挤压、切变、球面化、水波、旋转扭曲、置换 9 种滤镜。

1. 波浪

该滤镜是在图像上创建波状起伏的图案，像水池表面的波浪，其对话框如图 10-52 所示。“生成器数”控制产生波的震源总数，取值范围是 1～999，数值越大，图像里面出现的重影越多；“波长”是指波峰和波谷之间的距离，数值越小，波纹越弯；“波幅”是指产生波的幅度；通过“比例”可以确定水平和竖直方向的缩放比例；“类型”可以设置“正弦”“三角形”“方形”3 种，决定波的形状；单击“随机化”按钮会让图像产生随机变形；“未定义区域”的“折回”是把图像分成多部分进行显示；“重复边缘像素”是指在原图的基础上进行复制。为素材 27 应用“波浪”滤镜，其原图和效果图如图 10-53 所示。

2. 波纹

该滤镜与“波浪”滤镜的工作方式相同，只控制波纹的数量和大小。“数量”用于调整两翼的高度和方向；“大小”用于调节涟漪的小、中、大 3 种。为素材 28 应用“波纹”滤镜，对话框如图 10-54 所示。

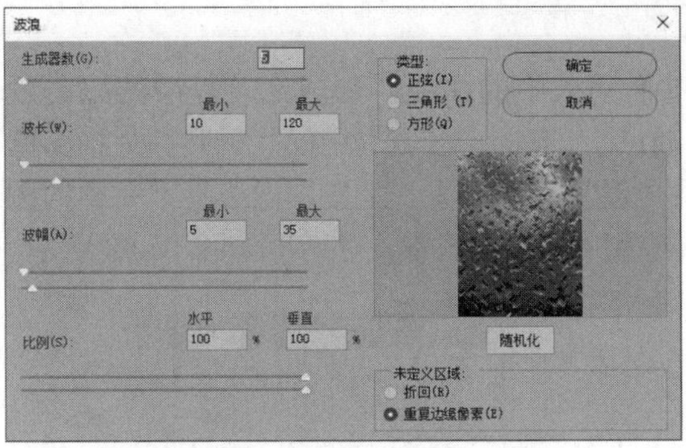

图 10-52　“波浪”滤镜对话框

图 10-53　原图和效果图

3. 极坐标

该滤镜用于重新绘制图像中的像素，可以将图像在直角坐标和极坐标之间转换。“极坐标”滤镜对话框如图 10-55 所示。为素材 29 应用“极坐标”滤镜，分别选择“平面坐标到极坐标”和“极坐标到平面坐标”单选按钮的原图和效果图如图 10-56 所示。

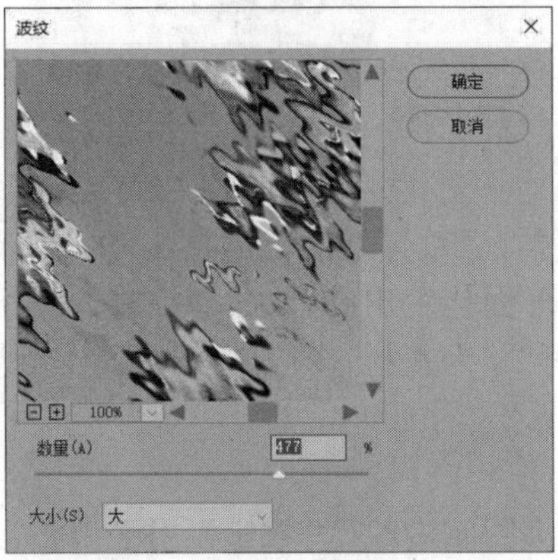

图 10-54　“波纹”滤镜对话框

图 10-55　“极坐标”滤镜对话框

（a）原图　　（b）效果图

图 10-56　原图和效果图

4. 挤压

该滤镜使图像中心产生凸起或凹下的效果。将“数量”调节为正值是选区向中心挤压；为负值是选区向外挤压。为素材 30 应用“挤压”滤镜，对话框如图 10-57 所示。

5. 切变

该滤镜可以沿用户设置的曲线扭曲图像，通过拖动框中的曲线，形成比较复杂的扭曲效果。还可以双击曲线加点，单击并按住点向外拖曳减点。“未定义区域”中的“折回”是指图像右边界不完整的图形可以在图像的左边界继续延伸；“重复边缘像素”是指图像边界不完整的图形可以通过重复局部像素方式进行修补。为素材 31 应用“切变”滤镜，对话框如图 10-58 所示。

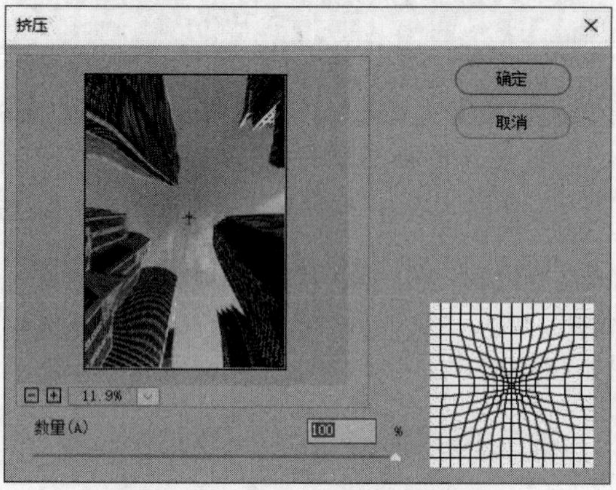

图 10-57　“挤压”滤镜对话框

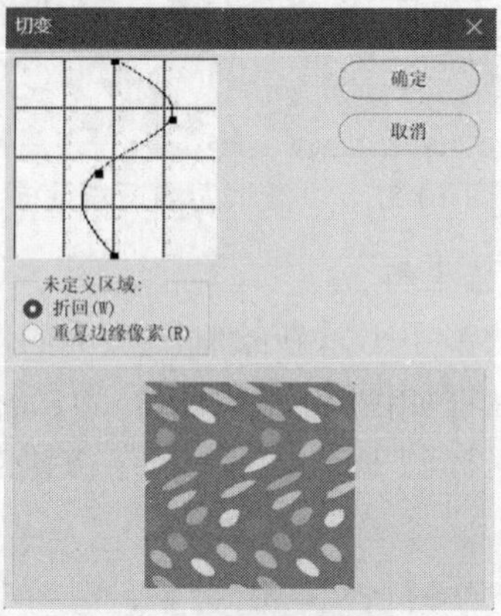

图 10-58　“切变”滤镜对话框

6. 球面化

该滤镜可以使图像扭曲并伸展它以包在球体上的效果。“数量”的范围是-100~100，负值表示凹球面，形成挤压的效果；正值表示凸球面，形成球面化突出的效果。“模式”下拉列表中有 3 种模式可以选择：“正常”“水平优先”“垂直优先”。为素材 31 应用“球面化”滤镜，对话框如图 10-59 所示。

7. 水波

该滤镜可以径向地扭曲图像，产生径向扩散的同心圆圈状波纹。“数量”用于调整当前水波纹的数量，负值的效果是凹陷，正值的效果是凸起。“起伏”可以调整波纹的起伏程度。“样式”中的“围绕中心”类型，是围绕中心进行水波纹的效果；“从中心向外”是从中心向外进行水波纹的效果；“水池波纹”是仿制水池波纹的效果。为素材 31 应用“水波”滤镜，对话框如图 10-60 所示。

图 10-59　“球面化”滤镜对话框

图 10-60　“水波”滤镜对话框

8. 旋转扭曲

该滤镜可以使图像中心产生旋转效果。“角度”可以调整旋转的角度，角度越大，旋转越强烈。为素材 31 应用“旋转扭曲”滤镜，对话框如图 10-61 所示。

9. 置换

该滤镜可以根据选定的置换图为模板来对要处理的图像进行变换，置换图必须是 PSD 文件。“置换”滤镜对话框如图 10-62 所示。“水平比例”能设定滤镜水平方向的缩放比例。“垂直比例”能设定滤镜垂直比例的缩放比例。“置换图”中的“伸展以适合”是把当前图像伸展到合适的位置；“拼贴”是以拼贴的方式填补空白区域。“未定义区域”是指图像的边缘区域，选择“折回”单选按钮可以将图像右边界不完整的图像在图像左边继续延伸；选择“重复边缘像素”单选按钮可以将图像边界不完整的图像用重复局部像素的方式弥补。使用素材 32 作为置换图，为素材 3 应用“置换”滤镜，原图、置换图和效果图如图 10-63 所示。

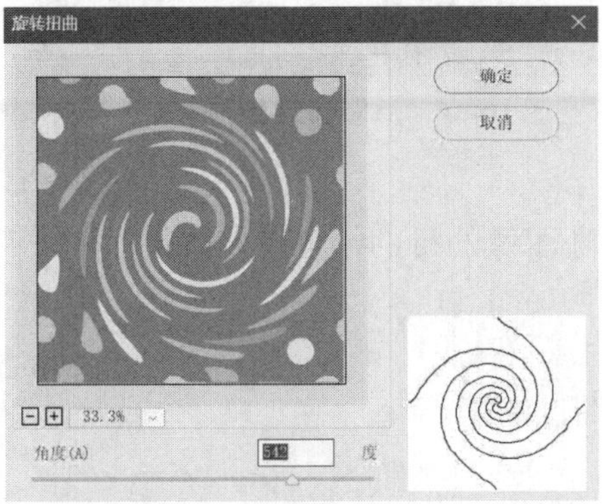

图 10-61 “旋转扭曲”滤镜对话框

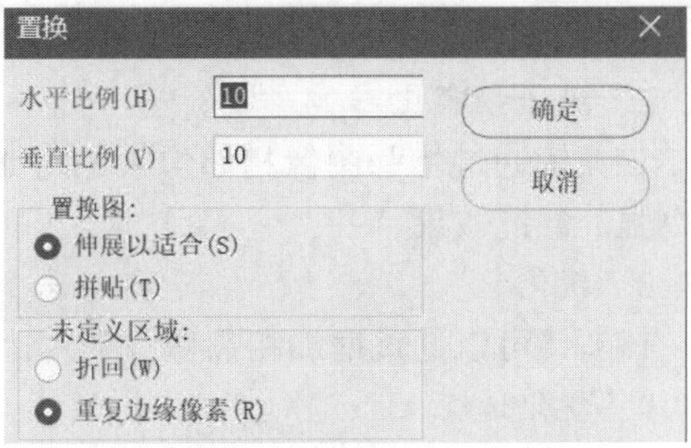

图 10-62 “置换”滤镜对话框

（a）原图 （b）置换图 （c）效果图

图 10-63 原图、置换图和效果图

10.3.6 锐化

“锐化”滤镜组可以通过增加相邻像素的对比度而使模糊的图像清晰。“锐化”滤镜组包含 USM 锐化、进一步锐化、锐化、锐化边缘、智能锐化 5 种滤镜。

1. USM 锐化

该滤镜用于调整边缘细节的对比度，并在边缘的每侧制作一条更亮或更暗的线，以强调边缘，产生更清晰的图像视觉。“USM 锐化”滤镜对话框如图 10-64 所示。“数量”值越大，像素的颜色更亮；“半径”值越大，深色部分的像素会越深；“阈值”值越大，图像的像素会越浅。为素材 33 应用“USM 锐化”滤镜，原图和效果图如图 10-65 所示。

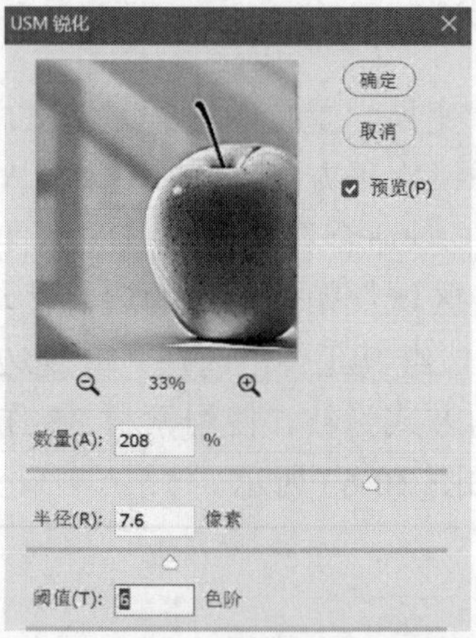

图 10-64 “USM 锐化”滤镜对话框

图 10-65 原图和效果图

2. 进一步锐化

该滤镜通过增强图像相邻像素的对比度来达到清晰图像的目的，可以产生比“锐化”滤镜更强的滤镜效果。

3. 锐化

该滤镜可以通过增加相邻像素的对比度使模糊的图像清晰。

4. 锐化边缘

该滤镜可以查找图像中有明显颜色转换的区域并进行锐化。它只对图像中具有明显反差的边缘进行锐化处理，如果反差较小，则不进行锐化处理。

5. 智能锐化

该滤镜具有“USM 锐化”滤镜所没有的锐化控制功能，可以设置锐化算法，或者控制在阴影和高光区域中的锐化量，而且能避免出现色晕等问题，起到使图像细节清晰的作用。“智能锐化”滤镜对话框如图 10-66 所示。“数量”文本框中可以设置锐化值，数值越大，锐化越明显；“半径”可以用于设置边缘像素周围受锐化影响的像素值，数值越大，受影响的边缘越宽，锐化效果越明显；“减少杂色”可以设置减少的杂色的数值；“移去”下拉列表中可以选择“高斯模糊”“镜头模糊”“动感模糊”3 个选项，用于选择锐化算法。

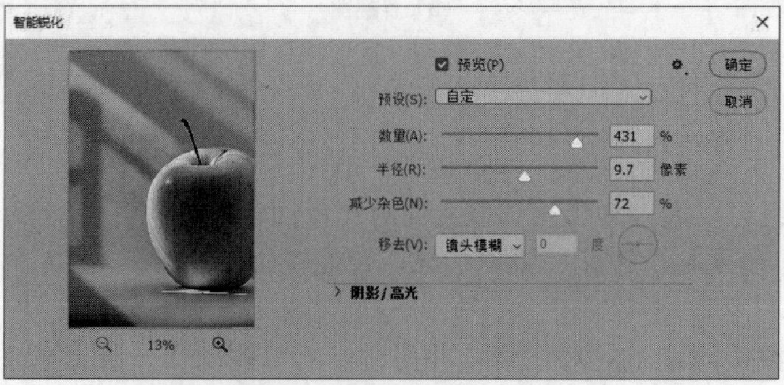

图 10-66 “智能锐化”滤镜对话框

10.3.7 视频

“视频”滤镜组中包含 NTSC 颜色和逐行两种滤镜，它们可以处理从隔行扫描方式的设备中提取的图像，从而将普通图像转换为视频设备可以接受的图像，以解决视频图像转换方式系统差异的问题。

1. NTSC 颜色

“NTSC 颜色”滤镜可以将色域限制在电视机重现可接受的范围内，防止过饱和的颜色渗透到电视扫描中。注意：此滤镜不能应用于灰度、CMYK 和 Lab 模式的图像。

2. 逐行

电视机或视频设备中捕捉的图像都会出现扫描线，“逐行”滤镜可以去除视频中的奇数或偶数的隔行线，使在视频上捕捉的运动图像变得平滑。通过视频图像中的“奇数”或“偶数”交错行，以平滑在视频上捕捉的图像。“逐行”滤镜对话框如图 10-67 所示。为素材 34 该滤镜，原图和效果图如图 10-68 所示。

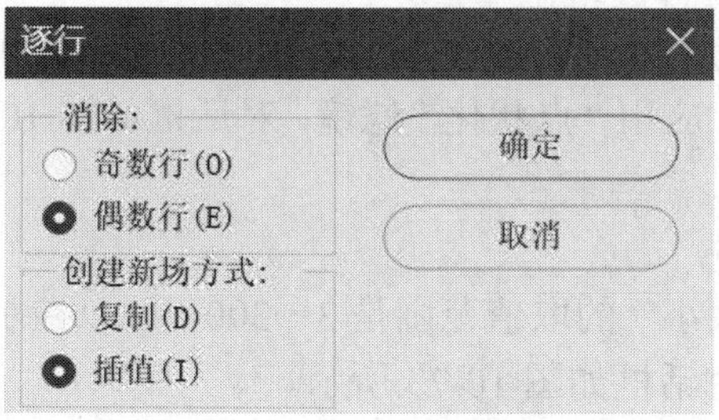

图 10-67 “逐行”滤镜对话框

图 10-68 原图和效果图

10.3.8 像素化

“像素化”滤镜组可以将指定单元格中相似颜色值结块并平面化，因此处理后的图像外观像是由很多碎片拼凑而来的。“像素化”滤镜组包含彩块化、彩色半调、点状化、晶格化、马赛克、碎片、铜版雕刻 7 种滤镜。

1. 彩块化

该滤镜可以将纯色或相似颜色的像素形成彩色像素块。使用该滤镜可以使图像看起来像是手绘的。为素材 35 应用“彩块化”滤镜，原图和效果图如图 10-69 所示。

图 10-69 原图和效果图

2. 彩色半调

该滤镜可以在图像的每个通道上模拟使用扩大的半调网屏的效果,将图像分格，然后向方格中填入像素，用圆点代替方块。“彩色半调”滤镜对话框如图 10-70 所示。“最大半径”值 4～127；“网角”是屏蔽度数，可以设置 4 个通道的网线角度，对于不同的图像模式，这 4 个通道不是都有用的。为素材 35 应用“彩色半调”滤镜，原图和效果图如图 10-71 所示。

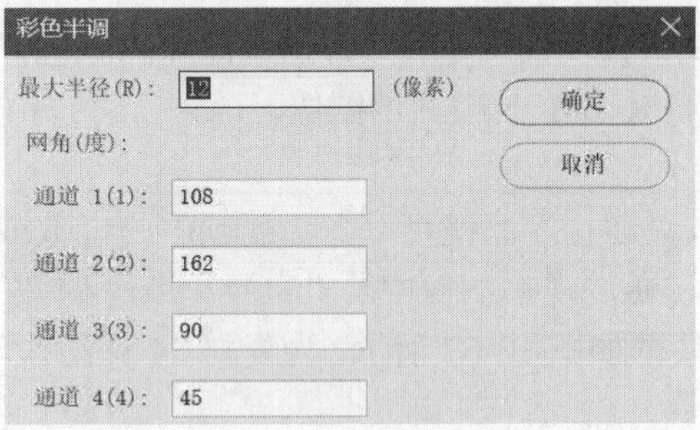

图 10-70 “彩色半调”滤镜对话框

图 10-71 原图和效果图

3. 点状化

该滤镜可以将图像中的颜色分散为随机分布的网点，间隙用背景色填充。“单元格大小”的取值范围是 3～300，决定了圆点的大小。为素材 35 应用“点状化”滤镜，对话框如图 10-72 所示。

4. 晶格化

该滤镜可以将像素结块为纯色多边形。“单元格大小”的取值范围是 3～300，可以控制多边形网格的大小。为素材 35 应用“晶格化”滤镜，对话框如图 10-73 所示。

图 10-72 “点状化”滤镜对话框

图 10-73 “晶格化”滤镜对话框

5. 马赛克

该滤镜将像素形成方块，每个方块内的像素的颜色相同。“单元格大小”的取值范围是 2～64，可以控制结块像素的大小。滤镜对话框如图 10-74 所示。

6. 碎片

该滤镜可以把图像的像素复制 4 次，再将它们平均，并使其相互偏移，从而使图像产生振动的效果。为素材 35 应用“碎片”滤镜的效果如图 10-75 所示。

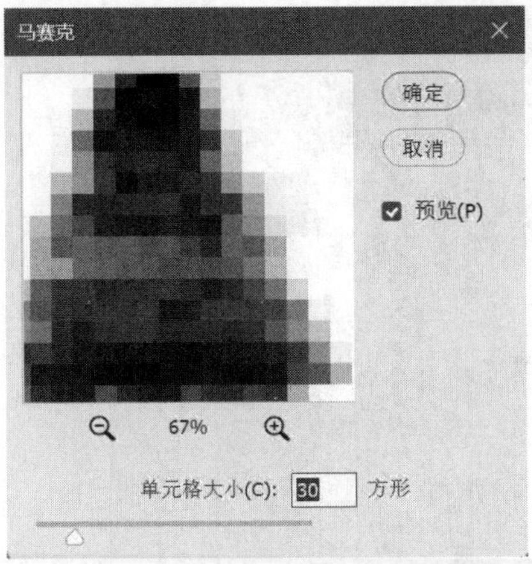

图 10-74 “马赛克”滤镜对话框

图 10-75 效果图

7. 铜版雕刻

该滤镜可以在图像中随机生成各种不规则的直线、曲线和斑点，使图像产生年代久远的金属板效果，为素材 35 应用该滤镜，对话框如图 10-76 所示。

图 10-76 “铜版雕刻”滤镜对话框

10.3.9 渲染

“渲染”滤镜组主要用于图像着色及明亮化，在图像中产生照明、光源等效果。“渲染”滤镜组包含火焰、图案、树、分层云彩、光照效果、镜头光晕、纤维、云彩 8 种滤镜。

1. 火焰

先在画布中使用路径工具绘制出火焰的路径，再使用“火焰”滤镜，在“火焰”滤镜对话框中调节火焰的长度、宽度、类型等，制造出火焰效果。“火焰”滤镜对话框如图 10-77 所示。使用钢笔工具在画布中绘制出火焰的路径，执行该滤镜，原图和效果图如图 10-78 所示。

2. 图案

通过“图片框”滤镜，可以为图片添加不同形状和颜色的图片框。“图片框”滤镜对话框如图 10-79 所示。为素材 36 应用“图案”滤镜的效果图如图 10-80 所示。

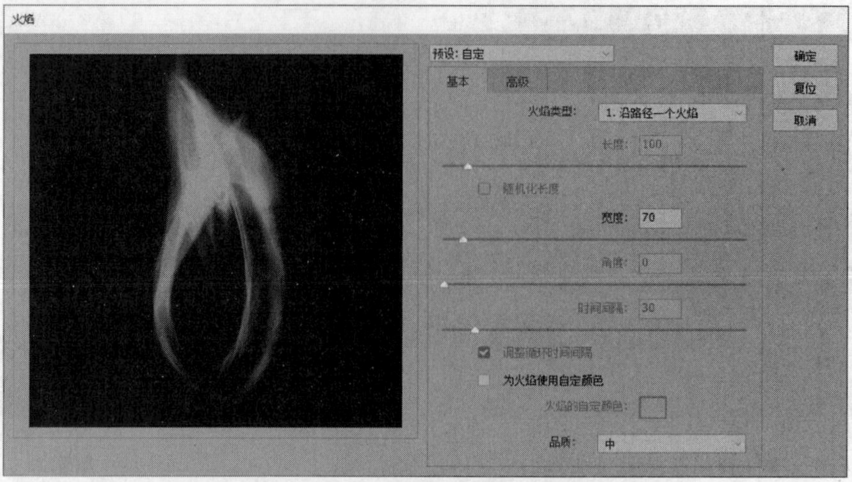

图 10-77 “火焰”滤镜对话框

图 10-78 绘制火焰路径后的原图和效果图

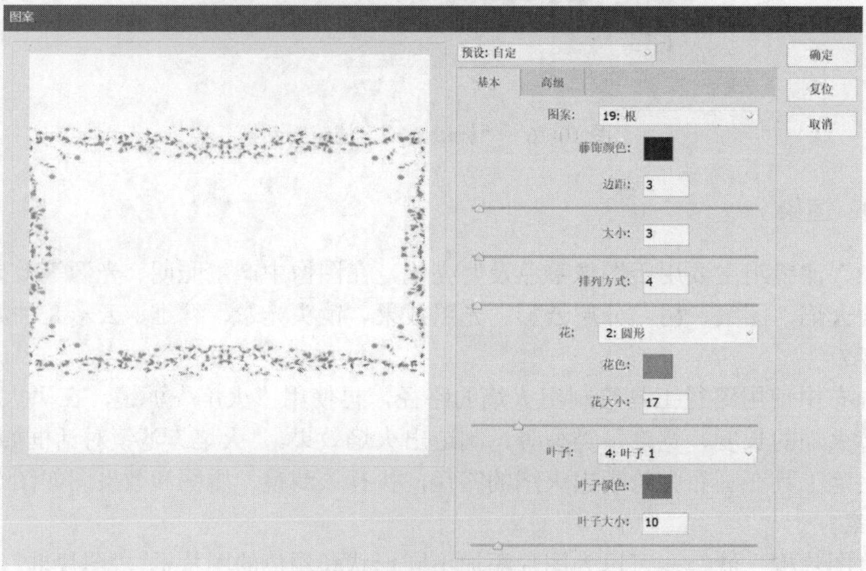

图 10-79 “图案”滤镜对话框

图 10-80 效果图

3. 树

这个滤镜可以为图片添加各式各样的树，可以调节树的种类、曲直，叶子的大小、颜色等。将生成的树放入图片，调节其大小和位置即可。添加树效果时，可以新建空白图层，再应用“树”滤镜。为素材 37 应用该滤镜，原图和效果图如图 10-81 所示。

图 10-81 原图和效果图

4. 分层云彩

该滤镜能够使用前景色和背景色随机混合而形成一种云彩效果，然后将图像和云彩进行混合并反相。应用此滤镜几次之后，会创建出与大理石的纹理相似的凸缘，而且需要有填充内容的图层才能执行该滤镜命令，透明图层不能添加此滤镜。当拾色器为默认的颜色时，填充图层颜色为前景色。为素材 38 应用“分层运彩”滤镜的效果图如图 10-82 所示。

图 10-82 效果图

5. 光照效果

该滤镜可以在图像上制作出各种各样的光照效果。“光照效果”滤镜对话框如图 10-83 所示。该滤镜包含光照类型和光照属性设置。“光照类型”分为 3 种：“点光”是指投射出椭圆形光，用户可以在预览窗口中改变照明区域；“聚光灯”是指投射直线方向的光线，智能改变光线方向和光源位置；“全光源”是一种反光。“属性”分为 3 种：“光泽”决定图像的反光效果；“金属质感”可以调节光对物体产生的金属质感；“环境”可以产生混合效果。“纹理”下拉列表中包含 4 个通道。为素材 39 应用“光照效果”滤镜，原图和效果图如图 10-84 所示。

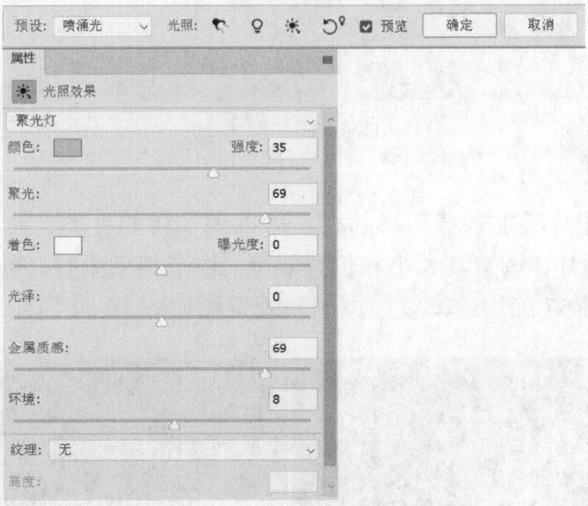

图 10-83　“光照效果”滤镜对话框

图 10-84　原图和效果图

6. 镜头光晕

该滤镜可以模拟光线照射在镜头上产生的效果，其对话框如图 10-85 所示。“亮度”可以调节产生亮斑的大小，取值范围是 10～300；拖动“亮度”下方的光标可以改变光线的位置；“镜头类型”决定亮斑的大小。为素材 40 应用“镜头光晕”滤镜，原图和效果图如图 10-86 所示。

7. 纤维

利用该滤镜可以制作出纤维效果。

8. 云彩

该滤镜能够使用前景色与背景色在图像中随机产生一种云彩效果，可以用在透明的图层上，也可以用在有填充内容的图层上。

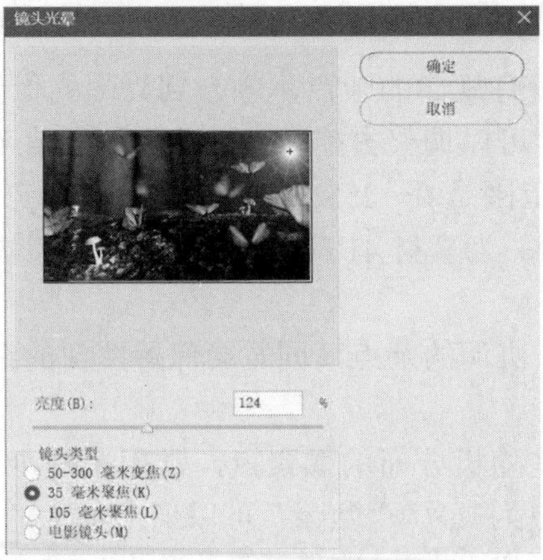

图 10-85 “镜头光晕”滤镜对话框

图 10-86 原图和效果图

10.3.10 杂色

杂色实际上是一些颜色随机分布的像素点（称为杂点），“杂色”滤镜组可以用来添加或去掉这样的杂点，从而创建与众不同的纹理或移去有问题的区域。“杂色”滤镜组包含减少杂色、蒙尘与划痕、去斑、添加杂色、中间值 5 种滤镜。

1. 减少杂色

该滤镜可基于影响整幅图像或各个通道的设置保留边缘，同时减少杂色。这个滤镜对于去除照片上的杂色非常有效。为素材 41 应用“减少杂色”滤镜，对话框如图 10-87 所示。

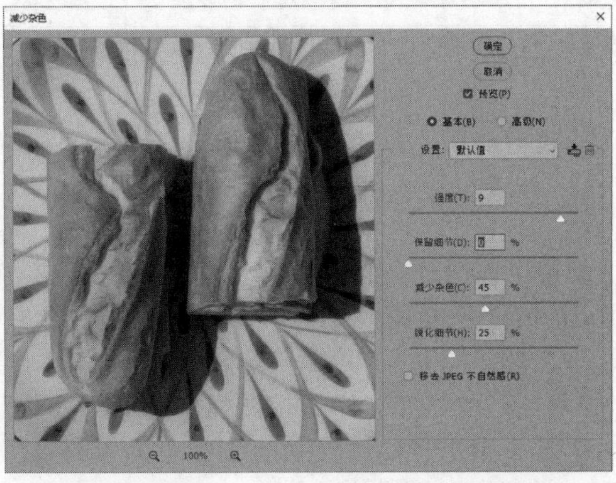

图 10-87 “减少杂色”滤镜对话框

2. 蒙尘与划痕

该滤镜可以去除图像中没有规律的杂点，融合到周围的像素中，以达到去除蒙尘与划痕的效果。在“半径”文本框中可以调整去掉杂点的范围，取值范围是 1～100，数值越大，模糊区域越大；“阈值”的取值范围是 0～255。数值是 0 时，杂点融入周围的像素越多，数值越大，杂点融入周围的像素越少。为素材 41 应用“蒙尘与划痕”滤镜，对话框如图 10-88 所示。

3. 去斑

该滤镜用于去除图像中不协调的杂点，同时会保持图像的细节不丢失。

4. 添加杂色

该滤镜在图像上添加一些随机分布的像素点，常用来减少羽化选区和渐变填充的色带，或者使过度修饰的区域显得更为真实。“数量”可以调节加入的干扰量，取值范围是 1～999，数值越大，效果越明显；“分布”下可以选择“平均分布”或“高斯分布”单选按钮；“单色”可以用来设置是否为单色干扰像素。为素材 41 应用“添加杂色”滤镜，对话框如图 10-89 所示。

5. 中间值

该滤镜用于去除图像中的杂点和划痕。其原理是通过搜索指定半径内像素的亮度值，计算中间亮度，来替换图像的原有像素，从而消除或降低图像的动态效果。为素材 41 应用“中间值”滤镜，对话框如图 10-90 所示。

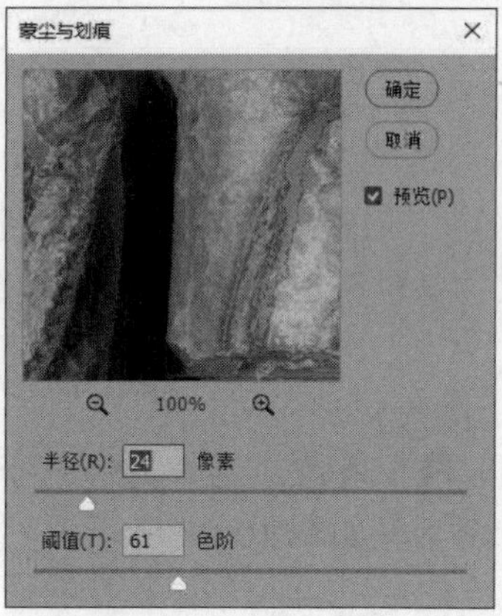

图 10-88 “蒙尘与划痕”滤镜对话框

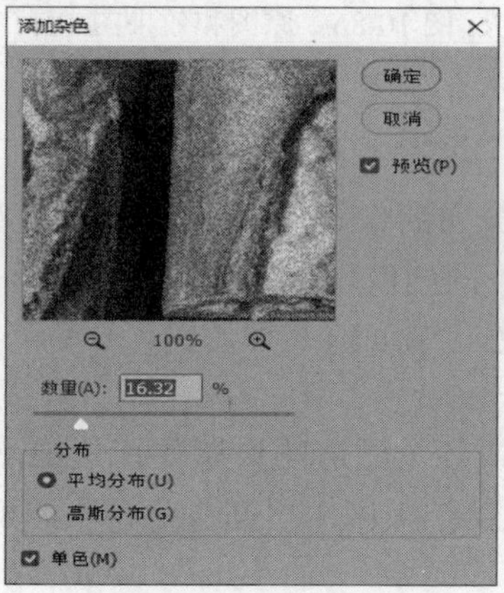

图 10-89 “添加杂色”滤镜对话框

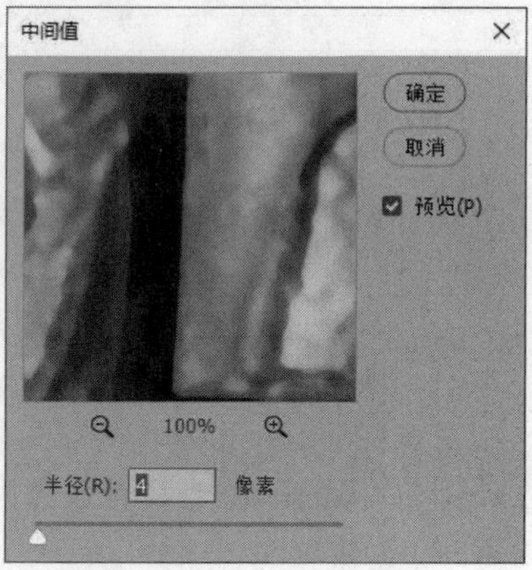

图 10-90 “中间值”滤镜对话框

10.3.11 其他

1. HSB/HSL 参数

用“HSB/HSL 参数”滤镜可以提升画面色彩表现。“HSB/HSL 参数”滤镜对话框如图 10-91 所示，“输入模式”是指当前的颜色模式，“行序”是指变更之后的 3 个原色通道的含义。

2. 高反差保留

该滤镜保留指定半径内的边缘细节，而滤掉图像中的低频变化。“高反差保留”滤镜对话框如图 10-92 所示，“半径”用来控制过渡边界大小。为素材 42 应用“高反差保留”滤镜，原图和效果图如图 10-93 所示。

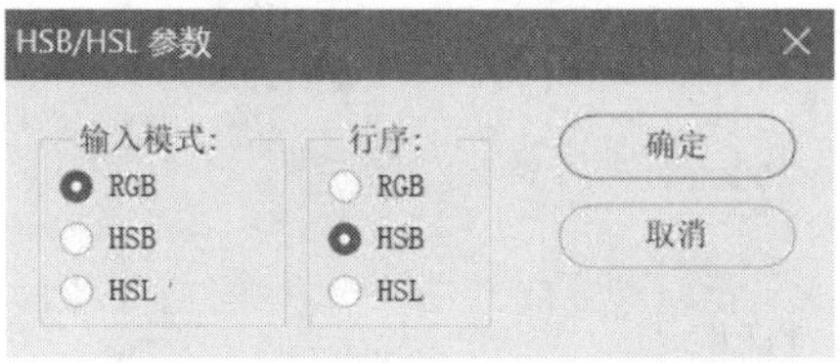

图 10-91 “HSB/HSL 参数”滤镜对话框

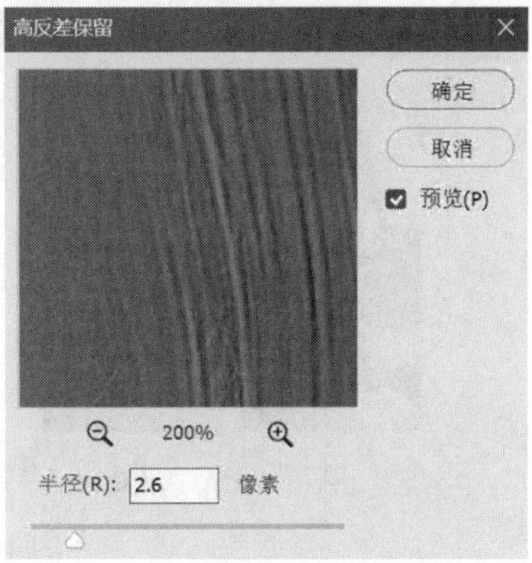

图 10-92 “高反差保留”滤镜对话框

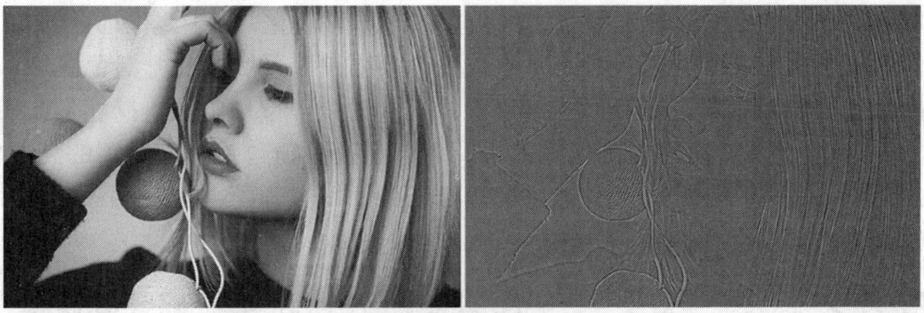

图 10-93 原图及效果图

3. 位移

该滤镜将选区或通道向水平或垂直方向移动一定距离，在原位置留下空白。“位移”滤镜对话框如图 10-94 所示，“水平”控制水平向右移动的距离；“垂直”用于控制垂直向下移动的距离。为素材 42 应用“位移”滤镜，原图及效果图如图 10-95 所示。

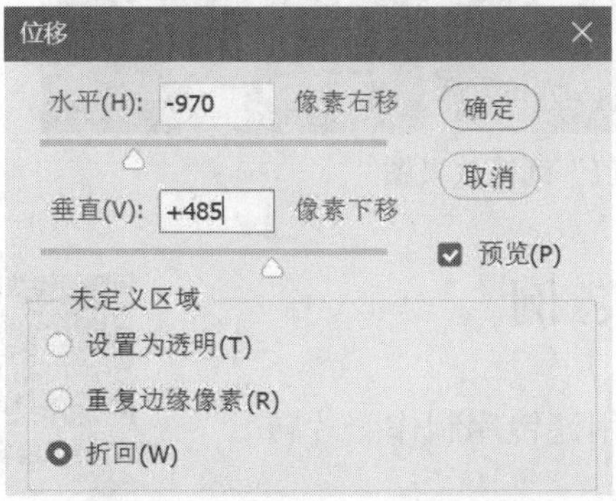

图 10-94 “位移”滤镜对话框

图 10-95 原图及效果图

4. 自定

使用该滤镜，根据预定义的数学运算更改图像中每个像素的亮度值，可以模拟出锐化、模糊或浮雕的效果。中心的文本框里的数字用于控制当前像素亮度增加的倍数；“缩放”为亮度值总和的除数；“位移”为将要加到缩放计算结果上的数值。用户可以通过“自定”滤镜来创建属于自己的滤镜。为素材 42 应用“自定”滤镜，对话框如图 10-96 所示。

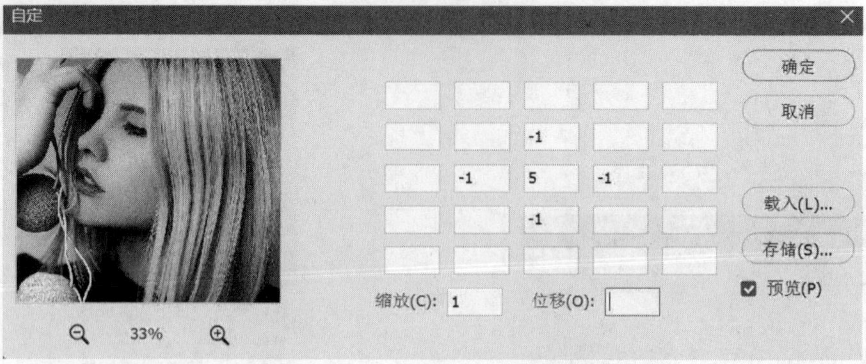

图 10-96 “自定”滤镜对话框

5. 最大值和最小值

“最大值”滤镜有应用展开（扩张）的效果：展开白色区域并阻塞黑色区域。

“最小值”滤镜有应用阻塞（腐蚀）的效果：收缩白色区域并展开黑色区域。

像“中间值”滤镜一样，“最小值”和“最大值”滤镜可按选定像素操作。在指定半径内，“最大值”和“最小值”滤镜用周围像素的最高或最低亮度值替换当前像素的亮度值，即用来扩大或缩小选区或通道中的高调范围。为素材 43 应用“最大值”和“最小值”滤镜的效果图如图 10-97 所示。

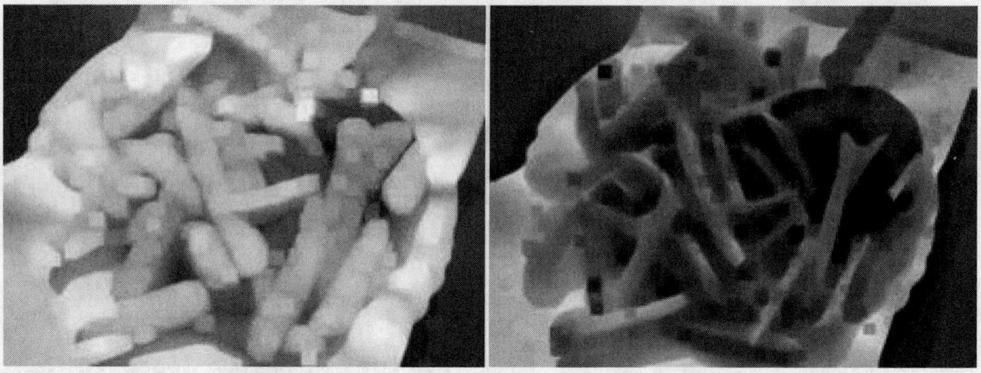

图 10-97 “最大值”和“最小值”滤镜效果图

10.4 综合实例

照片转手绘实例

实例描述：通过实例操作，使读者了解并掌握利用滤镜库制作照片转手绘的基本方法。

操作步骤如下。

（1）执行“文件”→“打开”命令，打开素材 44 图像文件，如图 10-98 所示。

（2）执行“滤镜”→“滤镜库”命令，弹出滤镜库面板。打开“艺术效果”滤镜，添加“海报边缘”，根据画面调节选项，如图 10-99 所示。

（3）单击滤镜库面板右下角滤镜层的“+”按钮，单击“艺术效果”下的“木刻”滤镜，调节选项值，滤镜效果图层框如图 10-100 所示。“木刻”滤镜参数设置如图 10-101 所示。

图 10-98　素材 44

图 10-99　滤镜库面板

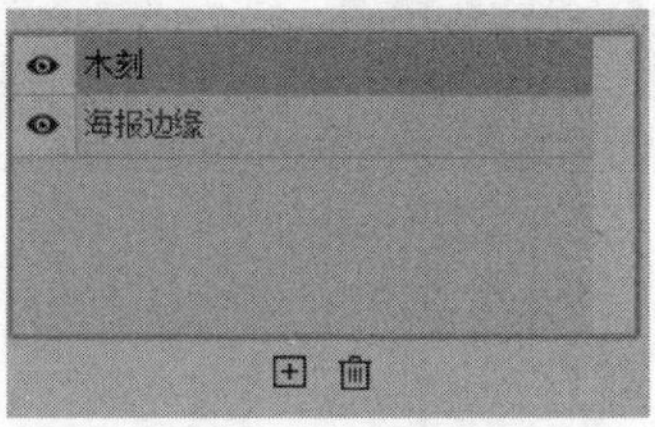

图 10-100　滤镜效果图层框

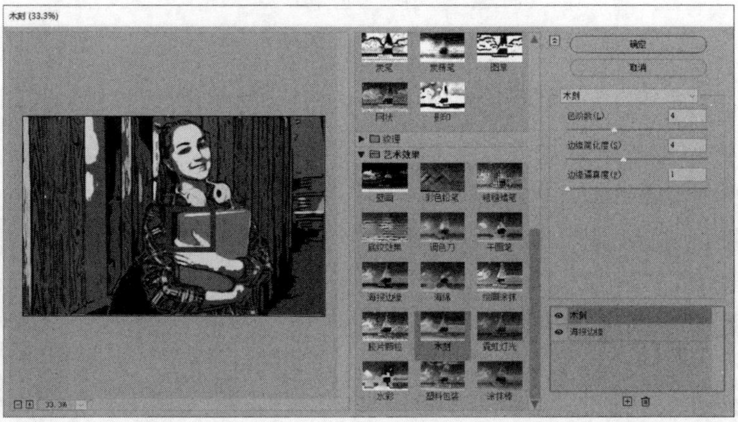

图 10-101　“木刻”滤镜参数设置

（4）单击面板右下角滤镜效果图层框的“+”按钮，然后单击“画笔描边”下的“深色线条”滤镜，调节选项值，如图 10-102 所示。

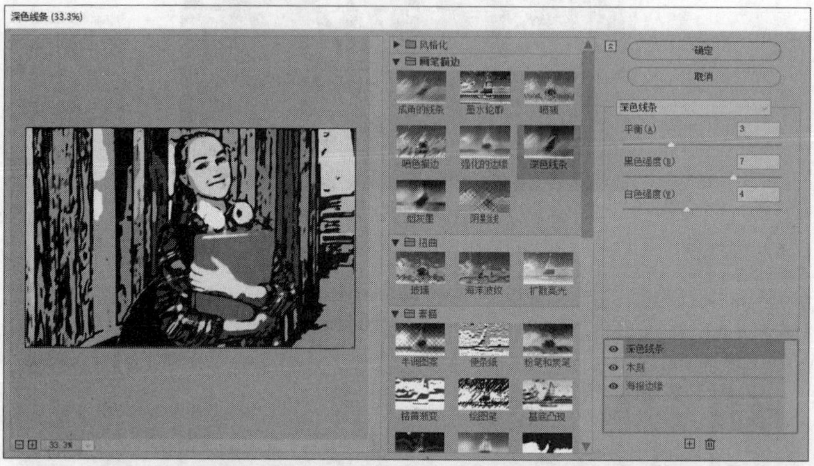

图 10-102　“深色线条”滤镜参数设置

（5）单击“确定”完成滤镜设置，效果如图 10-103 所示。

图 10-103　效果图

习　题

第 10 章习题答案

一、选择题

1．要将图 10-104 所示的图像处理为如图 10-105 所示的效果，可以使用以下哪个滤镜？（　　）

图 10-104 原图

图 10-105　效果图

A．高斯模糊　　B．杂色　　C．镜头光晕　　D．液化

2．要将图 10-106 所示的图像处理为如图 10-107 所示的效果，可以使用以下哪个滤镜？（　　）

图 10-106　原图

图 10-107　效果图

A．高斯模糊　　B．杂色　　C．晶格化　　D．浮雕效果

3．要将图 10-108 所示的图像处理为如图 10-109 所示的效果，可以使用“液化”滤镜中的（　　）工具。

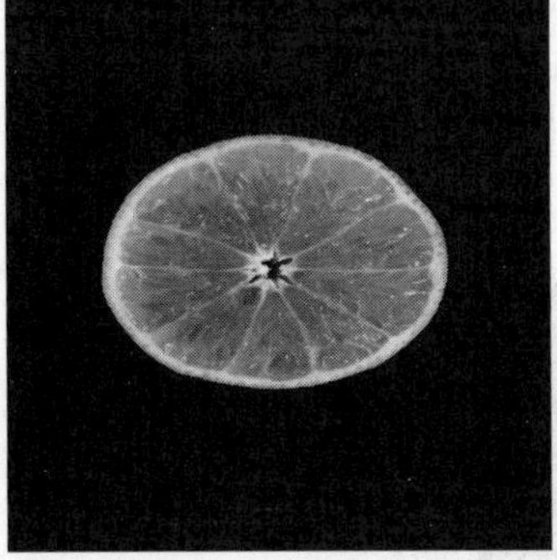

图 10-108　原图

图 10-109　效果图

A．向前变形　　B．膨胀　　C．旋转扭曲　　D．褶皱

4．下列滤镜中没有参数设置的是（　　）。

A．高斯模糊　　B．液化　　C．位移　　D．进一步模糊

5．如果一张照片不够清晰，可以用（　　）滤镜来弥补。

A．去斑　　B．中间值　　C．USM 锐化　　D．风格化

二、操作题

1．利用“置换”滤镜制作有褶皱图案的布料效果。

设计制作提示：对布料素材 45，执行“图像”→“调整”→“去色”命令，并将文件另存为 PSD 格式；打开素材 46，新建图层，执行“滤镜”→“扭曲”→“置换”命令，置换文件（选择刚保存的 PSD 格式文件）；将图案图层调整为“线性加深”，完成效果制作。

素材 45、46 和效果图如图 10-110 所示。

图 10-110　素材 45、46 和效果图

2．利用“极坐标”滤镜制作发光圆球效果。

设计制作提示：在黑色的背景上新建一个图层，中心绘制圆形选区，白色填充，在上面新建一个图层，将选区用黄色填充；依次对白色圆形图层执行“滤镜”→“极坐标”命令（选择“从极坐标到平面坐标”）、“旋转画布（90°逆时针）”命令、“风”命令（做两次）、“旋转画布（90°顺时针）”命令、“极坐标”命令（选择“从平面坐标到极坐标”）、“图层样式”命令（选择“渐变叠加”）；依次对黄色圆形图层执行“图层样式”命令（选择“渐变叠加”“内阴影”）；效果图如图 10-111 所示。

图 10-111　效果图

第 11 章　图像动作与批处理

本章导读

在用 Photoshop 编辑处理图像时，使用动作可以快速应用效果，使用“自动化”命令可以对图像进行批处理，从而能够快速处理图像。本章的主要学习内容包括创建动作、编辑动作、删除动作、清除动作，以及图像批处理等操作的方法和应用。

本章要点

- 动作
- 批处理

11.1　动　　作

在 Photoshop 中，动作是一系列操作（即命令）的集合，系列操作（命令）依次组合在一起，构成单独动作序列。执行单独动作时，系统会按顺序依次执行从而组成动作的一系列操作。动作可以使重复的、模式化的操作自动处理，提高工作效率。

11.1.1　“动作”面板及其面板菜单

通过“动作”面板和面板菜单实现动作的记录、播放、编辑、删除、存储、载入等操作。执行“窗口”→“动作”命令，打开“动作”面板，如图 11-1 所示。

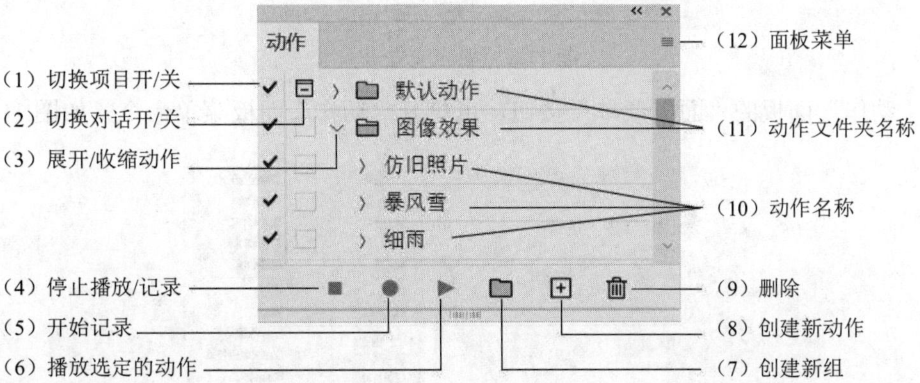

图 11-1　“动作”面板

“动作”面板中各选项的作用如下。

（1）“切换项目开/关”按钮：当显示为对钩时，用来确定某些或某个动作（或操作）是否执行，如果没有显示对钩，则表示该动作文件夹内的所有动作都不能执行，或者表示该操作不能执行；如果显示黑色对钩，则表示该动作文件夹内的所有动作和所有操作都可以执行；如果显示红色对钩，则表示该动作文件夹内的部分动作或该动作下的部分操作可以执行。

（2）“切换对话开/关”按钮：当显示黑色时，表示在执行动作的过程中，会调出对话框并暂停，只有单击“确定”按钮后才可以继续执行；当没有显示时，表示在执行动作的过程中，不调出对话框就暂停；当显示红色时，表示动作文件夹中只有部分动作会在执行过程中调出对话框并暂停。

（3）“展开/收缩动作”按钮：单击动作文件夹左边的“展开动作”按钮，可将该动作文件夹中的动作展开，此时，“展开动作”按钮变为向下的箭头。单击按钮收回。

（4）“停止播放/记录”按钮：单击可以使正在录制的工作停止，完成录制。

（5）“开始记录”按钮：单击可以开始录制一个新的动作。

（6）“播放选定的动作”按钮：单击可以执行当前的动作或操作。

（7）“创建新组”按钮：组是存储动作的文件夹，单击该按钮可以创建一个新的动作组，它的右边给出了动作文件夹名称。

（8）“创建新动作”按钮：单击可新建一个动作，它存在于当前动作文件夹内。

（9）“删除”按钮：单击可以删除当前的动作文件夹、动作或操作等。

单击“动作”面板的“展开/收缩动作”按钮，可展开动作文件夹中所有的动作，如图 11-2 所示。

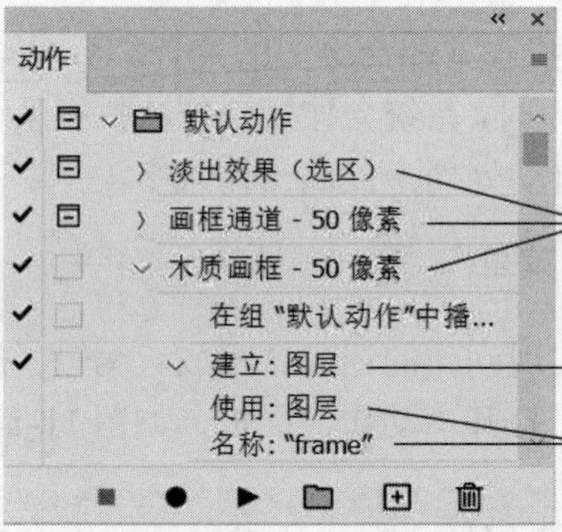

图 11-2　动作文件夹

单击“动作”面板的“面板菜单”按钮，可打开“动作”面板菜单命令，如图 11-3 所示。

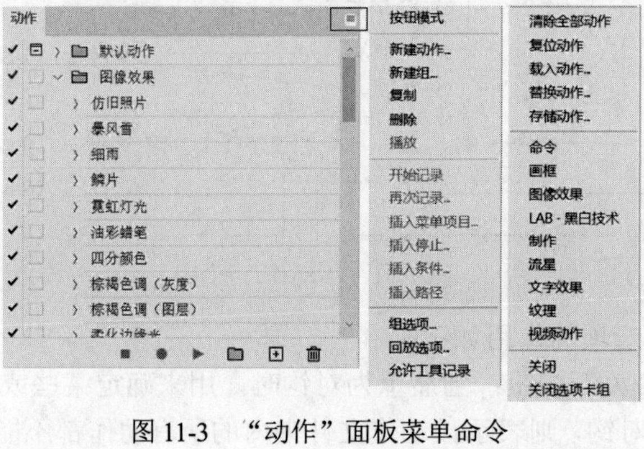

图 11-3　“动作”面板菜单命令

11.1.2 动作操作

1. 预定义动作

Photoshop 自带了预定义动作（也称为默认动作），可以按原样使用这些预定义动作，如图 11-4 所示。这些动作包括淡出效果、画框通道、木质画框、投影、水中倒影、自定义 RGB 到灰度、熔化的铅块、棕褐色调、四分颜色、存储为 Photoshop PDF、渐变映射等。

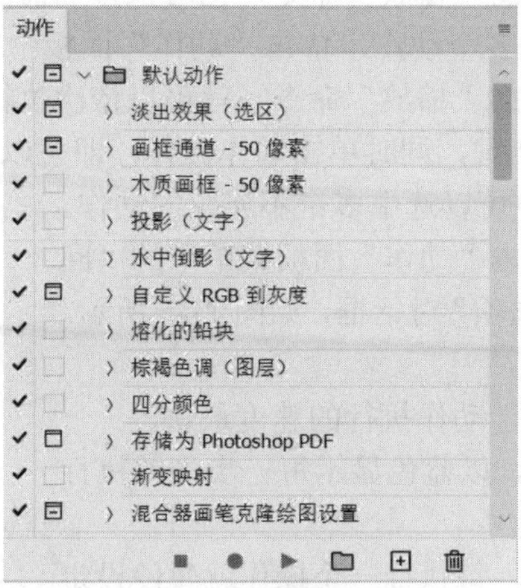

图 11-4 预定义动作

2. 载入、替换、复位和存储动作

载入、替换、复位和存储动作的操作都需要执行“动作”面板菜单命令，如图 11-3 所示。

（1）载入动作：单击“动作”面板菜单的“载入动作”命令，弹出“载入”对话框。选中该对话框中的文件名称（文件的扩展名是.atn），再单击“载入”按钮，即可将“画框”动作载入“动作”面板。

也可直接单击“动作”面板菜单第六栏中的动作名称，直接载入选中的动作。

（2）替换动作：单击“动作”面板菜单的“替换动作”命令，弹出“载入”对话框。选中该对话框中的文件名称，再单击“载入”按钮，即可将选中的动作载入“动作”面板，并取代原来的所有动作。

（3）复位动作：单击“动作”面板菜单的“复位动作”命令，弹出提示框。单击提示框中的“追加”按钮，即可将“默认动作”追加到“动作”面板中原有动作的后面。单击提示框中的“确定”按钮，即可用“默认动作”替换原来的所有动作。

（4）存储动作：选中“动作”面板中动作文件夹序列名称。单击“动作”面板菜单的“存储动作”命令，弹出“存储”对话框，选择文件夹。输入文件的名称，再单击“存储”按钮，即可将选中的动作存储。

3. 录制动作

在“动作”面板中可以选择动作组，或者新建一个动作组，单击“动作”面板的“开始记录”按钮，或者单击“动作”面板菜单中的“开始记录”命令，即可开始录制动作。

录制动作完成后，单击“动作”面板中的“停止播放/记录”按钮，或者单击“动作”面板菜单中的“停止播放/记录”命令，完成动作录制。

注意：不是所有操作都可以进行录制。例如，使用绘画工具、色彩调整、视图切换、工具选项设置等都不能进行录制，但可以在执行动作过程中进行这些操作。可以录制的操作有创建选区、单色填充、渐变填充、移动图像、输入文字、剪裁图像、绘制直线，以及各种面板的使用等。

4. 使用动作

使用一个动作：单击“动作”面板中的“播放选定的动作”按钮，即可执行当前的动作。或者单击“动作”面板菜单中的“播放”命令，也可执行当前的动作。

使用多个动作：只要选中多个动作，单击“动作”面板中的“播放选定的动作”按钮，或者单击“动作”面板菜单中的“播放”命令，就可以依次执行选中的动作。

选中多个动作：按住 Shift 键，同时单击动作文件，即可以选中连续的多个动作。按住键 Ctrl 键，同时单击动作文件夹，可以选中多个不连续的动作。

设置动作的执行方式：单击“动作”面板菜单中的“回放选项”命令，可弹出“回放选项”对话框，如图 11-5 所示。该对话框中各选项的作用如下。

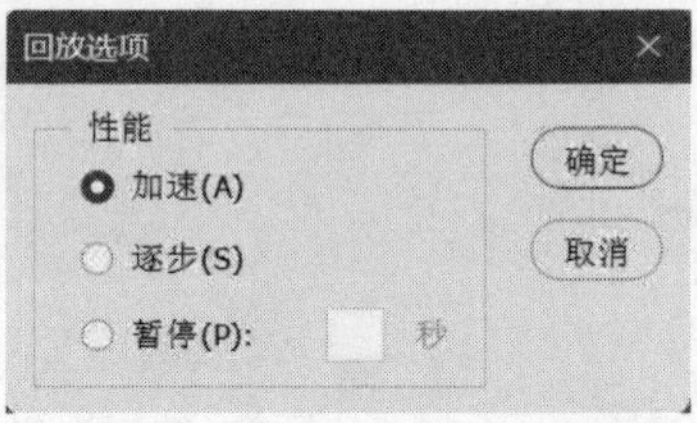

图 11-5 “回放选项”对话框

加速：选中该单选按钮后，动作执行的速度最快。

逐步：选中该单选按钮后，以蓝色显示每一步当前执行的操作命令。

暂停：选中该单选按钮后，每执行一个操作就暂停设定的实践。暂停时间由其右边文本框中输入的数值决定，文本框中输入的数值的范围为 1～60 秒。

5. 动作的基本操作

动作的基本操作包括复制、移动、删除、更改动作名称等。

（1）复制动作：在“动作”面板中，将要复制的动作拖到“创建新动作”按钮上，或者选中要复制的动作，再单击“动作”面板菜单中的“复制”命令。

（2）移动动作：在“动作”面板中，将要移动的动作拖到目标位置。

（3）删除动作：在动作面板中，将要删除的动作拖到“删除”按钮上。

（4）更改动作名称的方法有以下两种。

双击“动作”面板中要更改的动作名称，即可进入动作名称修改状态。

双击选中要更改名称的动作，再单击“动作”面板菜单中的“动作选项”命令，弹出“动作选项”对话框，在“名称”文本框中修改动作的名称，单击“确定”按钮，可完成动作的更名。另外，用户还可以利用“动作选项”对话框进行快捷键的更换，以及“动作”面板内相应按钮颜色的更改。

（5）更改组名称的方法主要有以下两种。

双击“动作”面板中要更改的组名称，即可进入组名称修改状态。

选中要更改名称的组，再单击“动作”面板菜单中的“组选项”命令，弹出“组选项”对话框，在“名称”文本框中修改组的名称，再单击“确定”按钮，即可完成动作文件夹更名的工作。

6. 插入菜单项目、暂停和路径

（1）插入菜单项目：指在动作的操作中插入命令。例如：在“动作”面板中选中“木制话框”动作的最后 1 个操作命令——“设置选区”。然后，单击面板菜单中的“插入菜单项目”

命令，弹出“插入菜单项目”对话框，如图 11-6 所示，这时的对话框显示为“菜单项：无选择”。接着，执行“图像”→“调整”→“色相/饱和度”命令之后，“插入菜单项目”对话框就显示为“菜单项：调整：色相/饱和度”，如图 11-7 所示。

图 11-6 “插入菜单项目”对话框 1

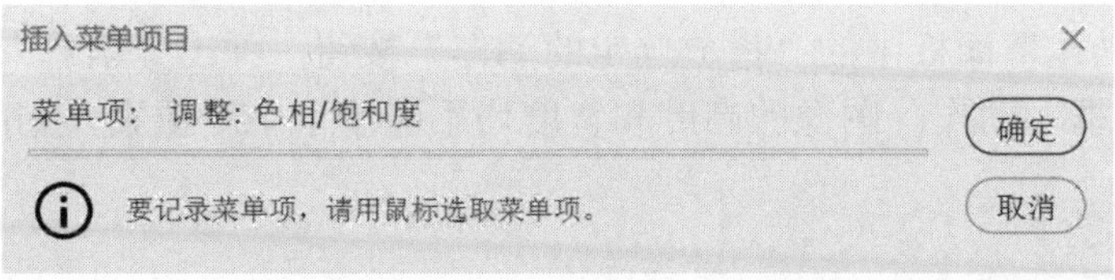

图 11-7 “插入菜单项目”对话框 2

（2）插入暂停：指是在动作的操作中插入形式暂停和提示框。可以在动作暂停时，进行不能录制的手动操作，暂停时的提示框还能以文字形式提示用户进行何种操作。单击“动作”面板菜单中的“插入停止”命令，弹出“记录停止”对话框，如图 11-8 所示。

如果勾选该对话框内的“允许继续”复选框，则以后在执行该动作到“停止”操作时，会弹出一个信息提示框，如图 11-9 所示。单击“继续”按钮后，会继续执行“停止”操作下面的其他操作。单击“停止”按钮，会停止执行动作。

图 11-8 “记录停止”对话框

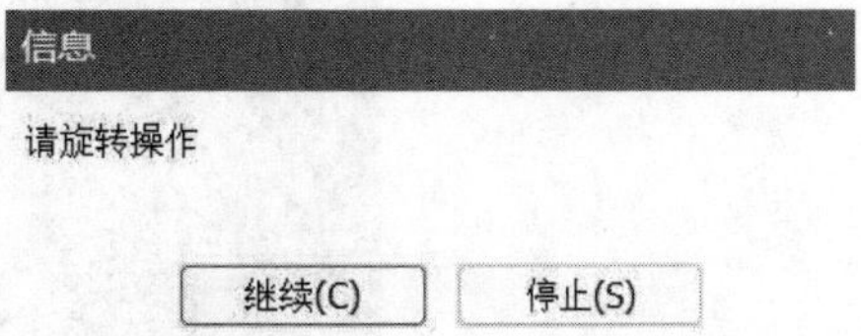

图 11-9 “信息”提示框

（3）插入路径：选中动作名称或操作名称，再单击“动作”面板菜单中的“插入路径”命令，即可在当前操作的下面插入“设置工作路径”操作。注意：如果选中的是“动作”面板中的动作名称，则“设置工作路径”操作会自动增加在当前动作的最后面。

11.1.3 动作实例

应用动作实例

1. 实例 1——应用动作

实例描述：通过实例制作，使读者认识和掌握图像应用动作的操作方法。

操作步骤如下。

（1）执行“文件”→“打开”命令，打开第 11 章素材 1 图像文件，如图 11-10 所示。

（2）执行“窗口”→“动作”命令，打开“动作”面板，在“默认动作”组中选中“木质画框-50 像素”选项，如图 11-11 所示。

图 11-10　素材 1

（3）单击“动作”面板中的“播放选定的动作”按钮，弹出“信息”提示框，提示用户要想应用“木质画框”动作，图像的高度和宽度均不能小于 100 像素，如图 11-12 所示。

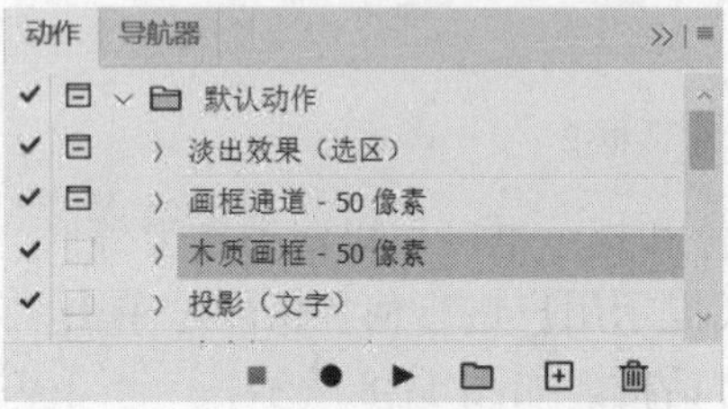

图 11-11　木质画框动作项

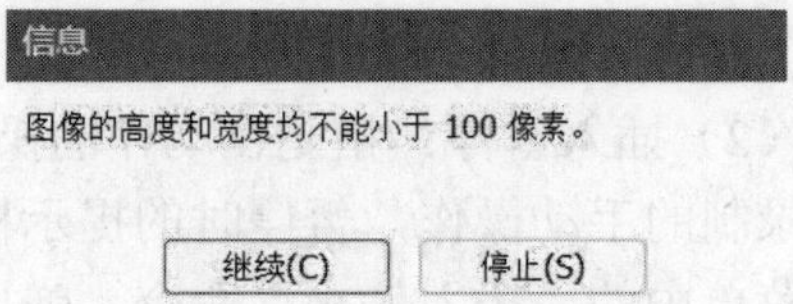

图 11-12　“信息”提示框

（4）单击“继续”按钮，即可应用木质画框动作，应用该动作后的图像效果如图 11-13 所示。

图 11-13　应用木质画框动作后的图像效果

2. 实例 2——录制动作

实例描述：通过实例制作，使读者认识和掌握录制动作的操作方法。

录制动作实例

操作步骤如下。

（1）执行“文件”→“打开”命令，打开第 11 章素材 2 图像文件，如图 11-14 所示。

（2）执行“窗口”→“动作”命令，打开“动作”面板。

（3）单击“创建新组”按钮，如图 11-15 所示，在弹出的“新建组”对话框中设置新组名称为“倒影”，如图 11-16 所示。

图 11-14 素材 2

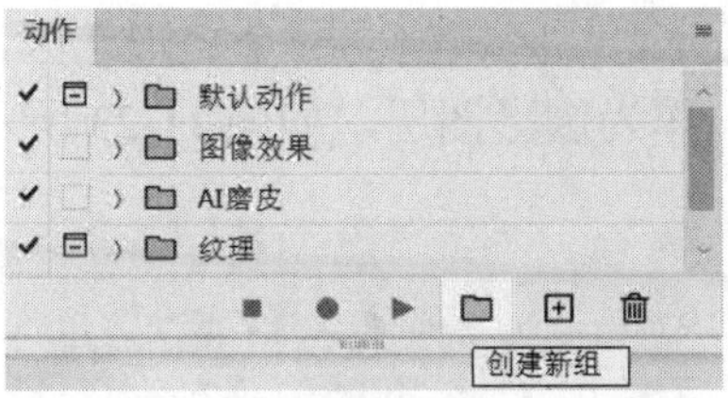

图 11-15 “创建新组”按钮

图 11-16 “新建组”对话框

（4）单击“确定”按钮，即可创建一个新的动作组，名称为“倒影”。

（5）单击“创建新动作”按钮，如图 11-17 所示，在弹出的“新建动作”对话框中设置新动作名称为“水中倒影”，如图 11-18 所示。

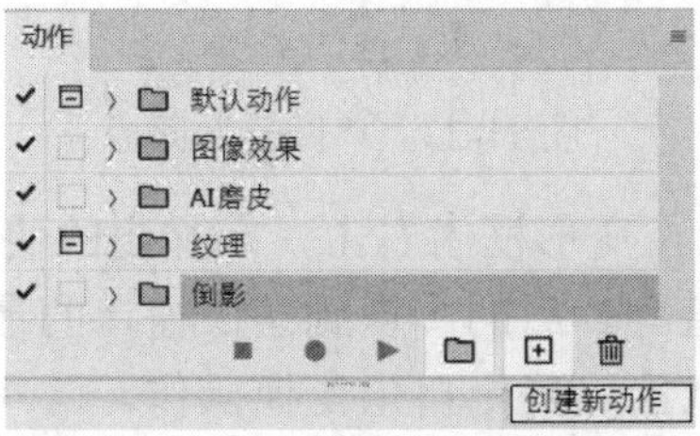

图 11-17 “创建新动作”按钮

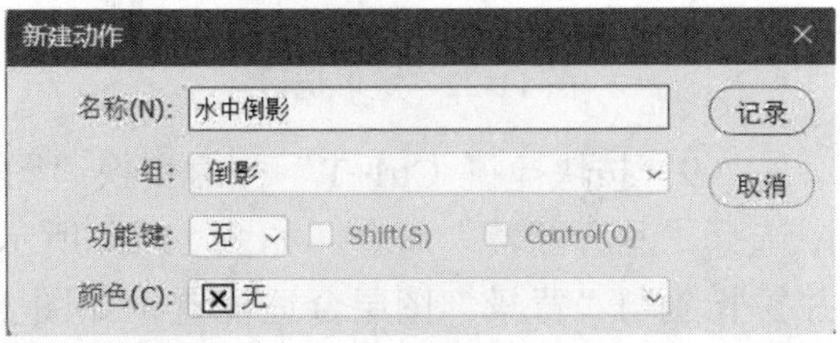

图 11-18 “新建动作”对话框

（6）单击“记录”按钮，该按钮变为红色，即可开始录制“水中倒影”动作，“动作”面板状态如图 11-19 所示。

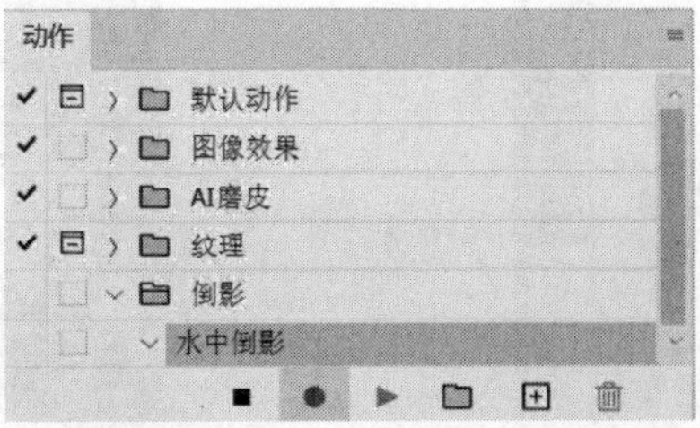

图 11-19 “动作”面板

（7）执行“图像”→“画布大小”命令，在弹出的“画布大小”对话框中，设置“新建大小”的“宽度”不变，“高度”为 150，单位为“百分比”，“定位”位置为“上居中”，如图 11-20 所示，图像显示状态如图 11-21 所示。

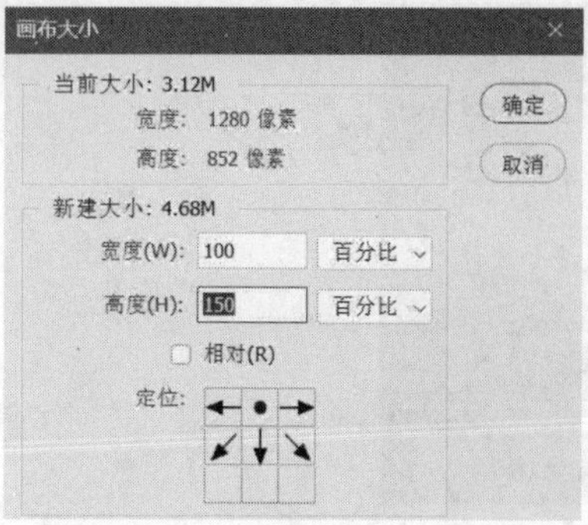

图 11-20　“画布大小”对话框

图 11-21　图像显示状态

（8）选择“矩形选框工具”，在原有图像上面的五分之三区域建立一个矩形选区，如图 11-22 所示，按快捷键 Ctrl+J 把选区图像复制到新图层，作为倒影图层，如图 11-23 所示。

图 11-22　矩形选区

图 11-23　“图层”面板

（9）按快捷键 Ctrl+T”自由变换“图层 1”图像，在变形框内右击，在弹出的快捷菜单中选择“垂直翻转”命令，如图 11-24 所示。并移动垂直翻转后的图像到图像窗口的最下端，并拉长到与“背景”图层合适位置，如图 11-25 所示，双击，确定自由变换操作。

图 11-24　“垂直翻转”命令

图 11-25　“图层 1”变换显示状态

（10）执行“滤镜”→“模糊”→“高斯模糊”命令，在弹出的“高斯模糊”对话框中将“半径”参数设置为 4，如图 11-26 所示。

（11）执行“滤镜”→“扭曲”→“波纹”命令，在弹出的“波纹”对话框中将“数量”设置为-77，“大小”为中，如图 11-27 所示。

图 11-26　“高斯模糊”对话框

图 11-27　“波纹”对话框

（12）单击“动作”面板的“停止播放/记录”按钮，如图 11-28 所示，结束动作的录制，从面板中看到操作步骤已经被录制。

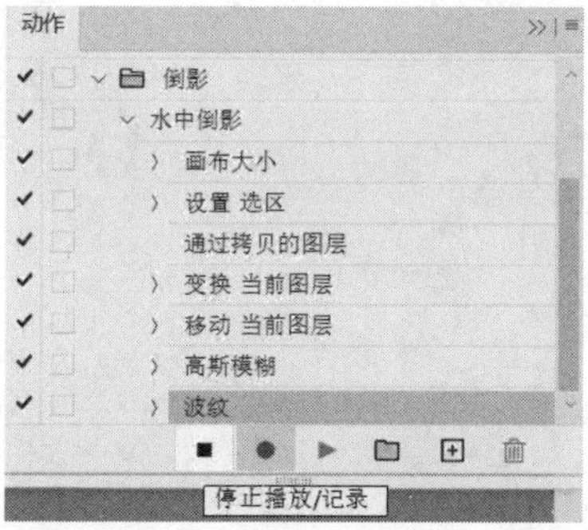

图 11-28　“停止播放/记录”按钮

3. 实例 3——编辑动作

实例描述：通过实例制作，使读者认识和掌握编辑动作的操作方法，即在 Photoshop 中，可以调整动作中任何特定命令的设置，向现有的动作添加命令或遍历整个动作并更改任何或全部设置。

编辑动作实例

操作步骤如下。

（1）执行“文件”→“打开”命令，打开第 11 章素材 3 图像文件，如图 11-29 所示。

图 11-29　素材 3

（2）执行“窗口”→“动作”命令，打开“动作”面板。

（3）选中“水中倒影”动作，拖动该动作到“创建新动作”按钮上，或者使用“动作”面板菜单中的“复制”命令，复制的动作为“水中倒影 拷贝”，如图 11-30 所示。在该动作名称上双击，进入名称修改状态，修改新动作名称为“水中倒影修改”，如图 11-31 所示。

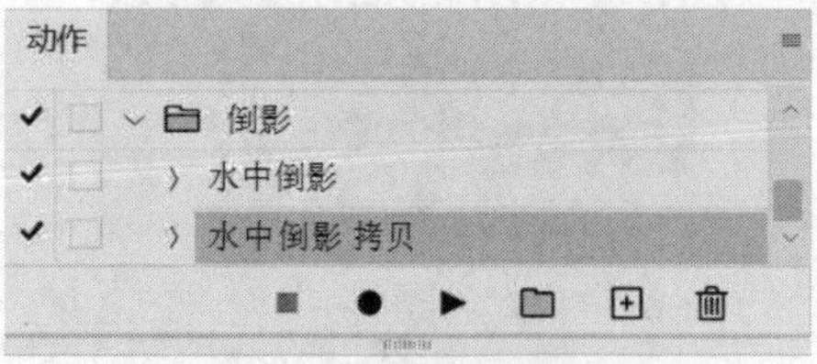

图 11-30　复制动作

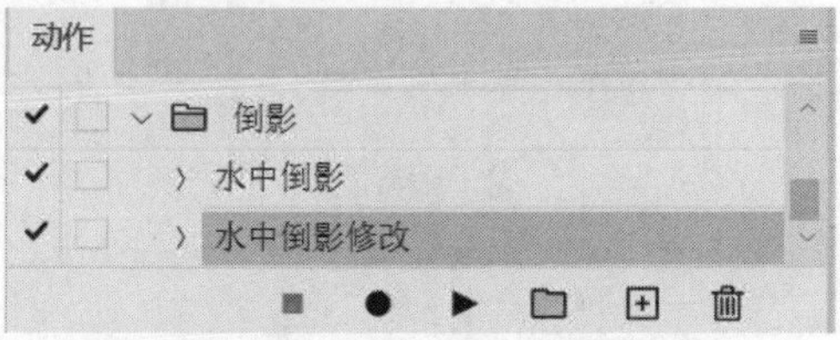

图 11-31　修改新动作名称

（4）单击该动作的“展开动作”按钮，将该动作文件夹展开，可以看到该动作组和原动作组一样，如图 11-32 所示。

（5）选中“设置 选区”操作，单击“删除”按钮，删除该操作，如图 11-33 所示。

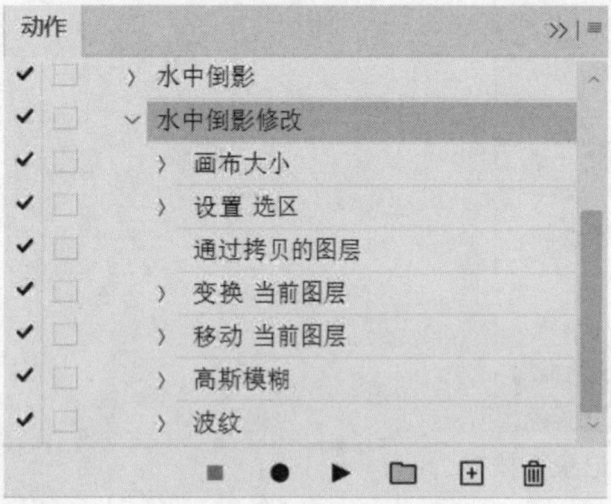

图 11-32　展开的动作

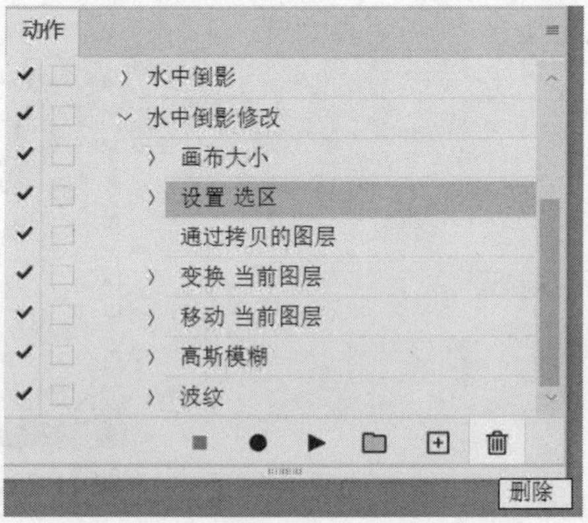

图 11-33　删除“设置 选区”操作

（6）单击“动作”面板的“开始记录”按钮，该按钮变为红色，用来记录新添加的操作，当前操作为“通过拷贝的图层”，如图 11-34 所示。

（7）在图像窗口复制“背景”图层，如图 11-35 所示。

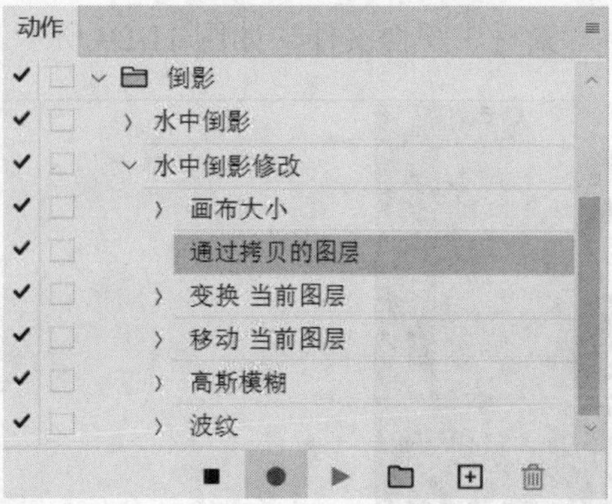

图 11-34　当前操作

图 11-35　复制“背景”图层

（8）执行“图像”→“应用图像”命令，在弹出的“应用图像”对话框中设置“通道”为绿，“混合”为滤色，“不透明度”为40%，如图11-36所示。

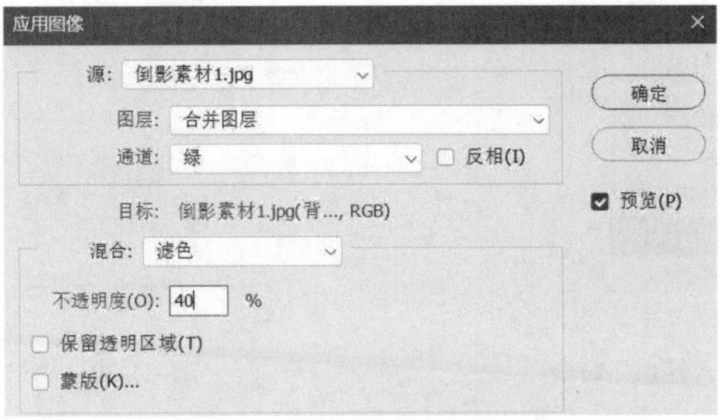

图11-36　“应用图像”对话框

（9）执行“滤镜”→“Camera Raw滤镜”命令，在弹出的对话框中设置“色调”为10，“对比度”为10，“高光”为20，“阴影”为-10，“黑色”为-60，“饱和度”为30，如图11-37所示，单击“确定”按钮确定设置。

图11-37　Camera Raw滤镜对话框

（10）按组合键Ctrl+E向下合并图层。

（11）单击“动作”面板中的“停止播放/记录”按钮，停止录制。

（12）单击“动作”面板菜单中的“插入停止”命令，如图11-38所示。在弹出的“记录停止”对话框中输入“使用矩形选框工具，建立倒影图像部分的选区”提示信息，勾选“允许继续”复选框，如图11-39所示。

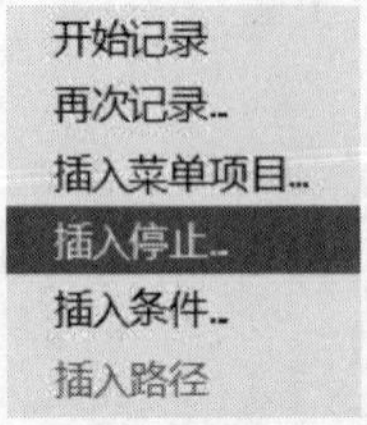

图 11-38　插入停止”命令

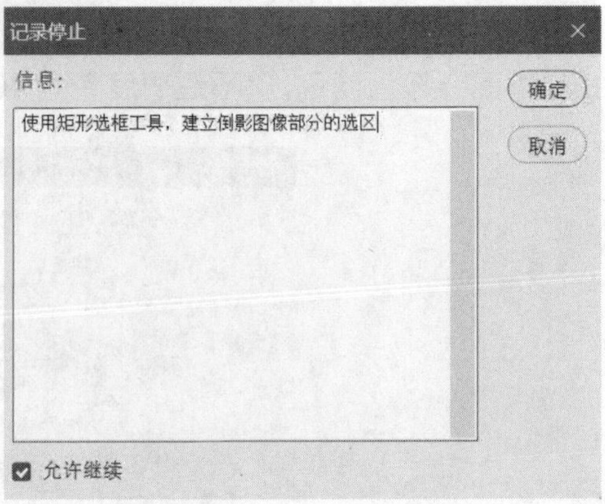

图 11-39　“记录停止”对话框

（13）在选中“动作”面板菜单中的“合并图层”命令后，按住 Shift 键单击“复制当前图层”操作，全选添加的操作，如图 11-40 所示。移动这几个操作到“画布大小”操作上面，如图 11-41 所示。

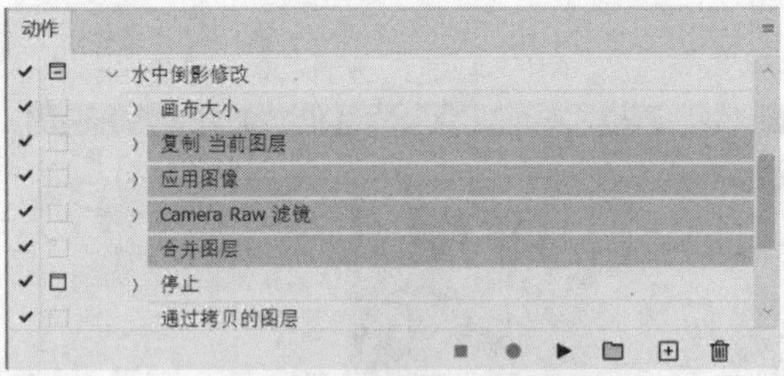

图 11-40　操作移动前

图 11-41　操作移动后

（14）执行“窗口”→“历史记录”命令，打开“历史记录”面板，单击记录中的第一个“打开”记录，回到图像打开时的状态。

（15）单击“水中倒影修改”动作，再单击“动作”面板的“播放选定的动作”按钮，对图像执行动作，如图 11-42 所示。

（16）当执行到“停止”操作时，系统弹出“信息”提示框，如图 11-43 所示。单击“停止”按钮，停止动作的自动执行。

图 11-42　“动作”面板

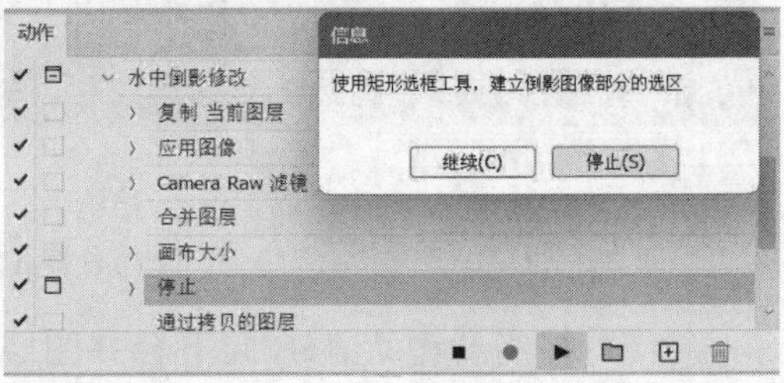

图 11-43　“动作”面板和“信息”提示框

（17）选择“矩形选框工具”，在画布上建立倒影图像部分的选区，如图 11-44 所示。

（18）再次单击“动作”面板的“播放选定的动作”按钮，如图 11-45 所示，之后系统继续自动执行后面的动作序列，完成作图，效果图如图 11-46 所示。

图 11-44　图像窗口

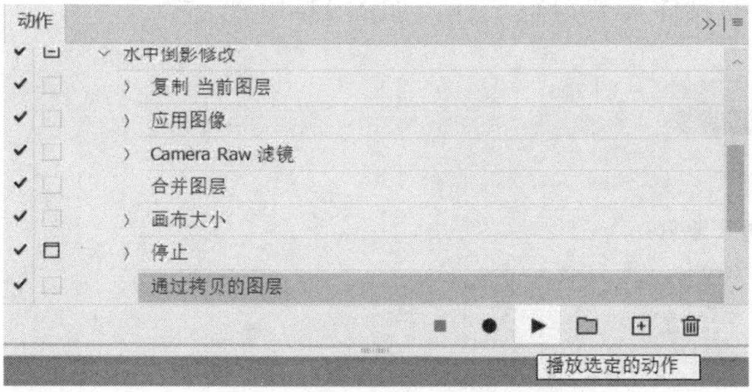

图 11-45　“动作”面板

图 11-46　效果图

11.2 批 处 理

使用 Photoshop 的“批处理”命令可以对图像进行批处理、快速修剪并修齐照片、镜头校正等。

11.2.1 “批处理”命令

“批处理”命令可以对一个文件夹中的文件运行动作，对该文件夹中的所有图像文件进行编辑处理，从而实现操作自动化。显然，执行“批处理”命令将依赖某个具体的动作。

执行“文件”→“自动”→“批处理”命令，即可打开“批处理”对话框，其中有 4 个参数区，它们用来定义批处理时的具体方案，如图 11-47 所示。

1. “播放”选区

组：单击下拉按钮，可弹出当前“动作”面板中所载入的全部动作集合，用户根据需要选择动作序列。

动作：单击下拉按钮，在弹出的下拉列表中选择动作序列中的应用动作。

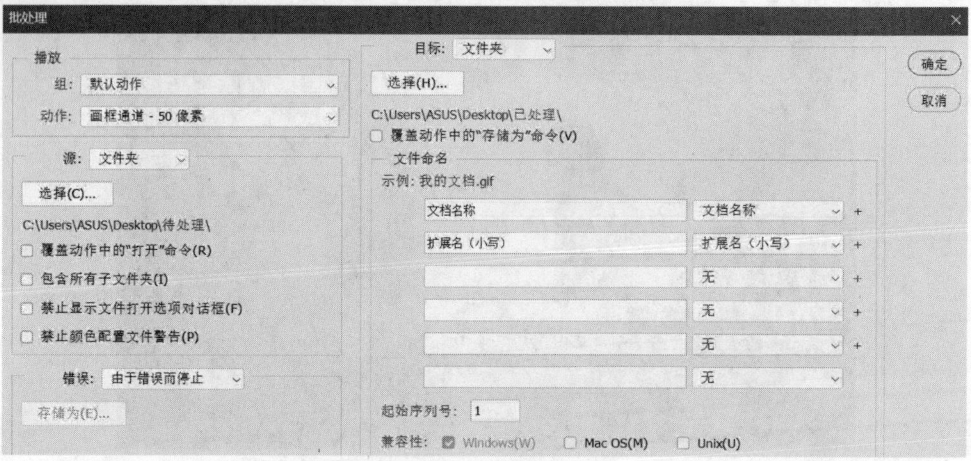

图 11-47 “批处理”对话框

2. “源”选区

源：单击下拉按钮，在弹出的下拉列表中显示指定的待处理的图像文件，包括“文件夹”“导入”“打开的文件”“Bridge”，可以根据具体需要自行选择，如图 11-48 所示。

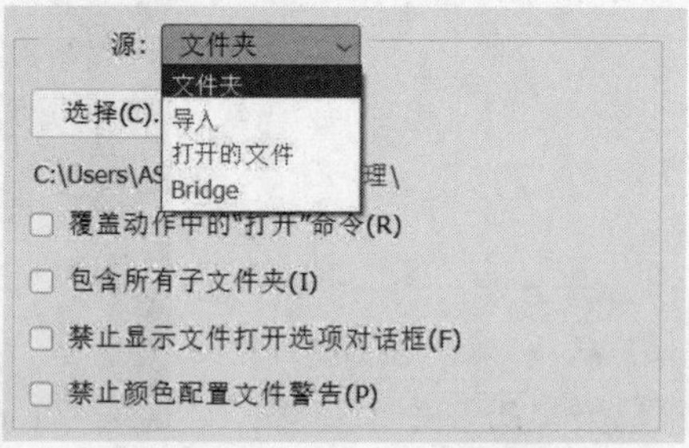

图 11-48 “源”下拉列表

覆盖动作中的“打开”命令：如果想让动作中的“打开”命令引用批处理文件，而不是动作中指定的文件名，则勾选“覆盖动作中的‘打开’命令”复选框。如果勾选此复选框，则动作必须包含一个“打开”命令，因为“批处理”命令不会自动打开源文件，如果记录的动作是在打开的文件上操作的，或者动作包含所需要的特定文件的“打开”命令，则取消勾选“覆盖动作中的“打开”命令”复选框。

包含所有子文件夹：勾选“包含所有子文件夹”复选框，则处理文件夹中的所有文件，否则仅处理指定文件夹中的文件。

3. “目标”选区

无：文件将保持打开而不存储更改（除非动作包含“存储”命令）。

存储并关闭：文件将存储在它们的当前位置，并覆盖原来的文件。

文件夹：处理过的文件将存储到另一个指定位置，源文件不变，单击“选择”按钮，可以指定目标文件夹。

覆盖动作中的“存储为”命令：如果想让动作中的“存储为”命令引用批处理的文件，而不是动作中指定的文件名和位置，则勾选“覆盖动作中的‘存储为’命令”复选框，如果勾选此复选框，则动作必须包含一个“存储为”命令，因为“批处理”命令不会自动存储源文件，如果动作包含它所需的特定文件的“存储为”命令，则取消勾选“覆盖动作中的‘存储为’”复选框。

“文件命名”选区：如果选择“文件夹”作为目标，则指定文件命名规范并选择处理文件的文件兼容性选项。

对于“文件命名”，从下拉列表中选择元素，或者在要组合为所有文件的默认名称的文本框中输入文件名，这些文本框可以更改文件名各部分的顺序和格式，因为子文件夹中的文件有可能重名，所以每个文件必须至少有一个唯一的文本框以防文件相互覆盖。

对于“兼容性”，则勾选 Windows 复选框。

4. “错误”下拉列表

由于错误而停止：出错将停止处理，直到确认错误信息为止。

将错误记录到文件：将所有错误记录在一个指定的文本文件中而不停止处理，如果有错误记录到文件中，则在处理完毕后将出现一条信息，若要使用错误文件，则需要单击“存储为”按钮，并重命名错误文件。

11.2.2 批处理实例

批处理实例

实例描述：通过实例操作，使读者认识和掌握批量修改文件名的批处理的操作方法。

操作步骤如下。

1. 创建修改文件名动作

（1）执行“文件”→“打开”命令，打开素材 4 文件，如图 11-49 所示。

图 11-49 素材 4

（2）执行“窗口”→“动作”命令，打开“动作”面板。

（3）选中并打开“倒影”动作组。

（4）单击“创建新动作”按钮，在弹出的“新建动作”对话框中设置新动作名称为“修改文件名”，如图 11-50 所示。单击对话框的“记录”按钮，此时“动作”面板的“开始纪录”按钮变为红色，可以开始录制需要的动作，如图 11-51 所示。

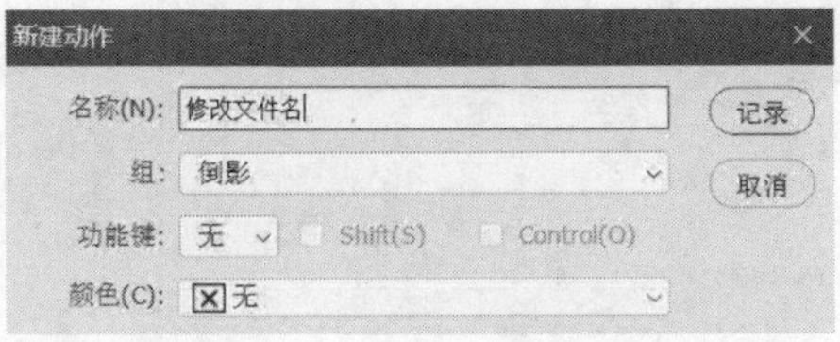

图 11-50 “新建动作”对话框

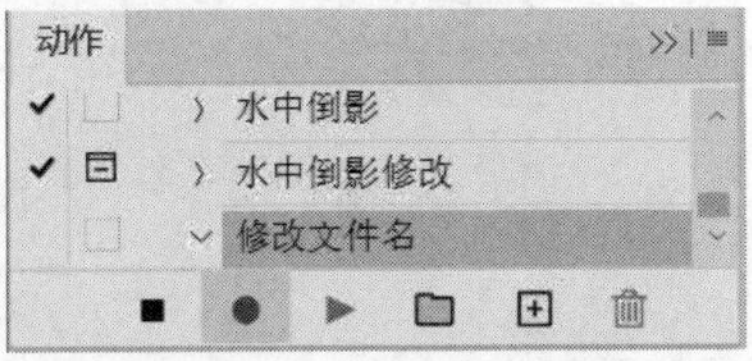

图 11-51 “动作”面板

（5）执行“文件”→“存储副本”命令。

（6）在弹出的对话框中选择任意文件名、文件格式和存储路径存储，如文件名为 name，文件格式为 JPEG，存储路径为本素材文件夹，如图 11-52 所示，之后，单击“保存”按钮。

（7）单击“动作”面板的“停止播放/记录”按钮，停止录制动作，如图 11-53 所示。

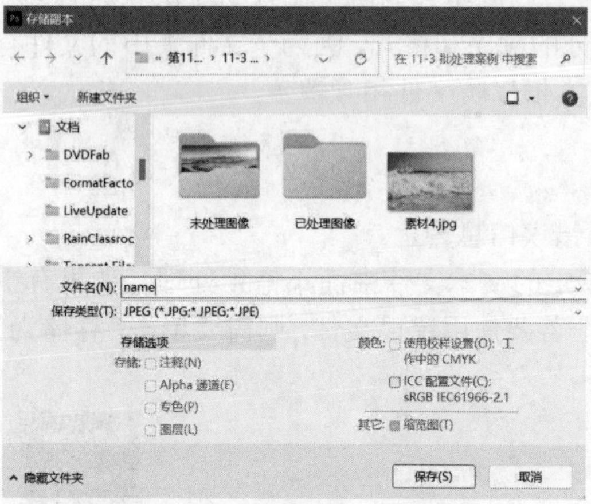

图 11-52 “存储副本”对话框

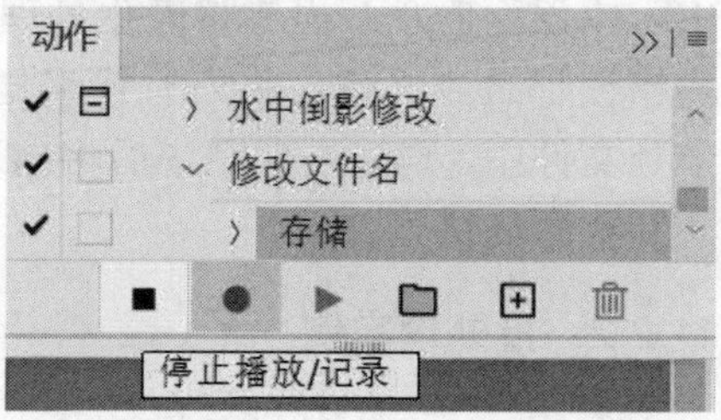

图 11-53 “动作”面板

2. 批处理

（1）执行“文件”→“自动”→“批处理”命令，如图 11-54 所示，打开“批处理”对话框。

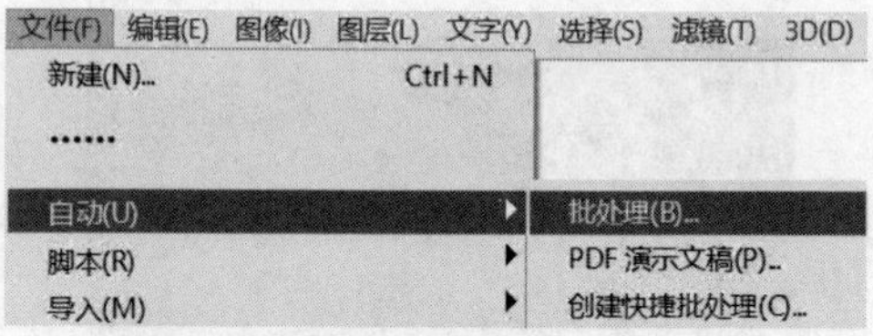

图 11-54 批处理命令

（2）在打开的“批处理”对话框里配置各个项目，如图 11-55 所示。

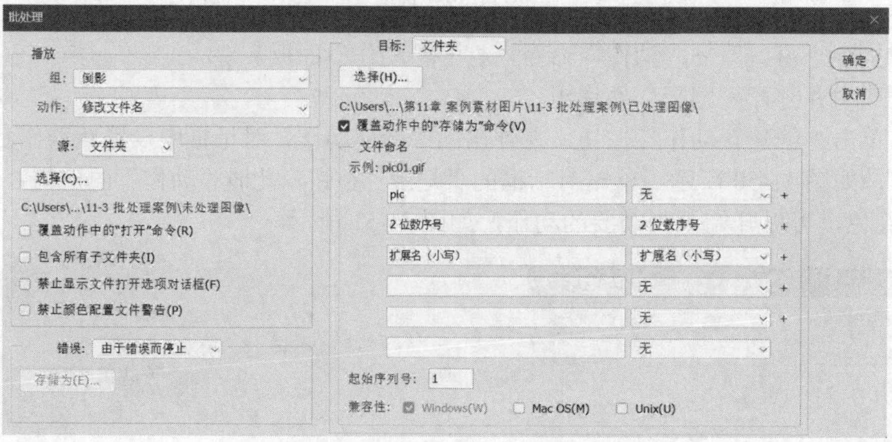

图 11-55 “批处理”对话框

在“播放”选区里，“组”下拉列表中选择“倒影”；“动作”下拉列表中选择“修改文件名”；“源”下拉列表中选择“文件夹”，单击“选择”按钮，选择素材文件中已经设置好的“未处理图像”文件夹。

在“目标”选区里，“目标”下拉列表中选择“文件夹”，单击“选择”按钮，选择素材文件夹中已经设置好的“已处理图像”文件夹；勾选“覆盖动作中的“存储为”命令”复选框；在“文件命名”选区里，选择并设置 pic+“2 位数字序号”+“扩展名（小写)”；“错误”下拉列表里，选择“由于错误而停止”。

（3）单击“确定”按钮，完成创建快捷批处理的操作。打开文件保存的位置，即可在该文件中看到创建的快捷批处理文件，如图 11-56 所示。

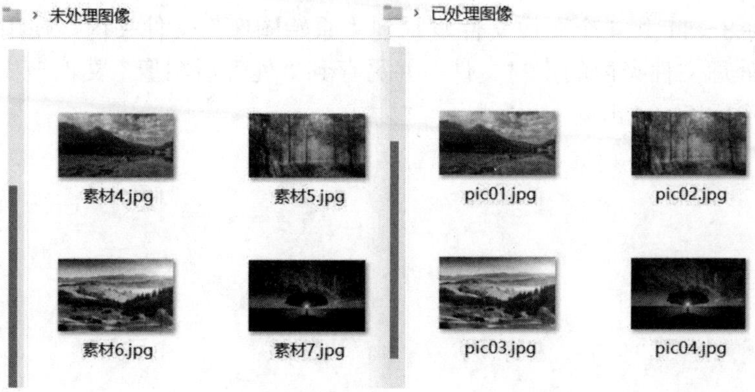

图 11-56 “未处理图像”文件夹和“已处理图像”文件夹内图像更名效果

习　　题

第 11 章习题答案

一、单选题

1．在 Photoshop 的“动作”面板中，可以使用（　　）键选择多个不连续的动作。

A．Ctrl　　B．Alt
C．Shift　　D．Ctrl+ Shift

2．在 Photoshop 中，批处理命令在（　　）菜单中。

A．文件　　B．编辑
C．图像　　D．视图

3．在 Photoshop 中，（　　）命令可以对所选的所有图像进行相同的操作。

A．批处理　　B．自由变换
C．历史记录　　D．动作

4．在 Photoshop 的动作面板中，对一个动作进行再次编辑，需要在合适的操作位置进行（　　）操作。

A．复制　　B．停止
C．记录　　D．删除

5．以下关于动作命令，说法错误的是（　　）。

A．动作一旦记录就不能再次修改

B．在动作面板中，可以对选定的动作进行复制

C．在一个动作中，可以对该动作插入菜单命令

D．可以对动作进行删除

二、操作题

结合本章所学知识，使用素材 8，录制一个“图像大小”动作，素材 8 的“图像大小”的宽、高分别为 500 像素×300 像素，分辨率为 72 像素/英寸，并另存图像在当前素材文件夹内，图像名称为“图像 8”，文件格式为 TIF；再分别新建两个文件夹，名称为“原始图像”和“处理后图像”，把素材 8～11 共 4 个图像文件复制到“原始图像”文件夹内，使用新录制的“图像大小”动作，批处理文件夹内的素材文件，并另存到“处理后图像”文件夹内，处理后的素材文件名称分别为 01.tif～04.tif。

第 12 章　综合实例练习

本章导读

本章通过综合实例练习，使读者进一步实践和深度理解前面所学习的内容，进一步掌握 Photoshop 的功能和使用技巧，掌握 Photoshop 基础知识的应用方法，了解 Photoshop 的常用设计领域，了解 Photoshop 在不同设计领域的使用，从而制作出变化丰富、视觉效果精美的作品。

本章要点

- 制作怀旧照片效果
- 制作母亲节海报
- 制作网站 Banner 效果

12.1　制作具有怀旧效果的照片

制作具有怀旧效果的照片

实例描述：通过“制作怀旧照片”实例的操作，使读者学会利用滤镜、选区创建工具和色彩调整命令等复合操作，将普通照片修饰成具有怀旧效果的老照片。

操作步骤如下。

（1）在素材文件夹中找到素材 1、2、3 图像文件，按住 Ctrl 键的同时选中 3 个图像文件，按住鼠标左键直接将其拖动到 Photoshop 中，在软件窗口内打开图像文件，先选择素材 1 图像窗口，如图 12-1 所示。

图 12-1　软件中打开的 3 个素材文件

（2）对素材 1 执行“图像”→“调整”→“黑白”命令，将其处理成黑白颜色效果，如图 12-2 所示。

（3）按快捷键 Ctrl+J 复制该图层，并在“图层”面板中将复制的图层的混合模式调整为“强光”，如图 12-3 所示。然后按 Ctrl+E 组合键向下合并图层，得到一个处理过的“背景”图层。

图 12-2　将图片处理成黑白颜色效果

图 12-3　调整“图层”面板的图层混合模式

（4）执行“滤镜”→“滤镜库”→“纹理”→“颗粒”命令，在打开的“颗粒”对话框中设置“强度”为 10，“对比度”为 42，“颗粒类型”为“强反差”，如图 12-4 所示，单击“确定”按钮。

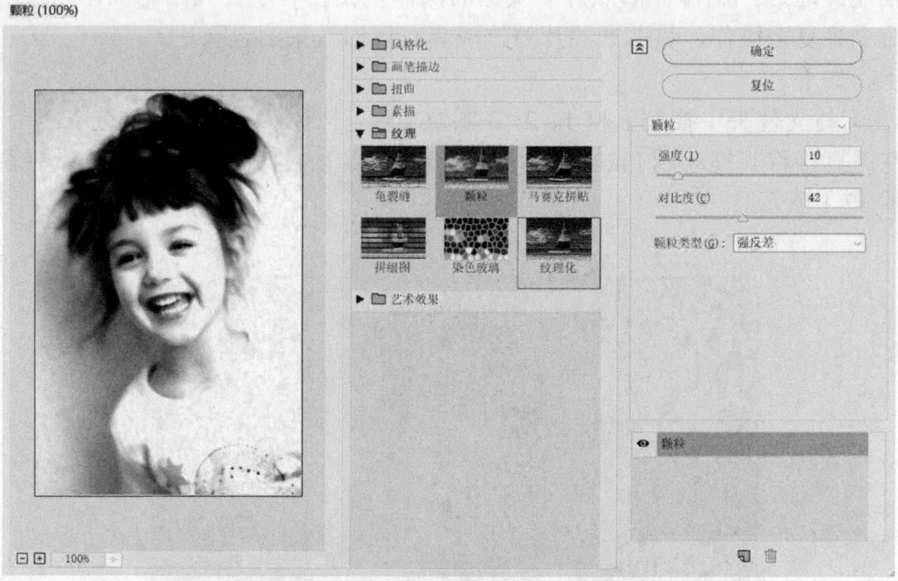

图 12-4　设置滤镜“纹理”后的效果

（5）再次执行“滤镜”→“滤镜库”→“纹理”→“颗粒”命令，在打开的“颗粒”对话框中设置“强度”为 10，“对比度”为 15，“颗粒类型”为“垂直”，如图 12-5 所示，单击“确定”按钮。

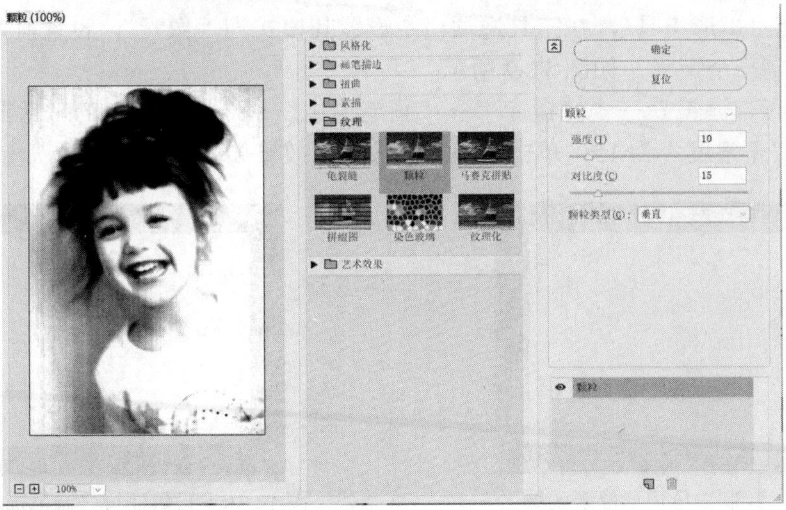

图 12-5　再次设置滤镜“纹理”后的效果

（6）执行“滤镜”→“杂色”→“添加杂色”命令，在打开的“添加杂色”对话框中设置“数量”为 15%，分布方式为“平均分布”，如图 12-6 所示，单击“确定”按钮，效果如图 12-7 所示。

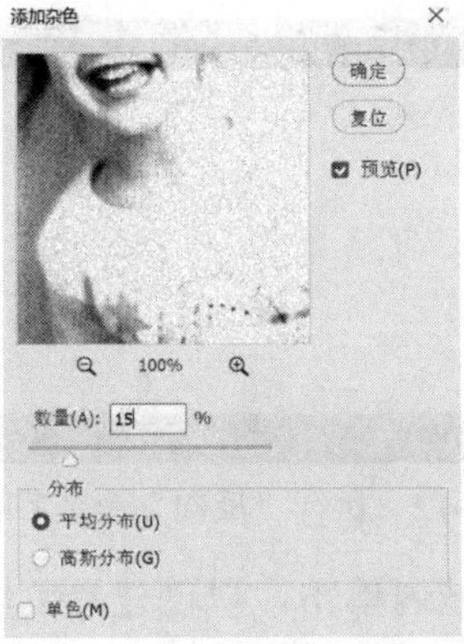

图 12-6　“添加杂色”参数的设置

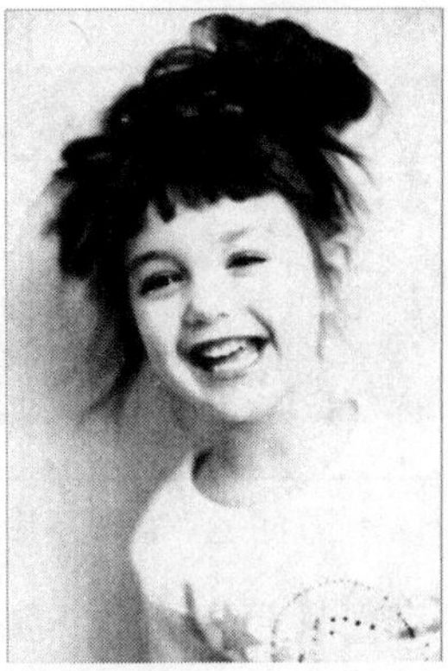

图 12-7　设置滤镜“杂色”后的效果

（7）按 Ctrl+N 组合键，打开“新建文档”窗口，设置“宽度”为 1900 像素，“高度”为 1300 像素，“分辨率”为 72 像素/英寸，“颜色模式”为 RGB，“背景内容”为黑色，单击“确定”按钮。

（8）在新建的图像文件中，先将“背景”图层解除锁定，并将其命名为“边框”，如图 12-8 所示。

图 12-8　解除“背景”图层的锁定并重命名

（9）选择“矩形工具”，在工具选项栏中设置其模式为“像素”，设置前景色为白色，然后在画布上绘制一个矩形，如图 12-9 所示。

（10）执行“滤镜”→“滤镜库”→“画笔描边”命令，在弹出的对话框中设置“喷色半径”为 25，“平滑度”为 15，单击“确定”按钮，效果如图 12-10 所示。

图 12-9 绘制白色矩形像素区域

图 12-10 设置滤镜“画笔描边”后的效果

（11）执行“滤镜”→“滤镜库”→“素描”→“撕边”命令，在弹出的对话框中设置“图像平衡”为 25，“平滑度”为 12，“对比度”为 17，单击“确定”按钮，效果如图 12-11 所示。

（12）按 Ctrl+I 组合键，执行“反向”命令，将画布中的黑白颜色对倒，效果如图 12-12 所示。

图 12-11 设置滤镜“素描”后的效果

图 12-12 执行“反向”命令后的效果

（13）在工具箱中选择“魔棒工具”，在画布的黑色区域内单击，以创建黑色像素选区，然后按 Delete 键，删除选区内容，按 Ctrl+D 组合键取消选区，效果如图 12-13 所示。

（14）选中“边框”图层，将其拖曳到素材 2 图像文件内，将该图层顺时针旋转 90 度，并适当调整其大小和位置，如图 12-14 所示。

图 12-13 删除黑色像素后的效果

图 12-14 调整“边框”图层的大小和位置

（15）切换至素材 1 图像文件，将“背景”图层解除锁定并转换成普通图层，使用移动工具将该图层图像直接拖曳到素材 2 图像文件内，置于“边框”图层上方，并适当调整其大小和位置，如图 12-15 所示，然后按 Ctrl+E 组合键向下合并图层，并将合并后的图层命名为“照片”。

图 12-15　调整照片的大小和位置

（16）选中“照片”图层，执行“图像”→“调整”→“照片滤镜”命令，在弹出的对话框中设置“颜色”为棕黄色（R,G,B 值为 185、112、9），“浓度”为 25%，勾选“保留明度”复选框，如图 12-16 所示，单击“确定”按钮，效果如图 12-17 所示。

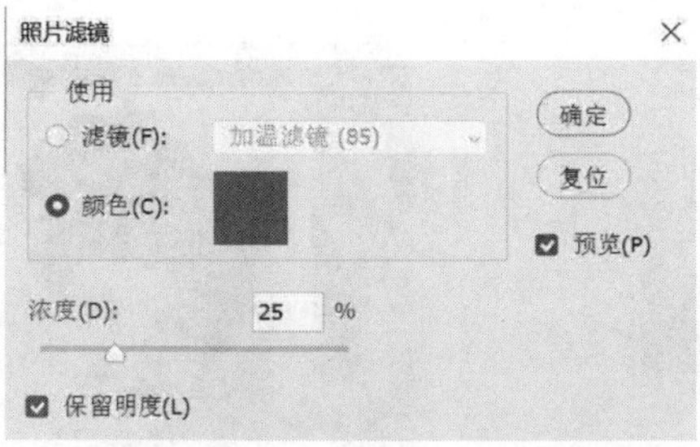

图 12-16　“照片滤镜”对话框

图 12-17　设置“照片滤镜”后的效果

（17）执行“图像”→“色相/饱和度”命令，在弹出的对话框中设置“色相”为-6，“饱和度”为 59，“明度”为-5，单击“确定”按钮，以进一步提升照片的怀旧效果，如图 12-18 所示。

图 12-18　设置“色相/饱和度”后的效果

（18）在工具箱中选择“多边形套索工具”，使用该工具在照片周围区域绘制几个缺角选区，以制作出照片局部破损的效果，然后按 Delete 键删除选区内的图像，如图 12-19 所示。

（19）选中“照片”图层，按 Ctrl+T 组合键调出控制变形框，右击弹出快捷菜单，选择“变形”命令，然后拖动锚点进行局部变形，效果如图 12-20 所示。

图 12-19　创建不规则选区删除局部像素

图 12-20　对照片进行变形操作

（20）单击“图层”面板下方的“添加图层样式”下拉按钮，在弹出的下拉列表中选择“投影”选项，将“混合模式”设置为“正片叠底”，颜色设置为黑色，“不透明度”设置为 35%，“角度”设置为 160 度，“距离”设置为 35 像素，“扩展”设置为 10%，“大小”设置为 105 像素，如图 12-21 所示。单击“确定”按钮，图像效果如图 12-22 所示。

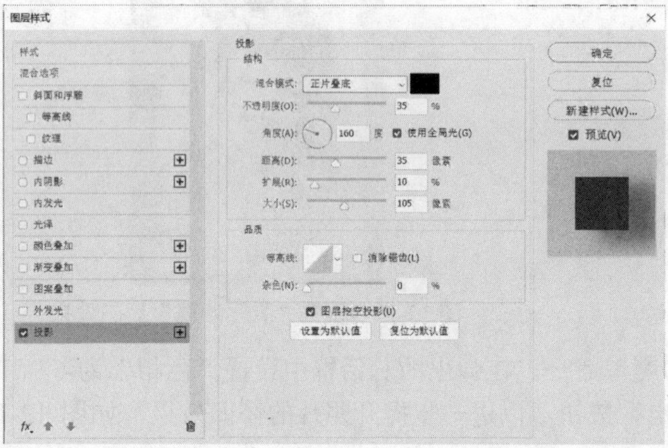

图 12-21　设置图层样式“投影”参数

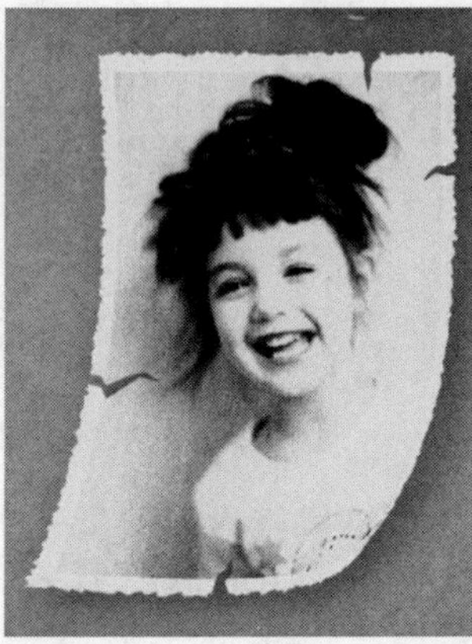

图 12-22　设置投影后的效果

（21）按 Ctrl+J 组合键对“照片”图层进行复制，得到“照片 拷贝”图层，然后调整两个图层的角度和位置，效果如图 12-23 所示。

（22）在工具箱中选择“横排文字工具”，设置前景色为白色，设置合适的字体样式和大小，在画布左下角位置输入“童年记忆”4 个字，按 Ctrl+Enter 在弹出的下拉列表中键确认文字输入。

（23）单击“图层”面板下方的“添加图层样式”下拉按钮，在弹出的下拉列表中选择“外发光”选项，将“混合模式”设置为“正常”，“不透明度”设置为 25%，颜色设置为白色，“扩展”设置为 50%，“大小”设置为 7 像素，其他参数的设置如图 12-24 所示。单击“确定”按钮，图像效果如图 12-25 所示。

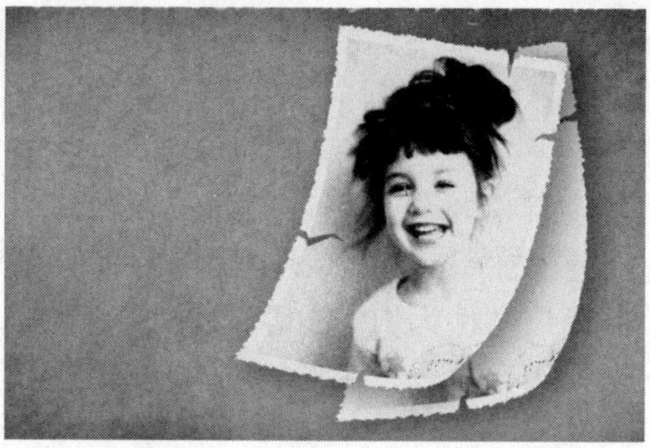

图 12-23　复制图层并调整角度

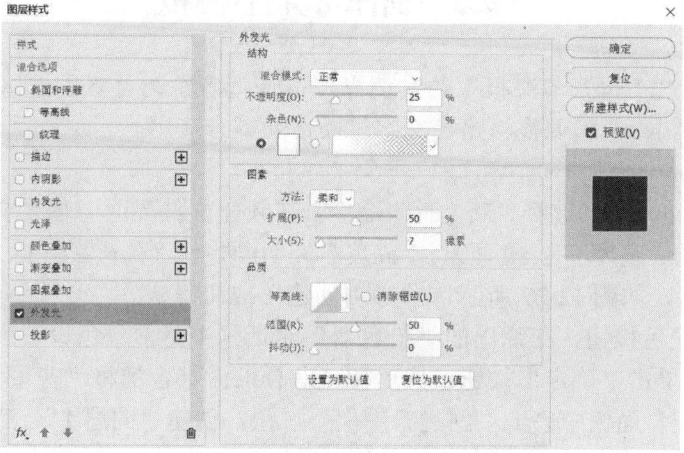

图 12-24　设置图层样式“外发光”参数

图 12-25　设置外发光后的字体效果

（24）切换至素材 3 图像文件，将枫叶图像直接拖曳到素材 2 图像窗口内，并适当调整枫叶的大小和位置，至此，怀旧照片制作完成，最终效果如图 12-26 所示。

图 12-26　调整枫叶的大小和位置

（25）执行“文件”→“存储”命令，打开“存储为”对话框，选择文件的存储路径，在“文件名”文本框中设置文件名为“制作怀旧照片”，默认“保存类型”不变，单击“保存”按钮，保存该文件为 PSD 格式。

（26）执行“文件”→“存储副本”命令，打开“存储副本”对话框，选择文件的存储路径，在“文件名”文本框中设置文件名为“怀旧照片”，在“保存类型”下拉列表中选择 JPEG 格式，单击“保存”按钮，保存该文件为 JPEG 格式。

（27）执行“文件”→“关闭”命令，关闭该图像文件；执行“文件”→“退出”命令，退出 Photoshop。

12.2 制作母亲节海报

制作母亲节海报

实例描述：通过“母亲节海报”的实例操作，使读者练习并巩固选区工具、字体工具、图层样式、形状绘制、色彩调整、路径文字等操作的综合应用。

操作步骤如下。

（1）打开 Photoshop，选择“新文件”命令，在新建文件界面中输入文件名称为“母亲节海报”，设置画布的“宽度”为 50 厘米，“高度”为 70 厘米，“分辨率”为 300 像素/英寸，“颜色模式”为 CMYK，如图 12-27 所示，单击“创建”按钮确认。

（2）单击前景色按钮，在弹出的“拾色器”对话框中将前景色设置为粉色（R,G,B 值为 246，193，207），单击“确定”按钮。然后按 Alt+Delete 组合键将“背景”图层填充为粉色。

（3）在“图层”面板中单击“创建新图层”按钮，创建“图层 1”。然后再次单击前景色按钮，在弹出的“拾色器”对话框中将前景色设置为浅粉色（R,G,B 值为 248，214，223），单击“确定”按钮。切换至“矩形选框工具”，在画布左侧绘制一个竖条矩形选区，并使用 Alt+Delete 组合键填充矩形选区，如图 12-28 所示。按 Ctrl+D 组合键取消选区。

图 12-27　新建“背景”画布

图 12-28　创建竖条矩形选区并填充

（4）按 Ctrl+J 组合键复制“图层 1”得到“图层 1 拷贝”图层。按 Ctrl+T 组合键调出控制变形框，然后按住 Shift 键的同时用鼠标向右平移并拖动竖条，注意保持两个竖条之间的间距合适，按 Enter 键确认操作，效果如图 12-29 所示。

（5）按 Ctrl+Alt+Shift+T 组合键执行“复制并变换”命令，多次重复上一步的操作，以复制多个竖条，形成条纹背景的效果，如图 12-30 所示。

图 12-29 复制并平移竖条

图 12-30 执行“复制并变换”命令创建条纹背景

（6）在“图层”面板中将所有竖条图层同时选中，然后按 Ctrl+E 组合键把选中的图层合并到一个图层，并将该图层命名为“背景竖条”。使用移动工具将图层向左微移，使深、浅条纹左、右对称，效果及“图层”面板如图 12-31 所示。

图 12-31 合并竖条图层并调整位置及“图层”面板

（7）选择“椭圆选框工具”，在画布中心偏上位置绘制一个正圆形选区。在“图层”面板中单击“创建新图层”按钮，将新图层命名为“圆形”，然后执行“编辑”→“描边”命令，打开“描边”对话框，设置“宽度”为 25 像素，“颜色”为白色（R,G,B 值为 255，255，255），如图 12-32 所示，单击“确定”按钮，绘制出一个白色的圆环，如图 12-33 所示。

（8）继续使用刚才绘制的正圆形选区，执行“选择”→“变换选区”命令调出变形框，按住 Alt 键的同时拖动角点，将选区同比例缩小，如图 12-34 所示，然后按 Enter 键确认选区。

（9）设置前景色为白色，按 Alt+Delete 组合键将选区填充为白色，按 Ctrl+D 组合键取消选区，效果如图 12-35 所示。

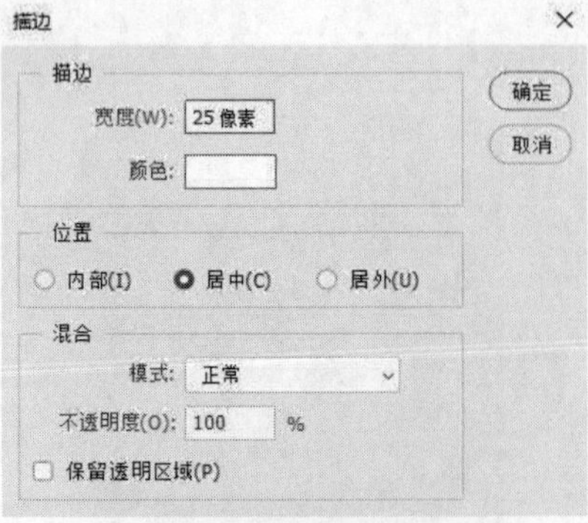

图 12-32 “描边”对话框

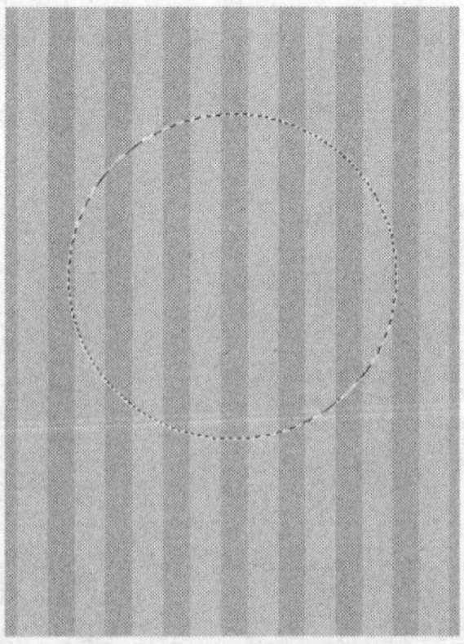

图 12-33 绘制白色圆环

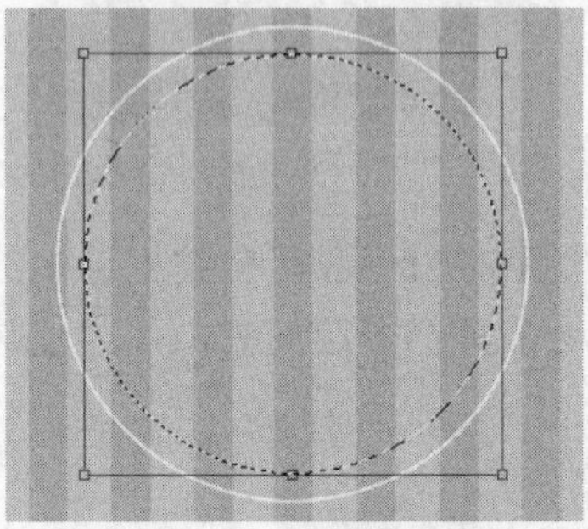

图 12-34 缩小选区

图 12-35 填充选区

（10）选择“横排文字工具”，设置字体为“方正粗倩简体”，设置前景色为深粉色（R,G,B 值为 225，101，133），在白色圆形偏上位置输入“母亲节”3 个字，放大字体并适当调整位置，如图 12-36 所示。

图 12-36 输入并放大、调整字体

（11）对字体图层样式进行处理，塑造更有层次的字体效果。单击“图层”面板下方的“添加图层样式”下拉按钮，在弹出的下拉列表中选择“内阴影”选项，将“混合模式”设置为“正常”，颜色设置为黑色，“不透明度”设置为 35%，“角度”设置为 90 度，“距离”设置为 18 像素，“阻塞”设置为 0%，“大小”设置为 20 像素。

（12）在“图层样式”对话框中，勾选“外发光”选项，在“外发光”参数设置中，设置“混合模式”为“正常”，“不透明度”为 100%，“杂色”为 0%，“颜色”为粉色（R,G,B 值为251，174，181)，“方法”为“柔和”，“扩展”为45%，“大小”为57像素，如图12-37所示。单击“确定”按钮，此时字体效果如图12-38所示。

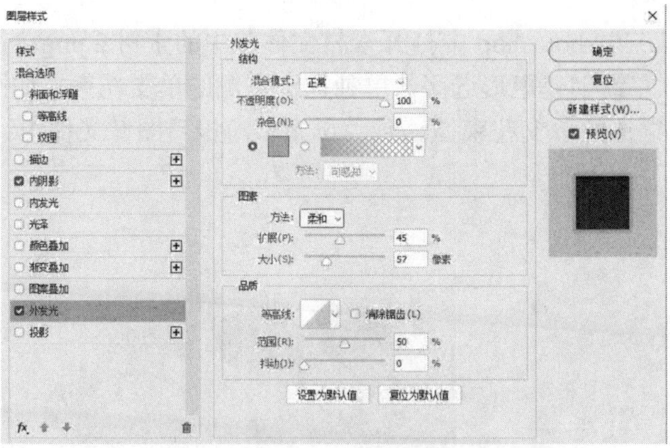

图12-37　设置图层样式“内阴影”“外发光”

图12-38　添加图层样式后的字体效果

（13）接着创建一段路径文字，在工具箱中选择“钢笔工具”，在工具选项栏中设置其工具模式为“路径”，然后在白色圆形上方绘制一段弧形的路径，如图12-39所示。

（14）选择“横排文字工具”，设置字体为“方正粗倩简体”，设置前景色为白色（R,G,B值为255，255，255），在刚绘制的弧形路径起点处单击，创建输入路径，然后输入“以温暖陪伴，以真心守护”一段文字，适当调节字体的大小和位置，路径文字效果如图12-40所示。

图12-39　绘制弧形路径

图12-40　创建的路径文字

（15）单击“图层”面板下方的“添加图层样式”下拉按钮，在弹出的下拉列表中选择“描边”选项，设置“大小”为20像素，“位置”为外部，“混合模式”为“正常”，“不透明度”为100%，“填充类型”为颜色，设置颜色为粉色（R,G,B值为241，126，155)，单击“确定”按钮，效果如图12-41所示。

图12-41　添加图层样式后的字体效果

（16）打开素材文件包，按住鼠标左键直接将素材 1.png 拖动到当前画布中，然后按住鼠标左键拖动角点以调节花束的大小，按 Enter 键确认，并将花束移动到“母亲节”字体下方合适位置，效果如图 12-42 所示。

（17）执行“文件”→“打开”命令，在 Photoshop 中打开素材文件包中的素材 2.png。在工具箱中选择“矩形选框工具”，按住鼠标左键创建矩形选区，单独框选左侧的单支花束，如图 12-43 所示。然后切换至“移动工具”，将框选的单支花束拖动到“母亲节海报”图像文件内。

图 12-42　添加花束素材

图 12-43　框选单支花束

（18）使用同样的方法，将素材 2.png 中的第二支花束拖动到“母亲节海报”图像文件内，将两支花束放于画布左上角位置，并调节它们的大小、位置和角度，使其上、下交错摆放，效果如图 12-44 所示。

（19）继续添加素材，打开素材文件包，按住鼠标左键直接将素材 3.png 拖动到当前画布中，按住鼠标左键拖动角点以缩小礼盒，并将其向右适当旋转角度，然后将礼盒移动到画面右下角位置，按 Enter 键确认，效果如图 12-45 所示。

图 12-44　调节两支花束的位置、大小和角度

图 12-45　添加礼盒素材

（20）按 Ctrl+J 组合键复制礼盒所在图层，按“Ctrl+T”组合键调出控制变形框，对新复制的礼盒进行大小和角度的调节，使两个礼盒形成叠放效果，如图 12-46 所示。

（21）按 Ctrl 键的同时选中两个礼盒图层，按 Ctrl+E 组合键合对两个图层进行合并，将合并后的图层命名为“礼盒”。执行“图像”→“调整”→“色相/饱和度”命令，弹出一个对话框，设置“色相”为-8，“饱和度”为 26，“明度”0，单击“确定”按钮，将礼盒的色彩饱和度适当提升，效果如图 12-47 所示。

图 12-46　复制礼盒并调节角度

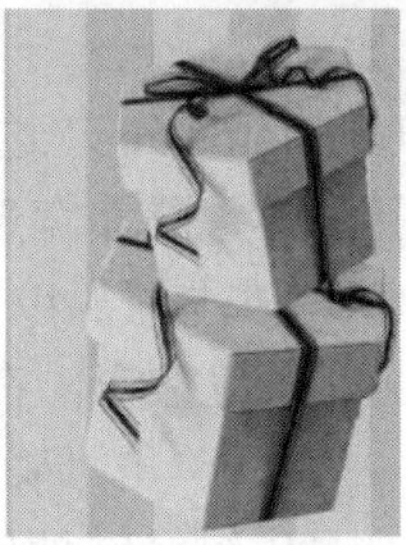

图 12-47　调整“礼盒”图层的色彩效果

（22）执行“文件”→“打开”命令，在 Photoshop 中打开素材文件包中的素材 4.png。在工具箱中选择“矩形选框工具”，按住鼠标左键创建矩形选区，逐个框选花瓣素材，并使用“移动工具”将框选的单片花瓣拖动到“母亲节海报”图像文件内，使画面空白区域填充大小不一的花瓣效果。此时要注意对画面的整体把控，可调节单片花瓣的大小和角度，数量不宜过多，使花瓣在画面中起到点缀装饰的作用。至此，母亲节海报制作完成，最终效果如图 12-48 所示。

图 12-48　母亲节海报最终效果

（23）执行“文件”→“存储”命令，打开“存储为”对话框，选择文件的存储路径，默认“保存类型”不变，单击“保存”按钮，保存该文件为 PSD 格式。

（24）执行“文件”→“存储副本”命令，打开“存储副本”对话框，选择文件的存储路径，设置文件名为“母亲节海报”，在“保存类型”下拉列表中，选择 JPEG 格式，单击“保存”按钮，保存该文件为 JPEG 格式。

（25）执行“文件”→“关闭”命令，关闭该图像文件；执行“文件”→“退出”命令，退出 Photoshop。

12.3　制作网站 Banner 效果图

制作网站 Banner 效果图

实例描述：通过“网站 Banner 效果图”的实例操作，使读者练习并巩固选区工具、渐变工具、字体工具、图层样式、形状工具、滤镜等操作的综合应用。

操作步骤如下。

（1）打开 Photoshop，选择“新文件”命令，在新建文件界面中输入文件名称为“网站 Banner 效果图”，设置画布宽度为 1920 像素，高度为 650 像素，设置分辨率为 72 像素/英寸，颜色模式为 RGB，如图 12-49 所示，单击“创建”按钮确认。

（2）单击前景色按钮，在弹出的“拾色器”对话框中将前景色设置为浅蓝色（R,G,B 值为 185，232，235），单击“确定”按钮。然后按 Alt+Delete 组合键将背景图层填充为浅蓝色。

（3）按 Ctrl+R 组合键调出标尺，从左侧标尺拖出辅助线放于画布垂直居中处。再次单击前景色按钮，在弹出的“拾色器”对话框中将前景色设置为暖黄色（R,G,B 值为 246，205，98），单击“确定”按钮。

（4）切换至“矩形选框工具”，在辅助线右侧绘制一个矩形选区，执行“选择”→“变换选区”命令调出变形框，在选区内右击，在弹出的快捷菜单中选择“斜切”命令，然后拖动矩形选区的左上角角点向右水平移动，再拖动左下角角点向左水平移动，形成一个斜边选区。按 Alt+Delete 组合键填充调整后的选区为暖黄色，制作出拼色的背景效果，如图 12-50 所示。按 Ctrl+D 组合键取消选区。

图 12-49　新建背景画布

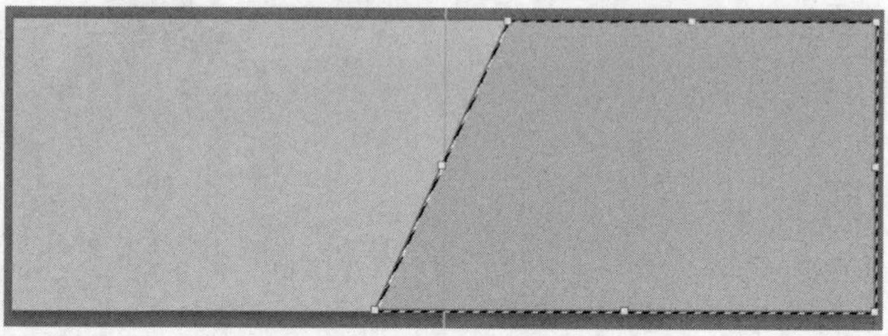

图 12-50　调整选区并填充

（5）在“图层”面板中单击“创建新的填充或调整图层”按钮，在下拉菜单中选择“图案”命令，弹出“图案填充”对话框，单击图案拾色器，选择第一个图案“右对角线 1”，将“缩放”设置为 200%，参数设置如图 12-51 所示，单击“确定”按钮。

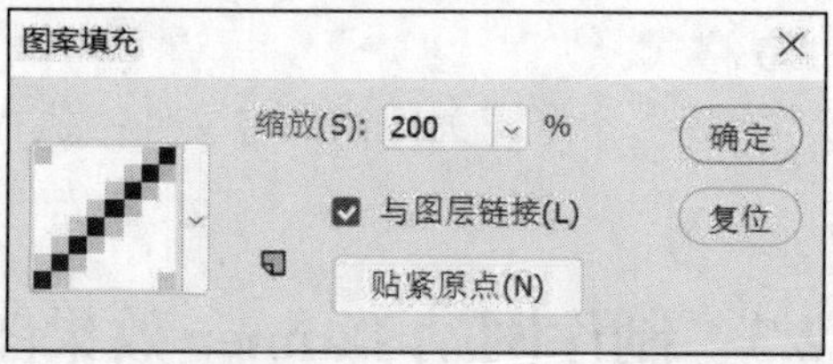

图 12-51　设置图案填充参数

（6）在“图层”面板中，将“图层填充 1”的图层混合模式调整为“正片叠底”，形成有纹理的背景效果，如图 12-52 所示。

图 12-52 设置图层“正片叠底”后的效果

（7）选择“矩形工具”，在上方的工具选项栏中设置模式为“形状”，“填充”为白色（R,G,B 值为 255，255，255），取消“描边”设置，设置“圆角的半径”为 100 像素，如图 12-53 所示。按住鼠标左键，以辅助线为中线在画布中绘制一个白色的圆角矩形，按 Enter 键确认，效果如图 12-54 所示。

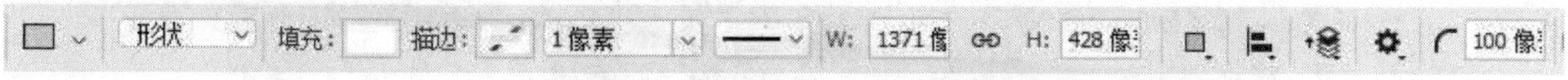

图 12-53 设置矩形工具选项栏参数

图 12-54 绘制圆角矩形

（8）按 Ctrl+J 组合键复制“矩形 1”形状图层，得到“矩形 1 拷贝”形状图层。选中该图层，更改矩形工具选项栏的参数设置，首先取消“填充”设置，打开“描边”选项，并设置“描边”颜色为灰蓝色（R,G,B 值为 98，161，165）、“大小”为 6 像素、“描边选项”为虚线，如图 12-55 所示。

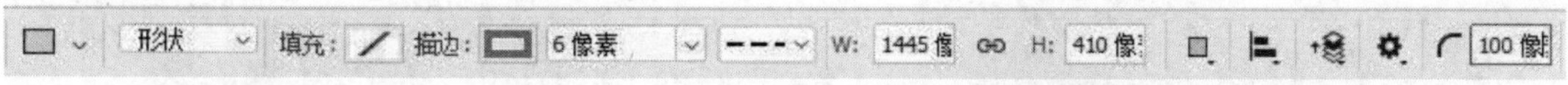

图 12-55 更改矩形工具选项栏参数

（9）按 Ctrl+T 组合键调出控制变形框，将“矩形 1 拷贝”形状图层略微缩小，使虚线形状置于白色圆角矩形的内部，按 Enter 键确定，效果如图 12-56 所示。

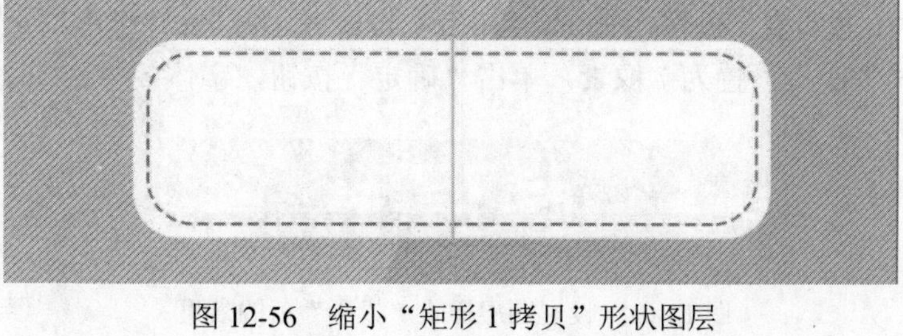

图 12-56 缩小“矩形 1 拷贝”形状图层

（10）在“图层”面板中单击“创建新图层”按钮，将新图层命名为“横幅”，设置前景色为橙色（R,G,B 值为 231，145，73）。使用“矩形选框工具”在画布中的圆角矩形上方绘制一个矩形选区，按 Alt+Delete 键将选区填充为橙色，如图 12-57 所示。然后按 Ctrl+T 组合键调出控制变形框，右击调出快捷菜单，选择“变形”命令，拖动锚点进行局部变形，效果如图 12-58 所示。

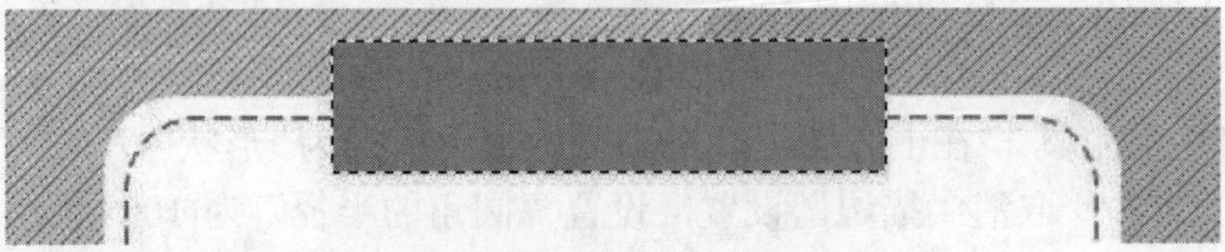

图 12-57 填充矩形选区

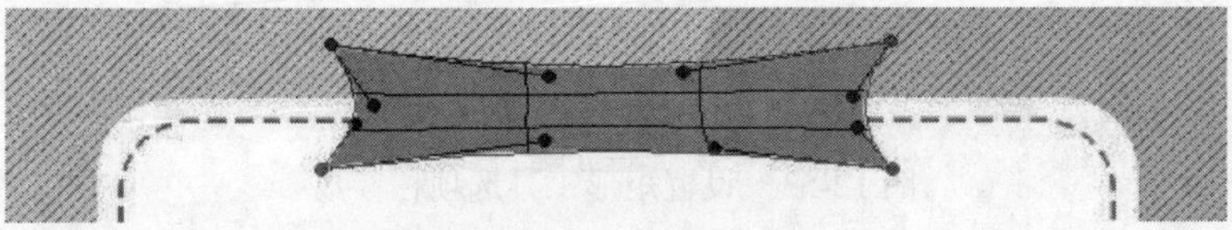

图 12-58 变形后的效果

（11）单击“图层”面板下方的“添加图层样式”下拉按钮，在弹出的下拉列表中选择“描边”选项，设置“大小”为 10 像素，“位置”为外部，“混合模式”为“正常”，“不透明度”为 100%，“填充类型”为颜色，设置颜色为浅橙色（R,G,B 值为 247，215，191）。

（12）在“图层样式”对话框中，勾选“内阴影”复选框。在“内阴影”参数设置中，将“混合模式”设置为“正常”，颜色设置为黑色（R,G,B 值为 0，0，0），“不透明度”设置为 20%，“角度”设置为-100 度，“距离”设置为 12 像素，“阻塞”设置为 0%，“大小”设置为 1 像素。设置完上述两个样式参数后，单击“确定”按钮，此时横幅效果如图 12-59 所示。

（13）选择“横排文字工具”，设置字体为“方正综艺简体”，前景色为白色（R,G,B 值为 255，255，255），在橙色横幅上输入“吃货节”3 个字，并适当调节字体的大小和位置，按 Ctrl+Enter 组合键确认，如图 12-60 所示。

图 12-59 设置图层样式“描边”“内阴影”后的效果

图 12-60 输入并调整字体

（14）对字体图层样式进行处理，单击“图层”面板下方的“添加图层样式”下拉按钮，在弹出的下拉列表中选择“投影”选项，将“混合模式”设置为“正常”，颜色设置为黑色（R,G,B 值为 0，0，0），“不透明度”设置为 35%，“角度”设置为-100 度，“距离”设置为 3 像素，“扩展”设置为 0%，“大小”设置为 7 像素，单击“确定”按钮，字体效果如图 12-61 所示。

图 12-61 设置图层样式“投影”后的效果

（15）设置前景色为暖黄色（R,G,B 值为 246，205，98），再次选择“横排文字工具”，设置字体为“方正综艺简体”，在白色圆角矩形上输入主标题“美味享不停”5 个字，并适当调节字体的大小、位置和字间距，按 Ctrl+Enter 组合键确认，如图 12-62 所示。

图 12-62　输入并调整字体

（16）在“图层”面板中右击“美味享不停”文字图层，在弹出的快捷菜单中选择“栅格化文字”命令，将字体图层转换为普通图层。

（17）选择“矩形选框工具”，单独框选“美”字，按 Ctrl+T 组合键调出控制变形框，拖动角点略微调整“美”字的角度、大小和位置，如图 12-63 所示，调整合适后，按 Enter 键确认，再按 Ctrl+D 组合键取消选区。

图 12-63　调整单个文字的角度、大小和位置

（18）使用相同方法对其他 4 个字进行角度、大小、位置的调整，注意把控每个文字间的空间关系，使主标题文字效果更具变化感、样式更活泼，效果如图 12-64 所示。

图 12-64　调整所有全标题文字的角度、大小和位置

（19）按住 Ctrl 键的同时单击该图层缩览图，得到图层选区。在“图层”面板中单击“创建新图层”按钮，创建一个新图层“图层 1”。选择“渐变工具”，在上方的工具选项栏中设置

相应参数，单击渐变色条调出“渐变编辑器”对话框，在“预设”选项中选择“黑，白渐变”，单击“确定”按钮，再设置“渐变类型”为“线性渐变”，“模式”为“正常”，“不透明度”为100%，如图 12-65 所示。

图 12-65　设置渐变工具选项栏参数

（20）使用“渐变工具”在字体选区内由下向上拖动鼠标指针，创建一个黑白渐变，如图 12-66 所示,确认渐变后按 Ctrl+D 组合键取消选区。

图 12-66　在选区内绘制黑白渐变效果

（21）执行“滤镜”→“像素化”→“彩色半调”命令，在弹出的“彩色半调”对话框中设置“最大半径”为 9 像素，“通道”均为 108，如图 12-67 所示，效果如图 12-68 所示。

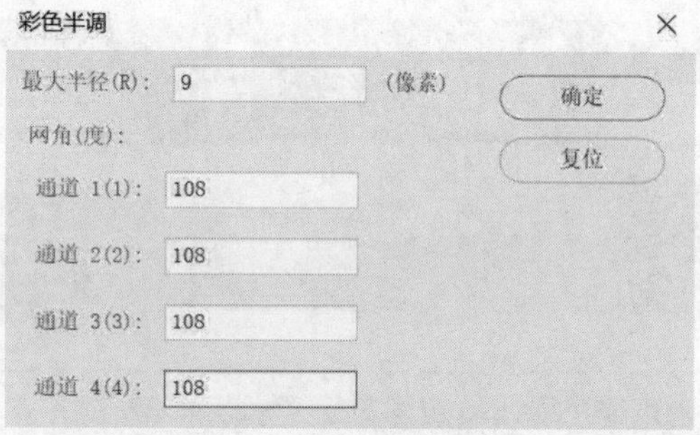

图 12-67　滤镜“彩色半调”参数设置

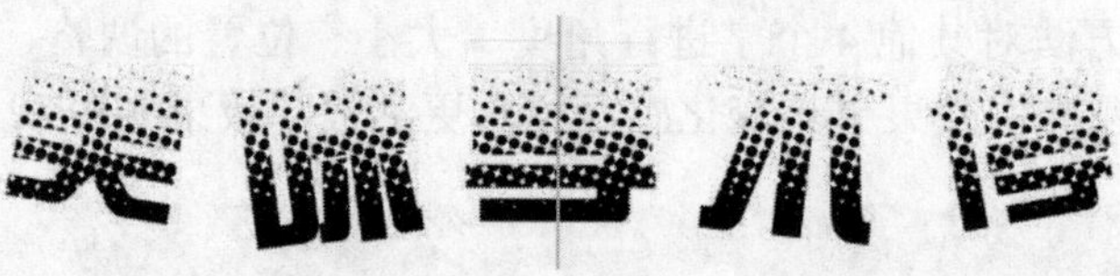

图 12-68　设置滤镜“彩色半调”后的效果

（22）选择“魔棒工具”，在其上方的工具选项栏中取消勾选“连续”复选框，单击“图层1”的白色区域，使选区框选该图层所有白色像素，然后按 Delete 键将选区内的白色像素删除，效果如图 12-69 所示。

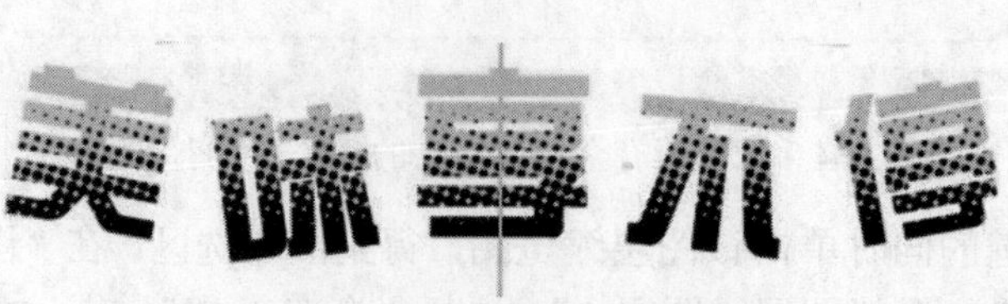

图 12-69　删除白色像素后的效果

（23）在“图层”面板中，将“图层 1”的图层混合模式调整为“叠加”，设置完成后的效果如图 12-70 所示。

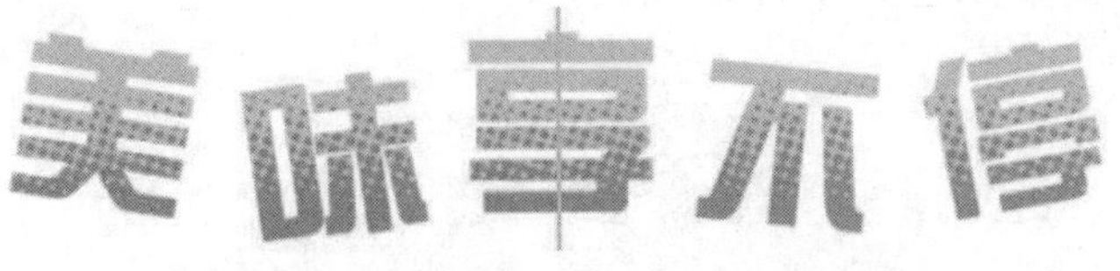

图 12-70 设置混合模式“叠加”后的效果

（24）选择“美味享不停”字体所在图层，单击“图层”面板下方的“添加图层样式”下拉按钮，在弹出的下拉列表中选择“描边”选项，设置“大小”为 8 像素，“位置”为外部，“混合模式”为“正常”，“不透明度”为 100%，“填充类型”为颜色，设置颜色为深棕色（R,G,B 值为 145,86，42），确认“描边”设置后，效果如图 12-71 所示。

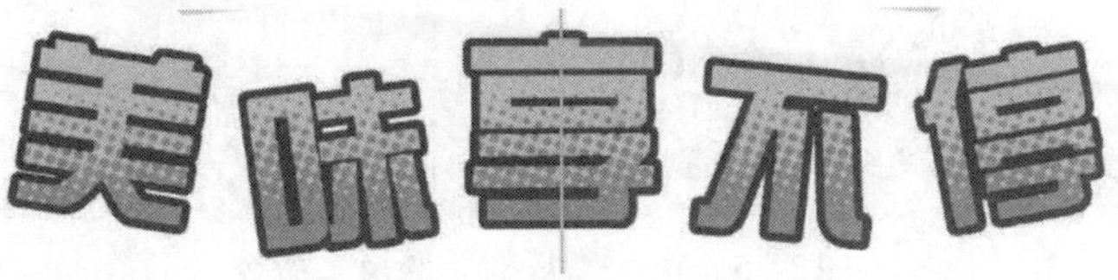

图 12-71 设置图层样式“描边”后的效果

（25）在“图层”面板中单击“创建新图层”按钮，新建图层并命名为“圆点”。设置前景色为橙色（R,G,B 值为 231，145，73），切换至“椭圆工具”，选择“像素”模式，在主标题字体的左下方绘制一个小的圆点，如图 12-72 所示。

图 12-72 绘制圆点

（26）在“图层”面板中找到橙色“横幅”图层，右击图层弹出快捷菜单，选择“拷贝图层样式”命令，再选择“圆点”图层，右击该图层，在弹出的快捷菜单中选择“粘贴图层样式”命令，把“横幅”图层的图层效果直接复制到圆点上，效果如图 12-73 所示。

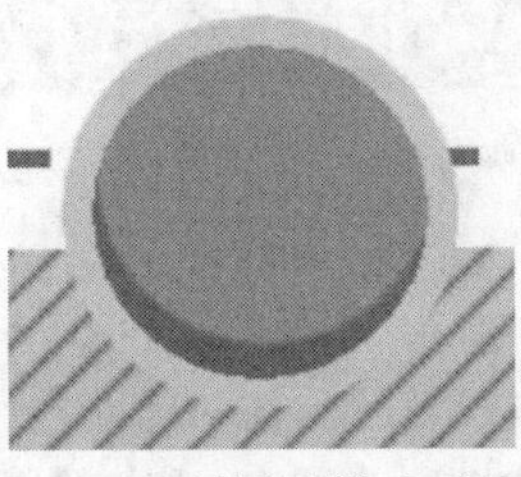

图 12-73 复制图层样式后的效果

（27）按 Ctrl+J 组合键复制“圆点”图层得到“圆点 拷贝”图层。按 Ctrl+T 组合键调出控制变形框，然后按住 Shift 键的同时用鼠标向右平移并拖动圆点，注意保持两个圆点之间的间距合适，如图 12-74 所示，按 Enter 键确认。

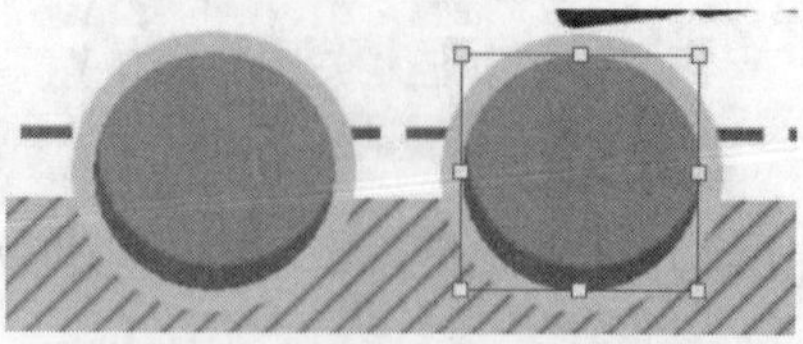

图 12-74　复制并平移圆点

（28）按 Ctrl+Alt+Shift+T 组合键执行“复制并变换”命令，多次重复上一步的操作，复制出 4 个向右平行移动的圆点，形成一排圆点的效果，如图 12-75 所示。

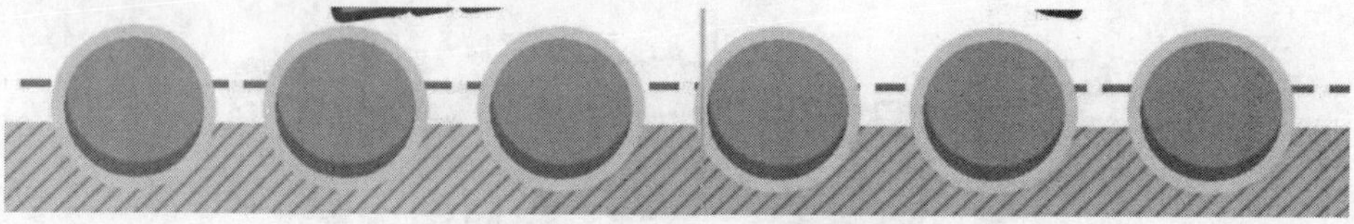

图 12-75　执行“复制并变换”命令

（29）在“图层”面板中将所有“圆点”图层同时选中，按 Ctrl+E 组合键把选中的图层合并到一个图层上，再使用移动工具将整组圆点位置进行调整，使其在辅助线两侧平均分布，如图 12-76 所示。

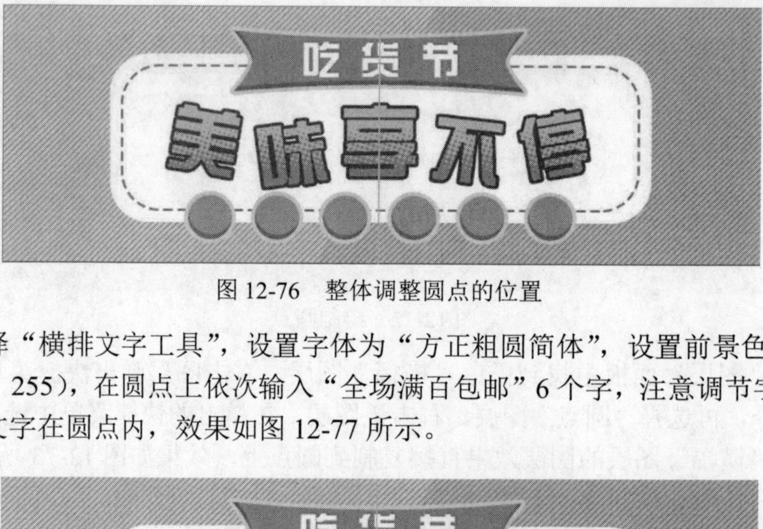

图 12-76　整体调整圆点的位置

（30）选择“横排文字工具”，设置字体为“方正粗圆简体”，设置前景色为白色（R,G,B 值为 255，255，255），在圆点上依次输入“全场满百包邮”6 个字，注意调节字体的大小和位置，确保每个文字在圆点内，效果如图 12-77 所示。

图 12-77　在圆点上依次输入文字

（31）执行“文件”→“打开”命令，在 Photoshop 中打开素材文件包内的素材 1.psd，使用移动工具依次将素材拖动到“网站 Banner 效果图”图像窗口内，将素材填充在画面左右两侧，此时要注意对画面的整体把控，对每个素材的大小、位置和角度都要进行精细调节，营造出舒适的画面效果。至此，网站 Banner 效果图制作完成，如图 12-78 所示。

图 12-78　最终效果图

（32）执行“文件”→“存储”命令，打开“存储为”对话框，选择文件的存储路径，默认“保存类型”不变，单击“保存”按钮，保存该文件为 PSD 格式。

（33）执行“文件”→“存储副本”命令，打开“存储副本”对话框，选择文件的存储路径，设置文件名为“网站 Banner 效果图”，在“保存类型”下拉列表中，选择 JPEG 格式，单击“保存”按钮，保存该文件为 JPEG 格式。

（34）执行“文件”→“关闭”命令，关闭该图像文件；执行“文件”→“退出”命令，退出 Photoshop。

参 考 文 献

[1] 彭平，胡垂立．Photoshop 图像处理与创意设计案例教程[M]．北京：人民邮电出版社，2021．

[2] 孙铁英，黄瑞芬，袁娜．中文版 Photoshop CS5 平面设计高级案例教程[M]．北京：航空工业出版社，2023．

[3] 程静，王俊玲．Photoshop CS6 图形图像处理标准教程[M]．北京：人民邮电出版社，2021．

[4] 翟浩澎．Adobe Photoshop CC 图像设计与制作案例教程[M]．北京：清华大学出版社，2019．

[5] 赵玲，黄娟．中文 Photoshop CS2 图像处理与实例教程[M]．北京：冶金工业出版社，2009．

[6] 张晨起．Photoshop 移动 UI 设计[M]．北京：人民邮电出版社，2018．

[7] 黑马程序员．跨平台 UI 设计宝典[M]．北京：中国铁道出版社，2018．

[8] 李晓斌．中文版 Photoshop CS5 数码照片处理完全自学一本通[M]．北京：电子工业出版社，2010．

[9] 肖静．Photoshop CC 2018 基础教程[M]．北京：清华大学出版社，2018．

[10] 李涛．Photoshop CS5 中文版案例教程[M]．北京：高等教育出版社，2016．